U0357363

St.Petersburg Mathematical Olympics Problems

圣彼得堡数学奥林匹克试题集

● 科哈西·康斯坦丁　著
● 叶思源　译

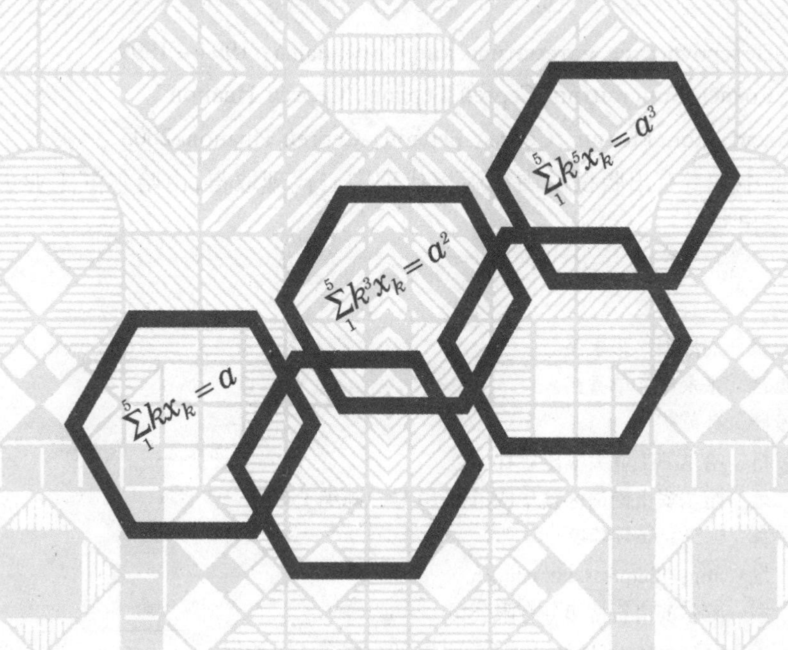

版权登记号　黑版贸审字　08－2015－004号

内容简介

本书为圣彼得堡数学奥林匹克试题集，全书收录了1994～1999年的奥林匹克试题，并附有试题参考答案．由于涉及各种层次的竞赛题，因此书中题目难度波动较大，有相对简单的问题，也有相当令人费解的难题，读者不妨依个人情况自选习题解读．

本书适合初、高中学生，初高中数学竞赛选手及教练员使用．

图书在版编目（CIP）数据

圣彼得堡数学奥林匹克试题集／（俄罗斯）康斯坦丁著；叶思源译．—哈尔滨：哈尔滨工业大学出版社，2015．1

ISBN 978－7－5603－5093－6

Ⅰ．①圣…　Ⅱ．①康…　②叶…　Ⅲ．①中学数学课－竞赛题－试题　Ⅳ．①G634．605

中国版本图书馆CIP数据核字（2014）第303512号

书名：Петербургские математические олимпиады：1994－1999

作者：Кохась Константин，Сергей Берлов，Сергей Иванов

策划编辑　刘培杀　张永芹

责任编辑　张永芹　单秀芹

封面设计　孙茵艾

出版发行　哈尔滨工业大学出版社

社　　址　哈尔滨市南岗区复华四道街10号　邮编150006

传　　真　0451－86414749

网　　址　http://hitpress.hit.edu.cn

印　　刷　哈尔滨市石桥印务有限公司

开　　本　787mm×1092mm　1/16　印张20　字数438千字

版　　次　2015年1月第1版　2015年1月第1次印刷

书　　号　ISBN 978－7－5603－5093－6

定　　价　38.00元

（如因印装质量问题影响阅读，我社负责调换）

序言

Д · В · 福明的书《圣彼得堡数学奥林匹克试题集》在1994年出版，该书收集了1961年到1993年圣彼得堡奥林匹克的市区选拔赛的试题，在该书出版以前，只能在奥林匹克组织委员会每年小量发行的出版物中找到列宁格勒奥林匹克的试题.这些试题成为珍本，它们或收入在《量子》与《中学数学》的合订本中.因此，Д · В · 福明的书为广大读者开发了独创而且美丽的试题的巨大文化宝藏.圣彼得堡数学奥林匹克以这些试题而著称于世.

本书为读者提供1994~1999年圣彼得堡奥林匹克的各种试题，本书也是Д · В · 福明的书的延伸，与Д · В · 福明的书不同之处在于本书收集了各轮奥林匹克的试题(包括第一轮即区级竞赛)，也包括了239中学(物理一数学贵族学校NO239)的奥林匹克试题，这些试题不属于城市奥林匹克试题，但是，从参加者的组成、试题的特征与定位来看，这些试题都是城市奥林匹克试题的非常漂亮的补充.

本书由三部分组成.第一部分列出了试题的条件.为了方便读者，一些试题的条件伴有插图，虽然奥林匹克试题本身没有插图(除非试题的条件就在图中).按惯例，我们根据解答的困难程度递增的方案来安排试题，不过，“解答的困难程度”的概念是很主观的.本书的第二部分给出了全部试题的解答和一些评述，我们常常对一个试题给出几种解法.考虑到没有受培训的读者，我们对第一轮比赛的试题给出了详细的解答，其他轮比赛的试题，有时可能使专业人员也感到困难,有时我们在解答后面作出记号◆,在这个记号之后列出对所解答试题的评价或推广,这些对于第一次阅读来说不是必要的.本书的备用试题资料是辅助性的,在那里综合了在第一轮比赛的第二套不同的解决方法和统计的资料,读者可以将它们与自己的成果或自己的学生的成果相对照,然后判断奥林匹克的不同解决方法或个别试题的复杂性.这一部分还为读者提供了五个研究性的问题,这些问题没有远离奥林匹克的选题范围,读者可以做一些学术研究.

本书是将1994年至1999年历年的"圣彼得堡数学奥林匹克试题"进行加工和补充的成果,我们感谢Г·И·切列德尼琴科与圣彼得堡国立大学出版社的其他编辑,他们精心地审阅了本书的原稿.除了本书的作者之外,参与本书编写的还有Д·В·福明(1994)等.如果没有圣彼得堡数学奥林匹克的同事们齐心协力与富有成效的工作,那就不可能编成这一本书.这些年来参加这项工作的有Ю·М·巴洛夫、С·В·伊万诺夫等同事.

С·Л·别尔洛夫
С·В·伊万诺夫
К·П·科哈西

◎ 简介

圣彼得堡数学奥林匹克的突出特点在于它所提出的问题都是崭新的.这些问题不是从旧书中或早已不用的书中抄出来的,也不是年代久远的奥林匹克试题的变体.评委会对每一轮比赛都尽力收集新的、以前任何地方都没有遇见过的问题.有些时候这是办得到的.评委会的成员特地为奥林匹克拟出问题,并将它们交给自己的同事"尝鲜",任何一个问题,即使只有评委会的一个成员认为是旧题,或者在某本书中或在某次数学竞赛中遇到过,这个问题立即被毫不客气地从题目清单中删除.在俄罗斯许多地方的奥林匹克、青少年数学爱好者的联欢或竞赛以及其他的比赛的工作中都利用圣彼得堡数学奥林匹克的资料.这些奥林匹克的组织者不仅将奥林匹克的资料看作是鲜为人知的试题收藏品,而且将它们看作是现代数学奥林匹克竞赛水平的客观标志.在这个意义上,圣彼得堡奥林匹克是我国奥林匹克运动的"示范的楷模"之一.虽然,数学奥林匹克已经成为普遍的现象,但是与优秀的高级时装设计师的样品一样,在时装展示会上所展出的服装也很少适合日常的穿着.我们的奥林匹克的最后一轮试题一直都是远远地超过中学平时测验的水平.在利用本书进行活动时应当考虑到第二轮和选拔轮比赛的试题毕竟是只顾及到全国在奥林匹克方面最强的城市的最擅长的学校,而239中学的奥林匹克的水平更高.

圣彼得堡数学奥林匹克分两轮进行.第一轮在城市的所有区同时以城

市奥林匹克评委会所编的试题进行比赛. 这一轮的筹备工作由区的教学法办公室的工作人员完成. 这是很大规模的奥林匹克,有一万至一万五千所中学的 6 ~ 11 年级的学生参加,然后按照第一轮的结果确定参加第二轮的成员. 在第二轮中,每个年级大致上有 100 所中学参加. 6 ~ 8 年级在以 А · И · 赫尔岑命名的俄罗斯国立师范大学进行,9 ~ 11 年级在圣彼得堡大学进行. 这一轮确定圣彼得堡奥林匹克的优胜者. 选拔轮只是为了组成参加全俄奥林匹克的城市团队. 在第二轮中表现突出的 9 ~ 11 年级学生参加选拔轮,每个年级从 10 人到 30 人. 239 中学参加奥林匹克的共有 100 ~ 150 人,这是一个开放的奥林匹克,常常有其他中学的学生参加,这些学生有时也获得好成绩.

圣彼得堡奥林匹克的第一轮是 3 个小时的笔试,这一轮的试题按以下的考虑选出:让大多数学生应用中学教学大纲的知识已经能够解答它们,而且可以足够简单地写出答案.

圣彼得堡数学奥林匹克的第二轮、选拔轮以及 239 中学的奥林匹克都是口试. "口试"这个词并不意味着学生们必须在心里解题. 奥林匹克的"口头陈述"只在于说明解答的方法. 如果学生解出了问题,那么他应当向评委会的众多成员之一讲述答案. 因此,学生可以不必将时间花费在解答的精心书写上,而是与进行评审的数学家交谈(当然,有时会当场发现疏漏),弄清楚某个证明或反例,在自己的解答中所利用的复杂的、难以解释的结构,在讲述的时间里有可能直接修正自己的解答. 一般情况下,如果错误不是很重大,那么,解答者便得以在不长的时间内(大约几分钟)弥补解答中的破绽. 如果没能改正错误,那就记为缺点. 而比赛规则规定:任何一个问题的解答,只有当在其中出现了第三个缺点时才降低学生所得分数. 在做总结时,不考虑参赛者的缺点的数量. 与笔试的奥林匹克不同,口试的每一个问题的结果只有两种形式:"解答"或"没有解答". 有益的想法和不完全的解答等都是不合格的.

在第二轮开始时,将 4 个各种问题的已知条件交给参赛者(六年级的这 4 个试题来自 6 个问题,其他年级的试题来自 7 个问题). 在 3 个小时内能够解答三个试题的参赛者(如果试题比较复杂,要求能够解两个试题)将转移到另一个教室,在那里,将其他试题的已知条件交给他们,并且要求在 1 个小时内解答. 在选拔轮,一开始就将全部 8 个各种试题发给参赛者,这一轮的比赛时间是 5 小时. 239 中学的奥林匹克竞赛时间也是 5 个小时. 奥林匹克以口试解答的目标,以及 239 中学的奥林匹克的参赛者并非随机组成,都使得有可能在条件的文本中包含思想上充实的问题.

正如奥林匹克的选拔轮那样,239 中学的奥林匹克只由独创的问题所组成. 与政府办的奥林匹克不同,这个奥林匹克严格定位于专业的范围内. 在挑选问题时,不是考虑使题目既容易做出又十分美妙,而是在解答中可以利用下列材料:它们超出中学大纲的范围,但是在数学活动小组的标准的教材之中.

我们注意到:本书所提供的问题的全部解答并非都满足评委会检查第一轮活动的成员的要求. 如果本书的作者们在真正的奥林匹克活动中写下这些解答(例如,参看问题97.97 的解),那么,他们可能没有机会进入下一轮活动. 但是,对于阅读本书问题解答的读者来说,他的主要目的不是"揭穿作者",而是要认识一些新的观念和例子,满足好奇心,学点什么东西,或者最低限度得到中学知识的一次提升. 考虑到深思熟虑的读者,我们在解答中作了不同的简化或省略. 与奥林匹克活动的创作者不同,本书作者有理由顾及读者的聪明才智. 此外,省略细节往往是不明智的,而写出解法的思想是更为合理的.

一般情况下,善于解题与书写解答的能力是完全不同的两回事. 许多中学生大概在第一轮就感觉到了. 通常,对评委会十分不满. 因为通过第二轮的评判准则似乎是表示"多于两题"那样的随便. 这就意味着"两题与其余一题的有效的想法". "有效的想法"(但是没有必要的说明)可能是正确的答案. 从某几种情形中选择一种是很粗疏的解答——这是指数学上的粗疏而不是写法意义上的粗疏(评委会的成员力求客观地评估粗疏的做法,因为合适意味着数学的才能和良好的表述,这些都是独立的素质). 评委会开会审议作出奥林匹克的评价:应当认为哪种想法是有益的,而哪种想法不是有益的. 最后的措辞可能是很不明确的. 因此,必须在纸上明确地说明自己的见解,这是书面的奥林匹克令人烦恼的特点,也是书面的奥林匹克基本的短处之一. 一般情况下,在低年级更是这样.

众所周知,为了清楚地理解问题的解答,最好是亲自去解这个问题,或者至少是尝试去做一做,琢磨出它的解决方法,自然需要检验. 怎样辨别解答是否正确呢("从奥林匹克评委会的观点来看",因为评委会自然认为它的评判标准是唯一可能的)?

可以认为,为了检验解答,只需将它与本书第二部分的叙述作简单的"核对". 但是,特别是对于复杂的问题,这样做远不是较好的办法. 首先,常见的是在书中所说的是完全不同的解答. 奥林匹克的问题常常有多种解答方法,即使它只有一个答案,实质上也可以用各种完全不同的方法去说明答案. 如果解答方法与书中所写的不相同,也不意味着前者是不对的.

其次,虽然各种各样的解答可能与书中给出的答案类似,但是解答是不正确的. 因为答案中最重要的是逻辑基础. 好像答案有某些公式的事实本身并不表示解答还不错(例如在大型的奥林匹克中总有这样的学生,他猜测答案,并将猜测随意写成算术运算的组合而得到解答,他并不关心这些运算与问题是否有任何联系. 在考虑答案是否合乎规则时,这些"解答"是被排除在外的. 重要的不仅仅在于正确地进行计算——在奥林匹克的问题中几乎不可能有复杂的计算——关键在于理解了什么,然后才计算什么).

最后,书中所写的解答同样需要验算! 不仅仅是为了找出其中的错误,而是为了更好地认识清楚答案. 解答中的许多中间结论是没有注释的,将它们作为结果或只作简要的说明,这些结论并不是不需要证明而信以为真的. 应当懂得,其中每一个结论为什么成立并且它们是从哪里得出来的(有时,为此要解决一个较小的问题). 一个解答只有满足下列要求才被认为是通过检查的:它的所有细节都是有根据的,在必要时,可以对解答作出充分符合需要的详细的说明. 顺带提及,奥林匹克口试的准则是:解题的回答无需先琢磨答案的哪些细节应当详细地说明,但是应当准备好回答对应的问题.

其实,说明细节很少引起困难,而在第一轮中(如果解答的话!)对解答并不要求有特别详细的说明. 更多的不愉快的事情起源于各种各样的逻辑错误. 遗憾的是常常表现为对最重要的——"解题"是什么缺乏理解(指对一般的问题而不是各种标准化试题). 因此,在着手解题之前,首先应理解这个问题所要求的是什么?

数学的任何问题都是"以证明为基础"的问题,这就是说,解答中出现的任何结论,无论是问题的答案或辅助的事实都必须是有根据的(已经证明的). 问题的解答本身不是什么别的东西,而是证明某个结论——或者是在条件中已经清楚地表达出来的结论(求证……);或者是回答习题的问题的各个结论. 实际上,对词"解答"的理解就是证明(不过,在某些问题中,只要举出某一个例子就足够了. 如对低年级的益智题和"是不是有……"类型的问题就是属于这一类的题目. 当然,只限于答案是肯定性的问题. 这时,同样应当验证举出的例子确定是合适的).

大部分数学问题包括叙述“条件”,并且假设满足这些条件(例如:“数 x 满足……”;“已知……”等).这些问题实质上要求证明下列类型的结论:“当 x 满足给定条件时,在所有可能的情况下证明……是正确的”.选出一个具体的例子,它满足问题的条件,但任何时候都不是解.即使这样的例子实际上只有一个,同样需要证明“唯一性”的这个事实.作者认为,最不好的情形只有一种,就是审查这种常见的错误.

如果问题要求做某种寻找,那么除了解答原来的问题以外,还应证明不可能有其他的答案.当然,对于中学的一般问题,这些证明就是从条件出发经一系列逻辑推导得出答案.而在下列情形就不必解问题了:利用“似然推理”已经想出答案,或很容易猜到答案,而且证明了这个答案是唯一可能的,那么已经解决问题,这时,重要的不是从条件出发的逻辑推导,而“寻找”答案的过程可能与证明没有任何共同点.想出答案比寻找(推测)答案更复杂.应当记住,问题可能有几个答案,尽管不多,那就必须找出全部答案.简单地说,如果问题需要回答,那么在解答中要列出所有可能的答案并证明没有其他的答案(高年级学生可能认为这类似于“解方程”).如果有几个答案,那就应当证实它们全部确实都是合适的.其实,在答案是唯一的情况下,这样做也是有益的.

如果在问题的条件中对某一个量引入记号,假定为 n,那么答案可能与这个量有关,例如,答案是含有 n 的表达式.

与条件相对应,第一步应区分正确的解答与错误的解答(准确地说,是将解答与不是解答区分开来).检查解答,首先应当证实其中的证明正是问题所需要的.其次,对解答的进一步的要求是使解答真正得到证明,即答案有完整的正确的逻辑推理.只有在书面的奥林匹克中才出现证明不完备的问题,或者是“不充分的论证”(这是更准确的说法“完全没有解答”的客气的同义语).典型的“没有充分论证的解答”大概如下:

“已知[重抄问题的条件],就是说[问题的结论的原文].须知,如果[问题的结论]不成立,那么[条件的原文]是不可能的.因此,从[条件的原文]得出[问题的结论],这就是所要证明的.”

显然,这样的文本完全不是解答.虽然这样,在其中没有任何“错误”(不正确的结论).还有更复杂的例子,其中逻辑的不对应性一般情况下隐藏在论证的不充分性的后面.比如说,先证明了一个辅助的结论,然后解题者似乎是利用它,但却完全是用了别的.一般情况下,问题的解答在于它的结论是从很简单的、显然的或众所周知的事实推导出来的.如果发现某个“显然的”结论的证明一点也不比问题的全部的解答更简单,那么,这正好是“没有充分论证”的情形.

无解的问题还有一个特征标志:这就是过分普遍的论断.如果同样程度的推理适用于这个问题,又似乎适用于任何不正确的说法,那么当然什么也没有证明(顺带提及,在本书对某些问题的解答的评论中,会举出这样的例子,它的条件与问题的条件接近,但结论是不正确的).特别地,如果解答不利用条件中的某一个,而没有这个条件问题的结论显然是不对的.这正是解答有逻辑错误或不完备的明显标志,因此,查明以下一点总是有益的:题目的某些条件是本质的吗?如果是,那么在解答中是如何运用这些条件的.

至于推导中的逻辑错误,这样的例子如此之多并且形式多样,我们不再一一列举它们.避免这种错误最好的方法就是在解答中注意使所有的结论都有清晰而且唯一的含义,无论如何解答都不能根据完全说不清楚的"当然的"定理,也不能利用并不知道它们的确切的定义的数学概念. 这也适用于标准的记号与运用表达式的规则——如果将解答无中生有地表示为某些手册的公式的组合结果,那么,它最可能是毫无意义的(此外,以下述方法解答总是危险的:在分式$\frac{\sin x}{x}$中以 x 去除或者从公式中颠三倒四地鼓捣出一个答案来).

还有最后的说明,在阅读解答时,常常会产生一些困惑:"怎样才能想到这些?"不要难过,在大多数情况下,这种困惑完全是合理的. 问题在于,解答的表述与寻找解答的过程并不是对应的. 解答应当回答下列问题:"习题的结论为什么是正确的",而不是"当我解习题时,我有什么想法".

为了更好地领悟这是完全不同的两件事,我们介绍关于某个典型的恒等式或不等式的证明过程. 通常是这样开始的:从要证明的表达式入手,利用已知的变换法则将它转化为某一个显然的真命题. 这里有某些奇异之处,它是从还未被证明的,从而不能认为是成立的结论开始推导的(顺带说及,在粗心地应用这种方法时,实际上可能弄错因果关系). 从结果开始的下列解答看来是"逻辑上完美无缺的";这就是它从一些显然正确的结果开始,从这些结果依次地推导出其他的结果,然后得到所要证明的. 但是,要想出"从结果开始"这样的解答常常是很复杂的. 例如,在解答的过程中需要解开括号,接着在左右两端消去某些项,那么,从结果出发就表现为:在两端加上"某些"项,然后将它们分解因式. 尝试猜想! 正是这样,奥林匹克问题的最"神秘的"解答其实完全可以自然地想出来. 这里还有一个道理:自己独立地思考问题的解答,比阅读和检验别人的解答更为重要,更为有益.

С · Л · 别尔洛夫
С · В · 伊万诺夫
К · П · 科哈西

目录

第一编　试题

第二编　解答

第一编

试题

1994 年奥林匹克试题

第一轮

6 年级

94.01. 请在 4×4 方格表中放置 10 个 1(每个方格中至多只能放一个 1),使得在每一列中都有偶数个 1,而每一行中都有奇数个 1.

94.02. 在十进制的十位自然数中,能被 9 整除,并且各位数字都是 0 或 5 的自然数有多少个?

94.03. 在某次数学竞赛中,有若干道简单题和难题,每解出一道简单题得 2 分,每解出一道难题得 3 分. 此外,对于每道未能解出的简单题要扣去 1 分. 罗曼解出了 10 道题,一共得了 14 分. 请问:该次数学竞赛中一共有多少道简单题?

94.04. 甲、乙、丙三个人做游戏,每个人分别写出 100 个单词,然后比较每人所写的单词. 如果某个单词至少被两个人写出,那么,就将这个单词从这三个人所写的单词中删去. 请问:最后是不是会出现下列情形:甲只剩下 54 个单词,乙只剩下 75 个单词,而丙只剩下 80 个单词?

7 年级

94.05. 请将数 14,27,36,57,178,467,590 和 2 345 放置在圆周上,使得每两个相邻的数都有相同的数字.

94.06. 如图 1 所示,矩形 $ABCD$ 被分成一些正方形. 已知边 $AB=32(\mathrm{cm})$,试求边 AD 的长度.

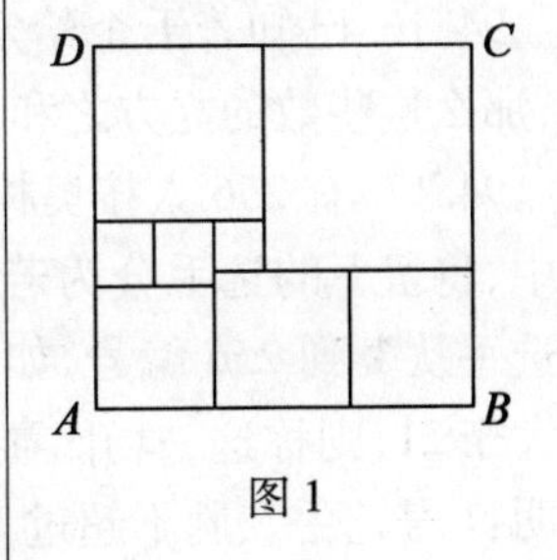

图 1

94.07. 芭芭娅迦和科谢伊各采了一些蛤蟆菌. 芭芭娅迦采的蛤蟆菌上的斑点数目是科谢伊采的蛤蟆菌上的斑点数目的 13 倍. 而当芭芭娅迦将自己的斑点数目最少的一个蛤蟆菌送给科谢伊以后,她的蛤蟆菌上的斑点数目就仅仅是科谢伊的蛤蟆菌上的斑点数目的 8 倍了. 证明:芭芭娅迦一共采了不多于 23 个蛤蟆菌.

94.08. 在 10×10 方格表中放置跳棋子,每个方格中至多放置 1 枚跳棋子. 为了使各列中的棋子数目各不相同,而且各行中的棋子数目也各不相同,在该方格表中一共可以放置多少枚跳棋子? 请给出所有可能不同的答案,并证明此外再没有其他答案.

8 年级

94.09. 同问题 94.07.

94.10. 如图 2 所示,在等腰$\triangle ABC$的底边AC上取一点D,在AD的延长线上取(除点C之外的)一点E,使得$AD=CE$. 证明:$BD+BE>AB+BC$.

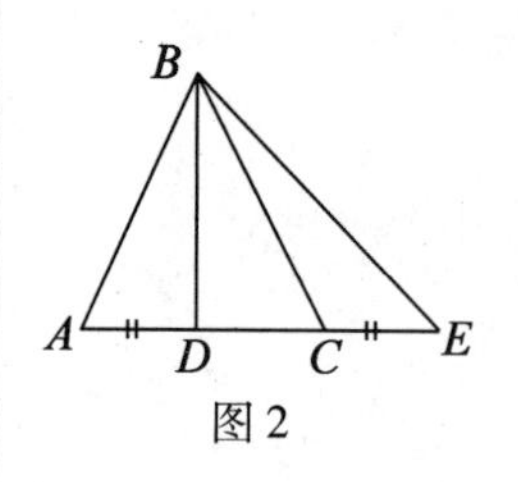

图 2

94.11. 在黑板上按照递增顺序写出从 1 到 10 000 的所有自然数,然后,擦去所有既不能被 4 整除,也不能被 11 整除的数. 最后,排在第 1 994 个位置上的数是什么?

94.12. 奥林匹克循环赛的规则规定:在每一轮竞赛中都把参赛者每两个人分为一组,组内两人比赛,淘汰败者,胜者进入下一轮比赛,直至决出一名冠军. 现有 512 名运动员参加奥林匹克循环赛,他们的编号分别为 1 号到 512 号. 如果分在同一组中的两个人的编号之差大于 30,我们就把这个组称为“乏味的”. 请问:能不能在整个赛程中不出现乏味的组?

9 年级

94.13. 同问题 94.07.

94.14. 已知自然数A,B与C满足:以B去除A所得的商大于以B去除A所得的余数的 2 倍. 而以C去除B所得的商大于以C去除B所得的商的 2 倍. 证明:以C去除A所得的商大于以C去除A所得余数的 2 倍.

94.15. 如图 3 所示,在$\triangle ABC$的中线BM上取一点D,过点D作平行于边AB的直线,过点C作平行于中线BM的直线,所得的两条直线相交于点E. 证明:$BE=AD$.

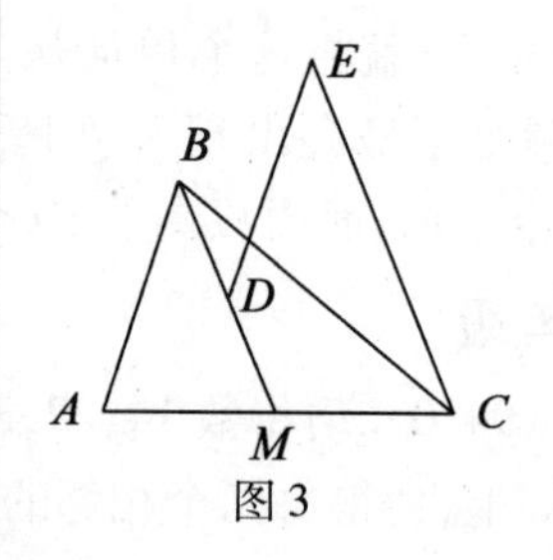

图 3

94.16. 已知若干个给定的正整数之和等于它们的平方之和,那么这些数的立方之和与它们的四次方之和哪一个较大?

94.17. 有 256 人按奥林匹克赛制进行比赛(即在每一轮比赛中,将留下的选手分为若干队,并且让失败者出局). 将每一个选手从 1 到 256 编号,如果某一场比赛中两个选手编号之差不大于 21,则称这一场比赛是有趣的. 设每场比赛都是有趣的,证明:1 号选手获胜不超过 2 场.

10 年级

94.18. 同问题 94.04.

94.19. 求满足下式的所有的四个自然数k,l,m,n,即

$$(2^k+2^l)^2=2^m+2^n$$

94.20. 同问题 94.16.

94.21. 如图 4 所示,在锐角$\triangle ABC$中作高AE与CD,在边AC上有两个不同的点F与G,使得$DF\parallel BC$且$EG\parallel AB$. 证明:四边形$DEFG$是圆内接四边形.

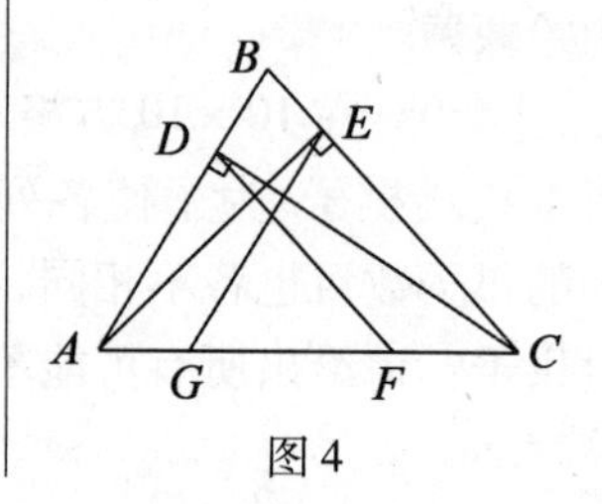

图 4

94.22. 同问题 94.17.

11 年级

94.23. A,B,C,D 和 E 进行国际象棋比赛,并且每两个选手恰好都互相比赛一次. 在比赛结束后得知:A 恰好赢了 2 盘,B 全部都是平局,C(按结果)只输给总分最后的一名选手,而 D 比 E 多得 0.5 分. 请确定整个象棋比赛的结果(在国际象棋比赛中,胜方得 1 分,平局各得 0.5 分).

94.24. 同问题 94.15.

94.25. 同问题 94.16.

94.26. 求满足下列条件的全部十进制三位数 n:

①它们被自己的数字之和加 1 后所除得的余数为 1;

②以同样的数字按相反的顺序所写成的三位数也具有性质①.

94.27. 如图 5 所示,棱锥 $S-ABC$ 的底面是 $\triangle ABC$,其中 $AB=17, AC=10, BC=9$. 棱锥的高为 20,这个高的垂足是线段 BC 的中点. 求棱锥的满足下列条件的平面截面的面积:截面过点 A,平行于直线 BC,而且截面将棱锥的高从顶点 S 计算分为 4:1.

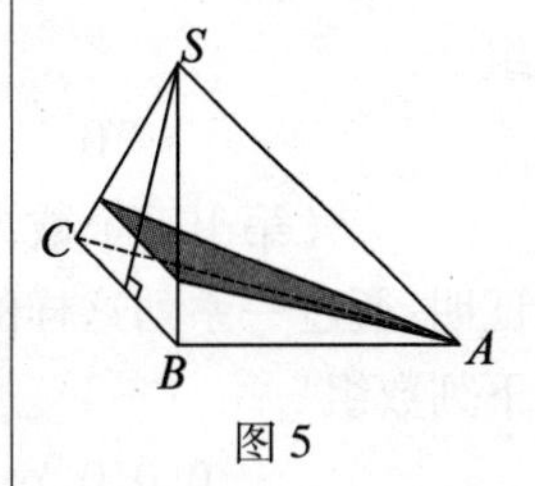

图 5

第二轮

6 年级

94.28. 现有 5 枚面值分别为 1,2,3,5 和 10 皮亚斯特(拉丁美洲国家旧时货币名称)的硬币,其中有一枚假币,即它的质量的克数与它的面值数不相等,怎样利用一台没有砝码的天平找出这枚假币?

94.29. 国际象棋棋盘是一个 8×8 的方格表,现在将棋子“车”放在这个方格表的方格中,每个方格中至多放 1 枚棋子. 已知每行、每列中都刚好有一枚棋子“车”. 如果将棋盘分为 4 个 4×4 的正方形,证明:右上正方形中的棋子数目等于左下正方形中的棋子数目.

94.30. 现有 11 张卡片,在每一张卡片上各写上一个不大于 5 的自然数,米沙将这些卡片排成一行,得到一个十一位数,米沙再将它们按另一种顺序排成一行,又得到另一个十一位数. 证明:这些十一位数的任两个之和中至少有一个数是十进制表达式中的偶数.

94.31. 在柠檬亲王的宫廷中供职的有大公、伯爵和男爵. 在亲王开始执政时,宫廷中共有 1 994 人供职. 但是,每一天都有一个人在决斗中杀死另一个人,并且大公只杀死伯爵,伯爵只杀死男爵,男爵只杀死大公. 而且没有人在决斗中取胜过两次,最后,只剩下男爵阿佩利西一个人还活着.请问:第一个被杀死的人的身份是什么?

94.32. 在一副骨牌中有222块菱形牌◇,333块正三角形牌△和444块梯形牌⏢,其中每一个正三角形的边长为1.证明:用所有这些骨牌不能拼成一个周长为888的多边形.在拼接时,骨牌与骨牌之间没有空隙.

94.33. 在黑板上将101个自然数写成一行.现在做如下操作:每一次允许将任意两个相邻的数各减去1.已知,经过一系列这样的操作后得到数组

$$\{1,0,0,\cdots,0,0,0\}$$

(第1个数为1,其余的数都是0)

和数组

$$\{0,0,0,\cdots,0,0,1\}$$

(第101个数为1,其余的数都是0)

证明:通过一系列这样的操作,可以从101个自然数的数组得到下列数组

$$\{0,0,0,\cdots,0,1,0,\cdots 0,0,0\}$$

(第51个数为1,其余的数都是0)

7 年级

94.34. 同问题94.31.

94.35. 有三个两位数,其中任何两个数的和都等于将第三个数的两个数字交换位置后所得的数.请问:这三个数之和可能是什么数?

94.36. 在 10×10 方格表的方格中填入0和1.已知任何四行中都有某两行数填得完全一样.证明:该方格表中一定有两列数填得完全一样.

94.37. 现有100枚面值分别为 $1,2,\cdots,100$ 皮亚斯特的硬币,其中有不多于20枚假币.假币是指它的质量的克数不等于其面值数.怎样利用一台没有砝码的天平确定面值为10皮亚斯特的硬币是不是假币?

94.38. 在平面上有没有这样的点:它到某个正方形的四个顶点的距离分别为1,4,7和8?

94.39. 在火星上,某种语言共有 k 个字母.如果两个单词的字母个数相等,并且只有一个字母不同(例如 ТРИСК 与 ТРУСК),则称它们是相似的.证明:可以将该语言的所有单词划分为 k 个组,使得每个组内任何两个单词都不相似.

94.40. 在一张正方形纸上用铅笔画线段,将该正方形划分为 n 个矩形.证明:只需画不多于 $n-1$ 条线段,就能够在正方形

纸上划分出这 n 个矩形. 矩形之间不能相互重叠,而线段也不一定起于或终于正方形的边.

8 年级

94.41. 如图 6 所示,在$\triangle ABC$ 中,$\angle A$ 的平分线、边 AC 上的高和边 AB 上的中垂线相交于一点,求$\angle A$ 的度数.

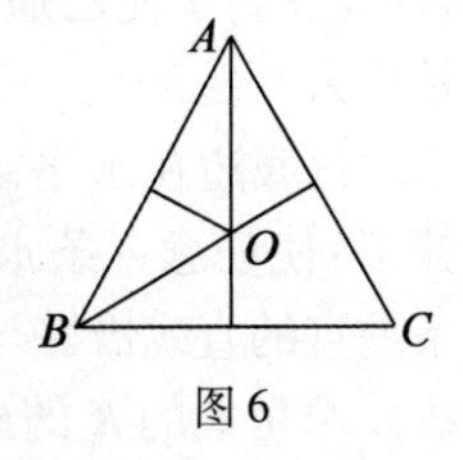

图 6

94.42. 同问题 94.31.

94.43. 给定一个 15 位数,它的各位数字都是 0 或 1,该数能被 81 整除,但不能被 10 整除. 证明:不能通过删去该数的其中一个数字 0,使所得的 14 位数能被 81 整除.

94.44. 现有 100 枚面值分别为 1,2,…,100 皮亚斯特的硬币,其中恰好有 16 枚假币,假币是指它的质量的克数不等于其面值数. 怎样利用一台没有砝码的天平找出所有的假币?

94.45. 请找出满足下列条件的所有的正整数 n:它的真因子(即不等于 n 的因子)的平方和等于 $2n+2$.

94.46. 商店出售 5 种罐头,它们的质量和价格各不相同(见下表). 在仓库里有 1 994 听罐头共重 1 t. 证明:它们的总价值少于 1 600 000 ₽.

质量/g	330	420	550	640	710
价格/₽	600	700	800	900	1 000

9 年级

94.47. 同问题 94.40.

94.48. 在某星球上住着两种居民,一种是只讲真话的骑士,另一种是只讲假话的撒谎者. 有一天,该星球的居民同时发表声明,声称在本星球里:

①工作量超过我的人不多于 10 名;

②工资超过我的人不少于 100 名.

已知该星球上所有居民的工作量互不相等,工资也互不相等. 请问:该星球上有多少居民?

94.49. 正整数 p 与 q 满足:$p\geqslant q\geqslant 3$,而且用 pq 条小木棒可以组成 p 个 q 角形. 证明:用 pq 条小木棒也可以组成 q 个 p 角形.

94.50. 如图 7 所示,AL 是$\triangle ABC$ 的角平分线,点 K 在边 AC 上且满足$CK=CL$,点 P 是直线 LK 与$\angle B$ 的平分线的交点. 证明:$AP=PL$.

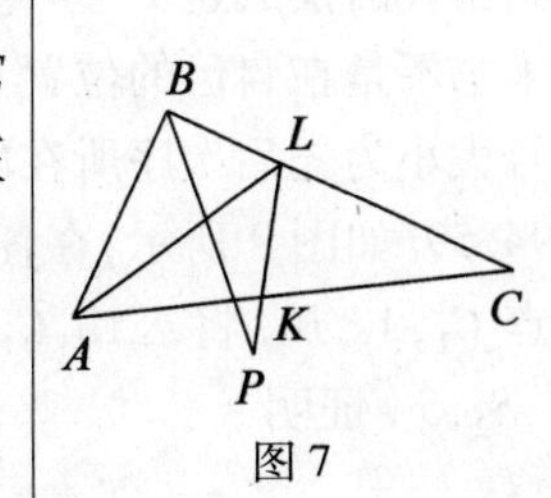

图 7

94.51. 已知正整数 a,b,c 与 d 满足

$$\frac{a^2+b}{a+c}=d$$

证明:$d\leqslant b+(c-1)^2$.

94.52. 甲、乙两人玩游戏：首先，甲选定一个实数 x，然后乙通过若干次提问来确定 x. 乙的每一次提问是任取 k 个不大于 100 且互不相等的正整数，要求甲将 x 与这 k 个正整数中某一个之和告诉乙. 为了使乙通过若干次提问一定能够确定 x，k 的最大值是什么？

94.53. 将底边在水平线上的正方形分割为满足下列条件的 K 个矩形：使任意一条水平的直线恰好与 n 个矩形相交，而任意一条垂直的直线恰好与 m 个矩形相交（只考虑不过矩形的边的直线）. 求可能的 K 的最小值.

94.54. 如图 8 所示，在任意四边形 $ABCD$ 的四边 AB，BC，CD，DA 上分别取点 K，L，M，N. 相应的，将 $\triangle AKN$，$\triangle BKL$，$\triangle CLM$，$\triangle DMN$ 的面积分别记为 S_1，S_2，S_3，S_4. 证明

$$\sqrt[3]{S_1}+\sqrt[3]{S_2}+\sqrt[3]{S_3}+\sqrt[3]{S_4}\leqslant 2\sqrt[3]{S_{ABCD}}$$

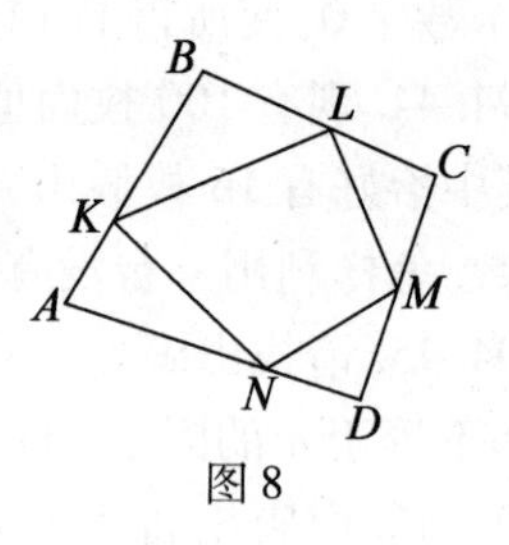

图 8

10 年级

94.55. 某股份公司里有 1 994 位股东，已知其中任何 1 000 个股东合起来就对公司有控制权（即占有公司不少于一半的股份）. 试问一个股东最多可以占有多少份额的股份？

94.56. 如果一个三角形至少有两条高的长度不大于 1，就将这个三角形称为“不高的”. 在平面上有这样的四个点：使得由这些点所构成的三角形全部都是不高的. 证明：存在一条直线，它与这四个点的距离都不大于 $\frac{1}{2}$.

94.57. 正整数 a_1，b_1，c_1，a_2，b_2，c_2，满足

$$a_1+a_2=31$$
$$b_1+b_2=32$$
$$c_1+c_2=1\,994$$

证明：$a_1b_1c_1\neq a_2b_2c_2$.

94.58. 将一套 1 994 卷的百科全书摆放在书架上. 每天早上，图书管理员费佳取出其中 3 卷，再将这 3 卷放回书架时，它们仍被放在取书时的 3 个位置（但每卷不一定放回取出时的各自的位置）. 每天晚上，清洁工杜霞调换某两卷的位置. 证明：如果开始由杜霞摆放这 1 994 卷书，她可以使得在任何时刻，至少有 5 本书不是在自己的位置上（每本书在自己的位置是指按书的卷号大小为先后次序所在的位置）.

94.59. 如图 9 所示，在任意的 $\triangle ABC$ 的三边 AB，BC，CA 上各取点 C_1，A_1，B_1. 将 $\triangle AB_1C_1$，$\triangle BA_1C_1$，$\triangle CA_1B_1$ 的面积分别记为 S_1，S_2，S_3. 证明

$$\sqrt{S_1}+\sqrt{S_2}+\sqrt{S_3}\leqslant\frac{3}{2}\sqrt{S_{ABC}}$$

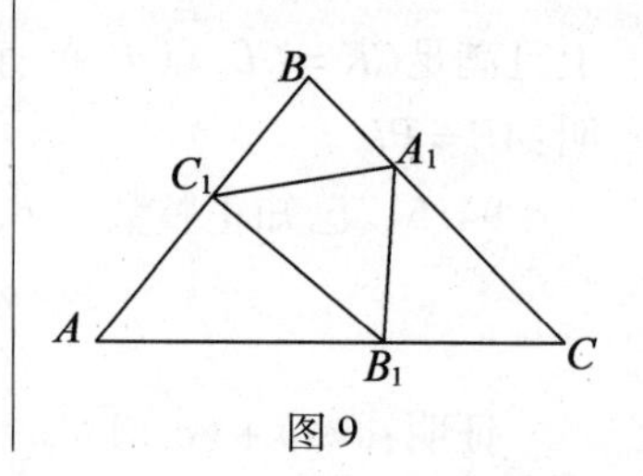

图 9

94.60. 同问题 94.53.

94.61. 甲乙两人玩游戏,甲先想定一个数 x. 游戏的每一步是乙讲出任意五个不大于 9 的不同的正整数,然后甲将 x 与乙所讲的数之中的某一个的和数告诉乙. 请问:至少要经过多少步提问,乙才可以确定 x?

11 年级

94.62. 如图 10 所示,在等边 $\triangle ABC$ 的边 AC,AB 上分别选点 D,E,使得 $AE = CD$. 设线段 DE 的中点为 M,证明 $AM = \frac{1}{2}BD$.

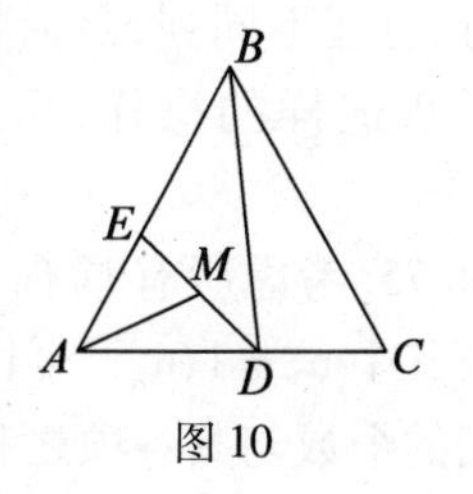

图 10

94.63. 同问题 94.48.

94.64. 正整数 a,b,x,y 满足:a^2+b^2 可整除 $ax+by$. 证明:数 x^2+y^2 与 a^2+b^2 有大于 1 的公因数.

94.65. 同问题 94.58.

94.66. 如图 11 所示,点 H 是 $\triangle ABC$ 的垂心. H 在 $\angle B$ 的平分线上的投影是 H_1,H 在 $\angle B$ 的外角的平分线上的投影是 H_2. 证明:直线 H_1H_2 平分边 AC.

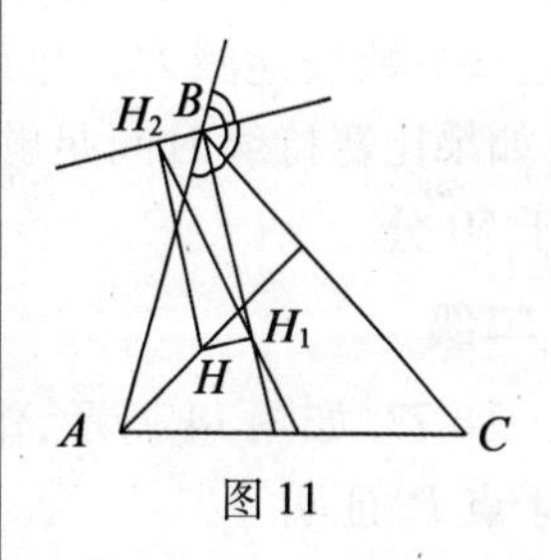

图 11

94.67. 同问题 94.53.

94.68. 给定有限数列 $\{a_1,a_2,\cdots,a_n\}$. 对于任意的 $k<n$,将数列 $\{a_1,a_2,\cdots,a_k\}$ 的项依次更换为

$$\{a_{k+1}-a_k,a_{k+1}-a_{k-1},\cdots,a_{k+1}-a_1\}$$

证明:可以运用一系列这种操作,使所得数列的每一项(除最后一项外)都不小于自己相邻两项的算术平均值,而且经操作所得具有这种性质的数列是唯一的.

选拔轮

9 - 10 年级

94.69. 如图 12 所示,点 A 与点 B 位于一个角的不同的边上,自点 A 与点 B 各自作所在的角的边的垂线与角的平分线分别相交于点 C 和点 D. 证明:线段 CD 的中点与点 A,B 等距.

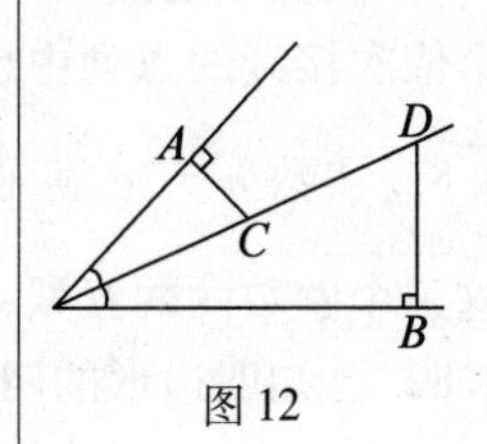

图 12

94.70. 正整数 $a,b,n(n>1)$ 满足:ab 整除 $(a+b)^n$. 证明:b 整除 a^{n-1}.

94.71. P 为正方形 $ABCD$ 的内点,联结点 P 与正方形的顶点的线段将正方形划分为四个三角形. 证明:必有两个三角形的面积之比在区间$[\frac{3}{5},\frac{5}{3}]$内.

94.72. 黑板上开始时写着数 1 994,第一步操作是将数 1 994加上他的最大素因子得到数 A_1,第二步操作是将数 A_1 加上数 A_1 的最大素因子得到数 A_2,这样继续操作下去. 证明:必

有某个数 A_n 是 1 995 的倍数.

94.73. 如图 13 所示,在不等腰的锐角 $\triangle ABC$ 内取一点 O,使得 $\angle OBC=\angle OCB=20°$,而且 $\angle BAO+\angle OCA=70°$,求 $\angle A$ 的度数.

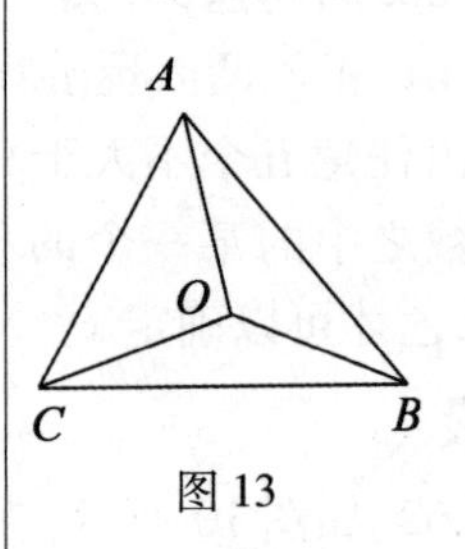

图 13

94.74. 在 1 995 × 1 995 的方格表的每一格里写上正号或负号. 每一步操作是任选 1 995 个方格,使得其中任何两个方格互不同行,也互不同列,然后在选出的方格里同时变号. 证明:经过若干步这样的操作,可以使得在表中剩下的正号不多于 1 994 个.

94.75. 考虑所有具有下列性质的正整数数列 $\{a_1,a_2,\cdots,a_{1\,994}\}$,其中 $a_1=1$,$a_{n+1}\leqslant 1+a_n$. 证明:其各项之和为偶数的这种数列的个数与其各项之和为奇数的这种数列的个数相等.

94.76. 200 位网球手按积分循环赛规则进行比赛. 这就是说,每天在赛前每位网球手计算出到当天为止所得的总分,并将这些分数按递减方式排序,然后配成 100 场相邻对比赛. 证明:如果比赛持续时间足够长,一定有两位参赛者的总分之差大于 50 分.

11 年级

94.77. 如图 14 所示,作锐角 $\triangle ABC$ 的高 BD 与 AE,它们相交于点 P. 证明

$$AB^2=AP\cdot AE+BP\cdot BD$$

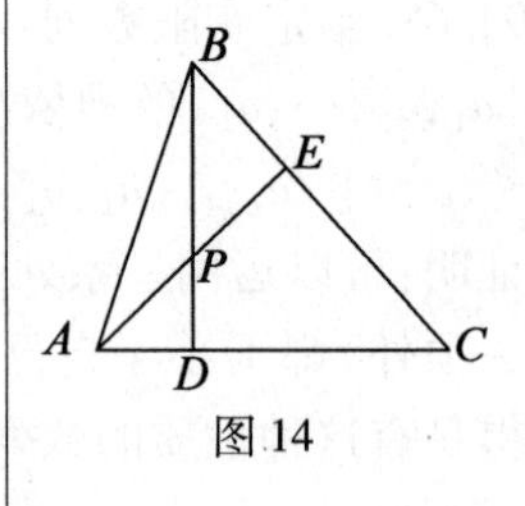

图 14

94.78. x 与 y 都是大于 1 的自然数,而且 $x+y-1$ 整除 x^2+y^2-1. 证明:$x+y-1$ 是合数.

94.79. 对于任意的正实数 a 与 b,证明:不等式 $a^a+b^b>ab$ 成立.

94.80. 将在圆周上的 1 994 个点染成 10 种颜色. 已知在任何 100 个依次接续的点列中都出现全部 10 种颜色. 证明:在任何 90 个依次接续的点列中也出现全部 10 种颜色.

94.81. 实数 a,b,c 满足:使 $\dfrac{1+bc}{b-c},\dfrac{1+ca}{c-a},\dfrac{1+ab}{a-b}$ 都是整数. 证明:这三个整数两两互素.

94.82. 已知四边形的四边的长为 a,b,c,d. 证明:这个四边形的面积不大于 $\dfrac{1}{4}[(a+c)^2+bd]$.

94.83. 设 a_n 是 2^{5^n} 的十进制记数法的第 $n+1$ 位数字(从最右一位开始计算). 证明:数列 $\{a_n\}$ 不是周期数列.

94.84. 丘克与黑克玩游戏. 黑克在平面上画一组点,并且用一些不相交的线段联结这些点,联结的线段不构成封闭的折线. 然后两人按以下的要求轮流将任何未被染色的点染上给定

的四种颜色中的一种:要使任何两个"相邻的"点不同颜色.丘克走第一步,如果在游戏结束时,所有的点都被染色,那么丘克获胜.在相反的情况下(即游戏再不能按上述要求进行下去,但不是所有点都被染色),那么黑克获胜.问在这个游戏中,谁将胜出?

239 中学的奥林匹克

8-9 年级

94.85. 在一群人中,每一个人都有熟人.

证明:可以将这群人划分为如下两组人:使每一个人在另一组中都有熟人(熟人关系是相互关系).

94.86. 如图 15 所示,点 D 位于 $\triangle ABC$ 的边 AC 上,$\angle ABD=\angle BCD$,$AB=CD$,AE 是 $\angle A$ 的平分线.

证明:$ED /\!/ AB$.

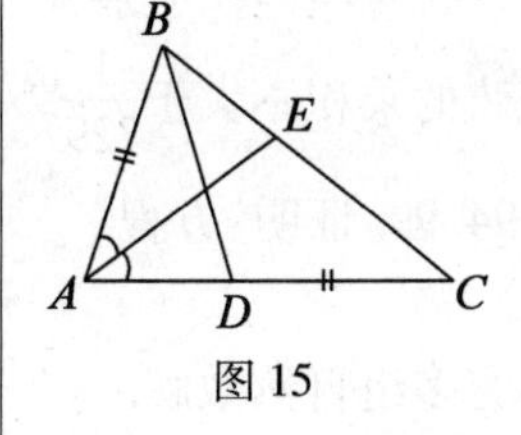

图 15

94.87. 将一副 36 张的纸牌(4 种花色,每种花色 9 张)分给 6 个人,使得若两人持有同一花色的牌,那么这两人手中这一花色的牌的张数相等.证明:一定有一个人手里持有 4 张同一花色的纸牌.

94.88. 证明:对于任意两个奇偶性不同的整数 a,b,都可以找到这样的整数 c,使得 $c+ab,c+a,c+b$ 都是完全平方数.

94.89. 在 $\triangle ABC$ 中作 Ceva 线 AA_1,BB_1,CC_1,它们相交于点 O.证明:O 位于中点三角形 $A_1B_1C_1$ 的内部(联结顶点与其对边的任一点的线段称为 Ceva 线.中点三角形是指以 $\triangle ABC$ 的各边的中点为顶点的三角形).

94.90. 线段 L 被其他线段 K_i 的并集 $\{K_i\}$ 所完全覆盖.证明:可以从 $\{K_i\}$ 中删去一些线段,使得余下的线段集合只覆盖 L 一次那部分的长度不小于 L 总长的 $\frac{2}{3}$.

94.91. 是否存在满足下列条件的等差数列:它的各项是正整数,公差不为零,而且各项的正因子的个数是不减的.

94.92. 三个警察试图在无穷的方格网上捕捉小偷.四个人的最大速度是相等的,如果警察与小偷处在同一网络线上,警察就一定能够抓住小偷.在抓住小偷前警察并不知道小偷所在的位置.证明:警察最终可以在有限时间内抓住小偷.

10-11 年级

94.93. 同问题 94.85.

94.94. 同问题 94.87.

94.95. 在平面上给定一组向量,其中每一个向量的长度都不超过1. 证明:可以将所有向量都旋转同一个角度(一些顺时针方向转,另一些逆时针方向转),使所得到的向量之和的长度不大于1.

94.96. 对于实数 x,y,z,求下列表达式的最大值

$$\sin x\cos y+\sin y\cos 2z+\sin z\cos 4x$$

94.97. 对于所有实数 x,y,求满足下式的所有连续函数 $f:\mathbf{R}\to\mathbf{R}$,即

$$f(f(x+y))=f(x)+f(y)$$

94.98. 四面体的每个二面角都是锐角. 证明:这些二面角的余弦的乘积不大于$\frac{1}{729}$.

94.99. 证明:方程

$$x^3+y^3=z^3$$

有无穷多组自然数解.

94.100. 能不能在平面上作出不多于42条直线和标出不多于40个点,使得在每一条直线上有不少于4个标出点,而且通过每一个标出点的直线不少于4条?

1995 年奥林匹克试题

第一轮

6 年级

95.01. 请在 4×4 方格表的每一个方格中填入一个自然数，使得各行数的乘积之和能被 5 整除，而各列数的乘积之和不能被 5 整除.

注解："各行数的乘积之和"是指先将每一行中的 4 个数相乘，然后将 4 个乘积相加. "各列数的乘积之和"是对列中各数作同样的处理.

95.02. 在森林里生长着橡树和枞树. 有人砍去了橡树的三分之一和枞树的六分之一. 另外一些人断言：森林中有一半树木被砍去. 证明：另外一些人的断言中，包含不正确的成分.

95.03. 十进制的五位数 A 的各位数字都是 2 或 3，而十进制的五位数 B 的各位数字都是 3 或 4. 请问：乘积 AB 的各位数字是否可能全都是 2？并说明理由.

95.04. 进行以下操作：将一个自然数乘以 2 以后，按任意顺序重新排列它的各位数字（但是不能将 0 排在首位）. 证明：不能通过若干次这样的操作，由 1 得出 74.

95.05. 请将四个 1、三个 2 和三个 3 排列在圆周上，使得任何相连的三个数之和都不能被 3 整除.

95.06. 进行以下操作：将一个自然数乘以 2 以后，按任意顺序重新排列它的各位数字（但是不能将 0 排在首位）. 证明：不能通过若干次这样的操作，由 1 得出 811.

95.07. 在某岛上住着 100 个人，其中一些人只讲真话，而其余的人只讲假话. 岛上的每个居民崇拜下列三位神之一：太阳神、月亮神、地球神. 向岛上的每个居民提出三个问题：

①你崇拜太阳神吗？

②你崇拜月亮神吗？

③你崇拜地球神吗？

对第一个问题回答"是"的有 60 人；对第二个问题回答"是"的有 40 人；对第三个问题回答"是"的有 30 人. 请问，该岛上有多少人只讲假话.

95.08. 如果在一个蘑菇上面寄生的蠕虫多于 11 条，就将该蘑菇称为“坏的”. 如果蠕虫只吃了它所寄生的蘑菇的不多于$\frac{1}{5}$,则称这条蠕虫是“瘦弱的”. 已知森林里$\frac{1}{4}$的蘑菇是坏的. 证明:有不少于$\frac{1}{3}$的蠕虫是瘦弱的.

8 年级

95.09. 一个矩形的边长为整数. 已知可以将它分为一系列角状形⊞(即将 2×2 的正方形裁去任何一个单位正方形后所成的图形). 证明:可以将该矩形分为一系列 1×3 的矩形.

95.10. 能不能将正整数 $3,4,\cdots,11$ 填入 3×3 方格表中,使得第一行的数的乘积等于第一列的数的乘积;第二行的数的乘积等于第二列的数的乘积;第三行的数的乘积也等于第三列的数的乘积?

95.11. 如图 1 所示,已知四边形 $ABCD$ 为菱形,点 E,F 分别位于边 AB,BC 上,而且 $AE=5BE,BF=5CF$. 若 $\triangle DEF$ 为等边三角形,求 $\angle BAD$ 的度数.

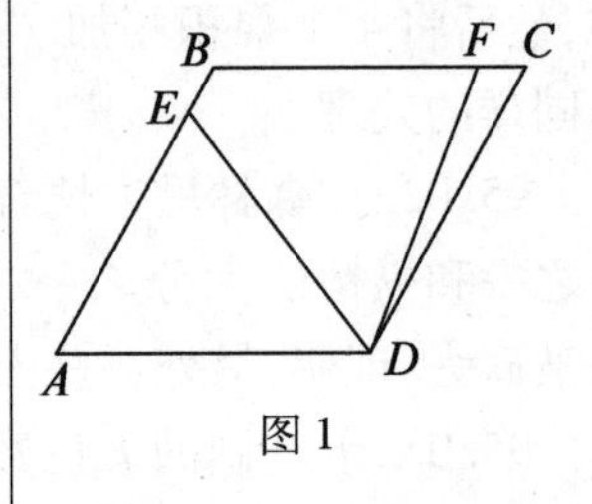

图 1

95.12. 现有下列两类五位数:

①每一个数的各位数字之和都等于 36,而且都是偶数;

②每一个数的各位数字之和都等于 38,而且都是奇数.

请问:哪一类数较多?要说明理由.

9 年级

95.13. 同问题 95.09.

95.14. 求下列方程组的实数解

$$\begin{cases}8a^2+7c^2=16ab\\9b^2+4d^2=8cd\end{cases}$$

95.15. 已知四边形 $ABCD$ 为菱形,点 E,F 分别位于边 AB, CD 上(参看图 1). 设$\frac{CF}{BF}=\frac{BE}{AE}=1\,994$,而且 $DE=DF$,求$\angle EDF$的度数.

95.16. 两支足球队进行 129 轮射点球比赛. 规定在 129 轮中每轮两队各射一球,若进行到某轮射完球时,已经确定哪一队获胜,那么就结束比赛. 如果已知在这场比赛结束的时候,所有射过的球恰好有一半射中,请问这场比赛的获胜方射进了多少个球?

95.17. 求方程

$$105^x+211^y=106^z$$

的正整数解.

10 年级

95.18. 对于在十进制中能够被 8 整除的六位数,求它的各位数字之和的最大值.

95.19. 某岛国的居民只有两种人:只讲真话的骑士与只讲假话的无赖. 岛上有三个政党 P,Q,R,并且岛上每一个居民恰好加入其中一个政党. 向每一个居民提出三个问题:

①你是 P 党的党员吗?

②你是 Q 党的党员吗?

③你是 R 党的党员吗?

对这些问题得到肯定的回答分别占 60%,50%,40%. 请问:Q 党的党员中,骑士多还是无赖多?

95.20. 如图 2 所示,点 E 位于菱形 $ABCD$ 的边 BC 上,而且 $AE=CD$. 线段 ED 与 $\triangle AEB$ 的外接圆相交于点 F. 证明:A,F,C 三点共线.

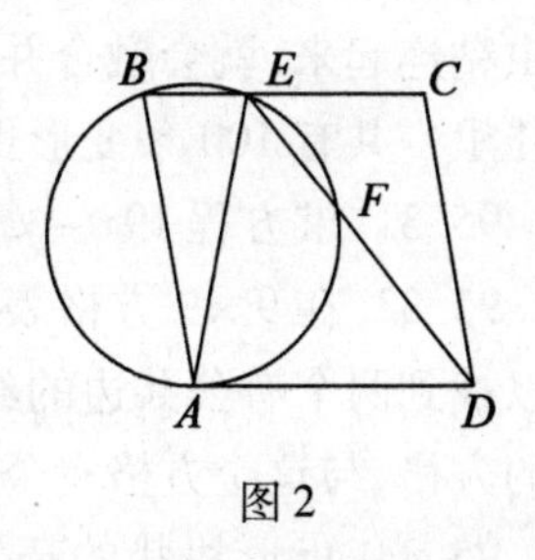

图 2

95.21. 考虑三维空间中坐标满足如下条件的整点:$0<x<100,0<y<100,0<z<100$. 求出每一个这样的整点的最大坐标与最小坐标之和,并求出所有这些和数的总和.

95.22. 实数 $x,y\in[0,1]$,证明不等式

$$\frac{x}{\sqrt{2y^2+3}}+\frac{y}{\sqrt{2x^2+3}}\leqslant\frac{2}{\sqrt{5}}$$

11 年级

95.23. 同问题 95.19.

95.24. 是否可以按下列要求将数 $\lg 4,\lg 5,\cdots,\lg 12$ 填入 3×3的方格表内:使得这个表按行的各数之和的集合与按列的各数之和的各集合相等?

95.25. 同问题 95.20.

95.26. 实数 $x,y\in[0,\frac{1}{2}]$,证明不等式

$$\frac{x}{\sqrt{4y^2+1}}+\frac{y}{\sqrt{4x^2+1}}\leqslant\frac{\sqrt{2}}{2}$$

95.27. 如图 3 所示,已知平面 MAB 平分四面体 $D-ABC$ 的以 AB 为棱的二面角,而且平面 MAB 与棱相交于点 M. 线段 BM 是 $\triangle BCD$ 的 $\angle B$ 的平分线. 点 K 与点 L 分别在 BC 与 BD 上,使得线段 AK 是 $\triangle ABC$ 的高,线段 AL 是 $\triangle ABD$ 的高. 证明:直线 KL垂直于平面 MAB.

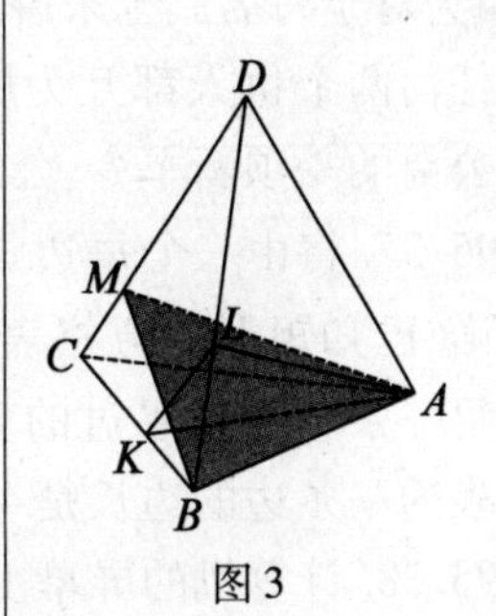

图 3

第二轮

6 年级

95.28. 25 位学生站成一行. 已知最左边的学生比最右边的学生高. 证明:一定可以找到一位学生,他的左邻比他的右邻

高.

95.29. 在黑板上写着数 12. 每 1 min 可以将黑板上的数乘以 2 或乘以 3,也可以将黑板上的数除以 2 或除以 3,并且在黑板上写上计算的结果同时擦去原来的数. 证明:经过 1 h 以后,黑板上的数不可能是 54.

95.30. 水洼里有 19 条蓝色变形虫和 95 条红色变形虫,它们有时会融合和变色:如果 2 条红色变形虫粘连起来,就会融合变成 1 条蓝色变形虫;如果 2 条蓝色变形虫粘连起来,就会融合并分裂为 4 条红色变形虫;而 1 条红色变形虫与一条蓝色变形虫粘连起来,就会融合并分裂为 3 条红色变形虫. 到了晚上,水洼里一共有 100 条变形虫. 请问:其中有多少条蓝色变形虫?

95.31. 求方程 $19x - yz = 1\ 995$ 的所有素数解组 (x, y, z).

95.32. 在 9×9 方格表中将 19 个方格染成红色. 证明:或者可以找到两个有公共边的红色方格;或者可以找到一个未被染红的方格,与这个方格有公共边的红色方格不少于 2 个.

95.33. 矩形块状的巧克力被凹槽分割为 17×17 个方格. 甲、乙两人按以下规则玩游戏:每人每次都将一块矩形形状的巧克力块分为 2 个矩形块(只能沿着凹槽切开);并且当乙每次做完后都立即将自己所分出的一个矩形块吃掉. 谁不能继续下去,就算谁输. 甲先开始分. 请问:在正确的策略之下,谁将获胜?

7 年级

95.34. 同问题 95.28.

95.35. 同问题 95.31.

95.36. 伊尔公爵的卫队有 1 000 名武士. 任何两名武士或者互为朋友,或者互为仇人,或者互不认识. 武士们都是不喜欢交往的,他们只与自己的朋友说话. 而且,每名武士的情绪都不好,因为对于每名武士来讲,他的任何两个朋友都互为仇人,而他的任何两个仇人都互为朋友. 证明:为了使所有武士都知道伊尔公爵的一项新军令,公爵至少需要通知 200 名武士.

95.37. 将由三个每边长为 1 的正方形拼成的图形称为多米诺. 已知矩形的方格表被分成一系列的多米诺,而且方格表中每一条直线所穿过的多米诺的个数都是 4 的倍数. 证明:方格表的一条边的边长是 4 的倍数.

95.38. 计算机的屏幕上现在显示着数 1. 每过一秒钟计算机就会自动进行一次下列操作:如果屏幕上的数能被 2^K(K 为自然数)整除,则将它加上 1 到 $K+1$ 中的任何一个正整数. 证明:这样继续操作下去,那么 2 的任何 n(n 为正整数)次方幂数

2^n 都会在屏幕上出现.

95.39. 矩形块状的巧克力被凹槽分割为 1 995 ×1 995 个方格. 甲、乙两人按以下规则玩游戏:每人每次都将一块矩形形状的巧克力块分为 2 个矩形块(只能沿着凹槽切开);并且每次做完之后都可以将所分出的一个矩形块立即吃掉(也可以不吃). 谁不能继续下去,就算谁输. 甲先开始分. 请问:在正确的策略之下,谁将获胜?

95.40. 在书架的上下两层杂乱地放着一套多卷本的《犬类大全》,上层最左端放着《哈巴狗卷》. 图书馆管理员每天早晨都把放在不同层上的连号的两卷书交换位置. 有一天,突然发现所有的书都回到了开始时所放的那一层上. 证明:这时《哈巴狗卷》仍然放在上层的最左端.

8 年级

95.41. 如图 4 所示,将正三角形的中心与它的三个顶点分别相连. 在三条连线上和在三条边上各写上一个正整数. 对于其中任何三条形成一个三角形的线段,进行下述操作:可以将写在它们上面的数同时加 1. 证明:通过若干次这种操作,可以使 4 个三角形中的每一个的各边上的数之和被 3 除所得的 4 个余数相等.

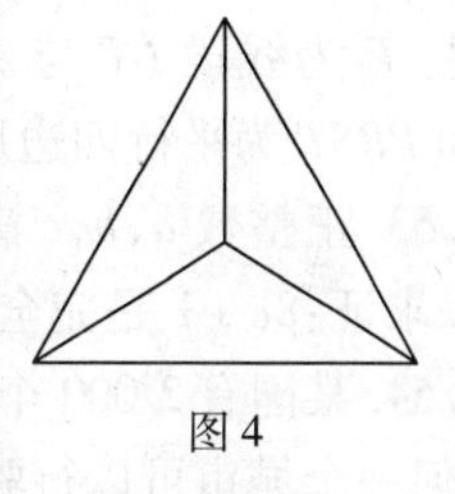
图 4

95.42. 同问题 95.36.

95.43. 以 $p(n,k)$ 表示正整数 n 的不小于 k 的约数的个数. 求下列和数

$$p(1\,001,1)+p(1\,002,2)+\cdots+p(2\,000,1\,000)$$

95.44. 如图 5 所示,BD 是 $\triangle ABC$ 的 $\angle ABC$ 的平分线,E 是 $\triangle ABC$ 外的一点,使得 $\angle EAB=\angle ACB$,$AE=DC$,而且线段 ED 与线段 AB 相交于点 K. 证明:$KE=KD$.

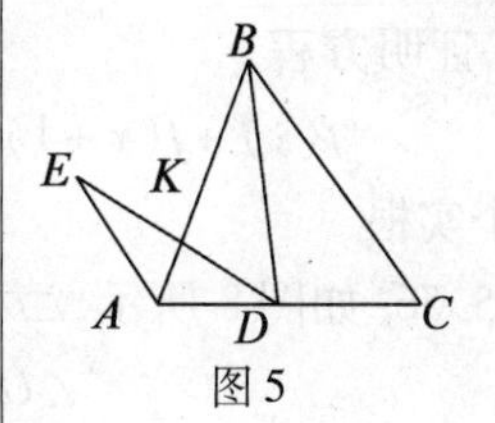

图 5

95.45. 某笔遗产是若干枚钻石,它们的总价值是一百万美元. 已知可以按价值将钻石分成 5 等分,也可以分成 8 等分. 对于其中价值最小的一枚钻石,试求它的价值的最大可能值.

95.46. 正整数 1 至 100 按任意顺序分布在正 100 边形的各个顶点上,允许将任何两个差为 1 的数交换位置. 在经过若干次这种操作以后,每个数被按从小到大移到了顺时针方向的各顶点上. 证明:在上述操作过程中,必有一次是将位于正 100 边形外接圆的某条直径端点的两个数交换位置.

95.47. 已知矩形的方格表被分成一系列多米诺(参看问题 95.37). 而且每一条与方格表的一边平行的非方格线的直线所穿过的多米诺的个数都是偶数. 证明:方格表的一条边的边长是 4 的倍数.

9 年级

95.48. 已知 $a,b>0,a+b\leqslant 2$. 证明

$$\frac{a}{b+ab}+\frac{b}{a+ab}\geqslant 1$$

95.49. 如图 6 所示，在平面上已知 $\triangle ABC$ 与点 D,E，使得

$$\angle ADB=\angle BEC=90^{\circ}$$

证明：线段 DE 的长度不大于 $\triangle ABC$ 的半周长（在图中只画出各点的一种可能的位置）.

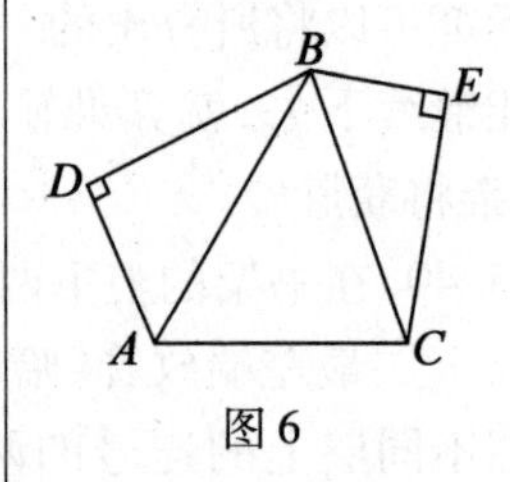

图 6

95.50. 求下列方程的正整数解

$$x^{2^x}=y^{512^y}$$

95.51. 证明：将矩形分割为多米诺形□□的分法数总是偶数.

95.52. 如图 7 所示，点 R 与 T 分别在四边形 $ABCD$ 的边 BC 与 AD 上. P 为线段 BT 与 AR 的交点，S 为线段 CT 与 DR 的交点. 已知 $PRST$ 为平行四边形. 证明 $AB/\!/CD$.

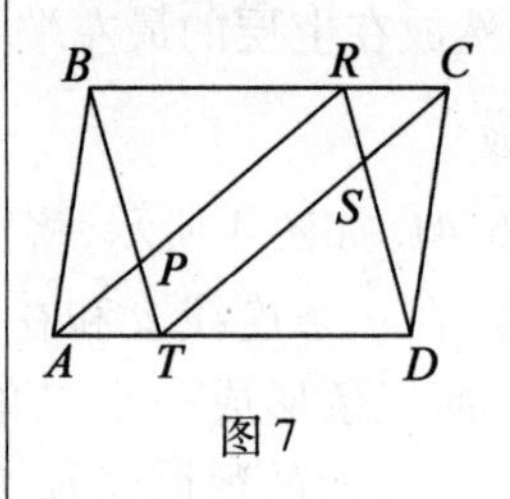

图 7

95.53. 正整数 a,b,c 满足：$a-c$ 为素数，而且 $3c^2=c(a+b)+ab$. 求证：$8c+1$ 是完全平方数.

95.54. 某国有 2 000 个城市，一些城市之间有道路相通，使得从任何一个城市可以行驶到任何另一个城市. 证明：可以将该国划分为若干个行政区（包括将全国作为一个行政区），使得在每一个行政区内任何两个城市之间有唯一的道路相通，而且不需要经过其他行政区的道路（每一个行政区应当至少有两个城市）.

10 年级

95.55. 二次三项式 $f(x)$ 有两个实根，这两个根之差不小于 1 995. 证明方程

$$f(x)+f(x+1)+\cdots+f(x+1\,995)=0$$

有两个实根.

95.56. 如图 8 所示，▱$ABCD$ 的内点 O 满足

$$\angle OAD=\angle OCD$$

证明：$\angle OBC=\angle ODC$.

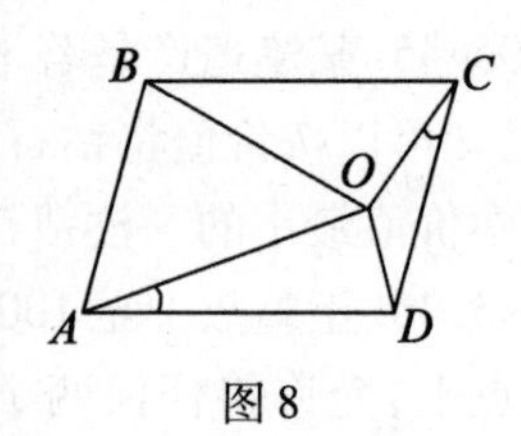

图 8

95.57. 某种在方格盘上进行的棋类游戏中，没有称为“机枪手”的棋子. 规定每一个“机枪手”可以吃掉与自己同行或同列中一个规定方向上的其他棋子（对每个“机枪手”规定水平方向与垂直方向的上、下、左、右四种方向之一，不同的“机枪手”可以规定不同的方向）. 请问：在 20×20 的棋盘上，最多可以配备多少名“机枪手”，使得他们不能相互吃掉？

95.58. 将正整数 n 的正因子的个数记为 $d(n)$. 是否可以选出这样的 100 个正整数 $a_1,a_2,\cdots,a_{100}$，使得对于从 1 到 100 的所有的 k 都成立等式：$d(a_1+a_2+\cdots+a_k)=a_k$？

95.59. 如图 9 所示,点 K 与 L 分别在 $\triangle ABC$ 的边 AB 与 BC 上,且满足 $\angle KCB=\angle LAB=\alpha$. 从点 B 分别作直线 AL,CK 的垂线 BE,BD,设边 AC 的中点为 F. 求 $\triangle DEF$ 的各角.

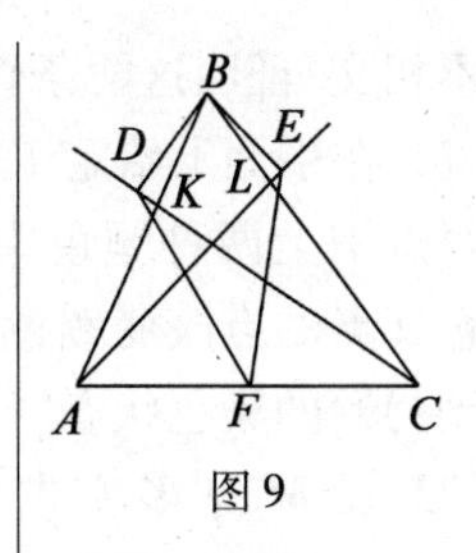

图 9

95.60. 同问题 95.54.

95.61. 在正整数数列 $\{a_n\}_{n=1}^{\infty}$ 中,$a_1+a_2+\cdots+a_{100}=100$. 从 a_{11} 开始,每一个数 a_n 等于满足 $i<n$ 且 $a_i+i\geqslant n$ 的 i 的个数. 设 $a_{11}=10$. 证明:从某项起,数列的各项彼此相等.

11 年级

95.62. 1 995 个新兵编成一队. 按照条例,每次执行任务是从编队中每隔三人或每隔四人抽出一个人(例如抽出第 1,4,7,…或第 1,5,9,…人),其他人则按原编号排列. 现在司务长接连三次抽人执行任务. 求证至少有一个新兵一定不会被抽到.

95.63. $a_1,a_2,\cdots,a_n$ 都是正整数. 将它们的乘积记为 K. 已知 K 可以被每一个 $a_1^2,a_2^2,\cdots,a_n^2$ 所整除. 对于每一对(i,j),$i<j$. 计算数 a_i 与 a_j 的最大公因子. 设所有这些公因子的乘积为 M. 证明:K 整除 M^2.

95.64. 同问题 95.56.

95.65. 同问题 95.57.

95.66. $f(x)$ 为三次多项式. 证明:存在正整数 K,使得多项式

$$f(x)+f(x+1)+\cdots+f(x+k)$$

恰好有一个实根.

95.67. 如图 10 所示,锐角 $\triangle ABC$ 从顶点 A 与点 C 作的高分别与三角形的外接圆相交于点 E 与点 F,点 D 是(较小的)弧 AC上的任一点,K 为 DF 与 AB 的交点,L 为 DE 与 BC 的交点. 证明:直线 KL 通过 $\triangle ABC$ 的垂心.

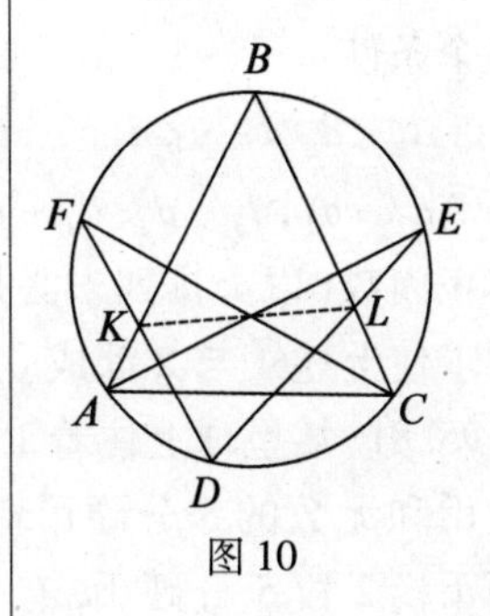

图 10

95.68. 证明:在由偶数个人所组成的团体中,一定有这样的两个人:这两人在该团体中有偶数个共同认识的人.

选拔轮

9 年级

95.69. 素数 p,q 满足:q 整除 p^2+1,而且 p 整除 q^2-1. 证明:$p+q+1$ 是合数.

95.70. 设 $a,b,c>0$. 证明不等式

$$\left(\frac{a+2b}{c}\right)^2+\left(\frac{b+2c}{a}\right)^2+\left(\frac{c+2a}{b}\right)^2\geqslant 27$$

95.71. 如图 11 所示,A 是平面上两个相交圆的一个交点. 在每一个圆中各作直径平行于另一个圆在点 A 的切线,设这两

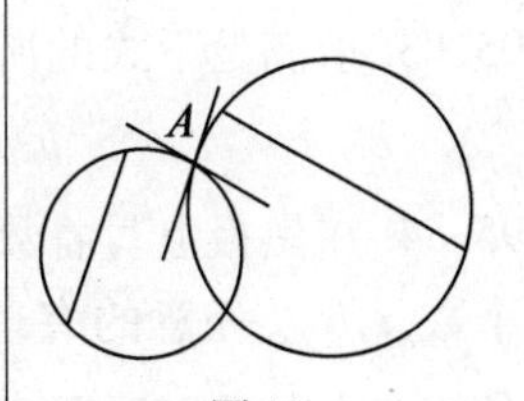

图 11

条直径不相交. 证明这两条直径的四个端点共圆.

95.72. 在平面上给定1 995个点,一些点之间有线段相连. 首先将每点染上两种颜色中的一种,然后,每步操作是将有偶数个同色邻点的点改变颜色. 证明:经过奇数步操作之后,不可能再回到初始的染色状态.

95.73. 设 M 是多项式 x^2+1 在整数点的值集. 证明:集合 M 不包含任何一个无穷的(非常数的)等比数列.

95.74. 将一个矩形分割为若干个小长方形(即 1×2 的矩形). 证明:可以将矩形的每个方格染上两种颜色中的一种,使得在已知的分割中,每个小长方形包含不同颜色的方格,而用其他方式分割该矩形为这种小长方形时,都有两块同一种颜色的小长方形.

95.75. 如图12所示,点 H 为锐角 $\triangle ABC$ 的重心,点 D 为边 AC 的中点,过点 H 垂直于线段 DH 的直线与边 AB 及边 BC 分别相交于 E 及 F. 证明:$HE=HF$.

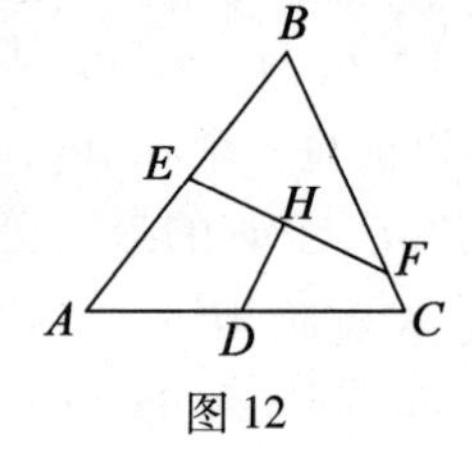

图12

95.76. 是否存在严格递增的正整数数列 $\{b_n\}_{n=1}^{\infty}$,使得对于每个 n,数 ${b_{n+1}}^5$ 的各数字之和等于数 ${b_n}^5$.

10年级

95.77. 同问题95.69.

95.78. 同问题95.71.

95.79. 同问题95.72.

95.80. 设正整数 N 的全体正因数是 $d_1,d_2,\cdots,d_k$,满足下列两个条件:

①$d_1<d_2<\cdots<d_k$;

②$d_2-d_1,d_3-d_2,d_4-d_3,\cdots,d_k-d_{k-1}$ 是另一个正整数的全体正因数(以上排列未必是递增的).

求使上述①与②都成立的所有可能的 N.

95.81. 某星球上住着1 995个外星人,他们有995枚10分的硬币和无数的5分硬币. 外星人有时互相兑换硬币:一枚10分硬币换2枚5分硬币. 有一天,每一个外星人都声称:“今天我在兑换中恰好给出10枚硬币”(将换来的硬币再拿去兑换也算作给出). 证明:这一天一定有外星人讲错话.

95.82. 同问题95.75.

95.83. 求满足下式的所有的素数 p,q,即

$$p^2-p+1=q^3$$

95.84. 在黑板上写着数字 $0,1,\sqrt{2}$. 每一步操作可以选黑板上两个数 a,b 及任意的有理数 r,计算 $(a-b)r$,然后再加上黑板上的第三个数. 请问:是否可以运用这些操作得到数 $0,2,\sqrt{2}$?

11 年级

95.85. 同问题 95.69.

95.86. 如图 13 所示,将$\triangle ABC$的三边AB,BC,CA分别延长到B_1,C_1,A_1,使得

$$AB=BB_1,BC=CC_1,CA=AA_1$$

若$\triangle A_1B_1C_1$是等边三角形. 证明:$\triangle ABC$也是等边三角形.

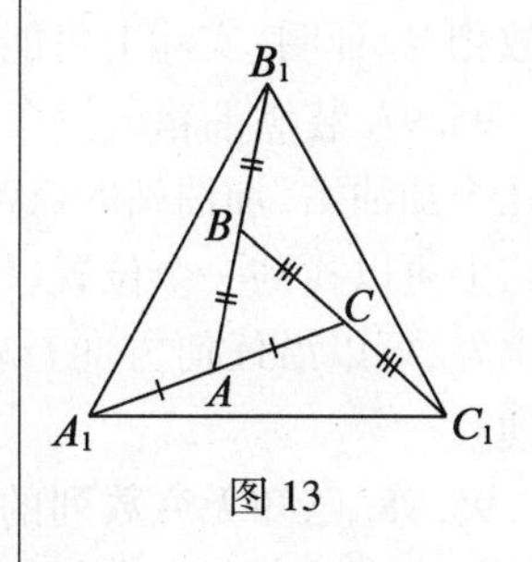

图 13

95.87. $a,b,c>0$. 证明不等式

$$(ac+bd)^5+(ad+bc)^5\leqslant(a+b)^5(c^5+d^5)$$

95.88. 是否可以将数字 1 到 25 按以下要求排放在一个圆周上:使得任意五个相继数之和除以 5 所得的余数都是 1 或 4?

95.89. 同问题 95.81.

95.90. M是素数的某个集合,M有多于 1 个元素. 已知对于M的任一个有限子集N,数$\left(\prod\limits_{k\in N}k\right)-1$的素因子都属于$M$. 证明:$M$就是全体素数的集合.

95.91. 如图 14 所示,在锐角$\triangle ABC$中作高AA_1与BB_1,在三角形的外接圆的(较小的)弧AB上选一点L,使得$LC=CB$,而且$\angle BLB_1=90°$. 证明:高AA_1被高BB_1所等分.

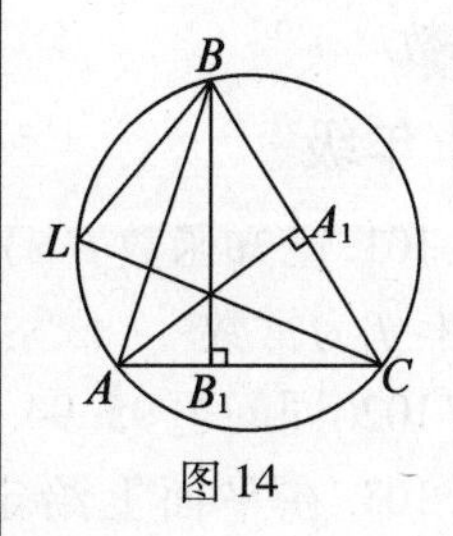

图 14

95.92. 某国有 100 个市镇,其中一些市镇之间有直达道路. 已知这些市镇共有 1 000 条道路,从任意一个市镇可沿路到达另一个市镇(可能绕道). 现在政府打算关闭一些道路(也可能全部关闭),使得从每个市镇出发的道路数是偶数(包括 0 条). 试问政府有多少种关闭方法?

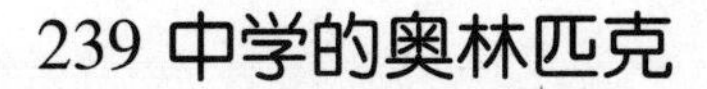

239 中学的奥林匹克

8-9 年级

95.93. 如图 15 所示,在凸四边形$ABCD$中

$$\angle A+\angle D=120°$$
$$AB=BC=CD$$

证明:对角线的交点与顶点A及D等距.

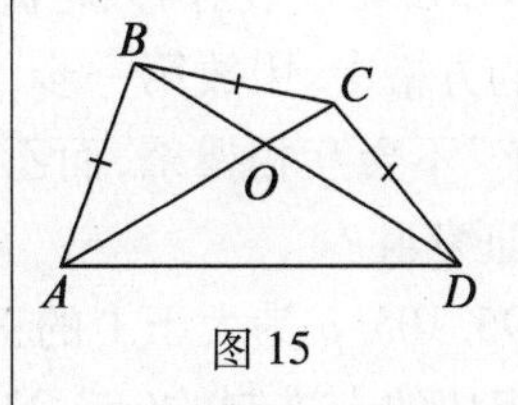

图 15

95.94. 整数m,n,k满足

$$k^2-m^2-n^2=2(m-n)(k-m+n)$$

证明:$2mn$是完全平方数.

95.95. 凸四边形$ABCD$的对角线相交于点O. $\triangle AOB$,$\triangle BOC$,$\triangle COD$,$\triangle DOA$的外接圆的圆心分别为O_1,O_2,O_3,O_4. 证明:$2S_{O_1O_2O_3O_4}\geqslant S_{ABCD}$.

95.96. 一个足球迷填写足球彩票,要求说明参加即将举行的单循环赛的n个球队中每一个队踢进多少个球,失掉多少个

球. 而他只是注意到:任何一个球队的进球总数不会大于其他参赛球队的失球总数,而且,全体参赛球队的进球总数与失球总数相等. 证明:实际上可能就是这样结束比赛.

95.97. 装满油箱的汽车可以行驶环形公路一周. 在公路上有几个加油站,加油站的汽油总量可以充满半个油箱. 证明:在公路上可以找到一个位置,使得加了半箱汽油的汽车从这个位置出发,可以沿任何方向行驶环形公路一周(沿路可在加油站加油).

95.98. 已知无穷数列的各项为 0,1,2. 如果将这三个数字中的任一个从数列中全部删除,余下的数列是周期数列. 证明:原来的数列也是周期数列.

95.99. 实数 x,y,z 之和等于零. 证明:$x^2y^2+y^2z^2+z^2x^2+3\geqslant 6xyz$.

95.100. 将 2 到 70 的正整数染上 4 种颜色. 证明:可以找到这样的同一种颜色的数 a,b,c(可能是相同的),使得 $ab-c$ 是 71 的倍数.

10-11 年级

95.101. 已知函数 $f(x)$ 连续,而且 $f(x)$ 与 $f(x^2)$ 都是周期函数. 证明:f 为常数.

95.102. 同问题 95.94.

95.103. 在平面上给定等腰直角三角形,它的直角边长为 1. 每步操作是将三角形的一个顶点换成它关于任何另一个顶点的对称点. 这样操作若干次得到的三角形的边长为 a,b,c,其中 c 是最大边. 证明:$a+b-c\leqslant 2-\sqrt{2}$.

95.104. 甲、乙两人轮流将(国际象棋中的)“车”放在 100×100 的方格中. 甲放第一步,他力图使自己所放的棋子中有 100 枚“车”不会互相搏杀,而乙则尽力去阻止甲达到目的. 试问:谁能保证获胜?

95.105. p 为大于 1 的正整数,$(p,10)=1$. 证明存在由 1 或 3 所组成的十进制的 $(p-2)$ 位数,它可被 p 整除.

95.106. 已知 $F_1=F_2=1$,$F_{n+2}=F_{n+1}+F_n$,而且 F_n 可被 239 整除. 证明:n 为偶数.

95.107. 两个棱锥有公共的凸多边形的底面,并且一个在另一个的内部. 证明:在外部的棱锥的一个顶点处的各平面角之和小于在内部的棱锥的一个顶点处的各平面角之和.

95.108. 在由 n 个元素组成的集合中选择 $n+1$ 个子集,其中每一个子集包含奇数个元素. 证明:一定有两个子集的交集同样包含奇数个元素.

1996 年奥林匹克试题

第一轮

6 年级

96.01. 给定一个 5×5 方格表,试在它的每一个方格中填入一个正号或负号,使得在每个 3×3 正方形中,都刚好有 8 个负号.

96.02. 在 2×2 方格表中填有 4 个正整数,其中每列的两个数之差为 6,而同行的两个数中,一个数是另一个数的 2 倍. 请问:该方格表中填了哪些数? 是否可能有不同的数组?

96.03. 沿着河岸生长着 8 种浆果,相邻两种浆果上所结的果实数目相差 1 个. 请问:8 种浆果上能不能一共结有 225 个果实? 要说明理由.

96.04. 一个五位数的各位数字都不为 0,它是 54 的倍数. 删去它的一位数字后所得的四位数仍然是 54 的倍数;再删去该四位数的一位数字后所得的三位数还是 54 的倍数;又删去该三位数的一位数字后所得的两位数仍然是 54 的倍数. 试求原来的五位数.

96.05. 证明:任何一个正整数都可以写成一个完全平方数与一个完全立方数的商的形式.

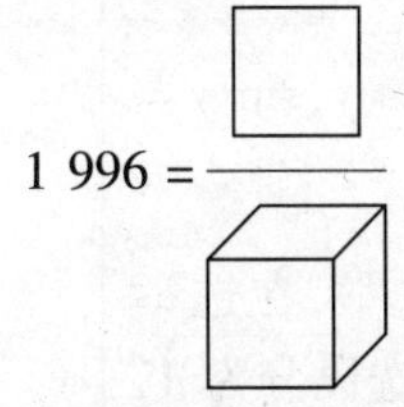

96.06. 三个(不必各不相等)正整数之和等于 100. 将它们两两相减(大数减小数)得到三个差数,请问:这三个差数的和的可能最大值是什么?

96.07. 如图 1 所示,在四边形 $ABCD$ 中,$AB=BC$,$CD=DA$,点 K,L 分别位于线段 AB,BC 上,使得 $BK=2AK$,$BL=2CL$. 线段 CD,DA 的中点分别是 M,N. 证明:$KM=LN$.

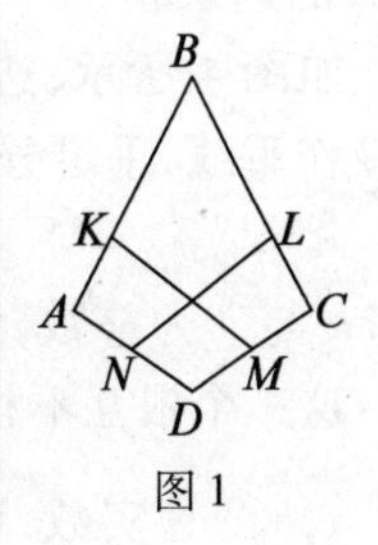

图 1

96.08. 托马选定一个正整数,并且分别求出它被 3,6 和 9 除的余数. 已知这三个余数之和为 15,试求用 18 去除该正整数的余数.

96.09. 同问题 96.05.

96.10. 某两个正整数的最小公倍数是它们的最大公约数的16倍. 证明:这两个正整数中的一个是另一个的倍数.

96.11. 如图2所示,在四边形$ABCD$中,边AB,BC,AD的中点分别是E,F,G. 已知$GE\perp AB$, $GF\perp BC$, $\angle ABC=96°$. 试求$\angle ACD$的度数.

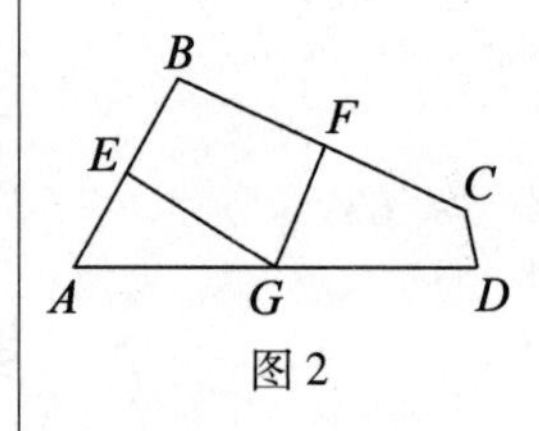

图2

96.12. 请问:下列两类十位正整数中,哪一类数的和较大:第一类数的表达式中含有2位于1右边的数字组合;第二类数的表达式中含有1位于2右边的数字组合,要说明理由.

9 年级

96.13. 在正方形3×3的每个方格中按下列要求填入实数:使得在水平线上任何两个相邻的数之和为6;而在垂直线上任何两个相邻的数之积为4.

96.14. 某两个正整数的最小公倍数是它们的最大公约数的8倍. 证明:这两个数中一个可以被另一个整除.

96.15. 如图3所示,点D在$\triangle ABC$的边AC上,使得$DC=2AD$. O为$\triangle DBC$的内心,直线BD与$\triangle DBC$的内切圆相切于点E, $BD=BC$. 证明:直线AE平行于直线DO.

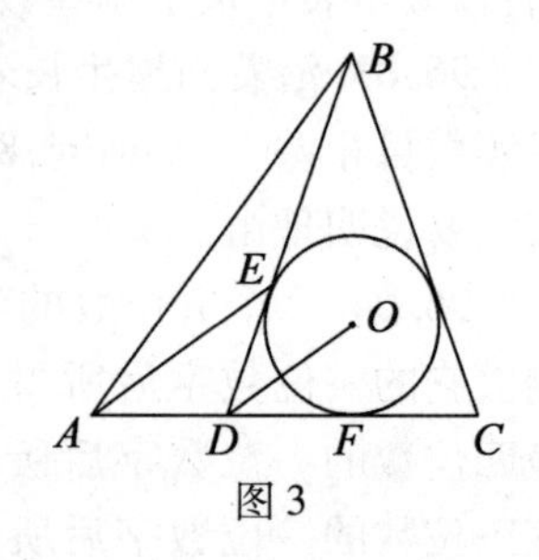

图3

96.16. 以100去除某个正整数所得的不完全商与余数之和等于以1 995去除这个数所得的不完全商与余数之和. 请问:这两个不完全商可能的取值.

96.17. 在平面上画11条水平线段和11条垂直线段. 证明不可能达到以下要求:使得每一条水平线段与10条垂直线段相交,而每一条垂直线段与10条水平线段相交.

10 年级

96.18. 证明:若$0<x,y,z<\dfrac{\pi}{2}$,而且$\sin x=\cos y$, $\sin y=\cos z$, $\sin z=\cos x$,那么$x=y=z$.

96.19. 某国选举总统,该国全体选民都参与选举,在选举中得到超过半数选票的候选人P成为总统. 该国的选民分为A, B两组,其中A组选民99%投了P的票,B组选民1%投了P的票. 证明:如果B组的35%选民不参加选举,那么候选人P将获得超过60%的选票.

96.20. 如图4所示,边AH是锐角$\triangle ABC$的高. 从点H向边AB与AC作垂线,垂足分别为点K与点L. 证明:B,K,L,C四点共圆.

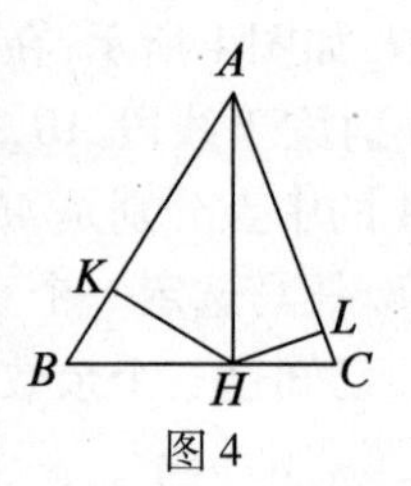

图4

96.21. a与b为整数,多项式$x^3+ax^2+17x+3b$有三个整数根. 证明:这三个根互不相等(即没有等根).

96.22. a,b,c为实数,证明不等式:$\dfrac{3}{2}(a^4+b^4+c^4)+24\geqslant$

$4a^2b+4b^2c+4c^2a$.

11 年级

96.23. 满足下列条件的(十进制的)四位数有多少个？它不能被 998 整除,而且它的首位数字与末位数字都是偶数.

96.24. 有 20 个政党参加选举. 全体选民都投了票,每位选民可以投票给几个党,也可以投票给一个党. 在投票后的社会调查表中,每位选民填写他投票支持的政党中的一个. 公布的选举结果显示,只有一个政党得到不少于 5%的选票,而在社会调查表中却没有任何选民填写这个党. 证明:公布的选举结果不符合事实.

96.25. 同问题 96.20.

96.26. 同问题 96.22.

96.27. 如图 5 所示,在三棱锥 $D\text{-}BCD$ 的棱 AC 与 AB 上分别选点 L 与 K,使得 $KL/\!/BC$. 设棱 BC,AD,BD,CD 的中点分别是 M,N,P,R. 证明:三棱锥 $B\text{-}KPR$ 与 $N\text{-}CLM$ 的体积相等.

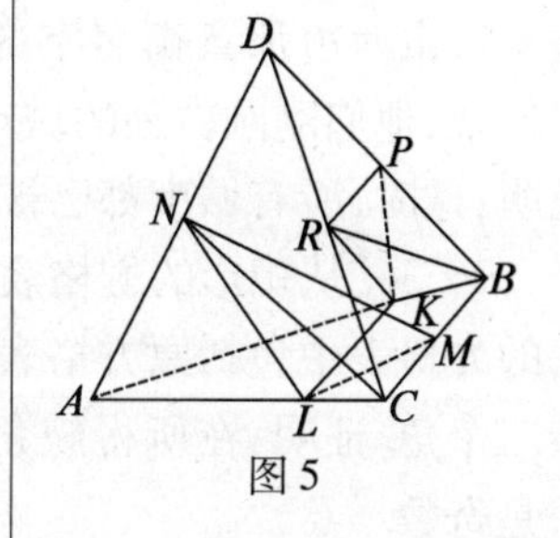

图 5

第二轮

6 年级

96.28. 一百名船员将一些装有货物的大箱子搬运上岸,每只箱子要 7 个人抬. 船长认为;因为每位船员都参与了 65 只箱子的搬运工作,所以,在搬运中每位船员的劳动量是相同的. 请证明:船长的判断有误.

96.29. 上校、少校、中尉和列兵琼金站成一列. 他们的身高各不相同,而且琼金与少校的身高之和正好等于上校与中尉的身高之和. 如果将上校与这四个人中身高位于第二位的人交换位置,再让中尉与这四个人中最矮的人交换位置,那么,他们四个人刚好是按照从矮到高的顺序排列. 请问:开始时,少校与中尉两人谁在谁的左面?

96.30. 在 10×10 方格表的每一个方格中写着一个正整数. 在每一行中圈出最大的数(如果最大的数不止一个,则圈出其中的一个数);又在每一列中圈出最小的数(或者圈出最小数中的一个). 已知,每个被圈出的数都被圈了两次. 证明:表中各数都相等.

96.31. 请求出所有这样的四位数:它们中每一个都是自己的各位数字之和的 83 倍.

96.32. 两个富有的商人合伙买入了 100 L 酒精,并将酒精分装在容积分别为 0.5 L,0.7 L 和 1 L 的瓶子里. 后来,他们因为意见分歧而决定两人平分这些酒精. 证明:他们不用打碎瓶子就可以平分这 100 L 酒精.

96.33. 在 9×9 的棋盘上放着 9 只棋子"车",如果按国际象棋的规则移动,这些车位于不能互相攻击的位置. 证明:如果这些车按国际象棋中"马"的走法移动,那么一定有某两只棋子会相互搏杀.

7 年级

96.34. 在凸六边形中能不能作若干条对角线,使得所作的每一条对角线都恰好与另外的三条对角线相交于六边形的内点?

96.35. 某国有 17 座城市. 作为纪念,每座城市西部的一条街都以该国另一座城市命名. 该国的敌人的军队按以下原则入侵这个国家的城市:第一天占领一座城市,第二天入侵作为已占领城市西边那条街名字的城市,直到某一天,入侵者的指挥官发现,他们刚刚占领的城市其实已在 17 天以前已经攻占了. 证明:这时,所有城市都已被占领.

96.36. 从矩形的方格表上剪去一个矩形方格表,使得被剪去的方格表中包括原方格表的右下角,但不包括原方格表的其余三个角. 证明:在所得缺角图形中放入形如⊞的图形的方法数是奇数.

96.37. 以 $[a,b]$ 表示正整数 a,b 的最小公倍数,求方程

$$[x^2,y]+[x,y^2]=1\ 996$$

的正整数解.

96.38. 在 1×40 的方格纸的最右面的方格里放着一枚棋子. 两人轮流移动棋子,可以向左也可以向右移动任意多格,但是不允许将棋子放在前面已放过棋子的方格里,直到不能再移动者为输方. 试问:先动者还是他的对手有取胜的策略?

96.39. 将方格表上方格线的交点称为结点. 用三种颜色之一将无限大的方格表上的每一个结点染色,而且每种颜色的点都有. 证明:可以找到一个直角三角形,它的三个顶点在结点上,而且三个顶点被染为三种不同颜色(直角边不一定在方格线上).

96.40. 某国政府为了解决民用航空的配置问题,打算将 239 座城市两两之间的航线经营权出售给私营公司. 该国议会为了保护国家的利益而作出决定:在连接每三座城市的三条航线中,应当至少有两条航线出售给同一家公司. 请问:根据这个决定,可能有多少家公司获得这些航线的经营权?

8 年级

96.41. 同问题 96.34.

96.42. 同问题 96.37.

96.43. 如图 6 所示,在四边形 $ABCD$ 中,点 P,Q,R,S 分别为边 AB,BC,CD,DA 的中点. 已知位于四边形 $ABCD$ 内部的点 M 使得四边形 $APMS$ 为平行四边形. 证明:四边形 $CRMQ$ 也是平行四边形.

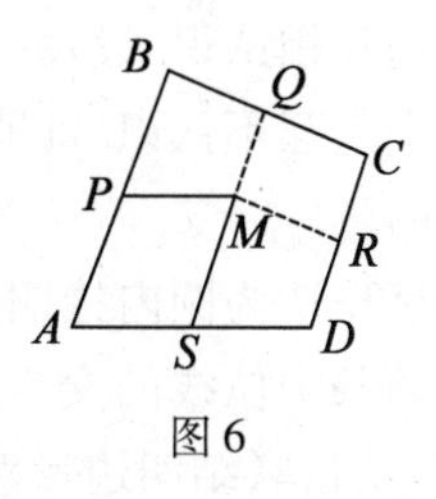

图 6

96.44. 罪犯破坏了一座 13 层楼房的电梯的按钮,致使电梯所停楼层与所按的楼层号码未必相符. 一位老人走进电梯,按了自己所要去的楼层号码,结果电梯却到了另外一层. 老人经过 1 313 次反复试按,他发现电梯又回到他开始走进电梯的那一层. 证明:只要反复按同一个号码,电梯可以从该楼房的任何一层到达任何的另一层.

96.45. 将正整数 n 的正约数的个数记为 $d(n)$. 证明:对任何的正整数 a,b,都成立

$$d(ab)\geqslant d(a)+d(b)-1$$

96.46. 两人轮流在 101×101 的方格表中摆放棋子,每人每次摆放 1 枚棋子. 先开始的人可以将棋子放在满足以下条件的任何一个空格中:该格所在的行与列中已经摆放的棋子总数为偶数;后开始的人则可以把棋子放在满足以下条件的任何一个空格中:该格所在的行与列中已经摆放的棋子总数为奇数. 谁不能再按规则摆放棋子,就算谁输. 请问:谁有取胜策略?

96.47. 某国的一些城市之间有双向的直达飞机航线. 新的航空部长决定按照下列原则每月调整一次航线布局:当且仅当本月在城市甲、乙之间刚好存在中转奇数次可以相互通达的航线时,下一个月就在城市甲、乙之间开设双向的直达航线. 这种调整进行了半年之后,发现从任何一座城市都可以飞到任何另一座城市(包括中转后到达). 证明:如果将这种调整持续进行下去,那么,经过一年以后,可以从任何一座城市直接飞到任何另一座城市.

9 年级

96.48. 在黑板上写着几个一位数. 每步操作是先计算出所有数之和,然后将所得结果的最后一位数字代替在黑板上的一个数. 证明:应用若干步这样的操作,可以得到开始时的数组.

96.49. 从 1 到 99 的正整数中选出 50 个数. 已知其中任两个数之和既不是 99,也不是 100. 证明:选出的数就是从 50 到 99 的全部正整数.

96.50. 如图 7 所示,梯形 $ABCD$ 的两条对角线相交于点 M. 点 P 位于梯形的底边 BC 上,使得 $\angle APM=\angle DPM$. 证明:点 C 到直线 AP 的距离等于点 B 到直线 DP 的距离.

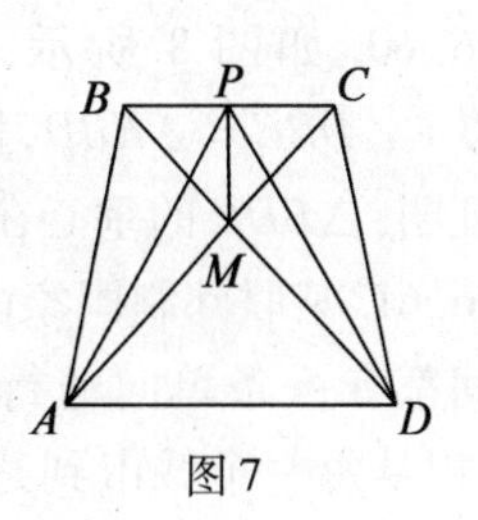

图 7

96.51. 在一群人中一些人互相认识,而另一些人互不认

识. 这群人中每天一个人要请自己认识的所有人吃晚饭,并且介绍他们互相认识. 设每一个人都至少请吃过一次晚饭后发现仍有两个人互不认识. 证明:在下一次晚餐,这两个人仍然是互不认识的.

96. 52. M 为圆内接四边形的两条对角线的交点,N 为该四边形的两条中位线的交点,O 为外接圆的圆心. 证明:$OM \geqslant ON$(中位线是指联结四边形对边中点的线段).

96. 53. 证明:对于任何一个整系数的 10 次多项式 $p(x)$,可以找到一个公差不为零的等差数列,它是双向无穷的,而且它的任一项都不是 $p(k)$(其中 k 为整数).

96. 54. 沿着一条单向行驶的街道安排了 n 个汽车泊位. 编号为 1 到 n 的几部汽车按编号递增次序驶入该街道,每位司机将车驶向自己喜欢的泊位. 如果该泊位未被占用,就将车停泊在那里;如果该泊位已被占用,他就将车继续驶往第一个空着的位置. 如果所有的泊位都已被占用,司机就将车驶离这条街道. 我们将各位司机所喜欢的泊位依次记为 $a_1, a_2, \cdots, a_n$,试问:有多少个这样的序列,使得每位司机都能够停泊汽车?

10 年级

96. 55. 求出满足下列条件的所有的正整数 n,使得 $3^n + 5^n$ 能被 $3^{n-1} + 5^{n-1}$ 整除.

96. 56. M 为 $\triangle ABC$ 的边 BC 的中点,$\triangle ABM$ 与 $\triangle ACM$ 的内切圆的半径分别为 r_1 与 r_2. 证明:$r_1 < 2r_2$.

96. 57. 在黑板上写着几个正整数,每一步可以从黑板上擦去两个不同的数,并在黑板上代之以它们的最大公因子和最小公倍数. 证明:从某个时刻起,黑板上的数字不再改变.

96. 58. 已知凸 1 996 边形的任何三条对角线不相交于一点. 证明:下列的三角形的个数是 11 的倍数:这些三角形的顶点严格落在这个 1 996 边形的内部,而且三角形的边位于 1 996 边形的对角线上(所述的三角形可以由更小的三角形所组成,不必论及三角形的部分).

96. 59. 证明:对任意一个整系数的多项式 $x^2 + px + q$,可以找到整系数多项式 $2x^2 + rx + s$,使得它们在整点集上的值域不相交.

96. 60. 如图 8 所示,在凸五边形 $ABCDE$ 中,$AB = BC$,$\angle ABE + \angle DBC = \angle EBD$,且 $\angle AEB + \angle BDC = 180°$.

证明:$\triangle BDE$ 的垂心在对角线 AC 上.

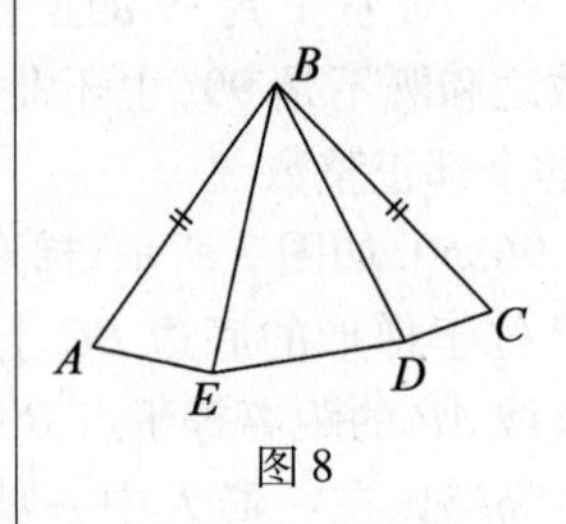

图 8

96. 61. 某联邦制国家由两个共和国 A 与 B 组成,每两个城市之间都有一条单向通行的直达道路. 依照各道路的通行方向,可以从每一个城市到达任何另一个城市(可能绕道). H 旅

行社在 A 共和国开设了 n 条不同的环游路线,又在 B 共和国开设了 m 条不同的环游路线(这些路线中任一条恰好经过它所在共和国的每一个城市一次,然后返回出发的城市,并且,所有这些路线都不超越它所在共和国的范围).证明:H 旅行社可以在整个联邦国家开设不少于 mn 条类似的环游路线.

11 年级

96.62. 谢廖扎解方程 $f(19x-\frac{96}{x})=0$ 求出 11 个不同的根.证明:如果他竭尽全力,至少还可以求出一个根.

96.63. 将 1 到 $2n$ 的整数随意地划分为两组,每组 n 个数.证明:一组数中两两之和除以 $2n$ 所得的余数的集合与另一组数中两两之和除以 $2n$ 所得的余数的集合相等(两两之和也包括形如 $a+a$ 的数).

96.64. 同问题 96.58.

96.65. 如图 9 所示,在$\square ABCD$ 的对角线 BD 上取点 A' 与点 C',使得 $AA'/\!/CC'$. 点 K 在线段 $A'C$ 上,直线 AK 与直线 $C'C$ 相交于点 L. 过点 K 作平行于 BC 的直线,过点 C 作平行于 BD 的直线,这两条直线相交于点 M. 证明:点 D,M,L 共线.

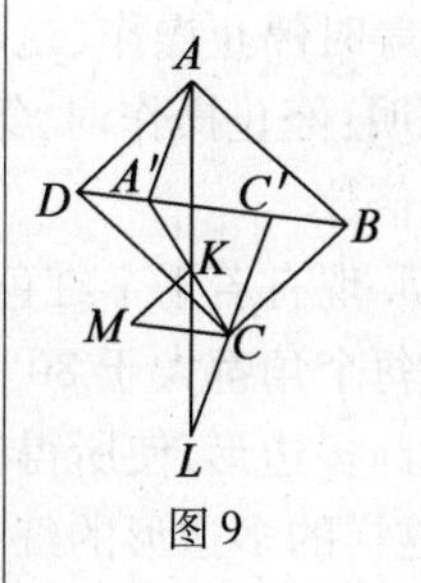

图 9

96.66. 求具有下列性质的所有非常数的实系数多项式组 $(p_1(x),p_2(x),p_3(x),p_4(x))$:对于满足 $xy-zt=1$ 的任何整数 x,y,z,t,即

$$p_1(x)p_2(y)-p_3(z)p_4(t)=1$$

都成立.

96.67. 同问题 96.60.

96.68. 甲、乙两人在 100×100 的方格板上玩下列游戏:甲在任一个空格标上记号,然后乙将一个骨牌(即 1×2 矩形)放在方格牌上,使得骨牌盖住两个方格,而且其中一个方格是甲已经标上记号的. 如果按规则最后乙能用骨牌将整个方格板盖住,则甲获胜;如果乙用骨牌不能将整个方格板盖住,则乙获胜. 试问:谁可以保证获胜?

选拔轮

9 年级

96.69. 如图 10 所示,$\triangle ABC$ 的 $\angle B$ 的平分线为 BD,$\triangle BDC$ 的外接圆交线段 AB 于点 E,$\triangle ABD$ 的外接圆交线段 BC 于点 F. 证明:$AE=CF$.

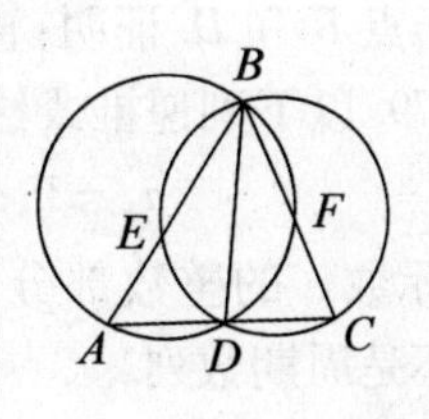

图 10

96.70. 在 10×10 的方格表的每一格都填了正整数. 已知对于任意的五行与任意的五列,位于它们的相交位置上的 25 个

数字之和都是偶数. 证明:在表中每个数字都是偶数.

96.71. 证明不存在满足下列条件的正整数 a 与 b:使得对于任何大于 1 000 的素数 p 与 q,数 $ap+bq$ 也是素数.

96.72. 如图 11 所示,在$\triangle ABC$ 中,$\angle A=60°$. 在三角形内取一点 O,使得$\angle AOB=\angle AOC=120°$,点 D 与点 E 分别是边 AB 与边 AC 的中点. 证明:A,D,O,E 四点共圆.

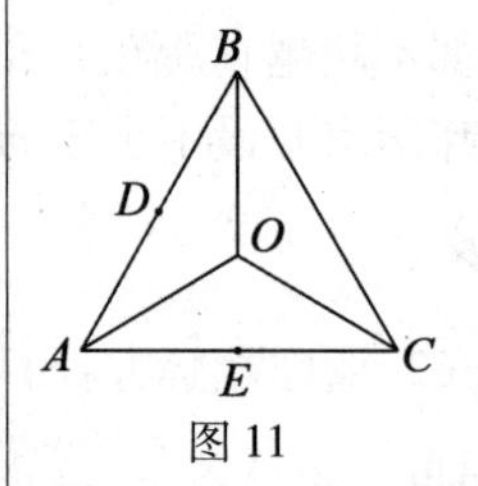

图 11

96.73. 某国有 2 000 个城市,每两个城市之间都有一条直达的路. 建设部门提出在每条路上限定一个单向通行方向的所有可能的方案,运输部门否决了所有不能保障任两个城市都互相通行的方案. 证明:仍有超过一半方案被保留下来.

96.74. 在黑板上写着 4 个正整数 m,n,m,n. 每一步操作是对当时在黑板上的有序数组应用广义的欧几里得算法:如果在黑板上写着数(x,y,u,v)且 $x>y$,那么将它们换为$(x-y,y,u+v,v)$;如果 $x<y$,那么将它们换为$(x,y-x,u,v+u)$. 当第一对数变为相等时停止操作(这时第一对数等于数 m 与 n 的最大公约数). 证明:停止操作时,第二对数的算术平均数等于 m 与 n 的最小公倍数.

96.75. 现有若干个红色的正三角形和蓝色的四边形,其中四边形的每个角都大于 80°而且小于 100°,以这些三角形和四边形拼成凸多边形,使所得的多边形的每一个角都大于 60°. 证明:每个这样的多边形的红色边(整条为红色)的条数是 3 的倍数.

96.76. 把从 1 到 n^2 的自然数填入 $n\times n$ 的方格表内. 每将一个数填入一个空格后,就在黑板上写下该方格所在的行及所在的列的各数字之和. 当填满整个方格表时,计算在黑板上的所有数的总和. 请给出使这个总和达到可能的最小值的一种填写方法.

10 年级

96.77. 对于任意的正数 a 与 b,证明不等式

$$a^b b^a \leqslant \left(\frac{a+b}{2}\right)^{a+b}$$

96.78. 如图 12 所示,在$\triangle ABC$ 的边 AB 与 BC 上分别截取长度相等的线段 AE 与 CF,过点 B,C,E 的圆与过点 A,B,F 的圆相交于点 B 和 D. 证明:直线 BD 是$\angle ABC$ 的平分线.

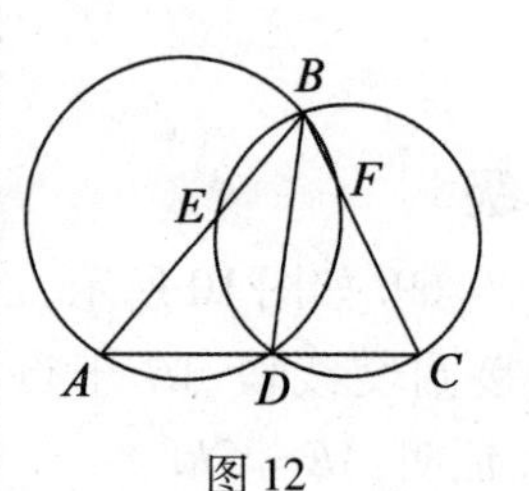

图 12

96.79. 以下列递推式给出自然数列

$$a_1=1,a_{n+1}=a_n+a_{[\frac{n+1}{2}]}$$

($[a]$表示数 a 的整数部分). 证明:a_n 的十进制末位数字构成的数列不是周期数列.

96.80. 莫斯科大学的大楼里有很多电梯. 每部电梯都是在

某两层之间运行(因此,在每一层都可以利用在这层停顿的电梯去到任何一层). 已知从任一层经偶数次换乘可以到达任何另一层,而且换乘时不用两次到同一层. 证明:利用奇数次换乘也可以实现同样的愿望.

96.81. 凸六边形的各边中点构成一个新六边形,新六边形的对边互相平行. 证明:原六边形的三条主对角线相交于一点.

96.82. 将满足条件 $a_1=1, a_{k+1}\leqslant a_k+1, (k=1,2,\cdots,1\ 995)$ 的正整数组 $(a_1,a_2,\cdots,a_{1\ 996})$ 的全体记为 A,又将满足条件 $b_1=1, b_k\leqslant b_{k+1}\leqslant k+1 (k=1,2,\cdots,1\ 995)$ 的正整数组的全体记为 B. 证明:集合 A 的元素与集合 B 的元素相同.

96.83. 整数 $n>1$,将 n 的所有小于 n 的正因数之和记为 $S(n)$. 证明:方程 $S(n)=1\ 000\ 000$ 的解的个数小于 1 500 000.

96.84. 用 1×2 骨牌盖住国际象棋棋盘的 $a1$ 与 $b1$ 两格,在方格 $a1$ 上还放着棋子车. 甲、乙两人按下列规则玩游戏:第一步是由甲将车走到任一个空格内,然后乙用一块骨牌盖住车所在的方格并盖住与这个方格有公共边的一个空格,按以上规则无法操作者为输方,但若整个棋盘被骨牌所覆盖则甲为胜方. 请问:谁可以保证获胜?

96.85. 已知实数 $a_1,a_2,\cdots,a_{n+1}; b_1,b_2,\cdots,b_n$ 满足

$$0\leqslant b_k\leqslant 1 \quad (k=1,\cdots,n)$$

$$a_1\geqslant a_2\geqslant\cdots\geqslant a_{n+1}=0$$

证明不等式(方括号表示整数部分)

$$\sum_{k=1}^{n} a_k b_k \leqslant \sum_{k=1}^{[\sum_{i=1}^{n} b_i]+1} a_k$$

96.86. 同问题 96.78.

96.87. 同问题 96.71.

96.88. 杨格图是把一张矩形的方格纸沿方格线剪去它的右下角的若干个方格而得的图形,如图 13 所示. 将杨格图中由一个方格及该方格的正右方或正下方的所有方格构成的部分称为一个挂钩. 已知一个杨格图有 n 个方格,设恰好由 k 个方格所组成的挂钩的个数为 s. 证明:$s(k+s)\leqslant 2n$.

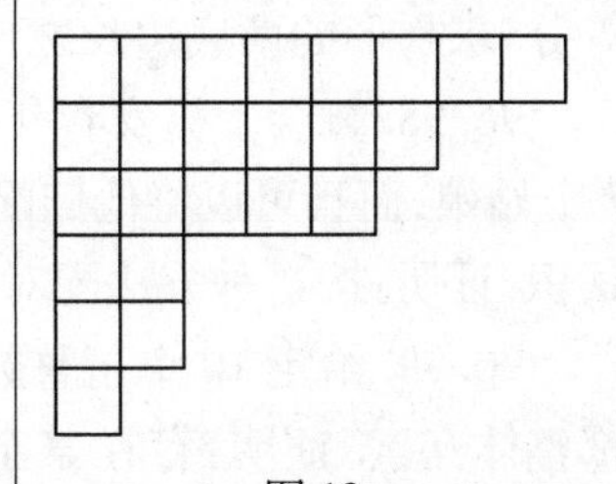

图 13

96.89. 如图 14 所示,在 $\triangle ABC$ 中 $\angle A=60°$. $\triangle ABC$ 的内点 O 对三边的张角都是 $120°$. 在射线 CO 上选一点 D,使 $\triangle AOD$ 为等边三角形. 线段 AO 的中垂线与直线 BC 相交于点 Q. 证明:直线 OQ 平分线段 BD.

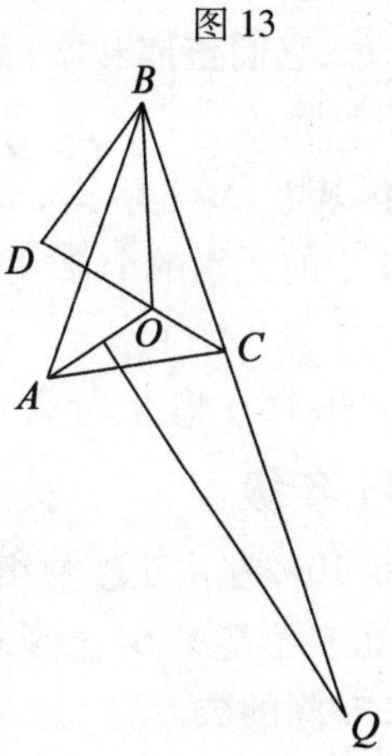

图 14

96.90. 城市 N 有 120 条地铁线,并且从每一个站到任何另一个站换乘的次数不超过 15 次. 如果从某一个站到另一个站换乘的次数不小于 5 次,则称这两个站是远离的. 请问:在城市

N 中两两远离的站的最大数量是多少?

96.91. 整数 a,b,c 满足:使得多项式 x^3+ax^2+bx+c 有三个不相等且两两互素的正整数根,并且多项式 ax^2+bx+c 有正整数根. 证明:数 $|a|$ 为合数.

96.92. 同问题 96.76.

239 中学的奥林匹克

8-9 年级

96.93. 给定 n 个正整数,将这些数的 k 个一组的所有可能的乘积的最大公因数记为 $d_k(k=2,3,\cdots,n-1)$. 证明:d_k^2 整除 $d_{k-1}d_{k+1}$.

96.94. 是否存在满足下列条件的正整数数列:使得对任意 $m,n\in\mathbf{N}$,$a_{mn}=a_m\cdot a_n$,而且对所有 $n>1$,a_n 能被 $n-1$ 整除?

96.95. 如图 15 所示,在凸四边形 $ABCD$ 内选择一点 O,它不在对角线 BD 上,并满足 $\angle ODC=\angle CAB$,$\angle OBC=\angle CAD$.

证明:$\angle ACB=\angle OCD$.

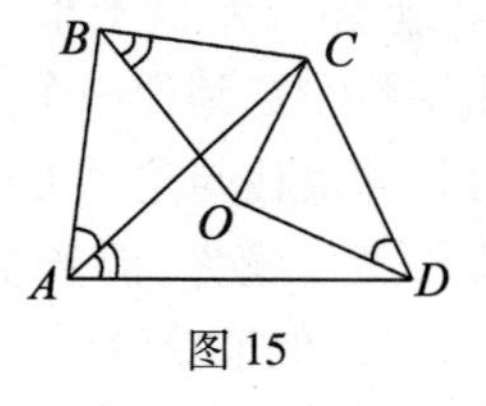

图 15

96.96. 由三个边长为 1 的方格组成角形三元组⊞. 请问:在 14×56 的矩形中最多能同方向且不重叠地放入多少个角形三元组?

96.97. 如图 16 所示,在梯形 $ABCD$ 的侧边 AB 与 CD 上分别有点 K,L,使得线段 KL 不平行于底边而且被两条对角线所三等分. 求梯形的两底边长之比.

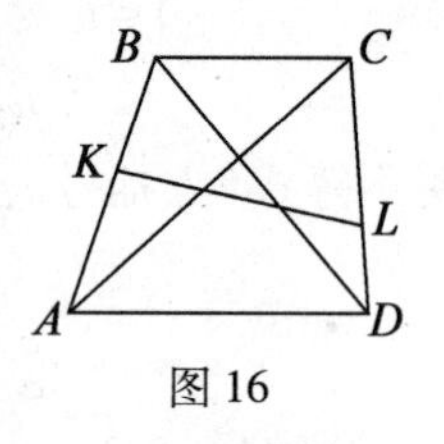

图 16

96.98. 舞会上男女青年的人数相等. 已知每个小伙子认识 7 个姑娘,而且可以将他们配对跳华尔兹舞,使得每对舞伴相互认识. 证明:按这种方法配对的方法数不少于 1 995 种.

96.99. 给定 10 个正整数 $a_1,a_2,\cdots,a_{10}$,已知其中任意 4 个都整体互素. 证明:存在某个整数 $n>4$,可以找到 n 个正整数 $b_1,\cdots,b_n$,它们整体互素,而且其中任意三个之和可被 a_i 中的一个所整除.

96.100. 已知 $A_1,A_2,\cdots,A_{239}$ 是一组有限集,以 $|A|$ 表示在有限集 A 中的元素的个数. 已知 $|A_i|\geqslant i^3$,而且

$$|A_i\cap A_j|\leqslant 2\cdot\min\{i,j\}\quad(当\ i\neq j\ 时)$$

证明:存在集 B,使得 $|B\cap A_i|=i(i=1,\cdots,239)$.

10-11 年级

96.101. 在由正整数组成的等差数列中,既有能被 64 整除的数,也有不能被 64 整除的数. 证明:在这个数列中,一定有能被 512 整除的数.

96.102. 将方格平面中一些方格染成蓝色,使得在任何 $2\times$

3的矩形块中有不多于 3 个蓝色的方格. 证明:可以将平面划分为若干个多米诺(2×1 矩形块),使得在每个多米诺中有不多于一个蓝色的方格(每个方格的边长为 1).

96.103. $\triangle ABC$ 的高 AA_1 与 CC_1 相交于点 H,$\triangle ABC$ 的外接圆与$\triangle A_1BC_1$ 的外接圆相交于点 M,M 与 B 不重合. 证明:直线 MH平分边 AC.

96.104. 设 a,b 为正数,已知二次三项式 y^2-ay+b 的判别式 Δ 满足 $0<\Delta<2a$. 证明不等式 $x^4-(a+1)x^2-\sqrt{d}x+b\leqslant0$ 的解集是两条线段的并集,而且这条线段的长度之和为 2.

96.105. 凸六边形关于点 O 对称. 点 O 关于六边形的次对角线的中点的对称点都不在六边形的边上,这些对称点有多少个位于六边形的内部?

96.106. 证明不等式

$$\sqrt[n]{\mathrm{C}_{2n+1}^{n}}\geqslant2\left(1+\frac{1}{\sqrt[n]{n+1}}\right)$$

96.107. 递推定义数列$\{x_n\}$:$x_1=a,x_{n+1}=2a-\dfrac{a^2+1}{x_n}$. 已知这个数列是纯周期数列. 证明:它的最小周期一定是奇数.

96.108. 设 $A_1,A_2,A_3,\cdots$是一组有限集,以$|A|$表示在有限集 A 中的元素的个数. 已知$|A_i|\geqslant i^3$,而且

$$|A_i\cap A_j|\leqslant2\cdot\min(i,j)\quad(\text{当 }i\neq j\text{ 时})$$

证明:存在集 B,使得$|B\cap A_i|=i$(对所有 $i\in\mathbf{N}^*$).

1997 年奥林匹克试题

第一轮

6 年级

97.01. 在 4×4 的方格表的每一个方格中填入一个正号或负号,使得在任何一个负号所在的行的各方格中恰好有三个正号,而在任何一个正号所在的行的各方格中恰好有一个负号.

97.02. 在直线上自左至右依次排列着五个点:A,B,C,D,E. 已知 $AB=19$ cm,$CE=97$ cm,$AC=BD$. 求线段 DE 的长度.

97.03. 甲、乙两人将从 5 到 11 的正整数写在 7 张卡片上,并将他们所写的卡片混合在一起. 然后,甲取回自己所写的三张卡片,乙取回两张,并且将两人都没有看到的其余两张放入一个袋子中. 甲看清了自己手中的卡片后对乙说:我知道在你手中的卡片上各数之和为偶数. 请问:在甲手中的卡片上写着什么数?这个问题的答案是唯一的吗?

97.04. 尤拉设想一个正整数,将它乘以 13,然后将所得乘积的最后一位数字删去,又将删后得到的数乘以 7,再将乘 7 所得乘积的最后一位数字删去得到数 21,试问:尤拉设想的数是什么?

97.05. 在 1995 年,苏联的 15 个共和国的各位总统在其他共和国的每一位总统生日的时候向他赠送大蛋糕和蜡烛,蜡烛的数量等于受祝贺的总统的年龄. 试问:当年有没有可能总共赠送了 1 997 支蜡烛?

7 年级

97.06. 在 11×15 的矩形方格板的每一格上画着十号或 0. 已知在矩形的每一行中十号的个数大于 0 的个数. 证明:一定可以找到这样的一列:在这列中十号的个数同样大于 0 的个数.

96.07. 能不能按下列要求将从 1 到 10 的正整数排放在一个圆周上:使得中间隔着一个数的任意两个数之和都能被 3 整除?

97.08. 在商店里,牛奶和奶油都放在同样的玻璃瓶中出售. 商店规定:用 5 个空瓶可以换到一瓶牛奶,而用 10 个空瓶可以换到一瓶奶油. 谢廖扎在地下室里找到了 60 个空瓶并将它们带到商店里进行交易,他换得瓶装的牛奶或奶油. 饮用了牛奶或奶油后他又用腾空的瓶子进行下一次交易. 经过若干次交易,最后,他还剩下一个空瓶. 试问:谢廖扎总共完成了多少次交易?

97.09. 在院子里立着 10 根柱子. 电气技师彼德罗夫接到下列任务:用电线将各柱子连接起来,使得每一根电线恰好连接两根柱子,任何两根柱子不会两次相连接,而且最主要的是使得对于任意四根柱子,恰好找到三根拉在这些柱子之间的电线. 证明:彼德罗夫不可能完成这个任务.

8 年级

97.10. 已知在 9×17 的方格表的每一格都填了正整数,使得在任何 3×1 的矩形中各数之和为奇数. 请问:方格表中所有数之和是偶数还是奇数.

97.11. 是否存在正整数 a,b,c,使得

$$(a+b)(b+c)(c+a)=340$$

97.12. 已知 a,b,c 是周长为 1 的三角形的三条边. 证明不等式 $\frac{1+a}{1-2a}+\frac{1+b}{1-2b}+\frac{1+c}{1-2c}>6$.

97.13. 如图 1 所示,在四边形 $ABCD$ 中,点 K,L,M,N 分别是边 AB,BC,CD,DA 的中点,直线 AL 与 CK 相交于点 P,直线 AM 与 CN 相交于点 Q,已知四边形 $APCQ$ 为平行四边形. 证明:四边形 $ABCD$ 也是平行四边形.

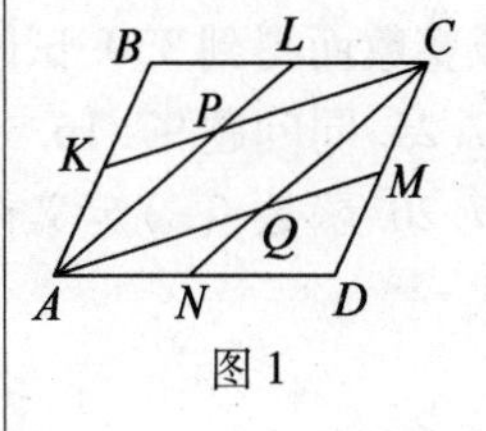

图 1

9 年级

97.14. 在 6×6 的方格表中是否可以按下列要求在每一格中填入一个正整数:使得在任何 4×1 的矩形内各数之和为偶数,而在方格表内全部数之和为奇数.

97.15. 如图 2 所示,在凸四边形 $ABCD$ 中 $\angle A=\angle D$,边 AB 与边 CD 的中垂线的交点 P 位于边 AD 上. 证明:对角线 AC 与对角线 BD 相等.

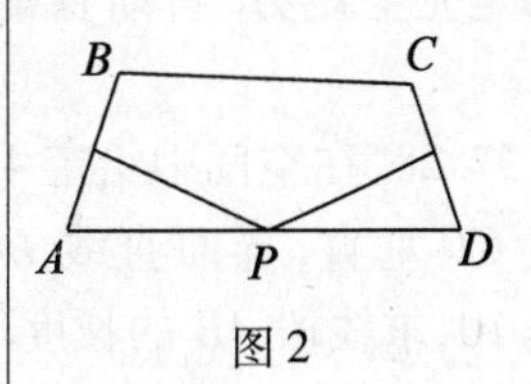

图 2

97.16. 给定三个二次三项式,其中任两个都没有公共根. 已知这些三项式中的每一个与其余两个之和有公共根. 证明:这些三项式之和等于零.

97.17. 在商店里顾客可以用 5 个空啤酒瓶换一瓶牛奶,而 10 个空牛奶瓶可以换 1 瓶啤酒. 谢尔盖在地下室里找到 60 个空瓶并拿它们去交换,最后他只剩下一个啤酒瓶(谢尔盖在各次交换并消费中所得到的瓶子都用于随后的交换). 试问:谢尔盖在地下室里找到多少个啤酒瓶?

97.18. 正整数 a 的 5 个正因数之和为素数. 证明:这 5 个因

数的乘积不大于 a^4.

10 年级

97.19. 给定 6 个各项为正整数的无穷等差数列. 已知在任何 100 个依次相继的正整数中,都至少有一个数是这些数列中的某一项. 证明:这些数列中至少有一个数列它的公差不大于 600.

97.20. 是否存在正整数 a,b,c,使得

$$(a+b)(b+c)(c+a)=4\ 242$$

97.21. 同问题 97.17.

97.22. 如图 3 所示,以 $\triangle ABC$ 的边 AC 为直径作圆,这个圆分别与三角形的边 AB 及 BC 相交于点 K 与点 L,该圆在点 K 与点 L的切线相交于点 M. 证明:直线 $BM\perp AC$.

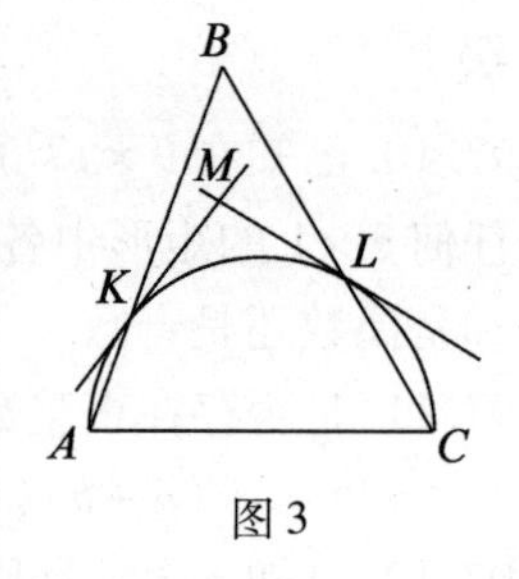

图 3

97.23. 函数 $f(x)$ 定义在 $\mathbf{R}$ 上,而且对一切 $x\in\mathbf{R}$ 满足

$$\sqrt{2f(x)}-\sqrt{2f(x)-f(2x)}\geqslant 2$$

证明:对于所有实数 x,成立 $f(x)\geqslant 4$.

11. 年级

97.24. 米沙选定一个正整数,将它乘以 1.7,并将所得结果四舍五入成整数,再将这个整数乘以 1.7,然后将所得乘积四舍五入成整数而得到 330. 试问:米沙原先选定什么数?

97.25. 同问题 97.16.

97.26. 函数 $f(x)$ 定义在 $\mathbf{R}$ 上,而且对所有实数 $x\in\mathbf{R}$ 满足不等式

$$\sqrt{2f(x)}-\sqrt{2f(x)-f(2x)}\geqslant 2$$

求使得对一切 $x\in\mathbf{R}$,不等式 $f(x)\geqslant a$ 一定成立的最大的 a.

97.27. 科斯佳试图将一个公比为 3 的正整数等比数列的接连 10 项排列在一个圆周上,使得其中每隔一项的任两项的乘积都是完全立方. 科斯佳能不能选到可以这样排列的等比数列.

97.28. 在空间中给定 4 点:A,B,C,D. 已知异面直线 AB 与直线 CD 垂直,异面直线 BC 与 AD 垂直. 设 $BC=5$, $CD=11$, $DA=10$,求线段 AB 的长度.

第二轮

6 年级

97.29. 战场上敌对双方军队相遇,其中每一方军队都有 1 000名胖士兵和 1 000 名瘦士兵. 起初,每一个胖士兵射击对方一个瘦士兵,然后,每一个还活着的瘦士兵射击对方的一个胖士兵. 证明:剩下活着的士兵不少于 1 000 人.

97. 30. 以 35 个非正方形的方格矩形组成 9 个 10×10 的方格正方形. 证明:用这些矩形可以组成两个这样的矩形:使得它们的面积之差不大于 80 个方格.

97. 31. 已知一个四位数,如果将它的每一位数字加 1 或加 5,所得的数是原来的 4 倍. 试问:原来的数是什么?

97. 32. 在某海域里生活着一些章鱼,每一只章鱼有一个或两个朋友. 在日出时,这两个朋友中一只变成蓝色,而另一只变成红色. 已知任何两个朋友都是不同颜色的. 当时,10 只蓝色章鱼变为红色,而 12 只红色章鱼变为蓝色. 现在任何两个朋友都是一种颜色. 试问:在该海域里有多少只章鱼?

97. 33. 由 60 个砝码组成的砝码组称为"坚实的",是指不能将这个组分为 20 个一组的三堆,使得这三堆中每一堆的质量各不相等. 请找出所有的"坚实的"砝码组,使得每个组中至少有一个质量为 1 kg 砝码,并且至少有一个质量为 2 kg 的砝码.

97. 34. 在圆周上放置 100 个正整数,对每一个数,按顺时针方向,将跟在该数后面的五十个数加起来,并用所得的和数取代该数. 证明:在多次重复这种操作以后,所有的数都变成了偶数.

7 年级

97. 35. 战场上敌对双方军队相遇,其中每一方军队都有 1 000名胖士兵和 1 000 名瘦士兵. 起初,每一个胖士兵射击对方一个瘦士兵,然后,每一个还活着的瘦士兵射击对方的一个胖士兵,在这以后,每一个还活着的胖士兵再一次射击对方的一个瘦士兵. 证明:剩下活着的士兵不少于 500 人.

97. 36. 证明:可以找到这样的正整数 $x,y,z>19\,971\,997$,使得 $(x^2+1)(y^2+1)=z^2+1$.

97. 37. 由 50 名学员组成一个排. 司务长为这个排在 30 天中的执勤编一个轮值表,每天由 4 名学员执勤,第二天由另外 4 人执勤,而且每名学员在两次执勤之间休息不少于 5 天. 证明:可以在每一天执勤中增加 1 名学员,而且使得每名学员在两次执勤之间休息不少于 5 天.

97. 38. 在圆周上放置 100 个数 $+1$ 与 -1. 对每一个数,按顺时针方向,以跟在它后面的 50 个数的乘积取代该数. 证明:在多次重复这种操作以后,所有的数都成为 1.

97. 39. 将各边有多于 1 个方格的方格矩形剖分为多米诺(1×2 矩形). 设由 2 个多米诺组成的 2×2 正方形的数量为 A,由 4 个不同的多米诺的方格所组成的 2×2 正方形的数量为 B. 证明:$A>B$.

97.40. 求满足下列条件的所有正整数 k：可以将 k^2 表示为 k 个不同的两两互素的正整数之和的形式.

97.41. 某城市里没有桥梁，没有隧道，也没有死胡同，所有交叉路口都是十字形的，而且恰好构成两条街道的交叉点. 省长到该城市里巡视，他的司机在每一个交叉路口或者向右转，或者向左转. 过了一些时候，该司机发觉他们到了已经走过的路上. 证明：他们是向同一方向行驶，而且是驶到了出发的地点.

8 年级

97.42. 在某岛上只住着两种居民：一种是只讲真话的骑士；另一种是只讲谣言的撒谎者. 每一个居民都住在个人所有的地铁站里. 雨水会冲毁部分地铁，但是，每一个人都可以去到自己想去的任何地方. 在刮过台风“埃利”以后，每一个居民都声称：现在我可以去到比刮台风前恰好少了一半人的地方. 证明：该岛上不少于三分之一的居民在撒谎.

97.43. 证明方程 $(x^2+1)(y^2+1)=z^2+1$ 有无数多个正整数解.

97.44. 海军歌曲汇演邀请了 100 个国家的合唱团参加，每一个合唱团要演唱三首歌曲，并且在唱完歌以后立即回国. 各国介绍完歌词以后，汇演组织者发现每一首歌都有被其中一个参演国认为是不适宜的词语. 证明：组织者可以用适当规定演出次序的方式，使得任何人所听到的对他的国家不适宜的歌曲不多于三首.

97.45. 如图 4 所示，在 $\triangle ABC$ 的边 AB,BC,AC 上分别选点 C_1,A_1,B_1，使得线段 AA_1,BB_1,CC_1 相交于一点，过点 B_1 的直线平行于 AA_1，且与线段 CC_1 相交于点 B_2，过点 C_1 的直线平行于 AA_1，且与线段 BB_1 相交于点 C_2. 证明：直线 BC,B_1C_1 与 B_2C_2 或者相交于一点，或者相互平行.

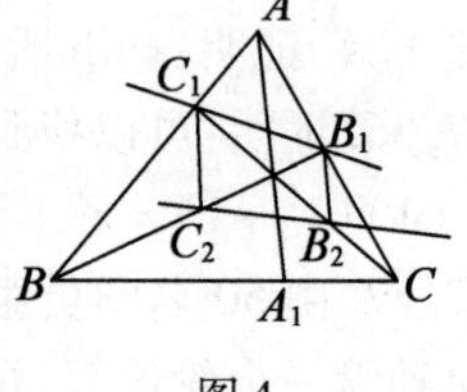

图 4

97.46. 将分数 $\frac{1}{1\,997}$ 表示为十进制的循环小数的形式. 证明：在这个循环小数的一个（最小的）周期内，它有不多于 200 个数字 7.

97.47. 同问题 97.41.

97.48. 考虑平面上的整点 (x,y)，其中 $1\leqslant x,y\leqslant 1\,997$，从中选出其两个坐标互质的点. 证明：选出的点的个数不少于上述整点的个数的一半.

9 年级

97.49. 沿着北纬 60°生长着同样高的树，如果全部树向西面倒下,那么 60°纬线被多于 5 棵树盖住的部分的总长度是 100 km. 证明:如果全部树向东面倒下,那么 60°纬线被多于 5 棵树盖住的部分的总长度也是 100 km.

97.50. 如图 5 所示,四边形 $ABCD$ 的边 AB,CD 的中点分别是 K 与 N,线段 BN 与 KC 相交于点 O,直线 AO,DO 与边 BC 的交点将线段 BC 三等分. 证明:四边形 $ABCD$ 是平行四边形.

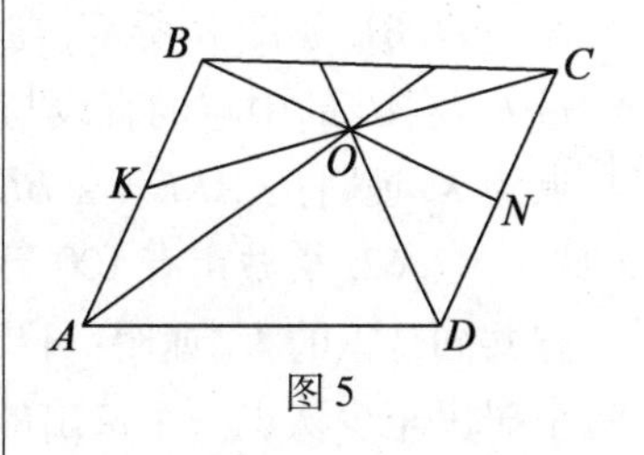

图 5

97.51. 二次三项式 ax^2+bx+b 的一个根与二次三项式 ax^2+ax+b 的一个根的乘积等于 1. 求这两个根.

97.52. 将 100×100 的方格纸的每个方格按下列方式染上黑色或白色,使得在任何 1×2 矩形内都至少有一个黑色的方格,而在任何 1×6 的矩形内都有两个相邻的黑色方格. 请问:在这张方格纸中最少有多少个黑色的方格?

97.53. 正整数数列 $\{x_n\}$ 定义为

$$x_1=2,x_{n+1}=2x_n^2-1$$

证明:对于所有的 n,数 x_n 与 n 互质.

97.54. 如图 6 所示,在梯形 $ABCD$ 中,对角线 AC 等于底边 AB 与 CD 之和. 点 M 为边 BC 的中点,点 B' 是点 B 关于直线 AM 的对称点. 证明:$\angle ABD=\angle CB'D$.

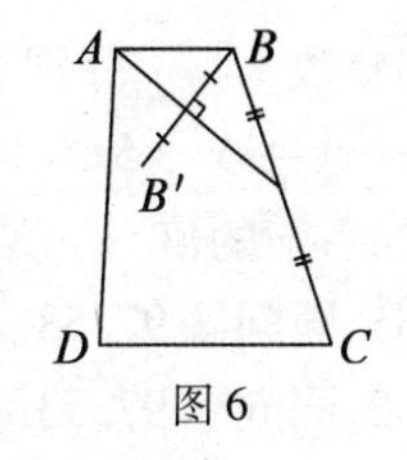

图 6

97.55. 在某城市里住着 $3n$ 个居民. 同时,任两个居民有共同认识的人. 证明:可以选出 n 个这样的人,使得其余的每一个人都至少认识某一个选出的人.

10 年级

97.56. 在某行星的赤道上生长着同一高度的树木. 如果这些树全部向西面倒下,那么赤道地段被多于 5 棵树覆盖的部分总长度是 100 km. 证明:如果所有树全部向东面倒下,那么赤道地段被多于 5 棵树覆盖部分总长度也是 100 km(设树的高度远远小于行星的尺度).

97.57. 证明:不存在由 100 个不同的正整数组成的数组,它使得其中任意 98 个数之和能被其余两个数之和整除.

97.58. 如图 7 所示,$\square ABCD$ 的 $\angle A$ 的平分线分别与直线 BC,CD 相交于点 X 与 Y,点 A'与点 A 关于直线 BD 对称. 证明:四点 C,X,Y,A'共圆.

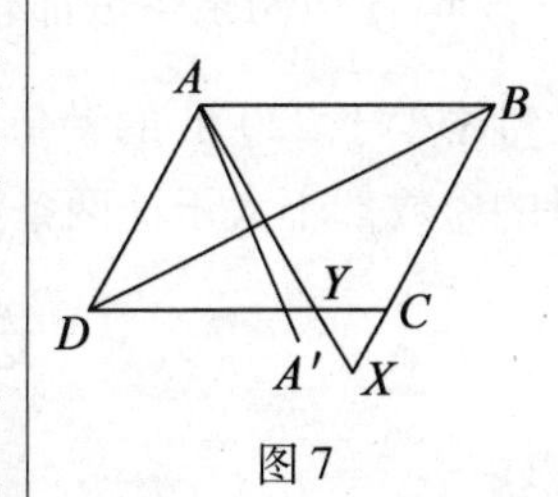

图 7

97.59. 在仓库里有一位管理员和几种不同的袋子($n>1$). 每只袋子或者放在仓库的地板上,或者放入另一个袋子中. 管理员有时挑选一个放在地板上的袋子 D,将装在 D 中的所有袋子全部掏出放在地上(但不打开这些袋子),然后又将放在地板上的所有其他袋子(连同其内所装物品)装入 D 中. 证明:管理员利用这种操作能够得到的袋子的分布状态的种数是 $n+1$(两种分布状态称为相同的是指每只袋子内所装的物品都对应相同).

97.60. 同问题97.53.

97.61. 如图8所示,在圆 S 内作两条平行的弦 AB 与 CD,过 C 与 AB 的中点的直线与 S 相交于另一点 E. 设线段 DE 的中点为 K. 证明:$\angle AKE=\angle BKE$.

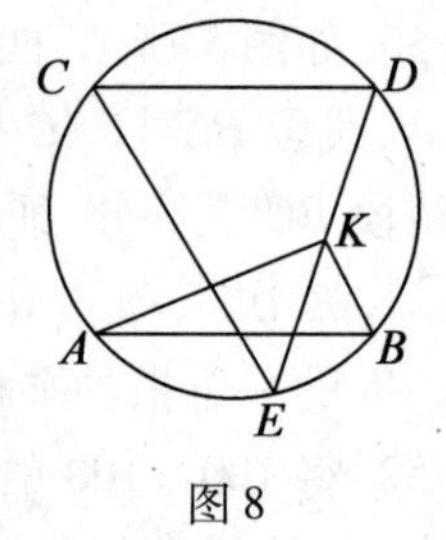

图8

97.62. 某城市有100万居民,其中任意两人在其他的人中有共同认识的人. 证明:可以选出5 000位居民,使得其余每一个居民至少认识一个选出的人.

11 年级

97.63. 在某行星的赤道线上生长着同一高度的树木,如果它们全部向西面倒下,那么有树木倒下的赤道线的总长度是100 km. 证明:如果所有树木全部向东面倒下,那么有树木倒下的赤道线的总长也是100 km(设树木的高度远远小于行星的尺度).

97.64. 数 x 与 y 分别满足方程

$$x^3-3x^2+5x-17=0, y^3-3y^2+5y+11=0$$

求表达式 $x+y$ 的值.

97.65. 同问题97.58.

97.66. 同问题97.53.

97.67. 一台计算机按程序进行下列运算:将一个正整数加上它的十进制的各位数字之积再加2. 从随机选取一个10位数开始. 证明:在重复进行这种运算以后,不可能得出下列的1 997位数:这个数的十进制记数仅仅由众多的数码7所组成.

97.68. 是否可以在 123×456 的方格纸上按以下要求用两种颜色中的一种去染每一个方格:使得每一个方格都恰好有两个与它按行相邻且与它不同颜色的方格?

97.69. 在池塘里养着1 000条鲈鱼,每一条鱼的质量都不少于 $\frac{1}{4}$ lb,任何两条鲈鱼都有不同数量的棘刺. 证明:可以捞起总质量不少于220 lb的鲈鱼,使得任何两条被捞起的鲈鱼的总质量的磅数都不大于这两条鲈鱼的棘刺数目之差.

选拔轮

9 年级

97.70. 将三角形的内切圆投影到三角形的边上. 证明:三条投影的六个端点共圆.

97.71. a 与 b 为整数($a\neq b$). 证明

$$\left|\frac{a+b}{a-b}\right|^{ab}\geqslant 1$$

97.72. 证明:在十进记数法下,任一个正整数的末位为 1 或 9 的因数的个数不少于它的末位为 3 或 7 的因数的个数.

97.73. 证明:142×857 的方格矩形的对角顶点不可能用下列五段折线相连接:这些折线的顶点在网络的整点,而且各折线段的长度的比例为 2:3:4:5:6.

97.74. 是否存在 100 个这样的正整数:其中任意四个的四次方之和能被这四个数的乘积整除?

97.75. 如图 9 所示,锐角 $\triangle ABC$ 的顶点 B 在它的外接圆上的对径点为 B', I 为 $\triangle ABC$ 的内心, M 为内切圆与 AC 边的切点. 在 AB, BC 边上分别取点 K, L,使得

$$KB=MC, LB=AM$$

证明:直线 $B'I$ 与 KL 互相垂直.

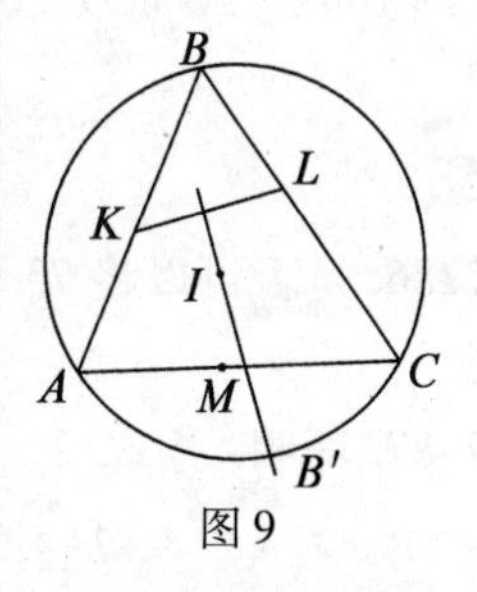

图 9

97.76. 是否可以将 1 997 × 1 997 的方格正方形(沿方格线)分割为一些边长大于 30 的小正方形?

97.77. 在正 1 997 边形的每个顶点上写上一个正整数,并进行下列操作:将任一个数加 2,同时将它的两侧与它相距 $k(1\leqslant k\leqslant 998)$ 个顶点的两个数各减 1,然后在黑板上写上数 k. 经过若干这种操作后,在所有顶点上出现初始写上的数. 证明:这时,在黑板上所写的各数的平方和能被 1 997 整除.

10 年级

97.78. 正整数 x, y, z 满足方程

$$2x^x+y^y=3z^z$$

证明: $x=y=z$.

97.79. 数 N 是 k 个不同的素数的乘积($k\geqslant 3$). 两人玩下列游戏:他们轮流在黑板上写出数 N 的合数因数,不能写数 N 本身,并禁止在黑板上出现两个互素的数或一个数整除另一个数,不能再继续写下去者输. 请问:在这个游戏中,谁将获胜?是先写的人还是他的对手.

97.80. 如图 10 所示,圆内接四边形 $ABCD$ 的边 AB, BC, CD, DA 的中点分别是 K, L, M, N. 证明: $\triangle AKN$, $\triangle BKL$, $\triangle CLM$, $\triangle DMN$ 的垂心构成一个平行四边形的四个顶点.

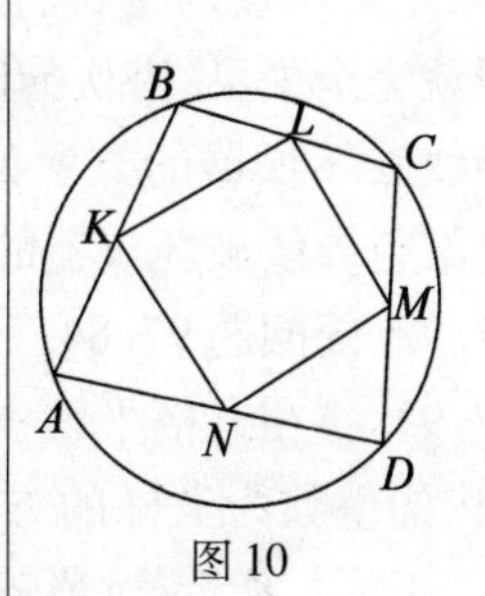

图 10

97.81. 将 100 × 100 的方格正方形沿方格线折叠若干次,再沿方格线剪两刀. 请问:以这种方式最多能将方格正方形剪成多少块?

97.82. 凸多面体的各个面都是三角形,从每一个顶点出发的棱不少于 5 条,而且,如果两个顶点都各有 5 条棱从该点出发,那么这两个顶点没有棱相连. 证明:在这个多面体上可以找

到这样的面:从它的顶点出发的棱分别是5,6,6条.

97.83. 在平面上有$2n+1$条直线.证明:三条边都在这些直线上的不同的锐角三角形不多于$\frac{n(n+1)(2n+1)}{6}$个.

97.84. 证明:不能将各式各样的十进制的十二位数按下列方式分组:每一组4个数,在同一组中各数有11个数字彼此相同,而且该组的四个数的另一位为四个相继的数字.

97.85. 用360个点等分一个圆周,再将该圆周旋转38°得到另外的180条弦.证明:这360条弦的并集不可能是一条封闭的折线.

11 年级

97.86. 是否可以将75×75的方格板分割为图11所示的两种图形.

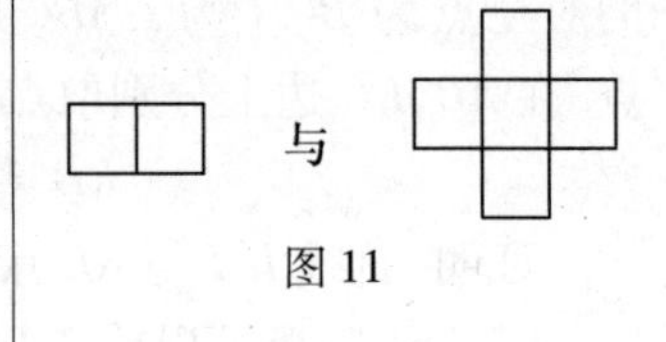

图11

97.87. 证明:当$x\geqslant2,y\geqslant2,z\geqslant2$时

$$(y^3+x)(z^3+y)(x^3+z)\geqslant125xyz$$

97.88. 如图12所示,圆S_1与圆S_2相交于点A与点B.在圆S_1上选一点Q,直线QA,QB分别与圆S_2相交于点C与点D.圆S_1在点A的切线与在点B的切线相交于点P.设点Q在圆S_2外,点C与D在圆S_1外.证明:直线QP通过线段CD的中点.

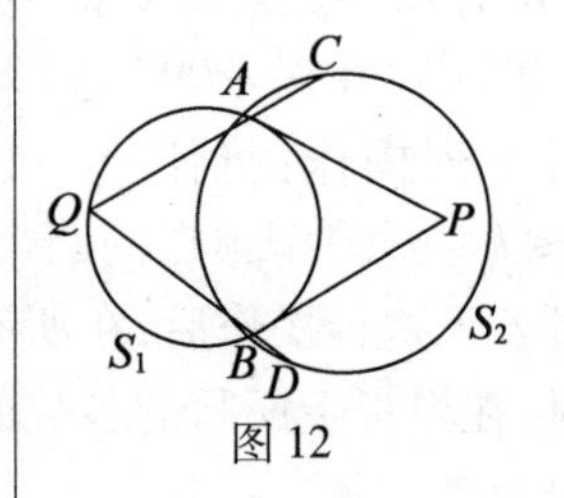

图12

97.89. 在一页方格纸上画有一个凸50角形,它的顶点在网络的结点上.请问:这个50角形的沿着网络线的对角线最多有多少条?

97.90. 在黑板上写着数99…99(1 997个9).现在开始操作,每一步是将写在黑板上的数分解为两个因数,然后擦去原数,并将每个因数或者加2或者减2(相互独立)后写在黑板上.请问:是否可能出现下述情形:在黑板上的数字全是9?

97.91. 某台仪器由$4n$个部件构成,每两个部件用一根红色的或蓝色的导线相连,并且两种颜色的导线各自的总数量相等.如果除去连接四个部件的任何两条同颜色的导线,那么该台仪器就完全失灵.潜伏的间谍计算了从上述仪器中拔除两条蓝色导线破坏仪器的方法的个数.证明:这个方法的个数与拔掉两条红色导线破坏仪器的方法个数相等.

97.92. 同问题97.84.

97.93. 将在方格平面上以在正方形$\{(x,y):|x|+|y|\leqslant n+1\}$内的整数为坐标的方格所组成的图形称为$n$阶钻石图.用$1\times2$矩形(多米诺)覆盖$n$阶钻石图,对于每种覆盖进行下列操作:每一步是选择一个被两个多米诺覆盖的2×2正方形并将它旋转90°.证明:任一种覆盖可以经不多于

$\frac{n(n+1)(2n+1)}{6}$步操作,使每块多米诺都呈水平方向配置.

239 中学的奥林匹克

8-9 年级

97.94. 设正数 n 可以表示为自己的 $k(k>1)$ 个不同的正因数之和. 证明:n 与 $(k-1)!$ 不互素.

97.95. 如图 13 所示,在 $\triangle ABC$ 中,$\angle B=60°$,AA_1,CC_1 为高,在过 B 且垂直于 A_1C_1 的直线上选点 $M\neq B$,使得 $\angle AMC=60°$,证明:$\angle AMB=30°$.

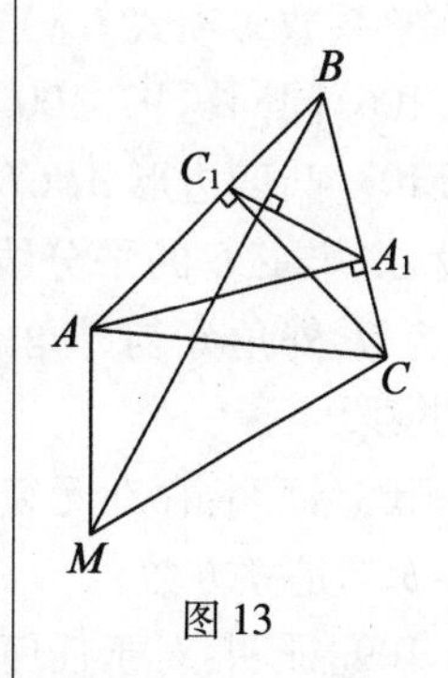

图 13

97.96. 证明:对于任何素数 $p>3$,数 $50^p-14^p-36^p$ 可以被 1 996整除.

97.97. 如图 14 所示,设 H 是 $\triangle ABC$ 的垂心,H 在这个三角形的中线 BM 上的投影为 K. 证明:四点 A,H,K,C 共圆.

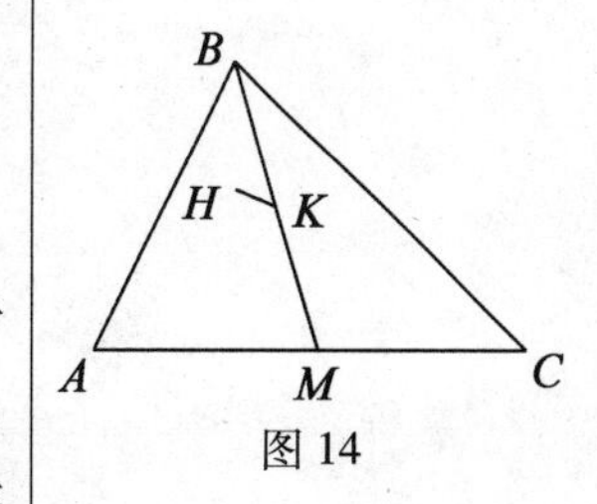

图 14

97.98. 两人玩游戏,他们依次在 100×100 的表内的每一格写上 $+1$ 或 -1,直到写满为止,然后计算每行各数之和并计算每列各数之积,再求这两个积之和. 如果这个和数是非负的,那么先写的人胜出,在相反的情形,先写者输. 在这个游戏中,谁将获胜?

97.99. 以下列关系式给定两个正整数数列

$$x_1=1,y_1=100,x_{k+1}=x_k^{237}+y_k,y_{k+1}=x_k+y_k^{237}$$

证明:这两个数列的任何一项都不能被 239 整除.

97.100. 图 G_1 有 $2n$ 个顶点,它的每一个顶点的次数都等于 3. 考虑另一个图 G_2,它的顶点与 G_1 的边对应,而 G_2 的边与 G_1 的顶点对应. 并且 G_2 的两个顶点有边相连的充分必要条件是在图 G_1 中与它们对应的边有公共的端点. 证明:图 G_1 中的哈密尔顿圈的个数等于将 G_2 的边划分为两个不相交的哈密尔顿圈的方法个数的 2^{n-1} 倍.

97.101. 将 $239n\times239(n+1)$ 的矩形方格表的每一个方格按国际象棋棋盘的格式染成黑色或白色中一种颜色,并且将左下角的方格染成黑色,然后以任意的方式将它切割为 $n\times(n+1)$ 的矩形. 将切割所得的每一个矩形按它的左下角的颜色重新染色. 请问:这样操作以后,黑色矩形的数量与白色矩形的数量之差可能取得哪些值?

10-11 年级

97.102. 同问题 97.97.

97.103. 已知多项式 $p(x)$ 的首项系数为正数,多项式 $q(x)=p(x)-p'(x)$. 证明:如果多项式 $q(q(x))$ 没有实根,那么,多项式 $p(p(x))$ 也没有实根.

97.104. 将 $m\times n$ 方格矩形沿方格线划分为若干个同样大小的矩形,将划分所得的每一个矩形的左下角染色. 然后用另外的方法将原来的矩形划分为每一个如前一样大小的矩形. 已知第二次划分所得矩形内恰好有一个已染色的方格. 证明:这些已染色的方格就是第二次划分所得的各矩形的左下角.

97.105. 已知区间 $[a,b]\subset(0,1)$ 与非退化区间 $[c,d]$. 证明:存在整系数多项式 $f(x)$,满足 $f([a,b])\subset[c,d]$.

97.106. 同问题 97.100.

97.107. 凸四边形 $ABCD$ 的对边的延长线分别交于点 E 与点 F. 设 $\angle A$ 与 $\angle C$ 的平分线的交点为 P, $\angle B$ 与 $\angle C$ 的平分线的交点为 Q,外角 E 与外角 F 的平分线的交点为 R. 证明: P,Q,R 三点共线.

97.108. 证明:存在无穷多对正实数 (a,b),使得 a^2+3b^2+1 与 $a-b$ 都是立方数.

97.109. 证明:对于任何正整数 n,将 $n\times(n+1)$ 矩形划分为 1×2 矩形的方法的个数都是奇数.

1998 年奥林匹克试题

第一轮

6 年级

98.01. 在 5×5 的正方形方格表的每一个方格中填上一个"×"或填上一个"○",使得除第一行外,在每一行中"×"号比"○"多,除最后一列外,在每一列中"○"比"×"号多.

98.02. 维尼熊、猫头鹰、小兔和小猪四个小伙伴一共吃了 70 根香蕉,并且每一个小伙伴至少吃到一根香蕉,维尼熊比其他的每一个小伙伴吃得都要多,猫头鹰与小兔一起吃了 45 根香蕉,问小猪吃了多少根香蕉?

98.03. 在黑板上写着数 23,对这个数进行下列操作:在每一分钟里先将原数的各数字的乘积加上 12,将结果写在黑板上,然后将原数从黑板上擦去. 试问:经过一个小时操作以后,在黑板上的数是什么? 要说明答案的理由.

98.04. 能不能在 10×10 的正方形方格表的每一格中填入一个正整数,使得在任何形状如 ┬┬ 的图形的五个方格中所填入各数之和等于 105,而且填写在每一个形状如 ▭▭ 或 ⊟ 的图形的方格中各数之和等于 40? 要说明答案的理由.

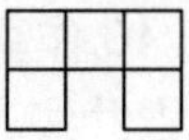

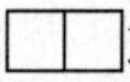

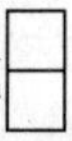

7 年级

98.05. 怎样将一个每边长为 4 cm 的正方形分割为几个矩形,使各矩形的周长之和等于 25 cm?

98.06. 是否可以将从 -7 到 7(包括 0)的所有整数按以下要求放置在一个圆周上:使得对于每一个数,与它相邻的两个数的乘积是非负的. 如果办得到,请举例;如果办不到,请说明原因.

98.07. 在仓库里盛放蔬菜的玻璃瓶的容积分别是 0.5 L, 0.7 L, 1 L. 已知在仓库里共有 2 500 个瓶子,它们的容量是 1 998 L. 证明:在仓库里至少有一个容量为 0.5 L 的瓶子.

98.08. 证明:在十进记数法下,任何六十位数如果它的各位数字都不是零,那么可以删去它的若干个数字,使所得的数能被 1 001 整除.

8 年级

98.09. 是否可以挑选四个互不相等的正整数,使得其中任意两个数之和都是数 5 的幂?

98.10. 同问题 98.07.

98.11. 如图 1 所示,$\triangle ABC$ 的一条中线为 AF,线段 AF 的中点为 D,直线 CD 与边 AB 相交于点 E. 已知:$BD = BF = CF$. 证明:$AE = DE$.

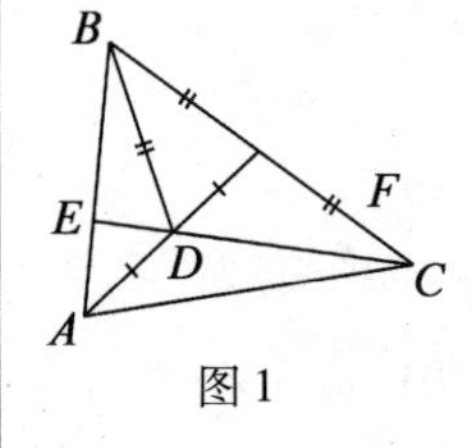

图 1

98.12. 从方格纸上的一个矩形可以沿方格纸剪下 360 个 2×2的矩形. 证明:从这个矩形可以沿方格线剪下 200 个1×7的矩形.

9 年级

98.13. 求满足下列不等式的最小的正数 x,即

$$[x]\cdot\{x\}\geqslant3$$

($[x]$表示 x 的整数部分,$\{x\}=x-[x]$为 x 的小数部分).

98.14. 二次三项式 f 与 g 的首项系数相同,它们的四个根之和为零. 二次三项式 $f+g$ 有两个根. 证明:这两个根之和也为零.

98.15. 从 1 到 1 000 的自然数中任选 860 个不同的数. 证明:其中必有两个数的乘积可以被 21 整除.

98.16. 如图 2 所示,锐角$\triangle ABC$ 的边 AB 与 AC 上分别有点 K 与点 L,使得 $KL/\!/BC$. 自 K 向线段 AB 作垂线,自 L 向 AC 作垂线,两垂线相交于点 M. 证明:A,M 与$\triangle ABC$ 的外心 O 三点共线.

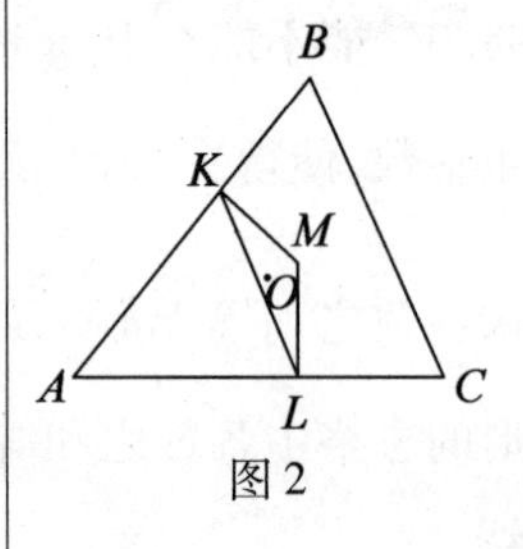

图 2

98.17. 在 100×100 的方格表上每一个方格都填上了实数,已知在每一行中有不少于 10 个不同的数,而任何两个相邻的行中不同的数不多于 15 个. 证明:在整个表中不同的数不多于 505 个.

10 年级

98.18. 正数 x 满足不等式

$$[x]^2-x[x]+3\leqslant0$$

证明:$x\geqslant4.75$($[x]$表示数 x 的整数部分).

98.19. 在美食俱乐部里有 58 人,其中每一个人或者是胖子或者是瘦人. 在例会上,俱乐部的每一个胖子带来了 15 个包子并将它们分给瘦人,而每一个瘦人带来了 14 个包子并将它们分给胖子. 结果发现,俱乐部的各个胖子分到的包子同样多,各个瘦人分到的包子也同样多. 试问,俱乐部的成员中胖子和瘦人各有多少人?给出所有可能的答案,并且证明没有其他的答案.

98.20. 两个分式线性函数 $f(x)$ 与 $g(x)$ 对于它们的公共定

义域中的每个 x 满足 $f(x)-g(x)>1\ 997$. 证明:函数 $f(x)-g(x)$ 在它的定义域中为常数(提示:分式线性函数是两个线性函数的比).

98.21. 如图3所示,在凸四边形 $ABCD$ 中,对角线 $AC=BD$,而且 $\angle BAC=\angle ADB$,$\angle CAD+\angle ADC=\angle ABD$.

求 $\angle BAD$ 的度数.

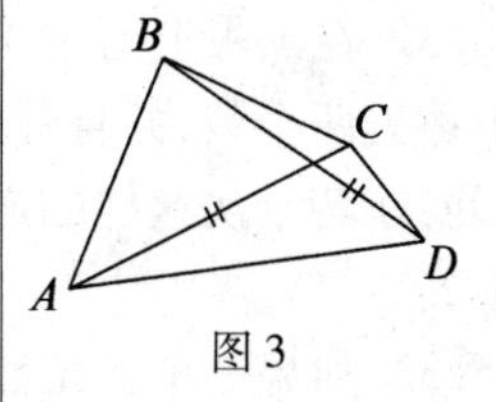

图3

98.22. 在 100×100 的方格表的每一格中都填满了数. 已知在每一行中有不少于10个不同的数,而在任何相继的3行中有不多于16个不同的数. 证明:在整个方格表中,不同的数不多于310个.

11 年级

98.23. 正数 x 满足不等式

$$\lg[x]+\lg\{x\}\geqslant 3$$

证明:$x>1\ 001.998$.

98.24. 由正整数组成的等差数列有无穷多形如 $(2n)!$ 的项. 证明:该数列的首项可以被它的公差整除.

98.25. 证明:在十进制记数法里,一个35位数中如果没有零,也没有数字5,那么可以从这个数中删去若干个数字,使余下的不为零的数可以被41整除.

98.26. $f(x)$ 是实系数多项式. 已知方程 $f(x)=10$ 有10个不同的实根,而且方程 $f(x)=15$ 有15个不同的实根. 证明:在这25个数中至少有一个数是方程 $f'(x)=0$ 的根.

98.27. 在正方体 $ABCDA_1B_1C_1D_1$ 的棱 $AD,BC,CC_1,C_1D_1,A_1B_1,AA_1$ 上分别选点 P,Q,R,S,T,U,使得 $\angle PQB=\angle RQC$,$\angle RSC_1=\angle TSD_1$,$\angle TUA_1=\angle PUA$,$\angle QRC=\angle SRC_1$,$\angle STB_1=\angle UTA_1$,$\angle UPA=\angle QPD$.

如果正方体的棱长等于1,求闭折线 $PQRSTUP$ 的长.

第二轮

6 年级

98.28. 一群小孩两人一组地结伴到森林中采集榛果,每组有一个男孩和一个女孩. 已知一个男孩采集的榛果是同组女孩采集的榛果的两倍或者是同组女孩采集的榛果的一半. 请问:这群孩子采集的榛果的总数是否可能是1 000个?

98.29. 是否可以在 8×8 的国际象棋棋盘的每一个方格里放入一个正整数,使得任意两个位于按行相邻的方格内的两数之差等于1,而任意两个位于棋子"马"所走日字型对角的两个方格内的数之差等于3?

98.30. 成绩欠佳的费佳将 100 只跳棋子逐只地放在 10×10 的方格表的各个方格内. 证明:在某个时刻,其中一只跳棋子可能吃掉另一只跳棋子.

98.31. 在黑板上写着 10 个 2. 现在进行操作:每一步是在黑板上擦去两个数,并且写上这两个数的和数或写上它们的乘积. 试问:在若干次这样的操作以后,在黑板上是否可以只留下数 1 002?

98.32. 如果一个五位数不能分解为 2 个三位数的乘积就将这个五位数称为"不可分解的". 试问:依次接续的不可分解的五位数最多可能是多少个?

98.33. 马雷什和卡尔松玩游戏,他们有一块 100×100 的方格巧克力糖,两人逐步以小方格为单位从整块糖中吃掉一小块(不必从边缘开始),卡尔松吃 2×2 小块,马雷什吃 1×1 小块. 如果吃到没有留下任何一块 2×2 的糖,那么所有剩下的糖块归马雷什所有. 吃得较多的巧克力糖的人为胜利者,马雷什先开始吃. 请问:在这个游戏中,谁将获胜?

7 年级

98.34. 在棕榈树林里栖息着许多长尾猴,过去有 20 棵树被猴子踢过. 长尼猴通过每一次踢树,从树上摘到 3 个海枣,将一个海枣分给女伴后,猴子将得到的 2 个海枣吃掉,并且互相打闹. 后来,又有猴子踢了 30 次树,然后树林便平静下来了. 试问:这时在长尾猴那里还有多少个海枣?

98.35. 沿 1 000×1 000 的正方形方格纸的方格线作若干条直线,并且将成为矩形的部分按国际象棋的棋盘格式将矩形的每一格染成黑色或白色. 证明:染成黑色的方格的总数是偶数.

98.36. 几个公务员得到相同的工资. 然后,他们中无论谁有时用自已的一部分钱买东西,并且将其余的钱平均分给其他的公务员. 经过几次这样的操作以后,其中一个公务员有 24 个戈比,而另一个公务员有 17 个戈比. 试问:总共有多少个公务员?

98.37. 在黑板上写着 11 个 2. 现在进行操作,每一步是在黑板上擦去任意两个数,并且在黑板上写上这两个数的和数或写上它们的乘积. 试问:在若干次这样的操作之后,在黑板上是否可以只留下数 774?

98.38. 如果一个六位数不能分解为一个 3 位数与一个 4 位数的乘积,就将这个六位数称为"不可分解的". 试问:依次接续的六位数最多可能是多少个?

98.39. 将在直线上的一些线段染色(各线段可能相交),将每条线段的左面的一半染成红色,已知被染色的各点构成连续的红色线段. 如果换一种染色法,将原来的每一条线段的右面的一半染成蓝色,那么蓝色的点构成连续的线段,这些蓝色线段比红色线段短 20 cm. 证明:在起始的染色的线段中,可以找到这样的两条线段,它们的长度之差不少于 40 cm.

98.40. 马雷什和卡尔松玩游戏,他们有一块 $1\,997\times1\,998$ 的方格巧克力糖,两人逐步以小方格为单位从整块中吃掉一小块(不必从边缘开始). 卡尔松吃 2×2 小块,马雷什吃 1×1 小块. 如果吃到没有留下任何一块 2×2 的小块,那么所有剩余的糖块归马雷什,吃得较多巧克力糖的人为胜利者. 马雷什先开始吃. 请问:在这个游戏中,谁将获胜?

8 年级

98.41. 求满足下式的所有正整数对 m 与 n,有

$$[m,n]-(m,n)=\frac{mn}{3}$$

98.42. 如图 4 所示,$\triangle ABC$ 的边 AC 的中点为点 D,在边 BC 上选一点 E,使 $\angle BEA=\angle CED$.

求长度的比 $AE:DE$.

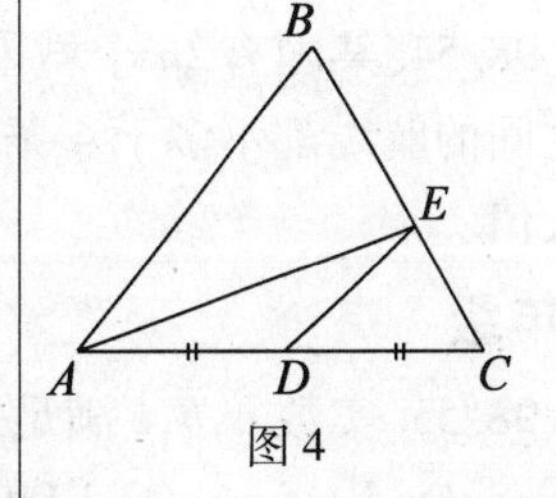

图 4

98.43. 同问题 98.32.

98.44. 同问题 98.40.

98.45. 将从 1 到 30 的正整数放在一个圆周上. 然后开始操作:将位于相邻位置的数调换位置. 在若干次这样的操作以后发现,每一个数所调到的位置与未调动的位置正好是该圆的某一直径的两个端点. 证明:如果两个数之和为 31,那么在上述调动各数的某一时刻,这两个数正好互换位置.

98.46. 已知正整数的无穷数列 $\{a_n\}$ 对所有的 n 满足关系式

$$a_{n+2}=(a_n,a_{n+1})+1$$

试问:这个数列是否可以有多于 1 998 个不同的数?

98.47. 一批中学生来到夏令营. 其中每一个中学生都认识来夏令营的 2 到 30 个人. 证明:可以将这些中学生分到 60 个房间去住,使得任何两个彼此认识的中学生不是住在同一个房间里. 而且,也不会使住在同一个房间里的所有人都认识同一个中学生.

9 年级

98.48. 实数 x,y,z,t 满足不等式

$$(x+y+z+t)^2\geqslant4(x^2+y^2+z^2+t^2)$$

证明:存在实数 a,使得

$$(x-a)(y-a)+(z-a)(t-a)=0$$

98.49. 将从 1 到 100 的正整数放在一个圆周上(按任意次序),算出位于相继位置的每三个数之和. 证明:必有两个和数之差不小于 3.

98.50. 如图 5 所示,在 $\triangle ABC$ 中,点 M 是边 BC 的中点. AA_1, BB_1, CC_1 是三条高,直线 AB 与 A_1B_1 相交于点 X,直线 MC_1 与 AC 相交于点 Y. 证明:$XY /\!/ BC$.

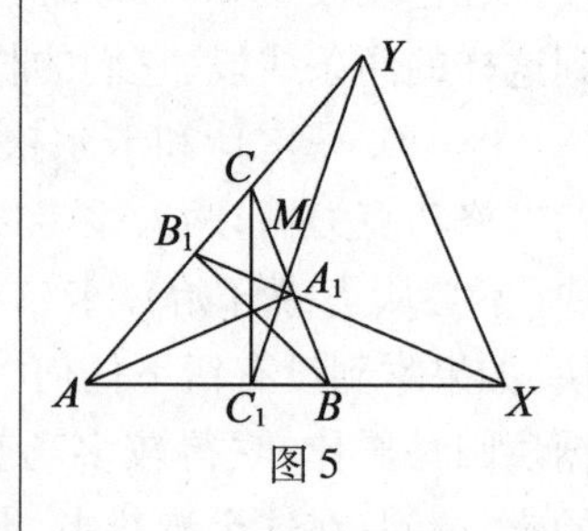

图 5

98.51. 求下列方程的所有整数解

$$p^2+q^2+pq=15r^2$$

98.52. $\frac{m}{n}$是十进制记数法中的不可约分数,从小数点后的第二位起,每一个数字都比与它相邻的两个数字之和小同一个自然数 k. 证明:$n \leqslant 819$.

98.53. 如图 6 所示,点 M 是 $\triangle ABC$ 的边 AC 的中点,点 K, L, N 分别位于线段 AM, BM, BK 上,使得 $KL /\!/ AB$, $MN /\!/ BC$, $CL=2KM$. 证明:CN 为 $\angle ACL$ 的平分线.

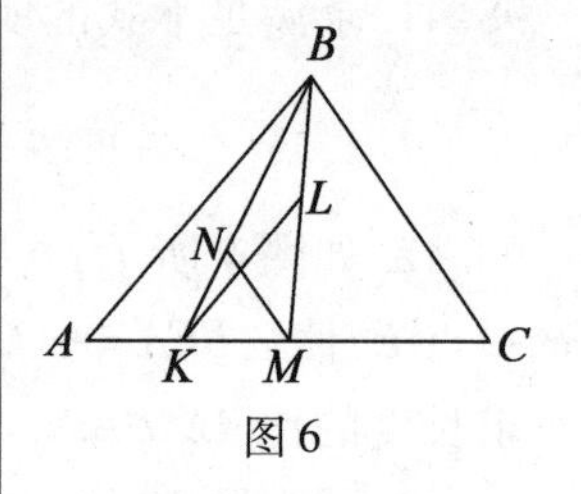

图 6

98.54. 某国有 $2n$ 个城市和若干条航线. 已知任意的四个城市之间的航线都不多于 4 条,试求这个国家可能有的航线数的最大值.

10 年级

98.55. 实数 a, b, c 满足等式

$$\max(a,b)+\max(c,1\,997)=\min(a,c)+\min(b,1\,998)$$

证明:$b \geqslant c$.

98.56. 如图 7 所示,点 O 是 $\triangle ABC$ 的外心,直线 BO 与外接圆的另一个交点为 D. 从顶点 A 所作的高的延长线与外接圆相交于点 E. 证明:四边形 $BECD$ 的面积与 $\triangle ABC$ 的面积相等.

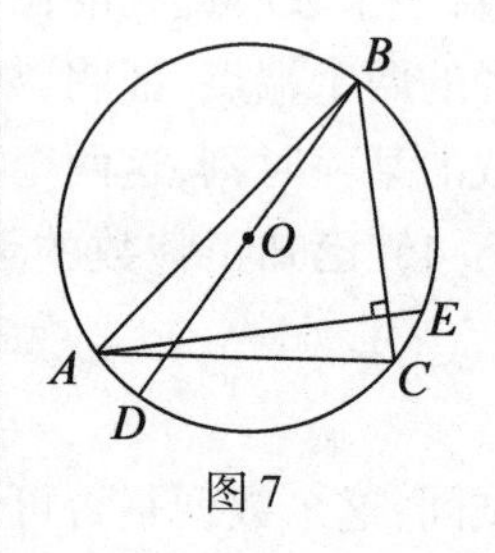

图 7

98.57. 某城市由若干个岛屿所组成,各岛屿以桥梁相连. 市民以他必须走过的桥梁数目表示自己的行程的长度,当一道桥因为修理而关闭以后,每一个市民都宣称“我去一个朋友家的最短路程比以前多走了一道桥”. 证明:至少有一个岛屿是没有人居住的.

98.58. 同问题 98.51.

98.59. 同问题 98.52.

98.60. 以正 1 998 边形的顶点为端点两两配对连成 999 条互不相交的线段. 证明:可以在每一条线段上分别规定一个方向,使所得到的 999 个向量之和为零.

98.61. 对数列 $\{a_1, a_2, \cdots, a_n\}$ 进行下列操作:每一步是任意选择一个序号 k, $1 \leqslant k \leqslant n$,将数列的项 a_k 换为 $-(a_1+a_2+\cdots+a_n)-k$. 试问,通过这些操作,从数列 $\{0,0,\cdots,0\}$ 可以得到多少个不同的数列?

11 年级

98.62. 求下列方程的所有正数解

$\max(a,b)\cdot\max(c,1\ 998)=\min(a,c)\cdot\min(b,1\ 998)$

98.63. 正整数 n 使得 $[\sqrt{n}]+1$ 整除 $n+1$.

求证：$[\sqrt{n}]-1$ 整除 $(n-1)(n-3)$.

98.64. 同问题 98.57.

98.65. 两个平面将正方体分成体积相等的四部分. 证明：正方体的表面分在这四部分的面积也是相等的.

98.66. 证明：对于任意的正整数 n，成立不等式

$$(1+\frac{1}{n})(2+\frac{1}{n})\cdots(n+\frac{1}{n})\leqslant 2n!$$

98.67. 在 8×8 的正方形方格表的每一个方格填满整数. 用小卡片遮住每一个方格，将以这个卡片为中心的 3×3 的正方形内的各个数字之和写在小卡片上. 如果只是知道在各小卡片上的和数，最多能保证确定多少个原先填在每一个方格中的数？

98.68. 同问题 98.61.

选拔轮

9 年级

98.69. 下列数字的末尾可能有多少个零？

$$1^n+2^n+3^n+4^n\quad(n\in\mathbf{N}^*)$$

98.70. 如图 8 所示，▱$ABCD$ 的两条对角线相交于点 O. $\triangle ABO$ 的外接圆与 AD 边相交于点 E，$\triangle DOE$ 的外接圆与线段 BE 相交于点 F. 证明：$\angle BCA=\angle FCD$.

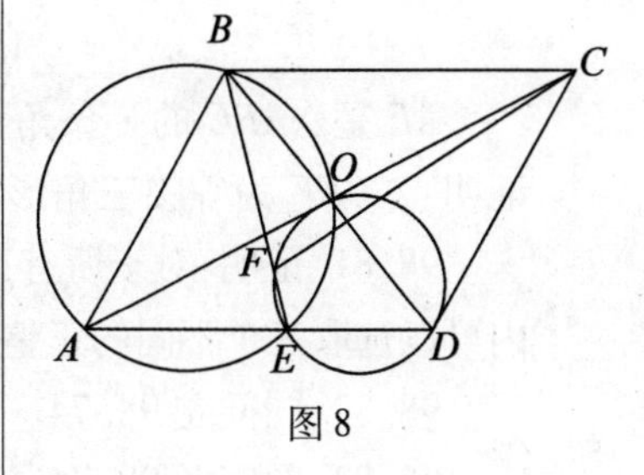

图 8

98.71. 在方格纸上有一条自身不相交而且不通过格点的闭折线，在以该折线为边界的区域内有不少于 91 个格点. 证明：折线与方格线至少有 40 个交点.

98.72. 证明：满足下式条件的正整数 $\overline{a_ma_{m-1}\cdots a_1}$（$m>1\ 998$）的个数是偶数

$$\overline{a_ma_{m-1}\cdots a_1}=\overline{a_ma_{m-1}\cdots a_{1\,999}}^2+\overline{a_{1\,998}a_{1\,997}\cdots a_1}^2$$

98.73. 将 1 到 100 的正整数填入 10×10 的方格表的各方格中，又将每一行中按数值大小排在第三位的数染色. 证明：所有已经染色的数之和不小于在某一行的各数之和.

98.74. 证明：圆内接四边形两对角线交点到一对对边的投影点关于这个四边形的另一对对边的中点的连线是对称的.

98.75. 平面上的几个点组成集合 M，其中任意三点不共

线. 对于以 M 的点为顶点的每一个三角形,在三角形内计算属于 M 的点的个数. 证明:所有这些个数的算术平均值不大于$\frac{n}{4}$.

98.76. 在一张很大的桌子上放着两堆火柴,在第一堆里有 2^{100} 根,在第二堆里有 3^{100} 根. 两人轮流从堆里取火柴,每一步可以从一堆里取 k 根火柴,从另一堆里取 m 根火柴,而且要求 $|k^2-m^2|\leqslant 1\,000(k+m\geqslant 1)$,取走最后一根火柴的人得胜. 在这个游戏中,谁将胜出?

10 年级

98.77. 在电车上有 175 个乘客和两个售票员. 每一个乘客只在被叫三次买票之后才向第三次叫他的售票员买票. 开始时,售票员甲叫一位未买票的乘客买票,然后,售票员乙叫,依次轮流,一直到所有未买票的乘客都买了票. 请问:售票员甲可以保证自己最多卖出多少张票?

98.78. 在 10 页纸的每一页上都写着若干个 2 的方幂,每页纸上各数之和都相等. 证明:2 的某次方幂在这些纸上出现不少于 6 次.

98.79. 某国有 1 998 个城市,每两个城市之间有一条直达航线,各条航线的票价互不相同. 试问:是否可以使每条环游航线的总票价彼此相等(环游航线是指通过每一个城市各一次并且回到出发点的航线)?

98.80. 如图 9 所示,以线段 AC 为公共的底边向两侧各作等腰$\triangle ABC$ 与等腰$\triangle ADC$,而且使得

$$\angle ADC=3\angle ACB$$

AE 是$\triangle ABC$ 的一条角平分线,线段 DE 与 AC 相交于点 F. 证明:$\triangle CEF$ 为等腰三角形.

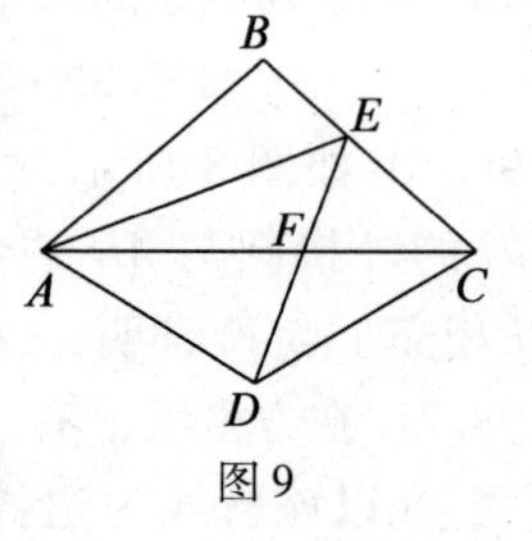

图 9

98.81. 证明:对于所有正整数 $n>1$,在开区间$(n^2,(n+1)^2)$内可以选取三个不同的正整数 a,b,c,使得 c 能整除 a^2+b^2.

98.82. 同问题 98.74.

98.83. 同问题 98.75.

98.84. 在圆周上有 999 个点. 每个点用 3 种颜色之一染色,要求在任何两个同色点所夹的每段弧中另两种颜色的点的总数都是偶数. 请问:满足这个要求的染色方案共有多少种?

11 年级

98.85. 两个人利用一堆 666 根火柴玩游戏,两人轮流,每人的每一步有 2 种可能:或者从堆里取出 1 到 5 根火柴,或者用先前取出的 5 根火柴向裁判换取一颗牛奶糖. 取走最后一根火柴的人为胜利者. 请问:在规定的游戏中,谁将获胜?

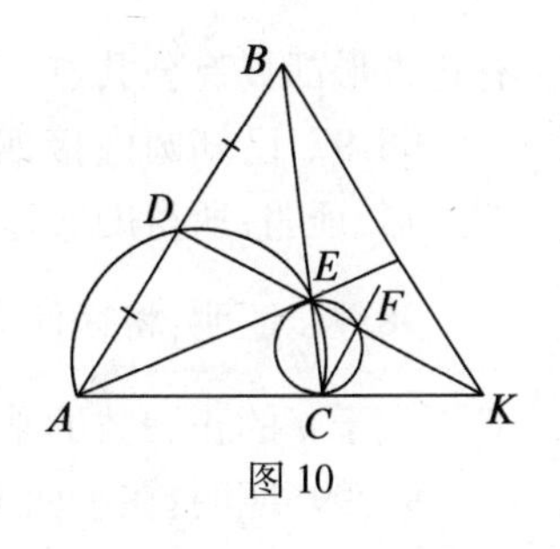

图 10

98.86. 如图 10 所示,过$\triangle ABC$的顶点A与C的圆与边AB,BC分别相交于点D,E,D为AB的中点. 过点E并与直线AC相切于C的圆交直线DE于点F. 直线AC与直线DE相交于点K. 证明:直线CF,AE与BK三线共点.

98.87. 能不能在$8\times8\times8$的方块型立方体中选出 64 个方块,使得在立方体的平行于边界的每一层中都恰好有 8 个选出的方块,而在任何 8 个选出的方块中一定有 2 块位于同一层?

98.88. 求满足下列条件的所有的二元多项式$P(x,y)$,使得对任何的x与y都成立

$$P(x+y,y-x)=P(x,y)$$

98.89. 在以O为圆心,半径为 1 的圆内有一个内接$2n$边形$A_1A_2\cdots A_{2n}$. 证明

$$|\overrightarrow{A_1A_2}+\overrightarrow{A_3A_4}+\cdots+\overrightarrow{A_{2n-1}A_{2n}}|$$

$$\leqslant 2\sin\frac{1}{2}(\angle A_1OA_2+\angle A_2OA_3+\cdots+\angle A_{2n-1}OA_{2n})$$

98.90. 以$d(n)$表示正整数n的正因数的个数. 证明:数列$d(n^2+1)(n\in\mathbf{N}^*)$从任何位置起都不是严格单调增加的.

98.91. 在 169 人的卫队中,每天有 4 人执勤. 是否可能经过一段时间之后,任何两个人恰好有一次同一天执勤?

98.92. 是否可以在11×11的方格表的每个方格填入字母A,B,C之一,使得表的最高一行为$ABABCABCACB$,其他边框方格中都不包含C,而且在任何一个形如□或□的三个方格中至少有 2 个字母相同.

239 中学的奥林匹克

8 – 9 年级

98.93. 在圆周上放置 20 个 1 和 30 个 2,使得任何三个相继数字不会完全相同. 求出每三个相继数字之积的总和.

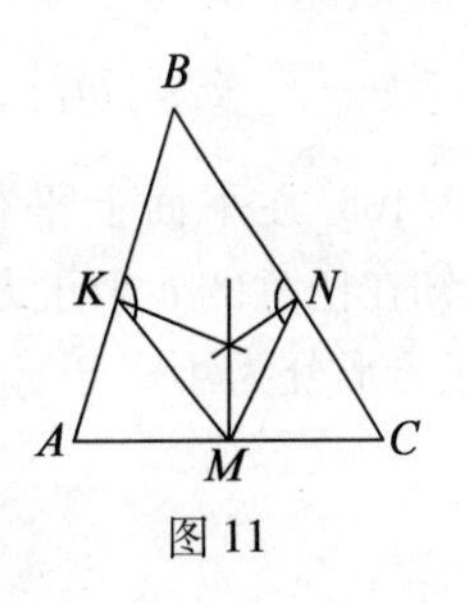

图 11

98.94. 如图 11 所示,在$\triangle ABC$中,边AC的中点为M,在边AB,BC上分别选点K,N,使$\angle BKM=\angle BNM$,过点K,N,M分别作各点所在边的垂线. 证明:这三条垂线共点.

98.95. 将一个连通图的各顶点染上 4 种颜色之一,使每一条边联结着不同颜色的顶点,并且每一个顶点联结着的其他三种颜色的顶点的个数相同. 证明:当将从任一个顶点出发的任意两条边删去以后,余下的图仍然是连通的.

98.96. 在平面上平行地放置着若干个边长相等的正方形,已知在任意的n个正方形中有两个正方形具有公共点. 证明:可以将这些正方形分为不多于$2n-1$个组,在每一个组中的所

有正方形都具有公共点.

98.97. 已知圆内接四边形各内角的平分线相交成一个凸四边形. 证明:所得的四边形的两条对角线互相垂直.

98.98. 证明:将任何大于$\frac{n^4}{16}(n\in\mathbf{N}^*)$的整数分解为两个相差不大于$n$的正因数的乘积的方法只有一种.

98.99. 证明:在平面上以整点为顶点的凸$2n$边形的面积不小于$\frac{n(n-1)}{2}$.

98.100. 已知在平面上有若干个向量,它们的长度之和等于1. 证明:可以将它们分为三组(可能有空的组),使得各组的和向量的长度之和大于$\frac{3\sqrt{3}}{2\pi}$.

10－11 年级

98.101. 同问题98.94.

98.102. 同问题98.95.

98.103. 是否存在非常数的整系数多项式$P(x)$和自然数$k>1$,使得所有形如$P(k^n)(n\in\mathbf{N}^*)$的各数两两互素?

98.104. 同问题98.98.

98.105. $\triangle ABC$的内心为I,一个以I为圆心的圆与边BC相交于点A_1,A_2,与边CA相交于点B_1,B_2,与边AB相交于点C_1,C_2,小弧A_1A_2,B_1B_2,C_1C_2的中点分别为A_3,B_3,C_3. 直线A_2A_3与B_1B_3相交于点C_4,直线B_2B_3与C_1C_3相交于点A_4,直线C_2C_3与A_1A_3相交于点B_4. 证明:线段A_3A_4,B_3B_4,C_3C_4共点.

98.106. 证明:平面上以整点为顶点的凸$2n$边形的面积不小于$\frac{n^3}{100}$.

98.107. 给定正整数n. 证明:存在$\varepsilon>0$,使得对于任何的n个正数$a_1,a_2,\cdots,a_n$都可以找到正实数t,满足

$$\varepsilon<\{ta_1\},\{ta_2\},\cdots,\{ta_n\}<\frac{1}{2}$$

98.108. 在平面上平行地放置着若干个边长相等的正方形. 已知在任意的n个正方形中有4个有公共点. 证明:可以将这些正方形分为不多于$n-3$组,每组的所有正方形都有公共点.

1999 年奥林匹克试题

第一轮

6 年级

99.01. 是否可以将正整数 1 到 16 填入 4×4 的正方形的方格中，使得在每一个方格内的数或者小于它所在的行与它相邻的方格中的数；或者大于它所在的行的所有的数.

99.02. 商店开门时，在商店入口的电子钟开始按时、分、秒指示时间（从 11:00:00 到 18:59:59，在午餐休息时不显示）. 试问：在一天之内，电子屏上时数大于秒数的时间较多，还是秒数大于时数的时间较多？

99.03. 维尼熊、小猪、兔子和小驴去"六号松"，沿着笔直的小路（按编号递增的顺序）向前走. 维尼熊发现从第一棵松树到第四棵松树的距离等于从第三棵松树到第六棵松树的距离. 兔子说，从第一棵松树到第三棵松树的距离是从第二棵松树到第三棵松树的距离的三倍还要多. 小猪发觉从第四棵松树到第五棵松树的距离比从第五棵松树到第六棵松树的距离的两倍还要远. 而小驴宣称，从第一棵松树到第二棵松树比从第五棵松树到第六棵松树远出它的尾巴的一半. 试证明，它们之中某一个错了.

99.04. 在黑板上写着数字 2. 现在开始操作：允许将在黑板上的数乘以 3 或乘以 8，然后再加上 1，并将结果写在黑板上代替原来的数. 试问：在若干次这样的操作之后，在黑板上是否会出现数字 19 991 999…1 999（将 1 999 依次序写 100 次）？

7 年级

99.05. 找出一个 8 位数，它的所有数字都是不相同的，并且在删去它的任意两个数字之后留下一个合数.

99.06. 在斑马的生日礼物中，小兔子和森林的其他动物本来有 55 株礼品花，而且，森林中每一个动物都有不少于 2 株礼品花. 大兔子想查明小兔子有没有吃掉礼品花. 除大兔子外，小兔子各自保存自己的礼品花，并且在第二天斑马生日时，各小兔子将自己的礼品花的一半送给斑马，斑马收到礼物后，它的礼品花的数量增加到原有的 10 倍. 试问：小兔子吃掉了多少株礼品花？

99.07. 如图1所示,四边形 $ABCD$ 的两条对角线相交于点 E. 已知 $|AB|=|CE|$, $|BE|=|AD|$, $\angle AED=\angle BAD$. 证明: $|BC|>|AD|$.

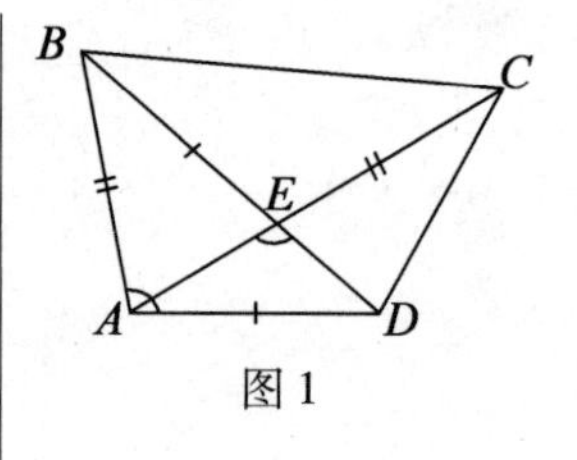

图1

99.08. 马克西姆将红黑色两色的卡片逐张地放成两叠,并使得同一叠中相邻的两张卡片的颜色都不相同. 已知第十张和第十一张卡片都是红色的,而第二十五张卡片是黑色的. 试问: 第二十六张卡片是什么颜色的?

8 年级

99.09. 弗拉季克将一个五位数乘以它的各数字之和,然后,他又将所得乘积乘以乘积的各数字之和,令人惊讶的是他仍然得到一个五位数字. 请问:弗拉季克开始时所用的五位数是什么? 请找出全部可能的答案.

99.10. 面值为1 ₽的硬币质量为6 g,面值为2 ₽的硬币质量为17 g,面值为10 ₽的硬币质量为30 g. 在储蓄所里任何一组硬币可以兑换为任何另一组同样总质量的硬币. 试问,是否可以应用这种交易,将1 998 ₽变为2 099 ₽(只有面值为1,2,5 ₽的硬币才可以参与交易).

99.11. 卡特亚将黑白两色的卡片逐张地放成两叠,并且禁止将一张卡片叠在另一张相同颜色的卡片上面. 已知第10张与第11张卡片都是白色的,而第95张卡片是黑色的. 试问: 第96张卡片是什么颜色?

99.12. 如图2所示,在 $\triangle ABC$ 中, $\angle A=114°$. 在边 AB, AC 上分别取点 K, L. 证明:在线段 KL 上存在点 O,使得 $|OA|<|OB|$,而且 $|OA|<|OC|$.

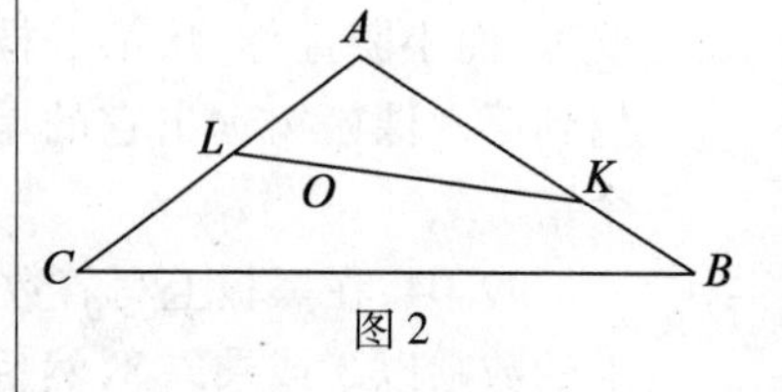

图2

99.13. 是否可以在 $1\ 999\times 8\ 991$ 的矩形方格中填入不同的正整数,使得每一个在方格内的数或者小于它所在的行与它相邻的数;或者大于它所在行的所有的数.

9 年级

99.14. 对于所有的 x,二次三项式 $ax^2+2bx+c$ 的值恒负. 证明:对于所有的 x,三项式 $a^2x^2+2b^2x+c^2$ 的值恒为正数.

99.15. 正整数 a 除以11的余数等于另一个正整数 b 除以13的余数,而 a 除以13的余数等于 b 除以11的余数. 证明: $a+b$除以143的余数不大于20.

99.16. 在电车里共坐着60人,其中有司机、乘务员、电工、修理人员和一些普通乘客. 已知电工和修理人员的总数是司机和乘务员总数的四分之一,司机和电工的总人数是乘务员的总人数的七倍. 试问:在电车里有多少个普通乘客?

99.17. 同问题99.08.

99.18. 如图 3 所示,在$\triangle ABC$中,$\angle BAC=60°$,中线CM与高BN相交于点K,$CK=6$,$KM=1$,求该三角形的另外两个内角.

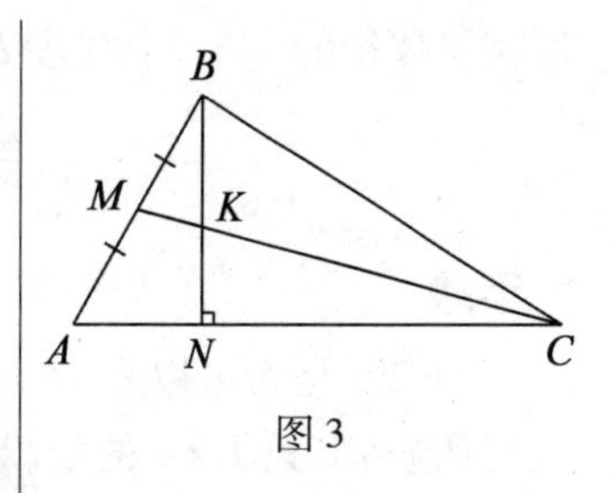

图 3

10. 年级

99.19. 同问题 99.14.

99.20. 是否可以在 3×3 的方格表的方格里填入 9 个不同的两位数,使得在任意两个相邻的方格内的数的乘积都可被 2 520整除(如果两个方格有公共边,则称这两个方格是相邻的).

99.21. 如图 4 所示,AL与BM都是$\triangle ABC$的内角平分线.已知$\triangle ACL$与$\triangle BCM$的外接圆的一个交点在线段AB上. 证明:$\angle ACB=60°$.

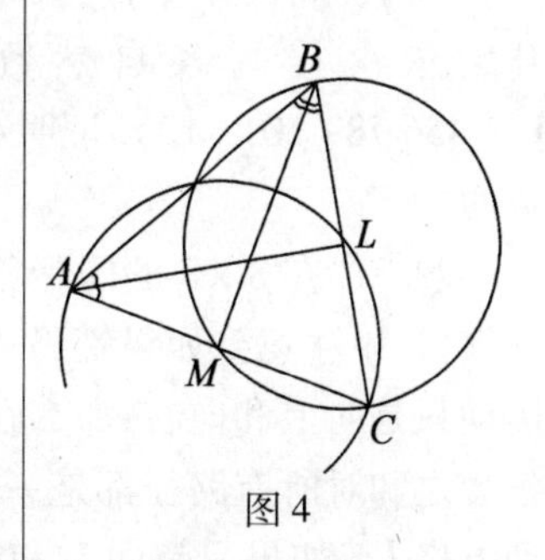

图 4

99.22. 求下列方程组的所有非负实数解(x,y,z),即

$$\begin{cases}x^3\cdot\sqrt{1-y}=\sqrt{1-z}\\y^3\cdot\sqrt{1-x}=z^3\end{cases}$$

99.23. 将从 1 到 600 的各正整数按下列要求排成一行:当删去所有大于 300 的各数以后,剩下的是一个递增数列;当删去所有不大于 300 的各数以后,剩下的是一个递减数列. 证明:位于第 151 位起到第 450 位的各数之和可以被 3 整除.

11 年级

99.24. 求满足方程组

$$\begin{cases}\sin x\cos y=\sin z\\\cos x\sin y=\cos z\end{cases}$$

的所有实数$x,y,z\in[0,\frac{\pi}{2}]$.

99.25. 以下列递推方式给定数列$\{a_n\}$,有

$$a_0=2^{1\,999},a_{n+1}=\frac{999a_n}{a_n^2+1}$$

证明:$a_{198}<0.1$.

99.26. 是否可以找到正整数n,使得数$5^{99}+14^{99}+23^{99}+\cdots+(9n+5)^{99}$的末位有不少于 1 999 个零?

99.27. 先将木板上的 11×11 个方格都染成白色,然后每步操作是将满足下列条件的任意的四个白色方格中的两个染为黑色:这四个方格是一个各边与木板的边平行的正方形的四个顶点,而且染成黑色的两个方格在该正方形的一对对角上. 试问:用这种操作最多可以得到多少个黑色的方格?

99.28. 如图 5 所示,四棱锥$S-ABCD$的每条棱长都等于 1. 过棱AB作截面$AFEB$,使得多面体$ABCDEF$的体积等于

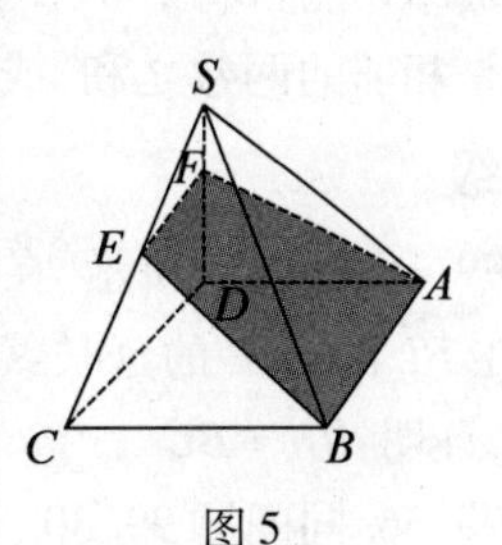

图 5

四棱锥体积的一半. 求线段 EF 的长度.

第二轮

6 年级

99.29. 是否可以在 16×16 的方格板上放置全套“海战”游戏船(包括1只 1×4 的船,2只 1×3 的船,3只 1×2 的船,4只 1×1 的船). 使得在每一条水平线与在每一条垂直线中,都至少有一个方格被船所占据?

99.30. 将一个正整数称为是“片状的”,是指这个数是从1开始依次接写各自然数 $n>1$ 而得的(例如123或123 456 789 101 112). 证明:两个片状的正整数的乘积不是片状的.

99.31. 在 8×8 的国际象棋棋盘的一些方格里填了若干个正整数. 甲注意到如果筹码从方格 $a1$ 走到方格 $h8$,它的每一次运动只是向上和向右,那么在筹码所走过的路上的所有方格中各数之和对所有路径都是一样的. 乙发觉,在筹码从方格 $a8$ 走到方格 $h1$,如果只是向右和向下行进,那么在所有路径上各数之和都是相等的. 而丙将在各方格里的所有的数都加起来得到1 000. 请证实,他们之中有人错了.

99.32. 在某岛上有1 998个居民,其中三个是小偷,但是很少人知道谁是小偷. 外来的作家 A 先生为了寻找可靠的带路人请当地每一个居民说出他本人认为是小偷的两个人. 如果每一个小偷都说出另两个小偷,而其他人可能只是随便说说而已. 证明:A 先生利用这些资料,可以为自己挑选到不是小偷的带路人.

99.33. 在国际象棋的棋盘 $a1$ 格上放着国王,而在 $a8$ 格和 $h1$ 格上放着两个筹码. 两个人按下列规则玩游戏:先行者的行程是可以按垂直线、水平线或对角线方向将国王移动一格,只要该格没有被筹码所占据. 后行者可以将其中一个筹码移动到除 $h8$ 格以外的任何一个空格,也可以放弃这一步. 试问:先行者能不能将国王领到 $h8$ 格.

99.34. 能否将100个正整数放置在圆周上,使得每一个数或者是相邻的两数之和,或者是相邻两数之差?

7 年级

99.35. 如图6所示,在 $\triangle ABC$ 中作角平分线 BL. 已知 $BL=AB$,在 BL 的过 L 的延长线上选一点 K,使得 $\angle BAK+\angle BAL=180^\circ$,证明:$BK=BC$.

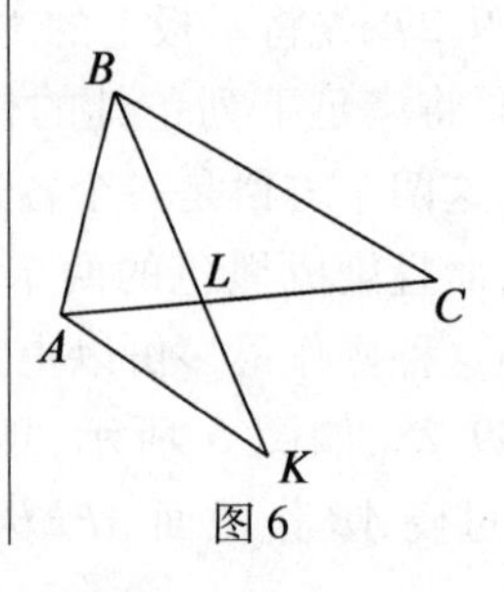

图6

99.36. 同问题99.30.

99.37. A,B,C 三人都在练习本的空白页上画娃娃,节俭的 A 画的娃娃比 B 和 C 所画的娃娃加起来还要多,而且 A 消耗的画页少于一个练习本. 而挥霍的 B 画了较少的娃娃,但是 B 耗费的画页比 A 和 C 两人耗费的画页加起来还要多. 在一张画页上最多只能画五个娃娃. 证明:A 至少用了六张画页.

99.38. 能否将 100×100 的正方形的方格染成红、黄、蓝、绿四种颜色,使得在任何 1×3 矩形中至少有一个红色方格,在任何 2×2 矩形中至少有一个蓝色方格,在任何 1×4 矩形中至少有一个黄色方格,而且在任何 2×3 矩形中至少有一个绿色方格.

99.39. 同问题 99.34.

99.40. 在季马和萨沙面前各有一堆硬币,他们玩下列游戏:第一步可以从任一堆里取出任何确定数量的硬币,这个确定数量应是这堆硬币的个数的一个因数,也可以将它们转移到另一堆中去(特别地,可以将所有硬币中转移到另一堆,这时认为没有硬币的那“堆”的硬币数为零). 如果出现下列情形则认为季马输:在某一个人操作一步以后,在季马面前那堆硬币的数量变成与在游戏的任何时候(包括开始时)季马已经有过的一样多. 已知每堆有 1 999 个硬币,季马走第一步. 在这个游戏中,谁将胜出?

99.41. 在某办事处工作的职员中有 200 人是健康的,有 1 999人是亚健康的. 有一天,每一个职员都写信给经理,每一封信中都列出自己认为是亚健康的 1 999 个同事. 如果每一个健康的职员都正确地指出所有亚健康的职员,而亚健康的职员对自己以外的同事只是随便地说说. 所有的信都是签了名的. 试证明:只根据这些资料,经理至少可以发现 199 人是亚健康的.

8 年级

99.42. 已知四个十位数中每一个数的数码都是 8 或 9. 证明:可以补充第五个十位数,这个数的各数码仍然是 8 或 9,而且使得这五个数之和的各个数码都是偶数.

99.43. 如图 7 所示,在 $\triangle ABC$ 的边 AB 和 BC 上分别取点 D 和点 E,使得 $\frac{AD}{DB}=\frac{BE}{EC}=2$,而且 $\angle ACB=2\angle DEB$. 证明:$\triangle ABC$ 是等腰三角形.

99.44. 同问题 99.33.

99.45. 是否可以将从 1 到 1 999 的各正整数划分为几组,使得在每一组中最大的两个数之和大于其余各数之和的 9 倍.

99.46. 如图 8 所示,凸四边形 $ABCD$ 的对角线的交点平分它的对角线 AC. 已知 $\angle ADB=2\angle CBD$,在对角线 BD 上找一

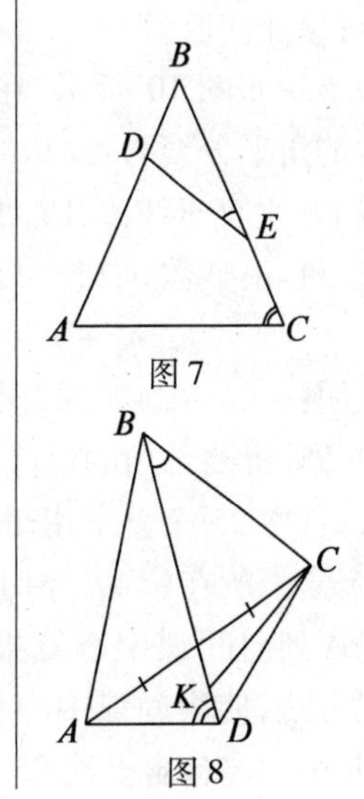

图 7

图 8

点 K,使得 $CK=KD+AD$. 证明:$\angle BKC=2\angle ABD$.

99.47. 数列$\{x_n\}$满足 $x_1=1$,而且按下列公式计算以后的每一项

$$x_{n+1}=x_n+x_{[\sqrt{n}]}$$

证明:在这个数列中,有 1 000 项可以被 3 整除.

99.48. 在某城市的市政办公室的职员中,有 200 位廉洁的职员,还有 K 个贪污者. 在市长生日的那一天,每一个职员都给市长送去一封匿名信,在每一封信中都检举 K 个贪污者. 如果廉洁的职员检举了 K 个真正的贪污者,而贪污者可能指责市政办公室的任何同事. 试问:对于怎样的 K,只根据这些资料,市长至少可以明显地揭露出一名贪污者?

9 年级

99.49. 证明:不存在正整数 x,y 及素数 p,使得$\sqrt[3]{x}+\sqrt[3]{y}=\sqrt[3]{p}$.

99.50. 在某岛国使用着 45 种语言,而且每一个居民至少会其中五种语言. 已知任何两个居民可以经若干人传译进行沟通. 证明:岛上任何两人可以借助于不多于 15 人传译而沟通.

99.51. 如图 9 所示,在非等腰$\triangle ABC$ 中作角平分线 AA_1 与 CC_1. 点 K,L 分别是边 AB,BC 的中点. 从点 A 向直线 CC_1 所作垂线的垂足为点 P,从点 C 向直线 AA_1 所作垂线的垂足为点 Q. 证明:直线 KP 与 LQ 的交点在线段 AC 上.

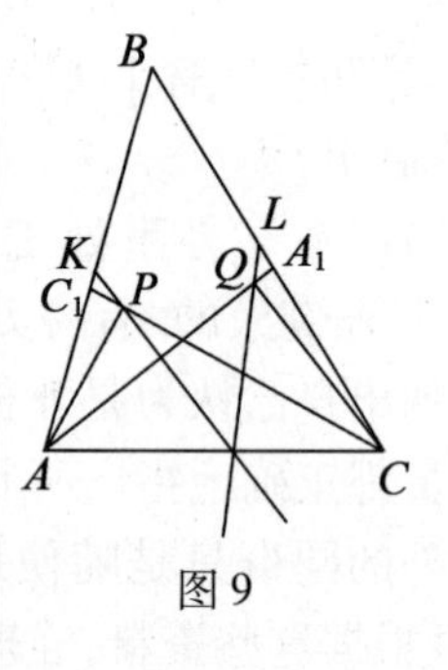

图 9

99.52. 一堆石头共有 123 456 789 粒小石子,A,B 两人轮流将石子分堆. 第一步是先从堆里任选 n 粒小石子垒成一堆($n>1$),然后从 n 粒石子中再取出 p 粒石子另成一堆,要求 P 是 n 的真因数($1<p<n$). 无法再分者输. A 走第一步. 在这个游戏中,谁可保证获胜?

99.53. 如图 10 所示,在锐角$\triangle ABC$ 的边 BC 上取一点 K,$\angle CAK$ 的角平分线与$\triangle ABC$ 的外接圆相交于另一点 L. 证明:如果直线 LK 垂直于线段 AB,那么,或者 $AK=KB$,或者 $AK=AC$.

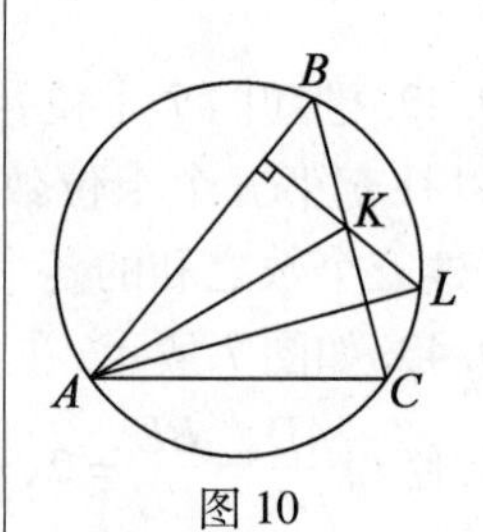

图 10

99.54. 正整数 a,b,c,d 满足

$$a^2+b^2+ab=c^2+d^2+cd$$

证明:$a+b+c+d$ 为合数.

99.55. 机要部门的保险柜的盒子排列成 100×100 的正方形阵式,其中 25 个盒子用于存放绝密材料. 间谍斯蒂尔窃知了这 25 个盒子所在位置,并用 1 到 100 之间的 25 个自然数构成的密码序列向间谍中心发报. 证明:间谍中心可以预先设定一种编码方法,使得间谍中心可以根据斯蒂尔的密文锁定 400 个盒子,其中一定包含上述 25 个绝密盒子.

10 年级

99.56. 用平行于正方形 $ABCD$ 各边的直线将该正方形分割为几个有相同周长的矩形. 已知对角线 AC 与所有矩形都相交. 证明:对角线 BD 也与所有的矩形都相交.

99.57. 同问题 99.50.

99.58. 同问题 99.53.

99.59. 在黑板上写着一个正整数,每一步操作是将操作前写在黑板上的数加上这个数的一个正因数(包括 1 或这个数本身),并在黑板上用所得的和数取代原数. 为了从任何数开始都可以得到 683 的倍数,试问:至少要进行多少次上述操作?

99.60. 如图 11 所示,AB 是锐角 $\triangle ABC$ 的最短边. 点 X,Y 分别在边 BC,AC 上. 证明:折线 $AXYB$ 之长不小于 AB 的长度的 2 倍.

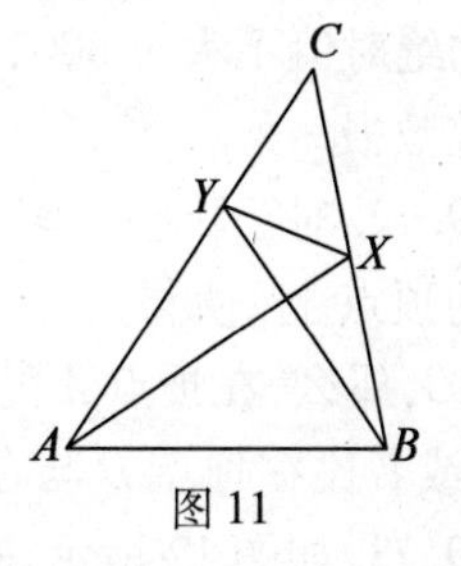

图 11

99.61. 同问题 99.54.

99.62. 从 $1\ 999 \times 1\ 999$ 的正方形方格纸中剪去一些方格,使得可以用唯一的方式将剩下的部分分割为若干个 1×2 的矩形. 证明:剪去的方格的数量大于 1 000 个.

11 年级

99.63. 求 $\sqrt[4]{1-a} - \sqrt[4]{a} + \sqrt[4]{a+1}$ 的最大值.

99.64. 在一个正整数的数列中,从第三项起,每一项或者等于它的前两项之和;或者等于它的前两项之差的绝对值. 在黑板上写出这个数列的前 1 999 项. 证明:可以按这个规则延续该数列,使得在该数列中又出现前 1 999 项所成的子列(保持原来的次序).

99.65. 已知一个立方体的六边形截面的各对角线相交于一点. 证明:这个截面通过立方体的中心.

99.66. 沿着笔直的公路配置交通信号灯,每盏信号灯依次交替地一分钟亮红灯,一分钟亮绿灯(各灯不必同步). 两部汽车沿着公路向同一个方向以 60 km/h 的速度行驶,遇到红灯,立即停车,遇到绿灯,汽车立即以原速度继续行驶. 如果在开始时刻两部汽车相距大于 2 km. 证明:这两部汽车永远都不会相遇.

99.67. 同问题 99.60.

99.68. 在无限大的黑板的方格里放着一些相同的棋子. 每一步可将任一个棋子调动到与它关于任何另一个棋子对称的方格中,也允许多个棋子在同一个方格里. 设有 A,B 两种摆放状态,每种状态里的不同棋子位于不同的方格中,所有的棋子不在一直线上. 已知可以运用若干步上述操作使状态 A 变为状

态 B. 证明:可以使得从 A 变为 B 的过程中的每个中间状态,也都是不同的棋子位于不同的方格中.

99.69. 证明:当正整数 $k>2$ 时,$2^{2^k}-2^k-1$ 为合数.

选拔轮

9 年级

99.70. 实数 $x_0,x_1,\cdots,x_n$ 满足 $x_0>x_1>\cdots>x_n$. 证明不等式

$$x_1+\frac{1}{x_0-x_1}+\frac{1}{x_1-x_2}+\cdots+\frac{1}{x_{n-1}-x_n}\geqslant x_n+2n$$

99.71. 已知二次三项式 $f(x)=x^2+ax+b$ 的系数为整数,$f(0)$ 的绝对值不大于 800,而且 $f(120)$ 是一个素数. 证明:$f(x)$ 没有整数根.

99.72. 对于哪些 $n\geqslant 3$,可以将数 $1,2,3,\cdots,n$ 分别放在正 n 边形的顶点上,使得对于任意的三个不同的顶点 A,B,C,若 $AB=AC$,那么,在顶点 A 的数或者比在顶点 B 与在顶点 C 的数都大;或者比在顶点 B 与在顶点 C 的数都小.

99.73. 如图 12 所示,在等腰 $\triangle ABC(AB=BC)$ 的边 BC,AC,AB 上分别各取一点 A_1,B_1,C_1,使得

$$\angle BC_1A_1=\angle CA_1B_1=\angle A$$

线段 BB_1 与 CC_1 相交于点 P. 证明:A,B_1,P,C_1 四点共圆.

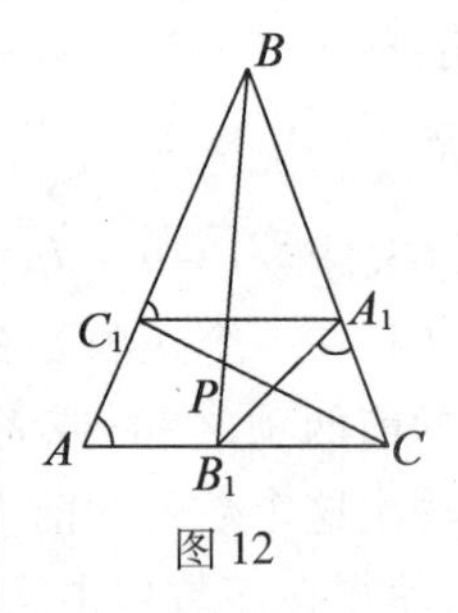

图 12

99.74. 对于正整数 x,y,z,求下列表达式的值集

$$f(x,y,z)=\left\{\frac{xyz}{xy+yz+zx}\right\}$$

(以 $\{s\}$ 表示 s 的小数部分).

99.75. 如图 13 所示,AL 是 $\triangle ABC$ 的内角平分线,过顶点 B 与 C 作与顶点 A 等距离的平行线 b 与 c,在直线 b 与 c 上分别取点 M 与 N,使得线段 LM 被 AB 平分,LN 被 AC 平分. 证明:$LM=LN$.

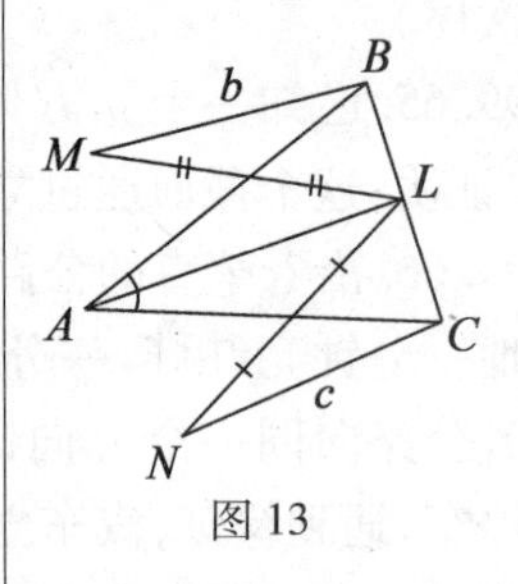

图 13

99.76. 证明:将 998×999 的方格矩形分割为角形(形如⊞的图形)的方法的个数不大于将 $1\ 998\times 2\ 000$ 方格矩形分割为满足下列要求的方法的个数:使任何两个角形不构成 2×3 矩形.

99.77. 凸 n 边形被不相交的对角线分割为三角形. 证明:可以从所作的对角线及 n 边形的边中选出 $n-1$ 条染成黑色,使得任何一组黑色线段不构成闭折线,而且任何一个顶点的黑色度数都不等于 2.

10 年级

99.78. 正整数数列 $\{x_n\}$ 定义为:$x_1=10^{1\ 999}+1$,而对于每一

个 $n \geqslant 2$,将 $11x_{n-1}$ 的首位数字删去而得 x_n. 试问:这个数列是否有界?

99.79. 证明:任何小于 $n!$ 的正整数都可以表示为数 $n!$ 的不多于 n 个正因数之和.

99.80. 同问题 99.72.

99.81. 同问题 99.73.

99.82. 只由数字 3,4,5,6 所写成的十位数能被 66 667 整除的有多少个?

99.83. 在 10×10 的方格表内以下列方式放置 1 到 100 的正整数:自下而上,最下面一行按增加的顺序放入 1 到 10,第二行按增加的顺序放入 11 到 20 等. 允许进行以下操作:任选同行或同列或位于同一对角线上的相继三格,或者将在两个边上的方格中的数各加 1 并将在中间的方格中的数减 2,或者相反:将在两个边上的方格中的数各减 1 并将在中间的方格中的数加 2. 在完成一系列这样的操作之后发现,在方格表中仍然是从 1 到 100 的所有正整数. 证明:这些数的位置与初始时相同.

99.84. 如图 14 所示,四边形 $ABCD$ 内接于以 O 为圆心的圆 S. $\angle ABD$ 的平分线与边 AD 和圆 S 分别相交于点 K 与点 M. $\angle CBD$ 的平分线与边 CD 和圆 S 分别相交于点 L 与点 N. 已知直线 KL 与直线 MN 平行. 证明:$\triangle MON$ 的外接圆通过线段 BD 的中点.

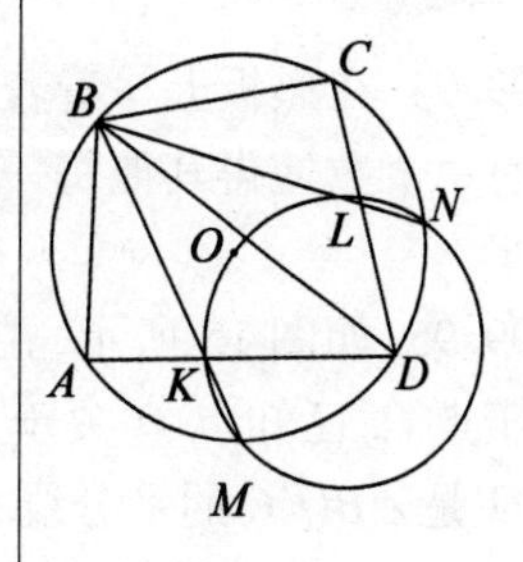

图 14

99.85. 同问题 99.77.

11 年级

99.86. 在马戏院的圆顶下飞舞着红色、蓝色和绿色的气球,每种颜色各有 150 个. 已知在每一个蓝色大气球内装有 13 个绿色小气球,在每一个红色大气球内装有 5 个蓝色小气球和 19 个绿色小气球. 证明:必有一个绿色气球没有被装在其余的 449 个气球中的任一个之内.

99.87. 同问题 99.71.

99.88. $\{a_n\}$ 是由各项为正整数的等差数列. 设 a_n 的最大素因子为 p_n. 证明:数列 $\{\frac{a_n}{p_n}\}$ 无界.

99.89. 将 1 到 100 的正整数分别写在 50 张纸片的每张的正反两面上(每面写一个数,正反两面的数互不相同). 并将纸片摊放在桌面上,人们只能看到每张纸片朝上的一面的数. 瓦夏将其中若干张纸片翻转(不限张数),并计算翻转后向上一面的 50 个数之和. 试问:瓦夏能够得到的最大和数 S 是多少?

99.90. 两人玩游戏,他们依次在黑板上写出数 100!的一个正因数(除 1 以外,不能重复). 如果游戏者在某一步写在黑板上的数与已经写在黑板上的各数互素,则该游戏者为输方. 试问在这个游戏中,谁将获胜?

99.91. 同问题99.84.

99.92. 连通图 G 有 500 个顶点,每一个顶点的度不大于 3,将各顶点染成黑色或白色. 如果一种染色法是将超过一半的顶点染成白色,而且任意两个白色顶点不相邻,就将这种染色称为有趣的. 证明:可以挑选 G 的顶点的一个子集 K,使得在任一种有趣的染色中,K 中有超过一半的点染成黑色.

99.93. 甲、乙、丙三位魔术师变戏法. 他们将一副分别写着从 1 到 $2n+1(n>6)$ 各整数的卡片交给观众,观众随意取走一张卡片,然后将其余的卡片任意地分给魔术师甲与魔术师乙各 n 张(甲、乙两人只能看到自己手中的卡片,不能交流). 甲、乙分别从各自手中选出 2 张,并且依次排列后交给魔术师丙. 魔术师丙看到了所得的 4 张卡片后,立即讲出在观众手中的卡片上的数字. 请说明这个魔术的奥妙.

8－9 年级

99.94. 在黑板上写着若干个非零实数. 证明:在这些数中,一定有一个数使得其他每一个数既不是它的三倍,也不等于它的一半.

99.95. 如图 15 所示,在圆内接四边形 $ABCD$ 中,两对角线相交于点 O. 已知点 O 关于 AD 的对称点 O' 位于外接圆上. 证明:OO' 是 $\angle BO'C$ 的平分线.

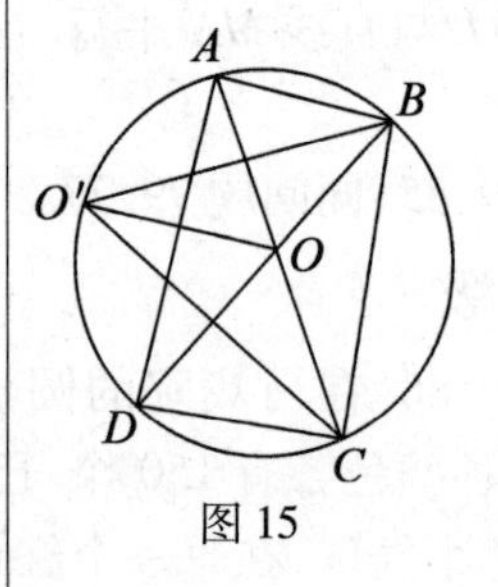

图 15

99.96. 互不相等的正整数 a,b,c 满足 $(a^2+b^2)c=2a^2b$. 证明:$|a^2-bc|>a+c$.

99.97. 简单连通图 G 有 $2n$ 个顶点,并且每个顶点的度都是 3. 证明:可以选出 $n+1$ 条边,使得选出的边的 3 色正则染色唯一地拓展为图 G 的所有边的一个 3 色正则染色(边染色称为正则是指任两条有公共端点的边各染有不同颜色).

99.98. 两人轮流在 7×9 的方格表的一个空格上填入一个不能被 3 整除的整数,并且使得任何一行或任何一列各数之和被 3 除所得余数都不是 1. 无法填入者输. 试问:谁可保证获胜?

99.99. 如图 16 所示,$ABCD$ 是等腰梯形($BC\parallel AD$). E 为外接圆的弧 AD 上的一点,从点 A,D 分别向直线 BE,CE 作垂线. 证明:四个垂足共圆.

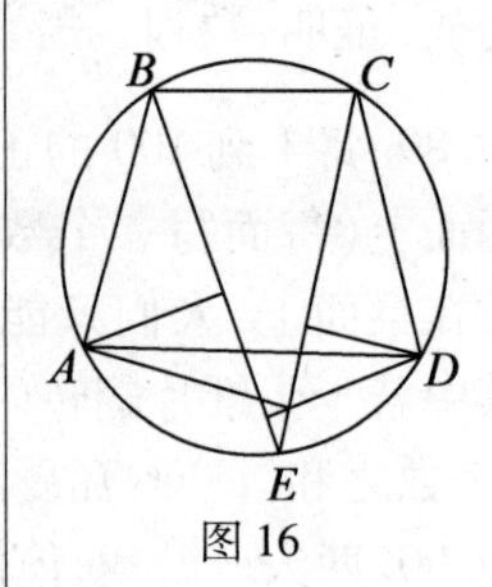

图 16

99.100. 设 $x,y,z\in(2,4)$. 证明不等式

$$\frac{x}{y^2-z}+\frac{y}{z^2-x}+\frac{z}{x^2-y}>1$$

99.101. 证明:任何大于 2 的正整数的 12 次方可以表示为三个正整数的立方和的形式.

10 - 11 年级

99.102. 在$\triangle ABC$的角平分线BB_1上取一点O,使得

$$\angle OCA = \angle BAC + \angle ABC$$

AO,CO分别与边BC,AB相交于点A_1,C_1. 证明$\angle A_1C_1B_1$为直角.

99.103. 同问题 99.96.

99.104. 求所有连续函数$f:\mathbf{R}\to\mathbf{R}$,使得对一切$x\in\mathbf{R}$成立$f(\sin \pi x)=f(x)\cos \pi x$.

99.105. 证明:数2^n+3^n的首位数码序列不是周期数列.

99.106. 同问题 99.99.

99.107. 在无穷大的方格板上标出若干个方格,并且在标出的方格中放入几只互不打斗的棋子车(每个方格至多放一只).

证明:对每个正整数$k<\frac{n}{2}$,在标出的方格中放入k只互不打斗的棋子车的放法种数不大于放入$n-k$只互不打斗的棋子车的方法种数.

99.108. 简单图G有$2n$个顶点,而且所有顶点的度都是 3.

证明:可以选择n条边,使得选出的边的 3 色正则染色唯一地拓展为图G的所有边的 3 色正则染色(边染色称为正则的是指任两条有公共端点的边各染有不同颜色).

99.109. 同问题 99.101.

第二编

解答

1994 年奥林匹克试题解答

94.01. 图 1 提供了一种放法.

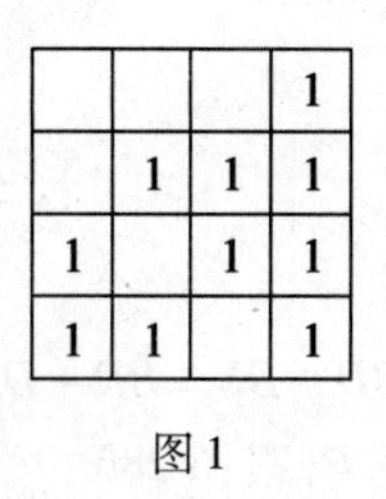

图 1

94.02. 这种十位数的各位数字之和都能被 5 和 9 整除,而且该和数不大于 50,因此,该和数等于 45,从而,这样的十位数的各位数字一定是 9 个 5 和 1 个 0. 反之,每一个由 9 个 5 和 1 个 0 构成的十位数都满足题目的条件. 因为 0 除了不能出现在首位之外,0 可以出现在其余的任何一个位置. 因此,这样的十位数总共有 9 个.

94.03. 如果该次数学竞赛的试题全是难题,那么罗曼应当得到 $3\times10=30$ 分. 对于每道简单题,不论他是否解出,他都损失 1 分(即都比全是难题的情形少得 1 分). 因为 $14=30-16$,所以共有 16 道简单题.

94.04. 答案:不可能.

如果可能的话,则甲被删去 46 个单词,乙被删去 25 个单词,丙被删去 20 个单词,而 $25+20<46$,从而,甲被删去的单词不能都同时出现在乙与丙所写的单词中,这导致矛盾.

94.05. 例如,可以摆为:14,178,27,57,590,2 345,36,467.

94.06. 答案:$AD=29$(cm).

以 x 表示最小的正方形的边长,以 y 表示倒数第二小的正方形的边长,以 x 与 y 表示各个正方形的边长,如图 2 所示.

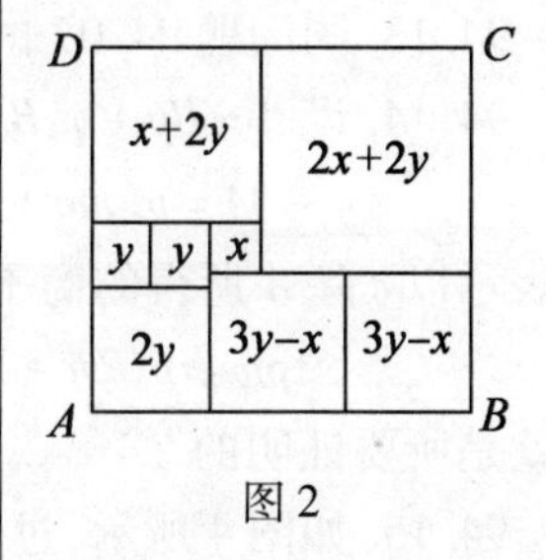

图 2

解方程

$$AB=CD=32(\mathrm{cm})$$

得 $x=4$(cm),$y=5$(cm). 然后,便唯一地确定了各个正方形的边长.

94.07. 设科谢伊所采的蛤蟆菌上的斑点数目为 n,芭芭娅迦送给他的蛤蟆菌上的斑点数目为 k. 于是,芭芭娅迦的菌原来有 $13n$ 个斑点,后来剩下 $13n-k$ 个斑点,所以有 $13n-k=8(n+k)$,即 $n=\frac{9}{5}k$. 这表明,芭芭娅迦的菌原来有 $13n=\frac{117}{5}k<24k$ 个斑点. 因为每个蛤蟆菌上的斑点数目都不少于 k. 所以,芭芭娅迦一共采了不多于 23 个蛤蟆菌.

94.08. 答案:45 或 55 个跳棋子.

如果在某一行中放有 10 枚棋子,那么每一列中至少有 1 枚棋子. 于是,各列棋子的数目分别为 1,2,…,10. 因此,一共有 55 枚棋子. 如果任何一行都没有放 10 枚棋子,则各行棋子的数目分别为0,1,…,9,因此,一共有45枚棋子.不难想出具体的摆放例子.

94.09.同问题94.07的解答.

94.10.如图3所示,在BA的延长线上取异于A的一点F,使得

$$AF=BC$$

于是

$$\triangle ADF\cong\triangle CEB$$

所以

$$BD+BE=BD+DF>BF=AB+AF=AB+BC$$

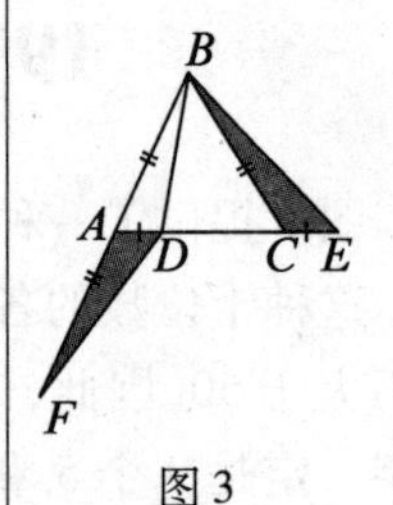

图3

94.11.答案:6 286.

黑板上剩下的数都能被4整除或能被11整除.这些数被44除的余数形成周期数列,其周期为14.因为$1\,994=142\times14+6$,所以,位于第1 994个位置上的数处于第143个周期之中.

94.12.答案:不能.

如果在每一轮比赛中都不出现乏味的组,那么,经过比赛后剩下的运动员的最小号码上升不大于30,而最大号码下降不小于30.于是,在经过八轮比赛之后,最大号码与最小号码的差不小于$511-8\times60=31$,这意味着最后一轮比赛中的两个运动员构成乏味的组.

94.13.同问题94.07的解答.

94.14.设$A=Bp+q$,$B=mc+n$,那么

$$A=p(mc+n)+q=pmc+pn+q$$

这表示以c除A所得的商不小于pm,而余数不大于$pn+q$,但是

$$pm\geqslant p(2n+1)=2pn+p>2pn+2q$$

这就是所要证明的.

94.15.如图4所示,过点M作平行于AB的直线与直线CE相交于点F.四边形$MDEF$为平行四边形,所以

$$MF=DE$$

因为

$$\angle CMF=\angle MAB$$

且

$$MC=AM$$

所以

$$\triangle MCF\cong\triangle AMB$$

这表示

$$MF=AB$$

由此得

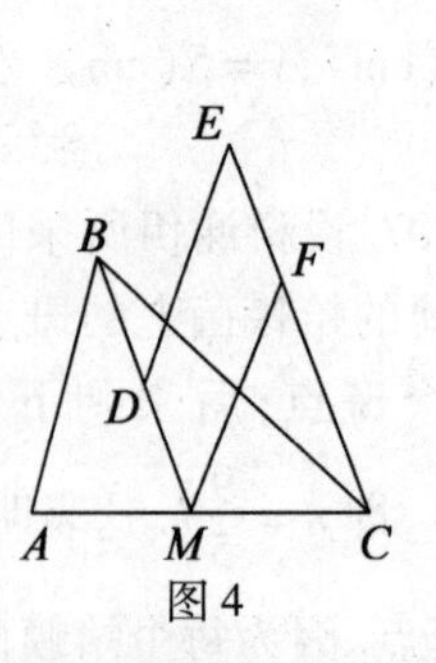

图4

$$AB = DE$$

于是在四边形 $ABED$ 中,边 AB 与边 DE 平行且相等,这表示它是一个平行四边形,从而它的对边 AD 与 BE 也相等.

94.16. 答案:四次方之和大于立方之和.

为了确定表达式 $\sum_{i=1}^{n}(a_i^4 - a_i^3)$ 的符号,对它加上等于零的表达式 $\sum_{i=1}^{n}(a_i^2 - a_i)$,我们得到

$$\sum_{i=1}^{n}(a_i^2 - 1)(a_i - 1)$$

注意到当 $a_i \geqslant 0$ 时,在这个和数中的每一项都是正数.

94.17. 如果1号选手至少获胜3场,那么他参加过4轮比赛. 因此,将他与胜利者"分隔开"不多于4次,而胜利者与编号为256的选手分隔开不多于8场. 于是将1号选手与256号选手分隔开的一连串选手的人数不多于11人(也就是说,有12个选手与1个选手通过一场比赛而"转移"到与另一个选手比赛). 在这个链条中,当从一个选手转移到另一个选手时,选手的编号变化不多于21次,在12次转移期间,编号的改变不多于 $12 \times 21 = 252$ 次,但按条件应该改变255次,这是矛盾的. 所以1号选手获胜不超过2场.

94.18. 同问题94.04的解答.

94.19. 首先设 $k \neq l, m \neq n$. 因为在条件中 k 与 l 是对称的,我们将认为 $k > l$,类似地认为 $m > n$. 将已知的等式改写为下列形式

$$2^{2l}(2^{k-l} + 1)^2 = 2^n(2^{m-n} + 1)$$

上式两端的圆括号内为奇数,因此在圆括号前的2的幂应该相等,即 $2l = n$,约去这些2的幂并解开括号得

$$2^{2k-2l} + 2^{k-l+1} = 2^{m-2l} \qquad (*)$$

上式左端每一个加项为2的幂,它小于 2^{m-2l},这表示每一个加项不大于 2^{m-2l-1},但只有当 $2^{2k-2l} = 2^{k-l+1} = 2^{m-2l-1}$ 时,它们的和才可能等于 2^{m-2l},令指数相等,我们得到方程组,其中所有变量可以通过例如 l 来表达.

如果 $k = l$ 或 $m = n$,那么,我们有与式$(*)$类似的等式,从这个等式以类似的推理可以求出 k, l, m, n.

因此(k,l,m,n)的有序解共有5种情形:$(a,a,2a+1,2a+1)$,$(a,a+1,2a,2a+3)$,$(a,a+1,2a+3,2a)$,$(a+1,a,2a,2a+3)$,$(a+1,a,2a+3,2a)$ $(a \in \mathbf{N}^*)$.

94.20. 同问题94.16的解答.

94.21. 如图5所示,A, D, E, C 四点共圆,作过这四点的圆.

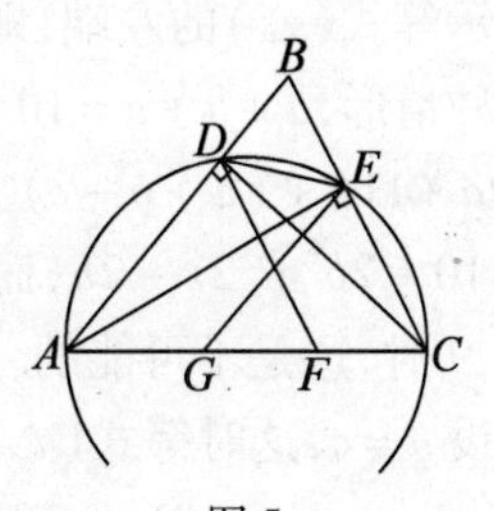

图5

为了证明 D,E,F,G 四点共圆,只要证明 $\angle FDE=\angle CGE$.

注意到 $\angle EAC=\angle CDE$,因为它们都立在外接圆的弧 CE 上. $\angle FDC=\angle DCE$,因为它们是内错角. 而 $\angle DCE=\angle DAE$,因为它们都立在外接圆的弧 DE 上. 于是

$$\begin{aligned}\angle FDE&=\angle FDC+\angle CDE\\&=\angle DAE+\angle EAC\\&=\angle DAC=\angle CGE\end{aligned}$$

94.22. 同问题 94.17 的解答.

94.23. 答案:A 2.5 分,B 2 分,C 2 分,D 2 分,E 1.5 分.

注意到全部比赛共 $C_5^2=10$ 局,因此,参赛者得分之和恰好为 10 分. B 得到 $4\times0.5=2$ 分,A 因为赢了 2 局且与 B 平手,所以 A 得到不少于 $2+0.5=2.5$ 分. 得 2 分的参赛者不可能在最后的位置上,否则,因为其他参赛者每人同样获得不少于 2 分,而棋手 A 甚至得到 2 分以上,这意味着总分数将大于 10 分. 于是,A 与 B 不会在最后的位置上. 因为 C 只输给最后一名选手,所以 C 同样不会在最后的位置. 又因为 D 的结果比 E 要好,所以 D 也不在最后的位置,于是 E 在最后的位置上. E 因为胜了 C 又与 B 平局而得到不少于 $1+0.5=1.5$ 分,正如我们在前面所指出的那样,E 只能得到 2 分以下,于是 E 恰好得到 1.5 分,那么 D 恰好得 2 分. 因为 C 的结果比 E 要好,所以 C 得到不少于 2 分. 综合上述的结果可知:既然 A 恰好得 2.5 分,那么 C 恰好得 2 分. 不难举出结果正是这样的比赛的例子.

94.24. 同问题 94.15 的解答.

94.25. 同问题 94.16 的解答.

94.26. 答案:121,141,171,313,666.

设 $n=\overline{abc}=100a+10b+c$,于是有

$$100a+10b+c=(a+b+c+1)k+1 \qquad (\triangle)$$
$$100c+10b+a=(a+b+c+1)m+1$$

两式相减得

$$99(a-c)=(a+b+c+1)(k-m)$$

设 $a\neq c$,因为 $a+b+c+1>a-c$,所以从最后的等式得 $a+b+c+1$ 能被 3 或 11 整除. 在第一种情形,$a+b+c$ 被 3 除余 2,这表示等式($\triangle$)的左端,即 n 被 3 除余 2,而右端被 3 除余 1;在第二种情形,$a+b+c=10$ 或 21,我们可以将式($\triangle$)的左端写成 $99a+11b+(a+b+c)-2b$. 于是,在第二种情形以 11 除左端余 $10-2b$ 或 $21-2b$,而以 11 除右端余 1. 注意到当 $b=0,1,\cdots,9$ 时,这是不可能的. 因此,当 $a\neq c$ 时无解.

设 $a=c$,这时等式($\triangle$)化为

$$101a+10b=(2a+b+1)k+1$$

将它改写为 $80a-11=(2a+b+1)(k-10)$，即 $80a-11$ 能被 $2a+b+1$ 整除. 依次地设 $a=1,\cdots,9$ 求出所有的 b，这是可以做到的. 例如，当 $a=1$ 时，得 70 应被 $b+3$ 整除，由此得出 b 可以等于 2,4 或 7.

94.27. 根据海伦公式求得 $S_{\triangle ABC}=36$. 设截面为 $AB'C'$. $\triangle ABC$ 与 $\triangle AB'C'$ 的高分别为 AH 与 AH'，那么，$\triangle AHH'$ 为直角三角形，而且

$$HH'=6, AH=\frac{2S_{\triangle ABC}}{BC}=8$$

根据毕达哥拉斯定理由此得 $AH'=10$. 从 $\triangle SBC$ 求得 $B'C'=\frac{4}{5}\cdot BC=\frac{36}{5}$，这表示

$$S_{\triangle AB'C'}=\frac{1}{2}AH'\cdot B'C'=36$$

94.28. 为了对相应的硬币质量验证下列等式

$$1+2=3, 2+3=5, 2+3+5=10$$

我们进行三次称量. 如果假币所标面值为 1 皮亚斯特，则只有第一个等式被破坏；如果假币所标面值为 2 皮亚斯特，则所有三个等式都被破坏，并且在全部称量中，天平都往同一边倾斜；如果假币所标面值为 3 皮亚斯特，则所有三个等式都被破坏，但是天平的第一次倾斜方向与第二次倾斜方向不同；如果假币所标面值为 5 皮亚斯特，则后两个等式被破坏；如果假币所标面值为 10 皮亚斯特，则只有第三个等式被破坏. 所以，在各种情况下，通过称量，都可以唯一地确定哪一个是假币.

94.29. 假设棋盘是一个 $2n\times 2n$ 的方格表，而且在右下方 $n\times n$ 的正方形中放有 k 枚棋子，那么它们占去了 k 行与 k 列. 因为在下方的 $n\times 2n$ 的矩形中，放有 n 枚棋子，所以，在左下方 $n\times n$ 的正方形中放有 $n-k$ 枚棋子.

又因为在右边的 $2n\times n$ 的矩形中，放有 n 枚棋子，所以，在右上方的 $n\times n$ 的正方形中有 $n-k$ 枚棋子. 于是，棋盘的右上正方形与左下正方形中所放的棋子数目相等.

94.30. 如果在求和时发生进位现象，那么，这只有在两个 11 位数的同一位数字都是 5 时才有可能出现. 而且在出现进位时的最右面的位置上，和数的该位数字一定为 0；如果在求和时不发生进位现象，那么，只有在两个 11 位数的同一位数字有不同的奇偶性时，它们之和在该位的数字才是奇数. 因此，只有在卡片上奇数个数等于偶数个数时，和数的各位数字才是全为奇数，但是，已知卡片的张数 11 是一个奇数，所以，不可能出现所述的情形，因此，至少有一个和数为偶数.

94.31. 因为男爵阿佩利西只赢得一次决斗，所以他只杀死了1个大公. 又因为没有人在决斗中取胜过两次，所以，被杀死的大公在与阿佩利西决斗之前只杀死过1个伯爵；该伯爵此前只杀死1个男爵；该男爵此前只杀死另一个大公；如此等等. 各次决斗中取胜的人的身份以3为周期循环. 既然最后取胜的人是男爵，所以，倒数第4个，倒数第7个，……，取胜的人都是男爵，这样数下去，倒数第1 993个人，即第1个取胜的人是男爵. 于是，第一个被杀死的人的身份是大公.

94.32. 全部骨牌的周长之和为奇数. 如果能够用所有这些骨牌拼成一个周长为888的多边形的话，那么，所有骨牌的周长之和就应当等于多边形的周长加上各个骨牌的公共边界的长度之和的2倍，从而是偶数，导致矛盾.

94.33. 我们注意到，在任何时刻，在这几个数组中，位于奇数位置上的数的和都比位于偶数位置上的数的和大1. 仔细观察得到题述的两个数组的操作过程，显然可知，操作的结果与进行操作的先后顺序无关，只决定于进行了怎样的操作. 因此，我们可以从原来的数组开始，首先对数组中的前51个数进行得到第二个数组的所有操作，操作的结果就是把原来数组中的前50个数都变成了0，而从第52个数至第101个数都没有变化. 然后再对该数组的后51个数进行得到第一个数组的所有操作，于是，又将其中的后50个数都变成了0. 由于本答案开始时所说的原因，该数组中一定有一个数是1，它只能位于第51个数的位置上.

94.34. 同问题94.31的解答.

94.35. 将这三个两位数分别记为$\overline{ab}$，$\overline{cd}$，$\overline{ef}$，由于两位数被9除的余数与它的两个数字的位置无关，所以，从题意可知$\overline{ab}+\overline{cd}+\overline{ef}$被9除的余数与$\overline{ab}+\overline{ba}$被9除的余数相同，即它们都等于$2\,\overline{ab}$被9除的余数. 同理可证，它们也都等于$2\,\overline{cd}$被9除的余数和$2\,\overline{ef}$被9除的余数，这表明，这三个两位数被9除的余数是相同的.

另一方面，其中任何两个数之和被9除的余数都与第三个数被9除的余数相同，这只有在三个数都是9的倍数时才有可能. 在题述的条件下，只能是每一个两位数的各自两个数字之和都是9，于是

$$\overline{ab}+\overline{cd}+\overline{ef}=\overline{ab}+\overline{ba}=11(a+b)=99$$

94.36. 既然任何四行中都有某两行数填得完全一样，所以，方格表中至多有三种不同类型的行. 将同种类型的行合并

之后,得到一个 3×10 的数表,该数表在每一列只有 3 个方格,所以,在每一列中填写 0 和 1 的不同的方法只有 $2^3=8$ 种. 于是,即使在 3×9 的数表中也会有两列数是完全相同的,在 3×10 的数表中更加是这样. 这就表明,原来的数表中有两列填得完全一样.

94.37. 只需要利用天平进行 49 次称量:将面值为 k 皮亚斯特的硬币分别与面值为 10 皮亚斯特的硬币一起放在天平的一端,而相应地把面值为 $k+10$ 皮亚斯特的硬币放在天平的另一端,各称量一次,$k=1,2,\cdots,9,20,21,\cdots,29,40,41,\cdots,49,60,61,\cdots,69,80,81,\cdots,89$. 在这些称量中,除了面值为 10 和 100 皮亚斯特的硬币外,其余各枚硬币都刚好参与了一次称量.

如果面值为 10 皮亚斯特的硬币是真币,那么,上述称量中天平两端至多有 20 次不平衡(因为至多只有 20 枚假币);如果面值为 10 皮亚斯特的硬币为假币,那么,凡是其余两枚硬币都是真币的各次称量,天平都不平衡,这样的称量至少有 30 次. 所以,根据天平的不平衡次数的多少就可以确定面值为 10 皮亚斯特的硬币是不是假币.

94.38. 假设存在这样的点 O,它到某个正方形的四个顶点的距离分别是 1,4,7,8. 将该正方形的四个顶点分别记为 A,B,C,D(不一定按照它们在周线上的顺序),并设 $OA=4$, $OB=1$,于是,根据三角形不等式,在 $\triangle OAB$ 中有 $AB\leqslant OA+OB=5$. 无论 AB 是正方形的边还是正方形的对角线,都可以得出结论:该正方形的边长不大于 5.

另一方面,BC 与 BD 之一是正方形的边,不妨设 BC 为边. 注意到在 $\triangle OBC$ 中,有 $OC=7$ 或 8, $BC\leqslant5$, $OB=1$,这与三角形不等式相矛盾,所以,不存在题述的点.

94.39. 将 k 个字母分别编为 1 至 k 号,并将每个单词中的各个字母的号码求和,把和数被 k 除的余数相同的单词归入同一组. 这样分组后,同组的任何两个单词显然不可能只有一个字母不相同,因此,每个组内任何两个单词都不相似.

94.40. 作出那些(最长的)剖分线段,每一条剖分线段的端点都与两个矩形的公共顶点重合,如图 6 所示,因此,每一条剖分线段的两个端点与所分出的各矩形的 4 个顶点重合,并且不同的线段对应于不同的顶点,因为一共有 $4n$ 个顶点,其中有 4 个顶点是正方形纸的顶点,因此,其余 $4n-4$ 个顶点至多与不多于 $n-1$ 条剖分线段的顶点重合(有些顶点可能位于某些线段的内部). 于是,所需的线段数目不多于 $n-1$ 条.

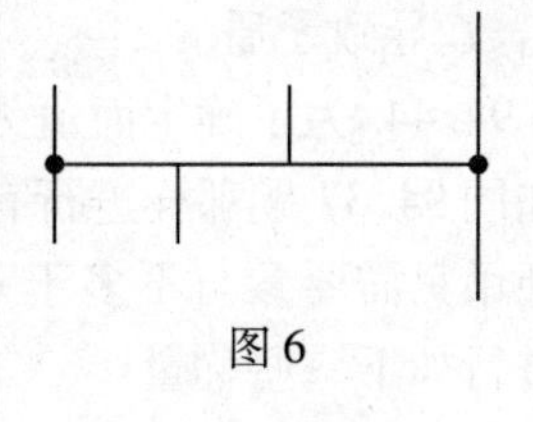
图 6

94.41. 如图 7 所示,设边 AC 上的高的垂足为 H,边 AB 的中点为 M,并设 $\angle A$ 的平分线,边 AC 上的高和边 AB 的中垂线

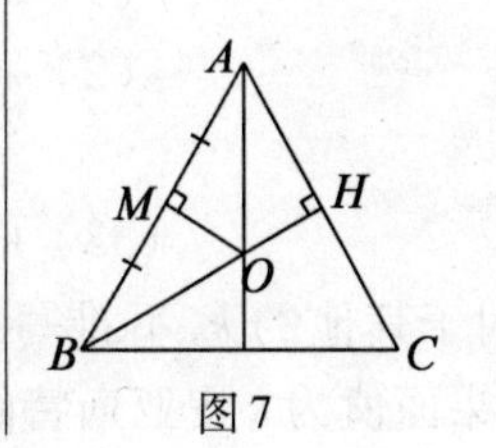

图 7

的交点为 O. 因为 Rt$\triangle OBM$ 与 Rt$\triangle OAM$ 有两条直角边分别相等,所以

$$\triangle OBM \cong \triangle OAM$$

又因为 Rt$\triangle OAM$ 与 Rt$\triangle OAH$ 有公共的斜边和一个锐角相等,所以

$$\triangle OAM \cong \triangle OAH$$

从而

$$\angle OAH = \angle OAM = \angle OBM$$

在$\triangle AHB$ 中,$\angle AHB = 90°$,因此

$$\angle OAH + \angle OAM + \angle OBM = 90°$$

即

$$3\angle OAH = 90°$$

这表明

$$\angle A = \angle OAH + \angle OAM = 2\angle OAH = 60°$$

94.42. 同问题 94.31 的解答.

94.43. 用反证法.

将已知的 15 位数记为

$$\overline{a_1 a_2 \cdots a_k 0 a_{k+1} \cdots a_{14}}$$

现将位于 a_k 与 a_{k+1}之间的 0 删去得到 14 位数

$$\overline{a_1 a_2 \cdots a_k a_{k+1} \cdots a_{14}}$$

假设这个数是 81 的倍数,根据条件和被 9 整除的数的性质可知,这个 14 位数恰好在 9 个数位上是 1,其余数位上是 0. 这表示在 $a_{k+1}, \cdots, a_{14}$ 中至多能有 8 个 1,从而数$\overline{a_{k+1} \cdots a_{14}}$不是 9 的倍数.

另一方面,却有

$$10 \cdot \overline{a_1 a_2 \cdots a_k a_{k+1} \cdots a_{14}} - \overline{a_1 a_2 \cdots a_k 0 a_{k+1} \cdots a_{14}} = 9 \cdot \overline{a_{k+1} \cdots a_{14}}$$

上式左端是两个 81 的倍数之差可被 81 整除,而右端却不是 81 的倍数. 导致矛盾.

94.44. 为了确定面值为 k 皮亚斯特的硬币是否为假币,可以如同 94.37 题那样进行有该硬币参与的 33 次称量,其中其余各硬币只需要参与不多于一次称量. 例如,对于 $33 < k \leqslant 66$,可以进行如下一些称量

$$(1) + (k) = (k+1)$$
$$(2) + (k) = (k+2)$$
$$\vdots$$
$$(33) + (k) = (k+33)$$

对于其他的 k,不难写出相应的称量. 正如第 94.37 题那样,如果面值为 k 皮亚斯特的硬币为假币,则其中有超过一半是

不平衡的;如果面值为 k 皮亚斯特的硬币为真币,则其中只有少于一半是不平衡的.

94.45. 答案:$n=6$ 是唯一满足要求的正整数.

n 显然不可能是素数,也不是完全平方数. 设 $n=ab$,其中 a,b 是 n 的相异的真因子,将 n 的所有真因子的平方和记为 s,则

$$s\geqslant a^2+b^2+1$$

因为

$$a\neq b$$

所以

$$a^2+b^2+1>2ab+1$$

于是

$$s\geqslant a^2+b^2+1\geqslant 2ab+2=2n+2$$

当且仅当 a 与 b 都是素数,而且 $(a-b)^2=1$ 时,上式中的等号成立. 因此,a 与 b 只能是 2 与 3,从而 $n=6$.

94.46. 将每听罐头的价格表示为两个部分的和的形式 $a+b$,其中 a 为"底价",按 1 ₽/g 计算;b 称为"附加价",依题意可知,商店共有 1 t 罐头,它们的底价的总和刚好是 1 000 000 ₽,而每听罐头的附加价不超过 300 ₽,所以 1 994 听罐头的附加价总和少于 $2\ 000\times 300=600\ 000$ ₽. 于是,罐头的总价值少于 1 600 000 ₽.

94.47. 同问题 94.40 的解答.

94.48. 考虑所有骑士中工作量最小的骑士,他的声明①是真话,所以,骑士人数不多于 10 人. 再考虑撒谎者中工作量最大的撒谎者,他的声明①是假话,所以,骑士人数不少于 10 人. 于是,在该星球里,恰好有 10 个骑士. 类似地,考虑工资最高的骑士与工资最低的撒谎者,同样从他们的声明②得知该星球里恰好有 100 个撒谎者. 于是,该星球的全部居民共有 110 人.

94.49. 考虑含有最长木棒的 q 角形,并将它编为 1 号,然后考虑含有 1 号 q 角形以外的最长木棒的 q 角形,并将它编为 2 号,这样继续做下去,我们将所有 q 角形都编了号,并且 k 号 q 角形含有编号小于 k 的 q 角形以外的最长的木棒. 然后,我们开始向 1 号 q 角形 M 补充木棒,补充用的木棒取自编号最后的 q 角形,这样做一直到使 M 成为 p 角形为止(如果编号最后的 q 角形的木棒不够,那么就从编号是倒数第二的 q 角形上取,如此继续取下去). 这是可能做到的,因为所有的木棒按长度都不超过 M 的最大边. 同样地,将 2 号 q 角形变为 p 角形,并以这样的方式继续"消灭"后续编号的 q 角形. 显然,在某个时刻,我们得到 q 个所要求的 p 角形.

94.50. 如图 8 所示,因为

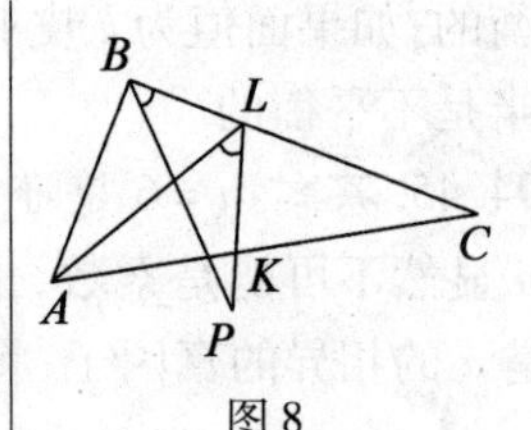

图 8

$$\angle ALB=\frac{\angle A}{2}+\angle C$$

$$\angle CLP=\frac{1}{2}(180^\circ-\angle C)=90^\circ-\frac{\angle C}{2}$$

所以

$$\begin{aligned}\angle ALP&=180^\circ-(\angle ALB+\angle CLP)\\&=90^\circ-\frac{\angle A+\angle C}{2}\\&=\frac{\angle B}{2}=\angle ABP\end{aligned}$$

因此 A,B,L,P 四点共圆.从而在$\triangle APL$ 中

$$\angle PAL=\angle PBL=\frac{B}{2}=\angle PLA$$

于是

$$AP=PL$$

94.51. 解法 1. 将已知的等式改写为下列形式

$$a^2-da+b-cd=0$$

将它看作是关于 a 的二次方程,因为这个方程有整数根,所以,它的判别式 $d^2-4b+4dc$ 应当是完全平方数.将这个判别式写成$(d+2c)^2-4(b+c)^2$,因为它是完全平方数,所以,这个整数与 $d+2c$ 有相同的奇偶性,因此

$$(d+2c)^2-4(b+c^2)\leqslant(d+2c-2)^2$$

化简即得要证明的不等式.

解法 2. 因为

$$\frac{a^2-c^2}{a+c}=a-c,\frac{a^2+b}{a+c}=d$$

所以 $b+c^2$ 能被 $a+c$ 整除,因此 $b+c^2\geqslant a+c$,即对于某个 $k\geqslant0$ 有

$$b=a+c-c^2+k \qquad (*)$$

剩下的只要证明 $d\leqslant a-c+k+1$.而且,当用等式$(*)$减去这个不等式时,我们就得到所要证明的不等式.事实上,从等价的不等式链

$$\frac{a^2+b}{a+c}\leqslant(a-c)+(1+k)$$

$$a^2+b\leqslant a^2-c^2+(1+k)(a+c)$$

$$a+c-c^2+k\leqslant a+c-c^2+k(a+c)$$

$$k\leqslant k(a+c)$$

即得到所要证明的不等式.

94.52. 答案:50.

事实上,若 $k\geqslant51$,因为乙在不大于 100 的范围内所选的 k

个不相等的整数中，一定有两个是相邻的数 $n, n+1$，无论 $x=1$ 或 $x=2$，甲都可以告诉乙为 $n+2$，使得乙永远不能确定 x，所以应有 $k\leqslant 50$.

当 $k\leqslant 50$ 时，设乙在一次提问中提出的 k 个数为 $a_1, a_2, \cdots, a_k$，将甲相应回答的数记为 A，则 $x\in\{A-a_i \mid 1\leqslant i\leqslant k\}$. 若乙在另一次提问中提出的 k 个数为 $b_1, b_2, \cdots, b_k$，将甲相应回答的数记为 B，则 $x\in\{B-b_i \mid 1\leqslant i\leqslant k\}$，于是 $x\in\{A-a_i\}\cap\{B-b_i\}$，乙只要适当选取 b_i 使得 $b_1, \cdots, b_k\neq a_1, \cdots, a_k$，从而使得候选的个数，从第二次提问起，每次至少减少 1 个. 于是，乙至多提问 k 次，就可以使候选的数减少到 1 个，从而确定 x.

适当地选择 b_i 的一种方法如下：设 $p>q$ 是任两个未确定的候选数，记 $r=p-q$. 将从 1 到 100 的整数按相差 r 分组，例如

$$(1,2,\cdots,r),(2r+1,2r+2,\cdots,3r),\cdots$$

从每组内可间隔地取出少于一半的数，这些选出的数两两之差都不等于 r. 于是可以这样选择 b_i，使得其中任意两个数之差都不等于 r，这时，p 与 q 不可能属于同一个 $\{B-b_i\}$（否则，将导致 $p-q=b_s-b_t\neq r$，与 r 的确定矛盾）. 由此可知，满足条件的最大的 $k=50$.

94.53. 不妨设 $m>n$. 当 $n=1$ 时，没有垂直的分割线，从垂直相交条件可知，该正方形被水平分割为 m 个矩形.

当 $n>1$ 时，如图 9 所示，设所有分割线到正方形的平行边的最小距离为 d，作四条与正方形的边平行而且与这些边的距离为 $\frac{d}{2}$ 的直线，这时位于正方形四角的矩形各与两条直线相交，其他每个矩形都至多与一条直线相交，因此，从题述条件可知，与这四条直线相交的矩形的总个数等于 $2m+2n-4$. 于是，全部矩形的个数不少于 $2m+2n-4$.

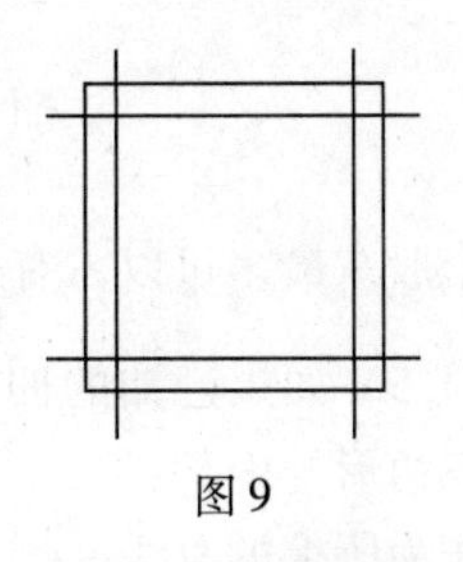
图 9

另一方面，如图 10 所示，先将正方形四等分为 4 个小正方形. 然后将对角的两个小正方形垂直分为 $n-1$ 个矩形，将另两个水平的小正方形水平分为 $m-1$ 个矩形. 这种分割满足题述条件，而且矩形的个数等于 $2m+2n-4$.

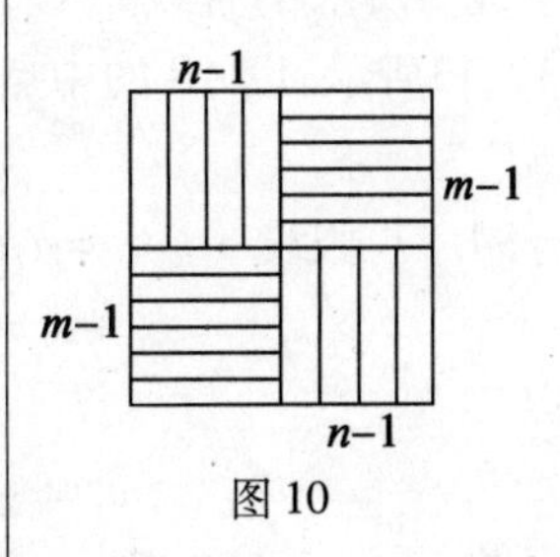

图 10

因此，满足条件的矩形个数的最小值当 $n=1$ 时为 m；当 $n>1$ 时为 $2m+2n-4$.

注：爱尔迪希（Erdös P.）提出的在类似的划分中的矩形的最大个数的问题，至今仍未解决.

94.54. 引入必要的记号，设

$$\frac{AK}{AB}=a,\frac{BL}{BC}=b,\frac{CM}{CD}=c,\frac{DN}{DA}=d,\frac{S_{\triangle ACD}}{S_{四边形ABCD}}=p,\frac{S_{\triangle ABD}}{S_{四边形ABCD}}=q$$

在划分 $S_{四边形ABCD}$ 以后，可以将要证明的不等式改写为下列形式

$$\sqrt[3]{a(1-d)q}+\sqrt[3]{b(1-a)(1-p)}+$$
$$\sqrt[3]{c(1-b)(1-q)}+\sqrt[3]{d(1-c)p}\leqslant 2$$

利用关于三个正数的平均值不等式得

$$\text{上式左端}\leqslant\frac{1}{3}(a+1-d+q)+\frac{1}{3}(b+1-a+1-p)+$$
$$\frac{1}{3}(c+1-b+1-q)+\frac{1}{3}(d+1-a+1-p)$$
$$=\frac{6}{3}=2$$

这就是所要证明的.

94.55. 假设某一个股东的股票的份额为 x,则其余 1 993 个股东的股票份额为 $1-x$. 现在从其余 1 993 个股东中选出 1 000 个具有最少股票的股东,那么,他们在总体中的份额不超过

$$\frac{1\ 000}{1\ 993}(1-x)$$

由此得出

$$\frac{1\ 000}{1\ 993}(1-x)\geqslant\frac{1}{2}$$

或

$$x\leqslant 1-\frac{1\ 993}{2\ 000}=\frac{7}{2\ 000}$$

即一个股东最多可以占有 $\frac{7}{20}$% 份额的股票.

94.56. 如果已知的四点之中的一点位于由另外三点所构成的三角形的内部,那么可以取这个三角形的三条中线之中的一条作为所求的直线.

如图 11 所示,设四点 A,B,C,D 位于一个凸四边形的四个顶点上. 如果延长它的相对边分别交于点 E 与 F. 考虑 $\triangle ABD$,因为它是不高的,它的一条高线不在边 BD 上,将这个高记为 DH,从顶点 C 向直线 AB 所作的高不会比 DH 更长,于是,DH 的中垂线为所求的直线;如果四边形 $ABCD$ 某两边互相平行,如图 12,13所示,设 AB 的中点为 E,CD 的中点为 F,容易证明,直线 EF 为所求.

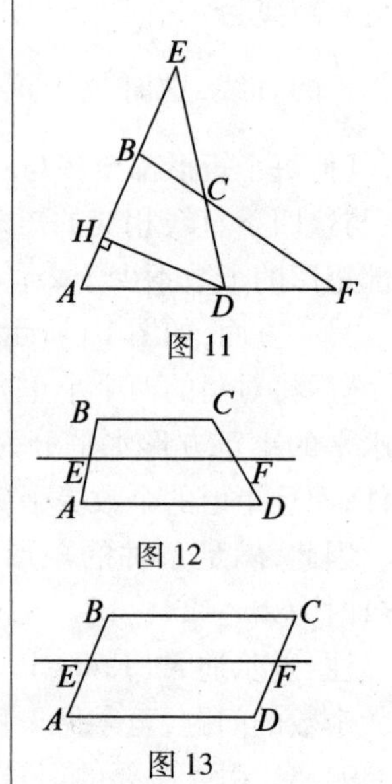

图 11

图 12

图 13

94.57. 假设 $a_1b_1c_1=a_2b_2c_2$. 因为

$$c_1+c_2=1\ 994=2\times 997$$

所以

$$c_1\equiv -c_2 \pmod{997}$$

若 $c_1=c_2=997$,则

$$a_1b_1=a_2b_2=(31-a_1)\times(32-b_1)=992-32a_1-31b_1+a_1b_1$$

于是

$$32a_1+31b_1=992$$

由此推出 31 整除 a_1,但 a_1 是小于 31 的正整数,导致矛盾.

若 $c_1\neq 997$ 且 $c_2\neq 997$. 因为 997 是素数而且 $c_1+c_2=2\times 997$,c_1,c_2 都是正整数,所以 c_1,c_2 都与 997 互素. 因此有

$$a_1b_1\equiv -a_2b_2\pmod{997}$$

即 997 整除 $a_1b_1+a_2b_2$,但

$$a_1b_1+a_2b_2<(a_1+a_2)(b_1+b_2)=992$$

也导致矛盾.

综合上述可知:$a_1b_1c_1\neq a_2b_2c_2$.

94.58. 下面证明,杜霞可以使得在任何时候,放在自己的位置上的书不多于 2 本. 只要杜霞在初始时将所有卷号为偶数的书放在编号为奇数的位置上,并将所有卷号为奇数的书放在编号为偶数的位置上. 当费佳取出 3 本无论怎样放回,只有 2 种可能:

①每一本书的卷号与所放位置的编号的奇偶性都相同;

②至少有 2 本书的卷号与所放位置的编号的奇偶性不同.

在第①种情形,杜霞只要直接调换这 3 本书中任 2 本的位置就得到前述的结果. 在情形②中,或者有 2 本书的卷号的奇偶性与所放位置编号的奇偶性不同,这时,在自己位置上的书已不多于 2 本;或者卷号为一奇一偶的 2 本书与所放位置编号的奇偶性相等,这时杜霞只要互换这 2 本书的位置(其他的书仍然是卷号与所放位置编号的奇偶性不符)就可以得到所要的结果.

94.59. 提示:本问题的解答与问题 94.54 的解答类似,只是将立方根改为平方根,并将关于三个正数的平均值不等式换为关于两个正数的平均值不等式.

94.60. 同问题 94.53 的解答.

94.61. 答案:至少要用 3 步提问乙才可以确定 x.

首先证明,乙靠 2 步提问不可能猜中 x. 假设甲预想数 x,而乙两次讲出的数分别为

$$a_1,a_2,\cdots a_5$$

与

$$b_1,b_2,\cdots,b_5$$

而甲相应给出的答案是 $A=x+a_i$ 与 $B=x+b_j$,那么 $A-B=a_i-b_j$,一般情况下(a_i,b_j)有 $5\times 5=25$ 种可能,其中位于区间$[-8,8]$中的有 17 种可能的值(这是从 25 种可能中排除不属于这个区间的 $-8-8$, $-8-7$,$\cdots$, $-8-1$ 等 8 种可能而得). 这表明存在$(a_m,b_n)\neq(a_i,b_j)$,使得 $a_m-b_n=a_i-b_j$,从而通过 2 步提问不能确定 x.

为了使得通过 3 步提问确定 x,乙在第一,二步提问可以分

别利用数组$\{1,2,7,8,9\}$与$\{1,3,5,6,9\}$. 如下表所示,这两组数所对应的$\{a_i,b_j\}$不多于2个.

-8	-7	-5	-4	-3	-2	-1	0
$1-9$	$2-9$	$1-6$	$1-5$ $2-6$	$2-5$	$1-3$ $7-9$	$2-3$ $8-9$	$1-1$ $9-9$
1	2	3	4	5	6	7	8
$2-1$ $7-6$	$7-5$ $8-6$	$8-5$ $9-6$	$7-3$ $9-5$	$8-3$	$7-1$ $9-3$	$8-1$	$9-1$

因此,乙经过这样的两步提问以后,候选的(a,b)至多只有2个. 记$d=A-B$,乙第3步所选的$\{c_1,c_2,\cdots,c_5\}$应使得$c_i-c_j\neq d(1\leqslant i,j\leqslant 5)$,便可以确定$(a,b)$,从而确定$x$. 因此,至少要经过3步提问乙才能确定$x$.

94.62. 如图14所示,过点E作平行于边AC的直线与边BC相交于点F,则$\triangle BEF$为等边三角形. 又因为$AE=CD$,所以$EF=BE=AD$,于是四边形$AEFD$为平行四边形,$AM=\frac{1}{2}AF$(平行四边形的对角线互相平分). 又从$CF=AE=CD$得$\triangle ACF\cong\triangle BCD$,所以$BD=AF=2AM$.

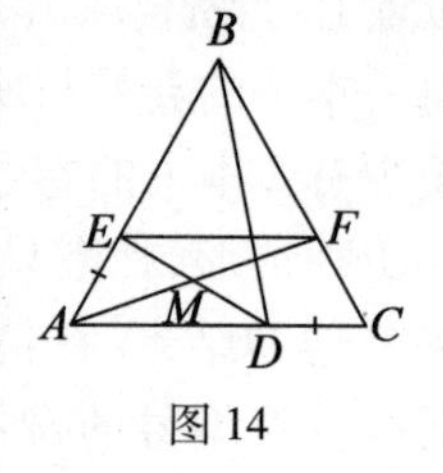

图14

94.63. 同问题94.48的解答.

94.64. 因为$(ax+by)(ay+bx)=ab(x^2+y^2)+xy(a^2+b^2)$能被$a^2+b^2$整除,所以$ab(x^2+y^2)$能被$a^2+b^2$整除. 但因为$a^2+b^2>ab>0$,于是$a^2+b^2$不能整除$ab$,从而$x^2+y^2$应当与$a^2+b^2$有非平凡的公因数.

94.65. 同问题94.58的解答.

94.66. 如图15所示,设从顶点A与C所作的高的垂足分别为点D与点E,那么,四边形$HDBE$内接于以BH为直径的圆. H_1为小弧ED的中点,H_2为大弧ED的中点. 因为BH_1与BH_2都是角平分线,所以线段ED的中垂线通过点H_1与点H_2. 又因为四边形$AEDC$内接于以AC为直径的圆,所以,弦ED的中垂线H_1H_2通过这个新圆的圆心,即通过线段AC的中点,即直线H_1H_2平分边AC.

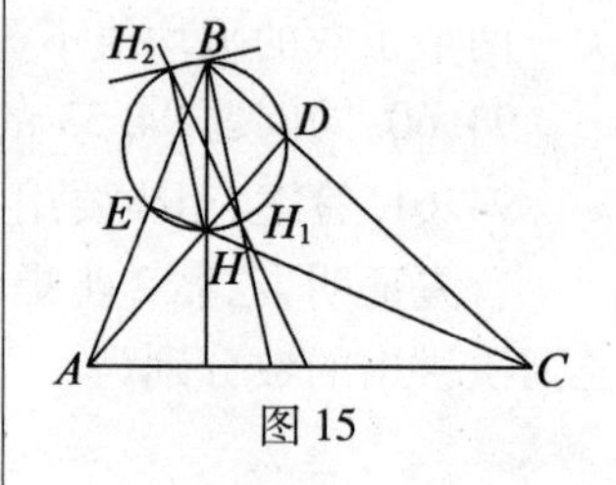

图15

94.67. 同问题94.53的解答.

94.68. 我们对已知数列补充$a_0=0$. 首先注意到,对于任意的数列$X=\{x_1,x_2,\cdots,x_n\}$,将数列$\{x_1,x_2-x_1,\cdots,x_n-x_{n-1}\}$称为$X$对应的"有限差"数列,并将它记为$\triangle X$. 如果经某些操作将$X$变为

$$\begin{aligned}T_kX=\{&x_{k+1}-x_k,x_{k+1}-x_{k-1},\cdots,\\&x_{k+1}-x_1,x_{k+1},x_{k+2},\cdots,x_n\}\end{aligned}$$

那么,T_kX对应的有限差数列为

$$\triangle T_kX=\{x_{k+1}-x_k,x_k-x_{k-1},\cdots,x_2-x_1,$$
$$x_1,x_{k+2}-x_{k+1},x_{k+3}-x_{k+2},\cdots,x_n-x_{n-1}\}$$

这是$\triangle X$的前$k+1$项按相反次序的一个重新排列,将它记为R_kX.

于是,对于本题的数列$A=\{a_0,a_1,\cdots,a_n\}$,经多次题述的操作所得的数列T_kA对应的有限差数列都是$\triangle A$的一个重排.我们应用$R_{n-1}R_{k-1}A$可以将a_k移到数列的末位,而且从第n位向前推,得到a_i的各种所需要的排列."使数列A除最后一项外,它的每一项都不小于相邻两项的算术平均值"的要求等价于要求"数列$R_{n-1}R_{k-1}A$是不增的".而$\triangle A$有唯一的不增的重排$\{b_1,b_2,\cdots,b_n\}$,因此,可以经有限步题述的操作,将数列A变成满足题目要求的唯一的数列$\{c_1,c_2,\cdots,c_n\}$.

94.69. 如图16所示,从点C作角的另一边的垂线CE,又作$MF\perp BE$.因为$CM=MD$且$MF//DB$,所以$EF=FB$,即点M位于线段EB的中垂线上,这表示$ME=MB$.又因为点M位于角的平分线上,所以$MA=ME$,于是$MA=MB$.

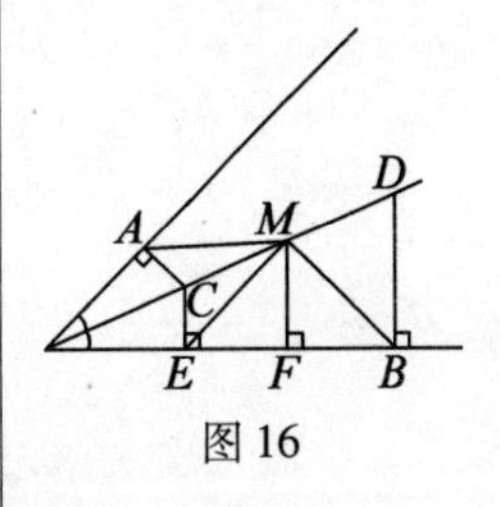

图16

94.70. 因为在二项式$(a+b)^n$的展开式中,除了首项a^n与末项b^n外,其余各项都有因子ab,所以从题目条件ab整除$(a+b)^n$可知ab整除a^n+b^n.

对于任一个素数p,设p^r是能整除a的p的最大次数,而p^s是能整除b的p的最大次数.去证$(n-1)r\geqslant s$.

$a^n+b^n=p^{nr}a_1+p^{ns}b_1$,其中$a_1b_1$与$p$互素.若$r\geqslant s$,则$(n-1)r\geqslant s(n>1)$;若$r<s$,则$a^n+b^n$含素因子$p$的方次为$nr$,而$ab$含$p$的方次为$r+s$,由于$ab$整除$a^n+b^n$,所以$nr\geqslant r+s$,即$(n-1)r\geqslant s$,于是$b$整除$a^{n-1}$.

94.71. 如图17所示,设正方形的边长为1,将这些三角形的面积依次记为S_1,S_2,S_3,S_4.点P到正方形四边的距离分别为x,$y,1-x,1-y$.不妨设$\frac{1}{2}\geqslant y>x>0$,于是,四个三角形的面积为

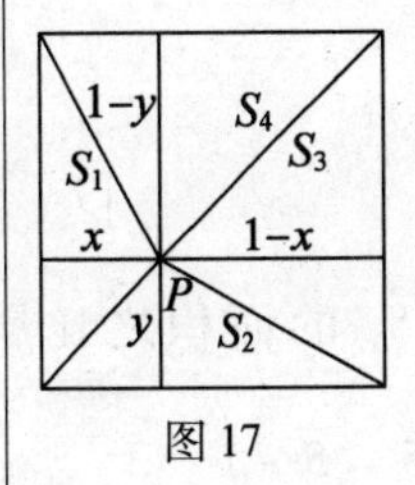

图17

$$S_1=\frac{x}{2}$$
$$S_2=\frac{y}{2}$$
$$S_3=\frac{1-x}{2}$$
$$S_4=\frac{1-y}{2}$$
$$S_1\leqslant S_2\leqslant S_4\leqslant S_3$$
$$S_1+S_3=S_2+S_4=\frac{1}{2}$$

设$\frac{S_3}{S_1}=k(k>1)$,即

$$\frac{1-y}{y}=k$$

所以

$$y=\frac{1}{k+1}$$

$$S_3=kS_1=\frac{k}{2(k+1)}$$

因为

$$S_2<\frac{1}{2}$$

所以

$$\frac{S_2}{S_3}<\frac{k}{k+1}$$

令

$$k=\frac{k+1}{k}$$

即

$$k^2-k-1=0$$

解得

$$k=\frac{\sqrt{5}+1}{2}$$

于是有

$$\frac{S_2}{S_3}<\frac{k+1}{k}=\frac{\sqrt{5}+1}{2}$$

从而

$$\frac{S_3}{S_2}>\frac{k}{k+1}=\frac{\sqrt{5}-1}{2}$$

即 S_2 与 S_3 的面积之比属于区间$[\frac{\sqrt{5}-1}{2},\frac{\sqrt{5}+1}{2}]$. 注意到$\frac{\sqrt{5}+1}{2}<\frac{5}{3},\frac{\sqrt{5}-1}{2}>\frac{3}{5}$,所以本题的结论成立.

94. 72. 记 $A_0=1\ 994=2\times997$,$p_1=997$ 为素数,将大于 997 的素数按递增顺序排列为 $p_2,p_3,\cdots$. 于是有 $A_1=A_0+997=3\times997$. 在以下的操作中,若 $A_i=n\cdot997$ 且正整数 $n<p_2$,则 A_i 的最大素因子仍是 997,所以 $A_{i+1}=A_i+997=(n+1)997$. 这个过程一直到某个 $A_j=p_2p_1$,然后依次为 $np_2(p_1\leqslant n\leqslant p_3),\cdots,np_k$. 当 p_k 足够大,使得 $p_{k-1}<1\ 995<p_{k+1}$时,那么,在某一时刻,在黑板上将出现 $A_n=1\ 995p_k$.

◆如果数列的第一项不是已知的 1 994,那么问题的结论还成立吗?

94.73. 如图 18 所示,从点 C 作直线 AC 的垂线交 AO 的延长线于点 E. 因为

$$\angle BCE+\angle OCB+\angle OCA=90^\circ$$

$$\angle OCB=20^\circ$$

所以

$$\angle BCE+\angle OCA=70^\circ$$

于是得到

$$\angle BCE=70^\circ-\angle OCA=\angle BAE$$

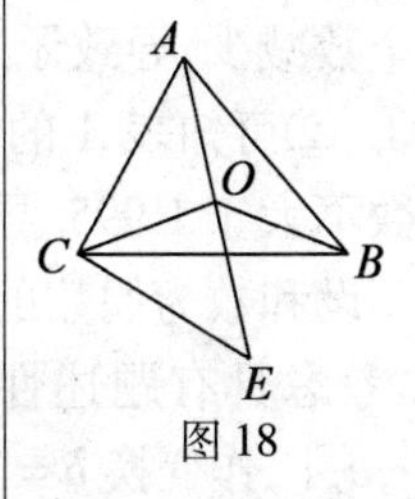

图 18

因此,四边形 $ACEB$ 内接于以 AE 为直径的圆. 因为 $AC\neq AB$,所以,弦 BC 的中垂线与直径 AE 的交点就是该圆的圆心. 因为点 O位于这条中垂线上,所以点 O 是 $\triangle ABC$ 的外接圆的圆心. 于是 $AO=OC$. 由此得出

$$\angle OCA=\angle OAC$$

从而得

$$\angle A=\angle BAO+\angle OAC=\angle BAO+\angle OCA=70^\circ$$

94.74. 首先,利用题目所述的操作,一定可以使得在表中正号的个数为偶数. 事实上,如果表中正号个数为奇数 k,我们进行一次变号操作,将 $n(n<k)$个正号(1 995 $-n$ 个负号)变为 1 995 $-n$ 个正号,于是表中正号的个数为

$$(k-n)+(1\ 995-n)=k+(1\ 995-2n)$$

这个式子的右端是两个奇数之和,从而是偶数. 因此,至多经一次变号操作,就可以使表中正号的个数一定是偶数. 因此,以下不妨设该表中正号的个数是偶数.

由 1 995 个方格构成的方格组,如果其中任意两个方格不在同一行,也不在同一列,就将这样的方格组称为横截组.

考虑有且只有 4 个公共方格 a,b,c,d 的两个横截组,对其中每一个横截组各作一次题述变号操作. 结果使得方格 a,b,c,d 都变号,而所有其他方格的符号都没有改变. 将对这样的两个横截组相继两步变号操作合称为一次 T 操作.

设该表经若干次 T 操作所得到的正号个数最少的表为表 A,如果 A 中的正号不少于 1 996 个,由 A 的性质可知,必有一列至少含有 2 个正号方格,将这两个正号方格记为 s,t. 那么:

①s,t 所在的两行不含其他正号方格. 否则,若这两行还有一个正号方格 u,由表 A 的性质可知还有一个正号方格 v,那么对矩形 $stuv$(或 $stvu$)进行一次 T 操作,全表的正号个数至少减少 2 个,这与表 A 为正号最少相矛盾.

②s,t 所在的行以外的每一行至多只有 1 个正号. 否则,若

某行有 2 个正号 m 与 n,则至多运用一次 T 操作可使 s 与 m 同列,再对矩形 $smnx$(x 是另一个正号)作一次 T 操作,又使表 A 中的正号个数减少,导致矛盾.

综合①,②可知表 A 的每行至多只有 1 个正号,使得 A 中正号的个数不大于 1 995. 导致矛盾,所以题述结论成立.

94.75. 设和数为偶数的数列集合为 P,和数为奇数的数列集合为 Q. 考虑具有题述性质且其和数为偶数的每一个数列 $\{a_1,a_2,\cdots,a_n\}$,作变换 $b=T(a)=\{b_1,b_2,\cdots,b_{1\,994}\}$.

①若 $a_i=1(i=1,2,\cdots,1\,994)$,则取 $b_1=1,b_i=i(i=2,3,\cdots,1\,994)$.

②设除 $a_1=1$ 外,数列 $\{a\}$ 中第一个等于 1 的项的序号是 k(即 $a_2\sim a_{k-1}$ 都不小于 2),这时取 $b_1=1,b_2=a_k+1,b_3=a_{k+1}+1,\cdots,b_{1\,996-k}=a_{1\,994}+1,b_{1\,997-k}=a_2-1,b_{1\,997-k+1}=a_3-1,\cdots,b_{1\,994}=a_{k-1}-1$.

由于 $a_2\sim a_{k-1}$ 段的每一项都不小于 2,所以,数列 $\{b\}$ 的每一项都是正数. 容易验证数列 $\{b\}$ 满足 $b_{k+1}\leqslant 1+b_k$. 又因为在情形①中有 $s(a)=1\,994,s(b)=\dfrac{1\,994\times 1\,995}{2}=997\times 1\,995$,所以

$$s(b)-s(a)=997\times 1\,995-1\,994$$

为奇数;在情形②中有

$$s(b)-s(a)=(1\,995-k)-(k-2)=1\,997-2k$$

也是奇数. 由此可知,数列 $\{a\}$ 属于集 P,数列 $\{b\}$ 属于集 Q. 从变换 T 的定义可知,T 是集 P 与集 Q 之间的一一对应,即 $T^{-1}(b)=a$,于是 P 的元素的个数与 Q 的元素的个数相等.

94.76. 为了计算方便,我们将一局的胜者记为得 0.5 分,并将该局的败者记为 -0.5 分. 那么每场比赛双方得分之和为零. 与一般的计分制相比,现在各选手的总分之差不变,而且在任何一天,或者各选手的总分同为整数;或者同为半整数(指一个整数与 0.5 之和). 现在,按当天在网球场上网球运动员排队的次序,依次全部写出 200 个数.

将两个最大的数之和记为 S_1,次大的两个数之和记为 S_2,依次类推,直到 S_{100}. 如果我们能够找到两个这样的和 S_i 与 S_j,使 $S_i-S_j>100$,那么,和为 S_i 的一对最大数与和为 S_j 的一对最小数之差将大于 50. 应记住所有的数 S_i 都是整数.

注意到,过了相当时候,数量 S_1 不会减少,又因为 S_{100} 是非正的,所以 S_1 迟早会稳定下来(否则,如果 S_1 无限制地增加,那么差值 S_1-S_{100} 将会变成任意大).

在 S_1 稳定以后,再考虑数量 S_2 的性态. 不难检验,S_2 同样是不可能减少的,因而迟早会稳定下来. 类似地,S_3 也迟早会稳

定下来,一直到 S_{100}. 从某一天 D 开始,所有的数量 S_i 都是常数.

其次,从 D 日起,数量 S_i 的所有的值应当是各不相同的. 事实上,如果 $S_k = S_{k+1}$,这只有在下列情形才可能发生:假如在进入相应的两对的四个人的分数相等(例如都是 n),但那时在下一天,数量 S_k 的值显然是 $2(n+1) > 2n$,这与 S_k 的值稳定下来的假设相矛盾.

因为和数 $\sum\limits_{i=0}^{100} S_i = 0$,所以由 100 个不同的整数组成的一组数的和为零,而且其中任何两个之差不大于 100 的唯一的方案就是如下的组

$$\{-50, -49, \cdots, -1, 1, \cdots, 49, 50\}$$

容易验证,成为第一对的应该是数对(25,25)或(25.5,24.5). 类似地,成为最后一对的应该是(-25,-25)或(-25.5,-24.5). 在第二种情形,最大数与最小数之差将等于 51. 如果这时出现第一种情形,那么在下一天,所有的结果都将是半整数,而且,所得的最大值与最小值之差仍然是 51.

94.77. 如图 19 所示,我们应当证明下列等式

$$\frac{AP}{AB} \cdot \frac{AE}{AB} + \frac{BP}{AB} \cdot \frac{BD}{AB} = 1$$

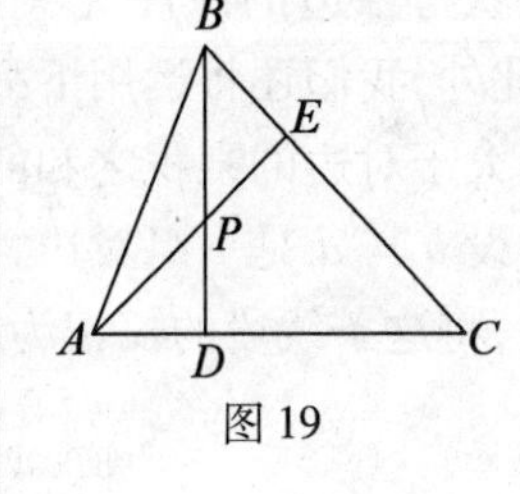

图 19

设 $\angle BAE = \varphi$, $\angle ABD = \psi$,那么

$$\frac{AE}{AB} = \cos \varphi$$

$$\frac{AP}{AB} = \frac{\sin \psi}{\sin(\varphi + \psi)} \quad (正弦定理)$$

$$\frac{BD}{AB} = \cos \psi$$

$$\frac{BP}{AB} = \frac{\sin \varphi}{\sin(\varphi + \psi)}$$

我们得到

$$\frac{AP}{AB} \cdot \frac{AE}{AB} + \frac{BP}{AB} \cdot \frac{BD}{AB} = \frac{\sin \psi \cos \varphi}{\sin(\varphi + \psi)} + \frac{\sin \varphi \cos \psi}{\sin(\varphi + \psi)} = 1$$

94.78. 因为 $(x+y-1)(x+y+1) - (x^2+y^2-1) = 2xy$ 也被 $x+y-1$ 整除,而且在乘积 $2xy$ 中每一个因子都小于 $x+y-1$,所以,如果 $x+y-1$ 为素数,它将整除 $2, x, y$ 之一,这是矛盾的.

94.79. 不妨设 $a \geqslant b$,若 $a \geqslant 2$,则 $a^a \geqslant a^2 \geqslant ab$,所以 $a^a + b^b > ab$;如果 a 与 b 都小于 2,由于对正数 x,有 $x^x \geqslant x$,因此

$$a^a + b^b \geqslant a + b \geqslant 2\sqrt{ab} \geqslant ab$$

这就是所要证明的.

94.80. 假设在任何 90 个相继点的子列中没有某一种颜色，那么，显然可知，在任何 10 个相继点的子列中可以找到这种颜色. 这是在按顺时针方向接连下来的 90 个点中所没有的颜色. 考虑任何 10 个移动的相继点的子列，并将对应的颜色称为颜色 1. 将在接连下来的 10 个相继点对应的颜色称为颜色 2(它与颜色 1 不相同)，这是在接连下来的 80 个相继点所没有的颜色. 再在接连下来的 10 个相继点中寻找颜色 3 等. 当我们研究到第 10 个的 10 个一组相继点时会发现，它们的所有点都应染上同一种颜色，这意味着在圆周上所有的点都有同一种颜色，这与条件矛盾. 于是完成了证明.

◆证明：在 89 个移动的点的某一子列中，会遇到所有颜色的点.

94.81. 记 $x=\frac{1+bc}{b-c}$，$y=\frac{1+ca}{c-a}$，$z=\frac{1+ab}{a-b}$，不难验证它们满足等式 $xy+yz+zx=1$. 由此得出，如果 x,y,z 中某两个数有公因子，那么，它们的公因子就是 1.

94.82. 利用下列结果：有固定的边长的四边形的可能的最大面积与各边的次序无关. 这里不去证明这个众所周知的事实. 此外，我们还将运用下列熟知的确定的不等式：四边形的面积不大于对边的乘积之和的一半.

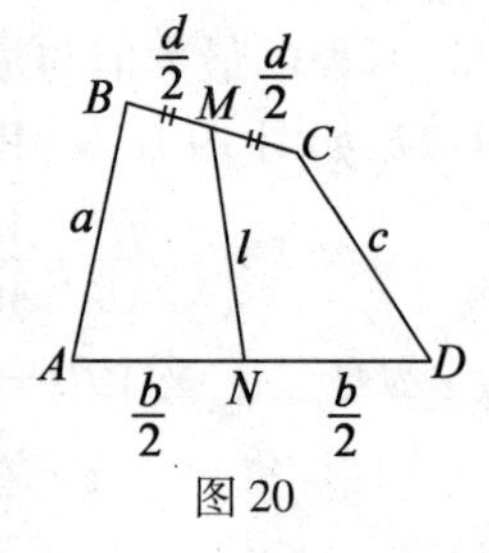

图 20

设 b 与 d 是一组对边，如图 20 所示，作联结这两边中点的线段，将这条线段的长记为 l，那么有

$$S_{四边形ABMN}\leqslant\frac{1}{2}(al+\frac{bd}{4})$$

$$S_{四边形CDNM}\leqslant\frac{1}{2}(cl+\frac{bd}{4})$$

将这两个不等式相加得

$$S_{四边形ABCD}\leqslant\frac{(a+c)l}{2}+\frac{bd}{4}$$

从等式 $\overrightarrow{MN}=\frac{1}{2}(\overrightarrow{BA}+\overrightarrow{CD})$ 得到不等式 $l\leqslant\frac{a+c}{2}$，剩下的只是利用这个不等式完成证明.

94.83. 记 $b_n=2^{5^n}$，去证明 b_n 的最后的 $n+1$ 位数与 b_{n+1} 的最后 $n+1$ 位数相同. 事实上

$$b_{n+1}-b_n=b_n^5-b_n=b_n(b_n-1)(b_n+1)(b_n^2+1)$$

第二个因子的充分高的幂次可以整除第一个因子. 因为 $2^2+1=5$，应用数学归纳法可以证明 5^{n+1} 可整除最后的因子 $4^{5^n}+1$. 又因为 $5^n>n+1$，所以 10^{n+1} 可整除 $b_{n+1}-b_n$. 这表示 b_{n+1} 与 b_n 的最后 $n+1$ 位数相同.

若反设 $\{a_n\}$ 是周期数列，周期为 k，即有 $a_q=a_{q+k}$. 于是，对

于充分大的 n,数 b_n 与数 $r+10^q s(1+10^k+10^{2k}+\cdots+10^{pk})$ 的最后 n 位数字相同. 其中 r 为 q 位数,它由周期数列的开始 q 位(非周期的)片段的数码所组成,s 是由周期数码所构成的 k 位数,而 p 为某个充分大的自然数(例如 $p=n$). 但是这表示 2^n 可整除 $\frac{10^{(p+1)k}-1}{10^k-1}10^q s+r$,将这个式乘以 10^k-1 便得到 2^n 可整除 $10^{(p+1)k}10^q s+r(10^k-1)$,这意味着 2^n 可整除数 $r(10^k-1)-10^q s$,但后者是与 n 无关的常数,这只有在它等于 0 才可能. 对于任意的自然数 n,使它被 2^n 整除是不可能的. 只有当 $r=0$ 时,$r(10^k-1)$ 才能被 10^q 整除,而这时 $s=0$,即 $a_n\equiv 0$,导致矛盾.

94.84. 下面证明:丘克可以保证获胜. 无论黑克画出怎样的线图,丘克的第一步是将任意一点染成颜色 1. 然后,每一个游戏者的下一步是设想“擦去”从这一点引出的线段. 但是这时要记住不能将引出这些线段的各点染上相应的颜色(将这称为对点的“限制”). 在设想擦去某些线段以后,线图被分解为若干块,在某些块上的点受限制地涂色. 如果某个点受若干限制涂了色,我们就认为这个点是孤立点. 丘克的基本的战略如下:他将任何未染色的点染色,其中至少有 1 个点是受限制的,一直到丘克操作到某一步以后,在其中不出现一块恰好有 3 个限制的线图(显然,不可能立即出现两个或更多的这样的块). 如果任何时候都不出现这种情形,那么丘克自然总可以进行他所需要做的一步. 如果在其中一块线图出现受 3 个限制,那么丘克可以进行下列操作:

①该块中有某一点,它受 2 个或 3 个限制. 这时,丘克将这一点染成 4 种颜色中的一种颜色(这当然是可能的). 在这样做以后,在新的线图块中的任何一个点都不受 3 个或更多的限制.

②在该块中有三个点,例如 A,B,C,其中每一个点受 1 个限制. 设 A 与 B 是其中这样的两点,它们以路径相连,这些路径沿着图块的线段,而且它的长度不小于另外两个点对的相应长度. 如果点 C 位于这条路径上,那么,丘克应当直接将点 C 染色,如图 21 所示;如果点 C 不在路径 AB 上,那么将点 C 与点 A 相连的路径必然通过位于路径 AB 上的点 M,如图 22 所示,这时,丘克应当将点 M 染色. 此外,还可能在任何图块中都没有受多于 2 个限制的情形,这正是所需要的. 就这样,丘克可以按要求使每一个点都染色而获胜.

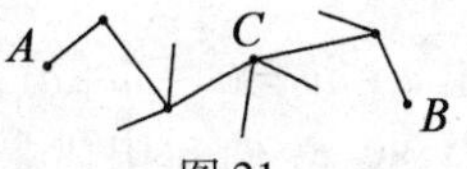

图 21

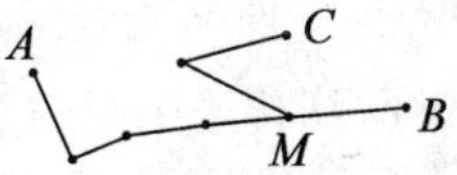

图 22

94.85. 以下列方式将所有人编号:找任意一个人并将他编为 1 号,再将他所认识的人全部编为 2 号,又将与编号为 2 的人所认识的所有未编号的人编为 3 号等. 在第 k 步,将与编号为 k

的人认识的所有未编号的人编为 $k+1$ 号. 如果在某一步发现剩下的只是下述这样的人:所有认识他们的人都未编号,那么,就将剩下的人中任何一个编为 1 号,并重复上列编号过程. 最后,我们将所有人都编了号,然后,将所有编号为偶数的人集中为一组,并将所有编号为奇数的人集中为另一组. 不难看出,这样的分组满足题目的条件.

94.86. 因为 $\angle ABD=\angle ACB$, $\angle A$ 为公共角. 所以 $\triangle ABD\backsim\triangle ACB$, $\frac{AC}{AB}=\frac{AB}{AD}=\frac{CD}{AD}$(因为 $AB=CD$). 另一方面,根据每平分线的性质有 $\frac{CE}{EB}=\frac{AC}{AB}$,由此得 $\frac{CE}{EB}=\frac{CD}{DA}$,从而 $ED/\!/AB$.

94.87. 假设对于每一种花色,持有这种花色的牌的人都不多于 4 人,那么,对于每一种花色,持有这种花色的牌的人就不会多于 7 对(事实上,如果某 4 个人都持有这种花色的牌,那么,这 4 个人构成 6 个这样的对,而其余的 2 个人,可能是另一对. 如果持有这种花色的牌的人只有 3 人,那么,他们构成 3 对,而其余 3 人所构成的对数不会大于 3. 最后,如果都持有这种花色的牌的不到 3 人,那么,构成这样的对数不大于 3). 对于所有 4 种花色,我们得知都具有这种花色的牌的人构成不多于 $4\times 7=28$ 对. 但是,根据条件,任何 2 个人构成不少于这样的 2 对,这意味着所有这样的对不少于 $2C_6^2=30$ 对. 所得的矛盾证明:存在这样的 5 个人,这 5 个人都持有同一种花色的牌,他们所持有的这种花色的牌的总数可以被 5 整除,即只能是 0 或 5,因为每一种花色的牌全部为 9 张,所以在另一个人手里持有这种花色的牌不少于 4 张.

94.88. 设 $b>a$,选择这样的 c,使它满足等式 $c+a=k^2$, $c+b=(k+1)^2$,其中 $k=\frac{b-a-1}{2}$,那么 $c=k^2-a$, $b=2k+a+1$,由此得出 $c+ab=k^2-a+a(2k+a+1)=k^2+2ak+a^2=(k+a)^2$.

94.89. 我们利用质量几何作答. 设线段 AA_1, BB_1, CC_1 与 $\triangle A_1B_1C_1$ 的边的交点分别为 A_2, B_2, C_2,分别在点 A, B, C 放置质量 x, y, z,使得它们的质量中心在点 O. 根据质点组的质心定理可知,点 O 也是质点组 $C_1(\frac{x+y}{2})$, $A_1(\frac{y+z}{2})$, $B_1(\frac{z+x}{2})$ 的质心. 如果点 O 位于中间的 $\triangle A_1B_1C_1$ 之外或位于它的边上,那么,对于 $\triangle A_1B_1C_1$ 的 Ceva 线 A_1A_2, B_1B_2, C_1C_2 中的一条(例如 A_1A_2)满足不等式 $OA_2\geqslant OA_1$. 但是,根据质心定理,点 O 是质点组 $A_1(\frac{y+z}{2})$, $A_2(x+\frac{y+z}{2})$ 的质心,因此,A_2 比 A_1 更接近于点 O,即 $OA_1>OA_2$,所得的矛盾证明:点 O 实质上位于中间

$\triangle A_1B_1C_1$ 的内部.

94.90. 我们首先将被其他小线段的并集完全覆盖的$\{k_i\}$删去,使剩下的线段组仍然覆盖 L,将$\{k_i\}$的元素排列为 k_1, k_2,…,使满足 $k_i\cap k_{i+1}\neq\varnothing$,而且 $k_i\cap k_{i+2}=\varnothing$. 考虑三个线段的集合

$$s_1=\bigcup_i k_i/(k_{i-1}\cup k_{i+1})\ (约定\ k_0=\varnothing)$$

$$s_2=\bigcup_i k_{2i-1}$$

$$s_3=\bigcup_i k_{2i}$$

s_1,s_2,s_3 中每一个都是一些互不相交的线段的并集,它们的并集恰好将线段 L 的每一点覆盖2次. 于是,在这些集合中至少有一个集合,其中的线段长度之和不小于$\frac{2}{3}L$. 若这个集合为 s_1,则所求的线段集合是$\{k_1,k_2,k_3,\cdots\}$;若这个集合为 s_2,则所求的线段集合是$\{k_1,k_3,k_5,\cdots\}$;若这个集合为 s_3,则所求的线段集合为$\{k_2,k_4,k_6,\cdots\}$.

94.91. 假设存在这样的等差数列$\{a+kd\}$(其中 a 为首项,b 为公差). 因为数列

$$\{0+kd\},\{1+kd\},\cdots,\{(d-1)+kd\}$$

覆盖了所有的自然数列,所以,其中一个数列包含无穷多的数,将他记为$\{b+kd\}$,不难证明,数 b 与 d 互素,这表示存在自然数 m,使得 $bm-a$ 能被 d 整除(考虑除以 d 所得的各余数 $b,2b$, $3b,\cdots,db$,它们所有都是不同的这表示在其中会遇到余数 a). 以 m 乘以数列$\{b+kd\}$的各项,那么,从某个位置起,所得的数列的各项同时也是原来数列的项,因此,原来数列包含无穷多的形如 mp 的数,其中 p 为素数,当 $p>m$ 时,这些数的因子的个数为常数(等于 m 的正因子个数的2倍). 而另一方面,原来数列包含有任意多个因子的项(例如所有形如 $a(d+1)^n$ 的项),这是矛盾的. 因此,不存在题述的等差数列.

94.92. 分别以 A,B,C 表示三位警察,并选定网络上一个格点作为原点. 设开始时,三位警察都在原点上. 以 P 表示小偷,设开始时 P 位于正方形$\{(x,y):|x|<r,|y|<r\}$内,这里 r 为某个正整数. 又设网络上每格的一边长为1,四个人的最大速度是每分钟走每格的一边.

引理1:如果在某时刻可以确定 P 位于一个网格矩形的内部,而且,两位警察 A,B 分别位于该矩形的一对对角的顶点上,这样警察一定能抓住小偷 P.

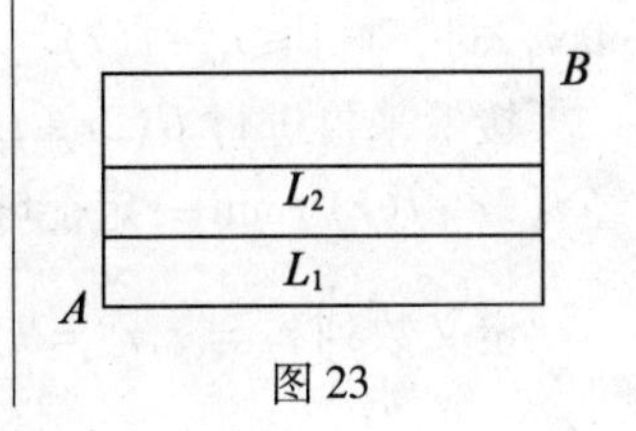

图23

证明:如图23所示,由于 A,B 在矩形的一对对角的顶点上,所以就看住了矩形的四条边,如果 P 离开矩形内部就一定

会被抓到. 现在让 C 沿矩形内靠近 A 的水平线 L_1 从右到左走过一遍,在这个过程中,C 看住了线段 L_1,小偷 P 不能穿越 L_1,因此,若 P 位于 A 与 L_1 所在矩形内,则 P 一定被抓到;若 P 位于 B 与 L_1 所在矩形内,当 C 到达 B 的对角顶点时,再让 A 往 L_1 以上一条水平线 L_2,如此继续. 最后一定能抓住 P.

对于每一个正整数 r,将警察保证能抓到小偷的过程记为 $G(r)$,为确定起见,设在 $G(r)$ 的整个过程中,A,B,C 的行走速度始终是每分钟走每格的一边.

又设从原点起,A,B 分别沿 X 轴正向,X 轴负向行走,C 则沿着 Y 轴先走到点 $(0,2r)$,然后在下列路段来回行走 $(0,2r)\to(0,-2r)$ 和 $(0,-2r)\to(0,2r)$,并且在每到一个格点处停留 1 min.

引理 2:设 c 经 r 遍走过上述路段时,A,B 分别到达点 $(u,0)$,$(-u,0)$,则这时或者 p 已被抓住;或者 p 位于带形域 $\{(x,y)\mid |x|\leqslant u\}$ 中.

证明:若在某时刻 p 离开 c 的搜索区域 $|y|\leqslant 2r$,则 p 在 Y 轴方向上走过 r. 从而 A(或 B)在 X 轴方向上超过 p,而且,此后 p 不可能反超 A(或 B).

若 p 始终在区域 $|y|\leqslant 2r$ 中,则 c 在走一遍上述路段的过程中一定在 Y 轴方向至少超越 p 一次,而在 c 的超越过程中,p 至少在一条竖直的边中停留过 1 min,从而 A(或 B)在 X 轴方向比 p 超 1,走过 r 遍后,A(或 B)仍然超过 p.

因此,在经过 $u=2(2r+r\cdot 4r)=4r(2r+1)$ min 后,若未抓到 p,则 p 位于带形域 $|x|\leqslant u$ 中,而且 A,B 分别到达 $(u,0)$,$(-u,0)$,这时,让 A,B 分别沿 Y 轴正方向与 Y 轴负方向行走,以保证 p 不能离开带形域 $|x|\leqslant u$. 因为这时 p 所在位置的 $|y|\leqslant r+u$,所以让 c 沿水平区间 $[-u,u]$ 来回走 $r+u$ 遍,与上述同理,每遍保证 A(或 B)在 Y 轴方向超 1. 最后,A,B 分别到达 (u,v),$(-u,-v)$,而 p 位于以 A 及 B 为对角顶点的矩形内,根据引理 1 可知一定能够抓住 p.

如果开始时,p 所在位置的 $r_0=\max\{|x_0|,|y_0|\}>r$,上述过程全部进行完毕后仍未发现 p,就让三位警察一起回到原点,这整个过程就是一个 $G(r)$. 注意到整个 $G(r)$ 所经历的时间仅仅由 r 所确定,将这个时间记为 $t(r)$. $G(r)$ 结束时 T 的最大值 $\max\{|x|,|y|\}\leqslant r_0+t(r)$.

接下来再进行 $G(2r+t(r))$,如上述可知,当 $r_0\leqslant 2r$ 时,再经 $t(2r+t(r))$ min 一定能够抓住 p.

定义数列 $r_1=r, r_k=k_r+\sum\limits_{i=1}^{k-1}t(r_i)\ (k\geqslant 2)$,应用数学归纳

法可以证明：若 $r_0 \leqslant k_r$，则依次进行 $G(r_1),G(r_2),\cdots,G(r_k)$一定能够抓住 p. 因为 r_0 是一个确定的正整数，所以警察们只要接连地进行搜索 $G(r_1),G(r_2),\cdots$，就一定能够在有限时间内抓住小偷 p.

94.93. 同问题 94.85 的解答.

94.94. 同问题 94.87 的解答.

94.95. 将给出的向量记为$\overrightarrow{a_1},\overrightarrow{a_2},\cdots,\overrightarrow{a_n}$，从点 A 起将这些向量首尾相接得到它们的和向量$\overrightarrow{AB}$. 设最接近 AB 的中垂线的某向量（比如$\overrightarrow{a_k}$）的一个端点为 C，显然有

$$||\overrightarrow{AC}|-|\overrightarrow{CB}||\leqslant 1$$

向量$\overrightarrow{AC}$与$\overrightarrow{CB}$可能转向同一个角 φ 的不同的边上，使它们的转向相反. 那么，它们的和的长度将不大于 1，注意到

$$\overrightarrow{AC}=\sum_{i=1}^{k}\overrightarrow{a_i},\overrightarrow{CB}=\sum_{i=k+1}^{n}\overrightarrow{a_i}$$

这表示，如果所有向量$\overrightarrow{a_1},\cdots,\overrightarrow{a_k}$转向角 φ 的这一边，这就是$\overrightarrow{AC}$，而向量$\overrightarrow{a_{k+1}},\cdots,\overrightarrow{a_n}$转向角 φ 的另一边，这就是$\overrightarrow{CB}$，那么，它们的和的长度将不大于 1.

94.96. 注意到

$$\sin x\cos y+\sin y\cos 2z\leqslant|\cos y|+|\sin y|\leqslant\sqrt{2}$$

而 $\sin z\cos 4x\leqslant 1$，这表示在条件中列出的表达式的最大值不大于$\sqrt{2}+1$，而且，当 $x=\frac{3\pi}{2},y=\frac{4\pi}{5},z=\frac{\pi}{2}$时，该表达式达到最大值$\sqrt{2}+1$.

94.97. 由于 f 的连续性，可知 f 的值域 $P_1=f(\mathbf{R})$是一个区间（有限或无穷，也可能退化为一个点）. 若 P_1 为一个点，即 $P_1=\{c\}$，从方程得 $c=c+c$，所以 $c=0$，即 $f(x)\equiv 0$ 是一个解. 对于集合 $P_2=f(f(\mathbf{R}))$，类似的结论成立，而且 $P_2\subseteq P_1$. 注意到，如果 $x\in P_1,y\in P_1$，那么 $x+y\in P_1$. 事实上，设 $x=f(x_1),y=f(y_1)$，那么

$$x+y=f(x_1)+f(y_1)=f(f(x_1+y_1))\in P_2$$

可以证明，若 $x\in P_2,y\in P_1$，那么 $x-y\in P_1$. 事实上，设 $x=f(f(x_1)),y=f(y_1)$，那么

$$x-y=f(f(x_1))-f(y_1)=f(x_1-y_1)\in P_1$$

从上述考察可知 $P_1=P_2=\mathbf{R}$. 特别地，对于任何 $x\in\mathbf{R}$，存在这样的 x_1，使得 $x=f(x_1)$，于是

$$f(x)=f(f(x_1))=f(f(0+x_1))=f(0)+f(x_1)=f(0)+x$$

即 $f(x)=x+$常数.

经检验,所有解是$f(x)\equiv 0$与$f(x)=x+c(c\in\mathbf{R})$.

94.98. 这四面体各侧面的面积分别为S,P,Q,R,而各侧面在另一个侧面的投影的面积分别为S_P,S_Q,P_S,P_Q等. 因为S_P等于S与对应的二面角的余弦的乘积(其他投影的面积也类似),我们可以将四面体的二面角的余弦乘积的平方写成下列形式

$$\frac{S_PS_QS_R}{S^3}\cdot\frac{P_SP_RP_Q}{P^3}\cdot\frac{Q_SQ_RQ_P}{Q^3}\cdot\frac{R_SR_PR_Q}{R^3}$$

因此,不难看出,在这些乘积中,每一个二面角"出现"两次,而每一个侧面出现三次. 因为四面体的所有二面角都是锐角,所以有$S_P+S_Q+S_R=S$,对P,Q,R成立类似的等式. 由平均值不等式可知,在余因子中每一个都不大于$\frac{1}{3^3}$,因此,余弦乘积本身不大于$\frac{1}{3^6}=\frac{1}{729}$.

94.99. 设$x=3k-1$,则

$$\begin{aligned}x^3+1&=27k^3-27k^2+9k=9k(3k^2-3k+1)\\&=9k(k^3-(k-1)^3)\end{aligned}$$

因此可取$k=3m^3$,得

$$(9m^3-1)^3+(3m(3m^3-1))^3+1=(9m^4)^3$$

即该方程有无穷多组正整数解

$$x=9m^2-1,y=3m(3m^3-1),z=9m^4$$
$$m\in\mathbf{N}^*$$

94.100. 可以. 如图24所示,40个点42条线(水平线7条,铅直线7条,$\pm45°$线各8条,在4个1:2方向上各3条).

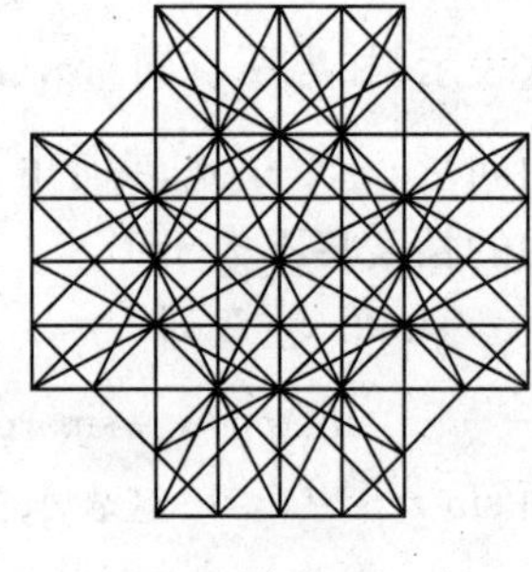

图24

1995 年奥林匹克试题解答

95.01. 如图 1 显示一种填法.

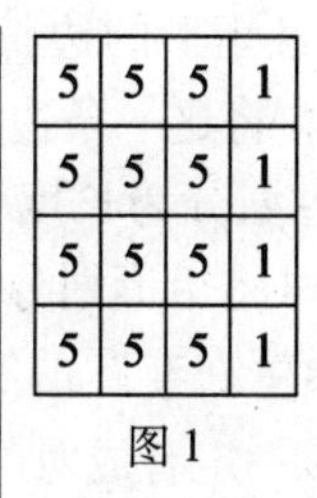

图 1

95.02. 因为森林里生长着橡树和枞树,而被砍去的橡树数目不到橡树总数的一半,被砍去的枞树的数目也不到枞树总数的一半,所以森林中被砍去的树木不到树木总数的一半.

95.03. 乘积 AB 介于

$$22\,222 \times 33\,333 \text{ 与 } 33\,333 \times 44\,444$$

之间,也就是介于

$$740\,725\,926 \text{ 与 } 1\,481\,451\,852$$

之间,所以 AB 的首位数字不可能是 2.

95.04. 解法 1:如果可以从 1 得到 74,那么,通过重排数字和将偶数除以 2,也应能从 74 得到 1. 首先,将 74 的数字重排,得到 47,这是奇数,不能被 2 整除,这个操作到此结束. 然后,将 74 除以 2,得到 37,那么,无论是 37,还是重排后得到的都是奇数,操作也都不能再继续进行. 因此,从 74 出发,一共只能得到三个不同的数,这三个数中没有 1.

解法 2:在规定的操作下,一个数的数字的个数不会减少. 因此,一旦得到一个三位数甚至更多位数字的数之后,继续操作所得的数的位数无论如何都不会再减少到两位. 图 2 给出由 1 出发按规定操作所得到的一切可能的两位数及第一个三位数,在这个过程中,并不可能得到 74.

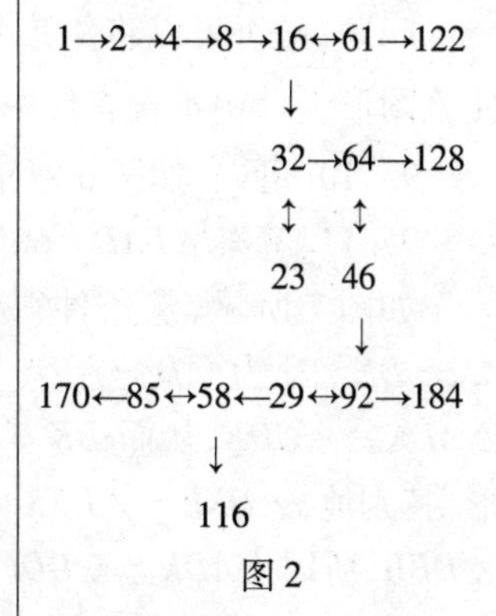

图 2

95.05. 可以排列如图 3 所示.

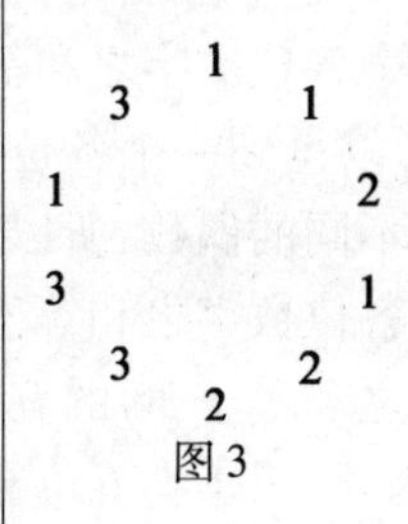

图 3

95.06. 参看 95.04 的解法.

95.07. 将只讲真话的人称为"君子",将只讲假话的人称为"骗子". 每一个君子都只会对一个问题回答"是",而每一个骗子则都对两个问题回答"是". 设君子的人数为 x,而骗子的人数为 y,于是有 $x+2y=130$. 又已知在该岛上居住着 100 个人,所以 $x+y=100$. 由此可知,只讲假话的人数是 30 人.

95.08. 如果一条蠕虫将它所寄生的蘑菇吃了$\frac{1}{5}$以上,就将它称为肥胖的. 显然,在任意一个蘑菇上面至多有 4 条肥胖的蠕虫. 又因为寄生在每个坏蘑菇上面的蠕虫不少于 12 条,所以它们当中至少有 8 条是瘦弱的. 设坏蘑菇的数目为 k,那么,坏蘑菇上面至少有 $8k$ 条瘦弱的蠕虫. 森林中所有蘑菇数为 $4k$,而肥胖的蠕虫数目不多于 $16k$,因此,瘦弱的蠕虫不少于 $8k$ 条,而非瘦弱的蠕虫数目不大于 $16k$，这表示，不少于 $\frac{1}{3}$ 蠕虫是瘦弱的.

95.09. 已知矩形的面积可以被角状形面积整除，而角状形面积为 3，所以，矩形面积可以被 3 整除. 因为矩形面积等于边长的乘积，而且矩形的边长为整数，3 为素数，所以矩形有一边长能被 3 整除. 将这一条边与它的对边划分成长度为 3 的线段，并将其余两边划分为长度为 1 的线段，然后，以直线段联结相应的分点，就可将矩形划分为一系列 1×3 的矩形，如图 4 所示.

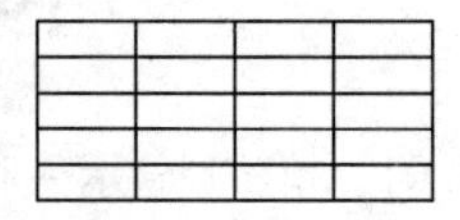

图 4

◆许多学生在本题的答案中断言(通常没有说明)将矩形分割所得图形一定有成对的形，这是不正确的. 图 5 显示存在这样的矩形，它被分为奇数个 L 形.

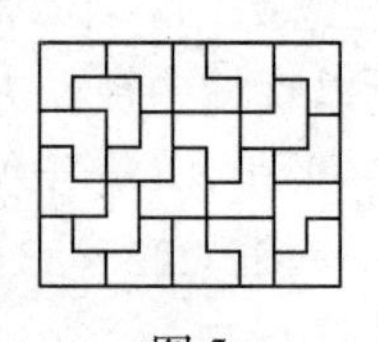

图 5

问题：是否可以将矩形划分为若干个那样的角状形组合，使该图形组合中不含有任一个状子图?

95.10. 可以. 如图 6 所示.

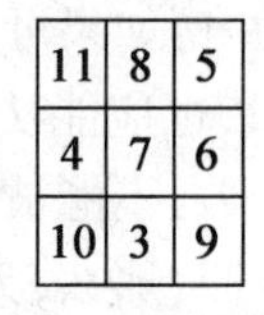

图 6

95.11. 答案 $\angle BAD=60°$.

如图 7 所示，从条件得 $BE=CF$. 在边 AB 上取点 K，使得 $AK=BE$. 因为 $AD=CD$，$AK=CF$，$\angle DAK=\angle DCF$，所以 $\triangle ADK\cong\triangle CDF$，从而 $DK=DF=DE$，于是 $\triangle DKE$ 为等腰三角形. 特别地，$\angle DKE=\angle DEK$. 又因为 $AK=BE$，$DK=DE$，$\angle DKA=\angle DEB$，所以 $\triangle ADK\cong\triangle BDE$. 从而 $AD=BD$，即 $\triangle ABD$ 为等边三角形，于是 $\angle BAD=60°$.

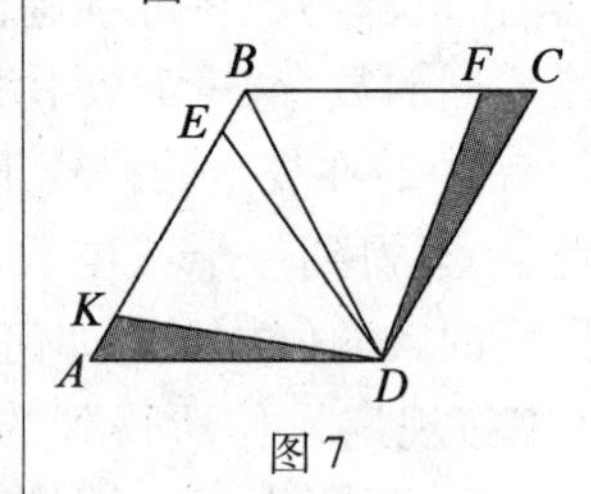

图 7

95.12. 答案：各位数字之和等于 36 的偶数更多.

容易看出，在各位数字之和等于 38 的五位数中，它的每位数字都不可能为零. 否则，它的各位数字之和不超过 $4\times9=36$. 如果将每个各位数字之和等于 38 的奇数的末尾两位数字各减去 1，就可以得到一个各位数字之和等于 36 的偶数，从不同的奇数得到不同的偶数，所以，各位数字之和等于 38 的奇数的个数不大于各位数字之和等于 36 的偶数的个数. 另一方面，存在各位数字之和等于 36 的五位偶数(如 99 990)不能通过上述方法得到. 因此，第①类五位数较多.

95.13. 同问题 95.09 的解答.

95.14. 将该方程组的两个方程相加得到方程

$$8a^2+9b^2+7c^2+4d^2=16ab+8cd$$

从不等式 $2ab\leqslant a^2+b^2$ 与 $2cd\leqslant c^2+d^2$ 得知这个方程的右端不大于它的左端，而且，当且仅当 $b=0$，$c=0$，$a=b$ 且 $c=d$ 时，才能成立等号，因此，给定的方程组唯一可能的解是 $a=b=c=d=0$.

95.15. 与问题 95.11 类似. $\angle EDF=60°$.

95.16. 设共射 k 轮后结束比赛(即双方共射中 k 个球后结束比赛),又设胜方射进 m 个球,则负方射进 $k-m$ 个球,按比赛规则,获胜的条件是 $m+0>k-m+(129-k)$,即 $m\geqslant 65$. 但若 $m>65$,则在 $m=65$ 时已结束比赛,所以比赛结束时获胜方正好射进 65 个球.

95.17. 已知方程有唯一解 $x=2,y=1,z=2$. 这是在平常的恒等式

$$a^2+(2a+1)=(a+1)^2$$

中,令 $a=105$ 而得到的解.

该方程没有其他的解. 这是因为,若 $z>2$,由于 105^x 被 8 除余 1,而 211^y 被 8 除余 1 或 3,所以方程的右端能被 8 整除,而左端不能被 8 整除. 又注意到,当 $z=1$ 时,因为 $211^y>106$,所以也没有解;当 $z=2$ 时,唯一地确定 $y=1$ 与 $x=2$.

95.18. 答案:51. 取最大值的数只有一个 999 888.

95.19. 每一个骑士正好肯定地回答一个问题,而每一个无赖正好肯定地回答两个问题. 肯定地回答问题的人的总数等于岛上全体居民数的 150%,这表示岛上的居民有 50% 是无赖. 加入 Q 党的骑士与没有加入 Q 党的无赖都肯定地回答自己是 Q 党的成员. 如果加入 Q 党的骑士占岛上居民的 $n\%$,那么,没有加入 Q 党的无赖占岛上居民的 $(50-n)\%$,而加入 Q 党的无赖占岛上居民的 $(50-(50-n))\%=n\%$,即在 Q 党中,骑士与无赖各占一半.

95.20. 如图 8 所示,因为四边形 $ABEF$ 内接于圆,所以 $\angle BEF+\angle BAF=180^\circ$,注意到 $\angle BEF+\angle FEC=180^\circ$,因此 $\angle BAF=\angle FEC$. 又因为梯形 $AECD$ 是等腰的,所以 $\angle FEC=\angle ACE$. 由于 $\triangle ABC$ 是等腰三角形,所以 $\angle ACE=\angle BAC$. 于是得到 $\angle BAF=\angle BAC$. 由此可知 A,F,C 三点共线.

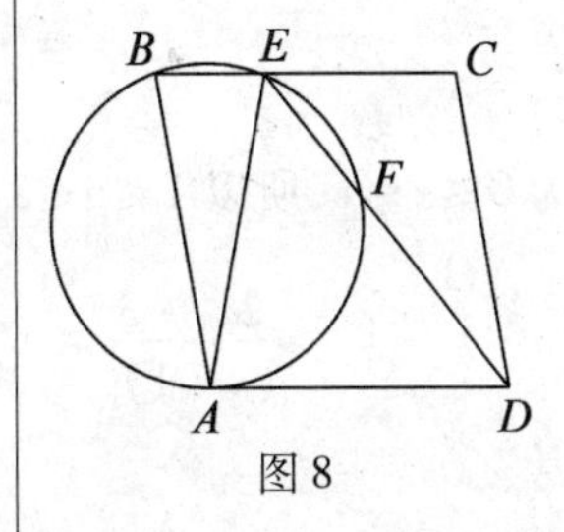

图 8

95.21. 点(50,50,50)是该点集的对称中心. 考虑其中任一对对称点 $M(x,y,z)$ 与 $N(100-x,100-y,100-z)$,M 的最大(最小)坐标与 N 的最小(最大)坐标相对应,因此,每一对对称点的最大坐标与最小坐标之和为 $x+100-x=100$. 该点集的点的总数为 99^3,因为对称中心的最大坐标与最小坐标之和也是 100,所以所求的和数为 100×99^3.

95.22. 解法 1:将平均值不等式 $a+b\leqslant 2\sqrt{\dfrac{a^2+b^2}{2}}$ 应用于所给不等式的左端得

$$\frac{x}{\sqrt{2y^2+3}}+\frac{y}{\sqrt{2x^2+2}}\leqslant\sqrt{2}\sqrt{\frac{x^2}{2y^2+3}+\frac{y^2}{2x^2+2}}.$$

为了证明求证的不等式,只需验证上式右端根号下的表达式不

大于$\frac{2}{5}$. 记 $u=x^2, v=y^2$,我们要证明

$$\frac{u}{2v+3}+\frac{v}{2u+3}\leqslant\frac{2}{5}$$

通分并整理为

$$10u^2+3u+10v^2+3v-8uv\leqslant 18$$

去求上式左端当 $u\in[0,1], v\in[0,1]$时的最大值. 最后一个不等式的左端是关于 u 的二次三项式,它的首项系数为正数,这表示,它是在区间[0,1]的端点上,即当 $u=0$ 或当 $v=1$ 时达到最大值. 类似地,当且仅当 $v=0$ 或 $v=1$ 时,左端达到最大值. 当一对(u,v)各取值$(0,0),(0,1),(1,0),(1,1)$时,所考虑的不等式左端分别等于0,13,13,18. 因此,最后的不等式的左端实际上不大于18.

解法2:不失一般性,可以认为 $x\leqslant y$. 因为 $x,y\in[0,1]$,所以

$$\frac{x}{\sqrt{2y^2+3}}+\frac{y}{\sqrt{2x^2+3}}\leqslant\frac{x+1}{\sqrt{2x^2+3}}$$

记 $x+1=p$,则

$$\begin{aligned}\frac{2x^2+3}{(x+1)^2}&=\frac{2(p-1)^2+3}{p^2}\\&=5\left(\frac{1}{p}\right)^2-4\left(\frac{1}{p}\right)+2\\&=5\left(\frac{1}{p}-\frac{2}{5}\right)^2+\frac{6}{5}\end{aligned}$$

因为$0\leqslant x\leqslant 1$,所以$1\leqslant p\leqslant 2$,因此$\frac{1}{p}\geqslant\frac{1}{2}>\frac{2}{5}$,于是有

$$\frac{2x^2+3}{(x+1)^2}\geqslant 5\left(\frac{1}{2}-\frac{2}{5}\right)^2+\frac{6}{5}=\frac{5}{4}$$

所以

$$\frac{x+1}{\sqrt{2x^2+3}}\leqslant\sqrt{\frac{4}{5}}$$

即

$$\frac{x}{\sqrt{2y^2+3}}+\frac{y}{\sqrt{2x^2+3}}\leqslant\frac{2}{\sqrt{5}}$$

95.23. 同问题95.19的解答.

95.24. 可以,如图9所示(试与95.10题比较).

lg 11	lg 8	lg 5
lg 4	lg 7	lg 6
lg 10	lg 3	lg 9

图9

95.25. 同问题95.20的解答.

95.26. 设

$$x=\frac{1}{2}\tan\alpha, y=\frac{1}{2}\tan\beta$$

$$\alpha,\beta\in[0,\frac{\pi}{4}]$$

那么原来的不等式化为下列形式

$$\frac{\sin\alpha\cos\beta}{\cos\alpha}+\frac{\sin\beta\cos\alpha}{\cos\beta}\leqslant\sqrt{2}$$

因为当 $\alpha,\beta\in[0,\frac{\pi}{4}]$ 时，有 $\cos\beta,\cos\alpha\geqslant\frac{\sqrt{2}}{2}$，所以只要证明下列不等式就足够了

$$\frac{\sin\alpha\cos\beta}{\frac{\sqrt{2}}{2}}+\frac{\sin\beta\cos\alpha}{\frac{\sqrt{2}}{2}}\leqslant\sqrt{2}$$

而这个不等式等价于显然的不等式 $\sin(\alpha+\beta)\leqslant 1$.

95.27. 如图10所示，考虑四面体 $D-ABM$ 与 $C-ABM$ 的体积之比. 因为点 M 属于二面角 $C-AB-D$ 的平分面，所以点 M 与二面角 $C-AB-D$ 的两个面等距离，即从点 M 分别向面 ABD 及面 ABC 所作的垂线长度相等，因此

$$\frac{V(D-ABM)}{V(C-ABM)}=\frac{S(ABD)}{S(ABC)}=\frac{AL\cdot BD}{AK\cdot BC}$$

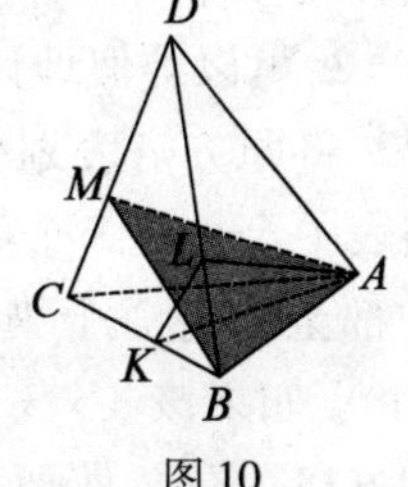

图10

另一方面，这两个四面体有从顶点 B 到平面 ADC 的共同的高，因此

$$\frac{V(D-ABM)}{V(C-ABM)}=\frac{S(ADM)}{S(AMC)}=\frac{DM}{MC}=\frac{BD}{BC}$$

我们在上式最后的等式中利用了角平分线 BM 的性质. 对比以上两个等式得

$$\frac{S(ABD)}{S(ABC)}=\frac{BD}{BC}$$

由此得出 $AL=AK$. 因此，$\mathrm{Rt}\triangle ABL$ 与 $\mathrm{Rt}\triangle ABK$ 的直角边与斜边对应相等，这表示 $BK=BL$，而且 $\angle ABK=\angle ABL$. 利用关于平面 MAB 的对称变换，将平面 ABC 变为平面 ABD. 又因为 $\angle ABC=\angle ABD$，所以从这种对称性可知，直线 BC 变为直线 BD. 又因为 $BK=BL$，所以点 K 变换为点 L，即 K 与 L 关于平面 MAB 对称，因此直线 KL 垂直于平面 MAB.

95.28. 将学生从左至右依次编号. 如果除了站在队伍边缘上的学生之外，每个学生的右邻都不矮于左邻，那么，3号学生不矮于1号学生，5号学生不矮于3号学生，如此等等. 最后，就有最右边的25号学生不矮于最左边的1号学生，这与题意相矛盾.

95.29. 每一次操作都改变了在黑板上的数的质因数分解式中因数2与3的总个数的奇偶性，因为开始时 $12=2\times2\times3$，总个数为奇数3(两个2与一个3)，所以1 h以后，即操作60次

以后，总数目应为奇数，但是，在 54 的质因数分解式中却有一个 2 和三个 3，总数目 4 为偶数，因此，操作 1 h 后，黑板上的数不可能为 54.

95.30. 依题意，变形虫的总数减少了多少条，那么，蓝色变形虫就增加了多少条；反过来，变形虫的总数增加了多少条，那么，蓝色变形虫就减少了多少条. 因为晚上的变形虫总数比早上少了$(95+19)-100=14$ 条，所以，蓝色变形虫的数目比早上多了 14 条，因此，晚上有 $19+14=33$ 条蓝色变形虫.

95.31. 答案：$x=107, y=19, z=2$ 或 $x=107, y=2, z=19$.

注意到 $yz=95x-1\ 995=19(x-105)$，因为 y 与 z 都是素数，所以，其中一个为 19，另一个为 $x-105$. 设 $y=19, z=x-105$，于是 x 与 z 中有一个为偶数. 又由于它们都是素数，所以 $x=107, z=2$. 可以类似地讨论 $z=19, y=x-105$ 的情形.

95.32. 将原方格表划分为 9 个 3×3 方格表. 在其中一个 3×3方格表中至少有 3 个染红的方格（因为如果在每一个 3×3 方格表中都至多有 2 个染红的方格，那么，所有染红的方格至多有 18 个）. 如果该 3×3 方格表的某一行（或某一列）中有 2 个染红的方格，那么，所要求的方格已存在. 否则，任何两个红色方格都既不在同一行，也不在同一列. 这时，在第二行中的那个与红色方格相邻的未染色的方格就与两个红色方格都有公共边.

95.33. 答案：在正确的策略之下，乙将获胜.

乙为了能够获胜，他应当使自己每次操作之后，所有巧克力块是各边之长都为奇数的矩形. 应当指出，开始时，17×17 的巧克力块满足这个要求，以后，在甲的每次操作之后，都会有一个巧克力块有一边的长度为偶数（另一边的长度为奇数，并且，其余的巧克力块都是各边之长均为奇数的矩形）. 于是，乙可以将这一块巧克力分成各边之长都是奇数的矩形，因此，乙一定可以进行自己的上述操作，如图 11 所示.

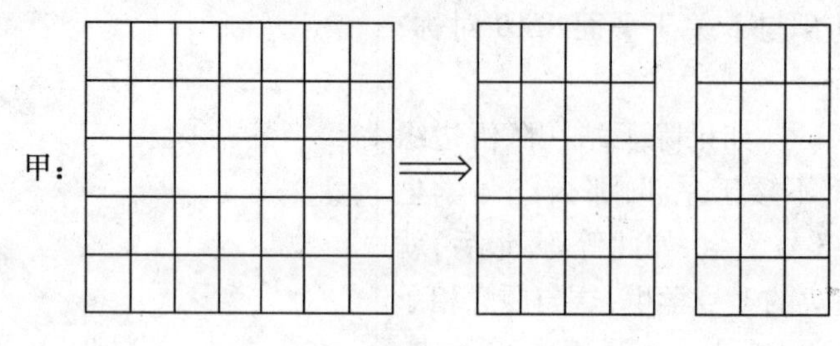

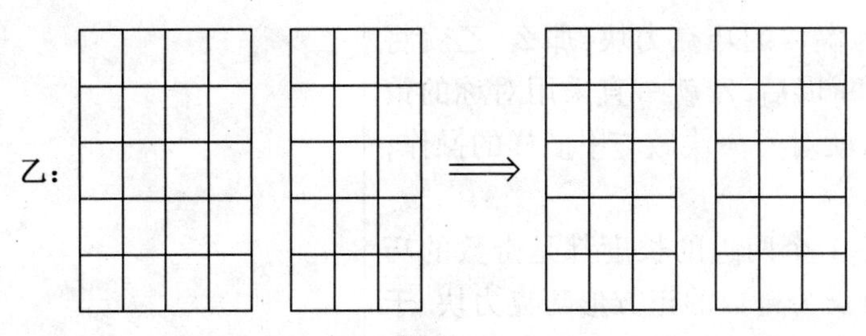

图 11

95. 34. 同问题 95. 28 的解答.

95. 35. 同问题 95. 31 的解答.

95. 36. 注意到任何一名武士的朋友都不多于 2 人. 事实上，如果某名武士至少有 3 个朋友 A,B,C，那么依题意，A,B,C 三人必两两互为仇人，这样一来，就会陷入矛盾：既然 B 与 C 都是 A 的仇人，那么 B 与 C 就应当互为朋友，而不是互为仇人. 所以，每名武士都至多只有 2 个朋友. 因此，武士们就按照朋友关系形成若干条链(可能是圈)：第一个人与第二个人是朋友，第二个人与第三个人是朋友，如此等等.

考虑某个链上的接续的 5 个人 A,B,C,D,E：因为 A 与 C 都是 B 的朋友，所以 A 与 C 互为仇人；因为 C 与 E 都是 D 的朋友，所以 C 与 E 也互为仇人；因此，A 与 E 都是 C 的仇人，于是 A 与 E 互为朋友. 这样一来，这 5 个人中的每一个人都已经各有 2 个朋友，因此，他们都不再有别的朋友. 这就是说，每个这样的朋友链的长度都至多是 5 个人.

以上的分析表明：每名武士都至多可以将消息告诉 5 个人(包括他自己在内). 从而，如果公爵只将新决定通知少于 200 名武士，那么，就只能有少于 $5\times200=1\ 000$ 名武士知道这个新决定，所以公爵至少需要通知 200 名武士.

95. 37. 首先，在每一条直线上写上它所穿过的多米诺的数目，然后，将所有写上的数相加. 显然，这个和数是 4 的倍数. 因为每个多米诺都恰好被一条直线穿过，所以，这个和数就是多米诺的总数. 由此可知，多米诺的数量是 4 的倍数，从而，方格表的面积是 8 的倍数，于是，它的一条边的边长是 4 的倍数.

95. 38. 因为 $1=2^0$，所以第一次操作就是将 1 加上 1，从而在屏幕上立即出现 $2=2^1$. 假设屏幕上永远不会出现 $2^n(n>1)$. 由于屏幕上出现的数是单调增加的，所以必有某一个时刻，屏幕上出现的数为 $m<2^n$，它能被 2^l 整除，而计算机就会将它加上 $a\leqslant l+1$，使得 $m+a>2^n$. 因为 $l<n$，所以 2^n-m 能被 2^l 整除，这就表示 $a>2^n-m\geqslant 2^l>l+1$，这是矛盾的.

95. 39. 答案：在正确的策略之下，乙将获胜.

如果甲在第一次操作以后没有吃巧克力，或者虽然吃了，但是留下一个有一边的长度为偶数的巧克力块,那么,乙就将它们切为 2 个一样的巧克力块. 以后,乙就一直采用对称的策略:甲对其中一块如何操作,乙就对另一块做与甲同样的操作,由此最终乙可获胜.

如果甲第一次操作后留下 1 个两边的长度都是奇数的巧克力块,那么,乙就留下 1 个边长为奇数的正方形巧克力块. 于是,就又回到开始时的状况. 乙只要坚持以上的应对措施,那么,这就保证乙总能继续下去,从而在游戏中获胜.

95.40. 实际上,所有的书都回到了开始时各自的位置上. 应当注意到,如果某一层第 i 号位置上的书的卷号小于该层第 j 号位置上的书的卷号,那么,在图书馆管理员完成题述的操作之后,第 i 号位置上的书的卷号仍然小于第 j 号位置上的书的卷号,这是因为,每次操作只会与另一层上的书交换位置,而卷号与原来的卷号只相差 1,这表明,只要书回到原来的层,那么,也就回到各自原来的位置.

◆书架为 2 层(而不是更多层)这个条件是无关紧要的.

95.41. 将 4 个三角形分别记为 $\Delta_1,\Delta_2,\Delta_3,\Delta_4$,又将每一个三角形的三条边上的数之和相应的记为 S_1,S_2,S_3,S_4. 每一次操作,都使得某个 S_i 增加 3(这不影响 S_i 被 3 除的余数),而其他各个和数都分别增加 1. 如果开始时 S_i 是多少,就对 Δ_i 进行多少次操作. 当对每一个三角形都进行这样的操作之后,每一个三角形的三条边上的数之和被 3 除的余数就都等于开始时 $S_1+S_2+S_3+S_4$ 被 3 除的余数.

95.42. 同问题 95.36 的解答.

95.43. 答案:2 000.

如果写出每个正整数 $1\,000+k$ 的所有不小于 k 的约数 $(k=1,2,\cdots,1\,000)$,那么,所求的和数就等于这些约数的个数之和.

下面证明,从 1 到 2 000 的每一个正整数 n 都刚好被写了一次. 如果 $n>1\,000$,那么,只有在写 n 自己的约数时它被写到;如果 $n\leqslant 1\,000$,那么对 $k\leqslant n$,当 $1\,000+k$ 是 n 的倍数时,它被写在 $1\,000+k$ 的约数之列. 因为在 $1\,000+1$ 到 $1\,000+n$ 之间,有且只有一个数是 n 的倍数,所以 n 也刚好被写了一次. 因此,从 1 到 2 000 的每一个正整数 n 刚好都被写了一次,即正好有 2 000 个数.

95.44. 如图 12 所示,作 $EX\perp AB$,$DY\perp AB$,又作 $DZ\perp BC$. 因为 BD 是 $\angle ABC$ 的平分线,所以 $DY=DZ$. 又根据 $\angle EAB=\angle ACB$,$AE=CD$,可知 $EX=DZ$. 因此,$EX=DY$. 由此得 $\triangle KEX\cong\triangle KDY$(因为一条直角边与一个锐角对应相等),所以 $KE=KD$.

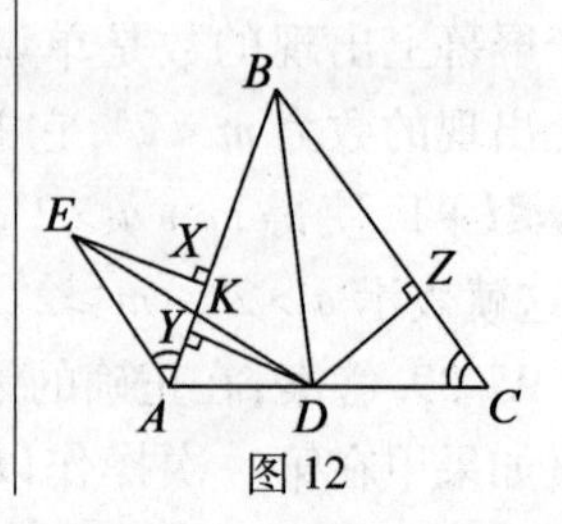

图12

95.45. 答案：\$50 000（全部遗产价值的$\frac{1}{20}$）.

首先证明，最小一枚钻石的价值不会高于\$50 000. 依题意可知，这笔遗产可以分成 8 等份，每份价值\$125 000. 容易得知，其中至少有 1 份由 2 枚或更多枚钻石组成. 因此，如果把每一枚价值\$125 000 的钻石都换成 2 枚价值减半的钻石，既不会改变钻石价值的最小值，也不会改变将其分成 5 等价的可能性. 而这样换过之后，每一份中都有不少于 2 枚钻石，从而一共至少有 16 枚钻石. 若将它们分成 5 等份（每份价值\$200 000），就有一份由不少于 4 枚钻石组成，因此，其中必有一枚钻石的价值不高于\$50 000.

其次举例说明最小一枚钻石的价值可以达到\$50 000. 例如：遗产包括 12 枚钻石，其中单价为\$50 000，\$75 000 和\$125 000 的钻石各 4 枚.

95.46. 由于每次操作只交换两个差值为 1 的数的位置，所以，只要某两个顶点上的数之间没有交换过位置，那么，在开始时，某个顶点上的数大，最终还是这个顶点上的数大；反之，最终是某个顶点上的数大，开始时也是该顶点上的数大. 假设任何两个处于对径点上的数都没有交换过位置，我们来考察一对对径点 A 和 B. 假设开始时，点 A 上的数 a 大于点 B 上的数 b，那么，在任何时刻，顶点 A 上的数都大于顶点 B 上的数. 但是，依题意，a 和 b 最终分别移到了 A 和 B 的顺时针方向的相邻顶点 A'和 B'上，这就表示，开始时顶点 A'上的数比 B'上的数大，再对 A'和 B'进行类似的讨论，又可得知，开始时顶点 A''上的数比 B''上的数大，其中 A''和 B''分别是 A'和 B'的顺时针方向的相邻顶点，这样继续讨论下去，就可发现开始时顶点 B 上的数比顶点 A 上的数大，导致矛盾.

◆证明：如果允许将数 1 与 100 作某些改变，本题的结论仍然成立.

95.47. 因为矩形方格表可以被分成一系列 1×2 的矩形，所以，矩形的面积为偶数，因此，矩形的两条边的长度不可能都是奇数，即矩形至少有一条边的长度为偶数，不妨设它的竖边边长为偶数. 如果该竖边边长不是 4 的倍数，那么，该竖边边长被 4 除余 2.

因为每一条与方格表的一边平行的非方格线的直线所穿过的多米诺的数目都是偶数，不难得出每一列中，横向放置的多米诺所占据的方格数目被 4 除的余数都是 2. 事实上，任何一条平行于列的竖边的非方格线的直线都穿过偶数个多米诺，如果它穿过奇数个竖向多米诺，那么，它也就穿过奇数个横向多米诺. 这时,该列中的方格数目为奇数,这与事实不符. 所以,该直线一定穿过偶数个竖向多米诺. 从而,竖向多米诺在该列中占据的方格数目是 4 的倍数. 由此可知,横向多米诺占据的方格数目被 4 除的余数为 2.

将方格表的各列相间地染成黑色与染成白色. 如果将各个黑色列中被横向多米诺所占据的方格数目相加,得到的和数就是横向多米诺的数目 M. 如果有奇数个黑色列,那么,M 被 4 除的余数为 2;如果有偶数个黑色列,那么,M 被 4 除的余数为 0. 由此可知,方格表的横边边长为偶数. 事实上,如果将各个白色列中横向多米诺所占据的方格数目相加,所得到的和数也应当为 M,而如果方格表的横边边长为奇数,那么,黑色列数目与白色列数目的奇偶性不同,从而,两种计算方式下所得到的 M 被 4 除的余数就不相同,这是不可能的,所以,方格表的横边边长为偶数. 假设横边边长也不是 4 的倍数,即它被 4 除余 2. 于是,黑色列的数目与白色列的数目就都是奇数,从而,横向多米诺的数目 M 被 4 除的余数为 2.

再从横边出发进行类似的讨论,可知竖向多米诺的数目 N 被 4 除的余数为 2. 由此可知,多米诺的数目 $M+N$ 是 4 的倍数. 从而,矩形的方格表的面积为 8 的倍数. 所以,它的一条边的边长是 4 的倍数.

95.48. 去分母,将所有项移到左边,合并同类项,将该不等式改写为下列形式

$$a^2+b^2-ab-a^2b^2\geqslant 0$$

注意到

$$\sqrt{ab}\leqslant\frac{a+b}{2}\leqslant 1$$

因此

$$a^2b^2\leqslant ab\leqslant 1$$

于是

$$a^2+b^2-ab-a^2b^2\geqslant(a-b)^2\geqslant 0$$

◆证明

$$\frac{a}{b+ab}-\frac{b}{a+ab}\geqslant 1+\frac{(a-b)^2}{4}$$

95.49. 如图 13 所示,作点 F 与点 G 分别是 AB 与 BC 的中点,则 $FG=\frac{AC}{2}$. 根据直角三角形的斜边上的中线的性质,得到 $DF=\frac{AB}{2}$, $GE=\frac{BC}{2}$. 这表示 $DF+FG+GE=\frac{1}{2}(AB+BC+CA)$. 又因为折线的长度不小于联结它的两个端点的直线段的长度,所以

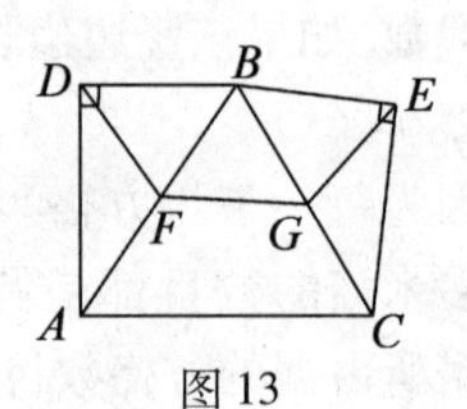

图 13

$$DE \leqslant DF + FG + GE = \frac{1}{2}(AB + BC + CA)$$

95.50. 答案：$x = y = 1$ 与 $x = 16$，$y = 2$.

将等式改写为下列形式

$$x = y^{\frac{512^y}{2^x}} = y^{2^{9y-x}} = y^k$$

其中 $k = 2^{9y-x} = 2^{9y-y^k}$. 最后的乘幂的指数应当是非负的整数，因此 $y^k \leqslant 9y$，即 $y^{k-1} \leqslant 9$. 当 $k > 4$ 时，求得 $y = 1$，$x = 1$；当 $k = 2$ 时，有 $2 = 2^{9y-y^2}$，即 $9y - y^2 = 1$，这时没有解；当 $k = 3$ 时，这不是 2 的乘幂. 最后，当 $k = 4$ 时，从不等式 $y^{k-1} \leqslant 9$ 得 $y = 2$，相应的 $x = 16$.

95.51. 若矩形不能按要求进行分割，则分割方法数 $k = 0$（0 为偶数）. 可分割的矩形的各边长一定是整数，以下对边长为整数的矩形的面积 S 应用归纳法. 当 $s = 1$ 时，$k = 0$. 设 $s > 1$ 的矩形 M 可分割为多米诺形，作 M 的一条对称轴 T，M 的任一种分割法关于 T 的反射仍然是 M 的一种分割法. 关于 T 不对称的分割法划分为对称对，所以其个数为偶数. 若分割法 d 关于 T 对称，因为多米诺形关于 T 不对称，所以，T 不穿越任一个多米诺形，即 M 被 T 等分为 2 个矩形 M_1 与 M_2，d 是它们的对称分割，这种 d 的个数就等于 M 的分割的方法数. 因为 M_1 的面积小于 s，由归纳假设可知，这种分割法 d 的个数为偶数，因此，M 的分割方法数为偶数.

95.52. 如图 14 所示，设直线 AB 与 CT 相交于点 M. 因为 $AR /\!/ CT$，所以 $MT:TC = AP:PR$. 又因为 $BT /\!/ RD$，所以 $AP:PR = AT:TD$. 于是 $MT:TC = AT:TD$. 又由于 $\angle ATM = \angle CTD$，所以有 $\triangle ATM \backsim \triangle CTD$，于是 $\angle AMT = \angle TCD$，因此，直线 AB 与 CD 平行.

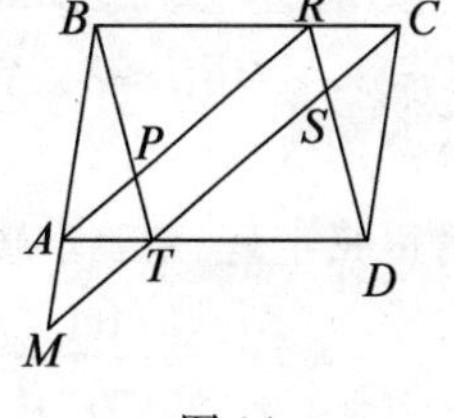

图 14

95.53. 记 $p = a - b$，$q = a + b$，则 $12c^2 = 4cq + q^2 - p^2$. 由此得出

$$p^2 = q^2 + 4cq - 12c^2 = (q - 2c)(q + 6c)$$

因为 p 为素数，所以 $q + 6c = p^2$，$q - 2c = 1$，由此得到 $8c + 1 = p^2$.

95.54. 我们对 n 用归纳法证明：问题的结论对有 $2n$ 个城市的国家 G 成立. 当 $n = 1$ 时，即对只有 2 个城市的国家，问题的结论显然成立. 设对于由少于 $2n$ 个城市组成的国家，问题的结论成立，如果在国 G 内没有环路，那么，可以将整个国家 G 宣布为一个行政区. 如果 G 内有环路，那么，暂时关闭某些道路，使得恰好留下一条环路. 我们将组成环路的道路称为干线，对于一个城市 A，将可以不用沿着干线到达 A 的所有城市组成的集合称为 A 的邻域. 现在取两个以干线相连接的城市为例（它们的邻域显然不相交），或者在其中一个城市的邻域内，或者在两个城市的邻域内共同存在偶数个城市(并且少于 $2n$ 个),我们将这些城市认为是在一个国家内,而将所有的其余的城市认为是在另一个国家中,并在每一个国家的国内恢复暂关闭的道路. 按构造,由偶数个城市组成的两个国家,其中每一个国家的任一个城市都有唯一道路(不经别国)通往该国的任何另外一个城市. 按照归纳假设,可以将这些国家划分为若干个行政区,因而,可以将国 G 划分为若干个行政区.

95.55. 不妨设 f 的二次项系数为正数, f 的两个根分别为 x_0 与 $x_0+a(a\geqslant 1\ 995)$,则当 $x_0<x<x_0+a$ 时, $f(x)<0$;当 $x<x_0$ 或 $x>x_0+a$ 时, $f(x)>0$. 于是

$$f(x_0)+f(x_0+1)+\cdots+f(x_0+1\ 995)<0$$

当 $x\leqslant x_0-1\ 995$ 时及当 $x\geqslant x_0+a$ 时

$$f(x)+f(x+1)+\cdots+f(x+1\ 995)>0$$

根据二次三项式的介值性可知 $f(x)+f(x+1)+\cdots+f(x+1\ 995)$ 在区间 $(x_0-1\ 995,x_0)$ 与 (x_0,x_0+a) 内各有一个根.

95.56. 解法1:如图15所示,作线段 OE,使 $OE/\!/AD$,而且 $OE=AD$. 于是四边形 $AOED$ 为平行四边形,所以 $\angle OED=\angle OAD=\angle OCD$. 因为 O,C,E,D 四点共圆,而且 $\angle ODC$ 与 $\angle OEC$ 立在同一条弦上,所以 $\angle ODC=\angle OEC$. 又因为四边形 $OBCE$ 也是平行四边形,所以 $\angle OEC=\angle OBC$,由此得出 $\angle OBC=\angle ODC$.

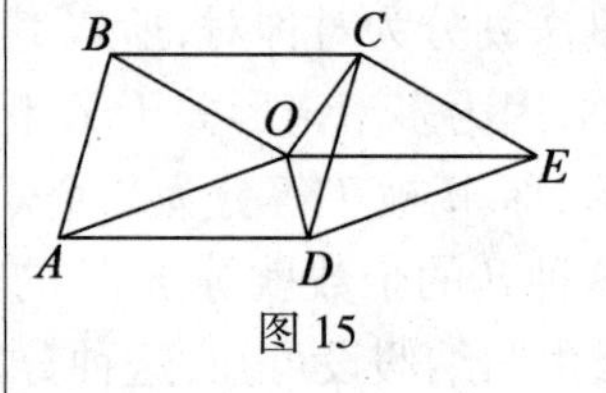

图 15

解法2:注意到 $\angle BAO=\angle BCO$,记 $\angle OAD=\angle OED=\alpha$, $\angle ODC=\beta$, $\angle OBC=\delta$, $\angle ADC=\angle ABC=\gamma$,则 $\angle ADO=\gamma-\beta$, $\angle ABO=\gamma-\delta$.

由正弦定理,对 $\triangle AOD$ 与 $\triangle OCD$ 有

$$\frac{AO}{\sin(\gamma-\beta)}=\frac{OD}{\sin\alpha},\frac{OD}{\sin\alpha}=\frac{OE}{\sin\beta}$$

由此得出

$$\frac{AO}{OE}=\frac{\sin(\gamma-\beta)}{\sin\beta}$$

类似地,从关于 $\triangle AOB$ 与 $\triangle BOC$ 的正弦定理得

$$\frac{AO}{OE}=\frac{\sin(\gamma-\delta)}{\sin\delta}$$

这表示

$$\frac{\sin(\gamma-\beta)}{\sin\beta}=\frac{\sin(\gamma-\delta)}{\sin\delta}$$

容易将上式化为 $\sin(\beta-\delta)=0$,由此得 $\beta=\delta$.

解法3:如图16所示,过点 O 作与 $\square ABCD$ 各边平行的直线,设所作的直线与该平行四边形各边的交点分别是 K,L,M,N. 这些直线将原来的平行四边形划分为四个平行四边形,注意

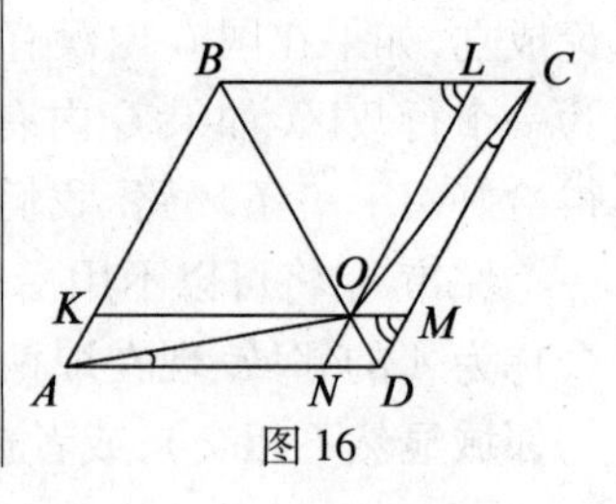

图 16

到$\triangle AON \backsim \triangle COM$，因此$\frac{AN}{CM}=\frac{ON}{OM}$．在$\triangle BLO$与$\triangle OMD$中，$\angle BLO=\angle OMD$，而且

$$\frac{BL}{LO}=\frac{AN}{CM}=\frac{ON}{OM}=\frac{DM}{OM}$$

这表示$\triangle BLO \backsim \triangle OMD$，于是$\angle LBO=\angle ODM$.

95.57. 答案：最多可配备 76 名机枪手.

以下证明，不可能配备更多的机枪手. 对机松手的任一种互不威胁的放法进行如下调整：先将在边框方格中的所有机枪手的定向改为垂直向外（这样做不会威胁到其他的棋子），这时边框上的所有空格都不会受到威胁. 然后将棋盘内部的每只棋子沿着它的定向移到边框的方格中，因为在每只棋子的定向上不会有别的棋子，所以，这样做就可以将所有机枪手都移到边框上，而且互不重叠，因此，最多可以放下 76 只互不吃掉的机枪手.

95.58. 记$S_k=a_1+a_2+\cdots+a_k$. 依题意得递推关系$S_{k-1}=S_k-d(S_k)(K\geqslant 2)$，$S_1=d(S_1)$. 首先证明：对任意正整数$n\geqslant 3$，有$d(n)\leqslant\frac{3}{4}n$. 事实上，$d(3)=2<\frac{3}{4}$. 当$n\geqslant 4$时，$n$的正因数除$n$本身外都不大于$\frac{n}{2}$，所以有

$$d(n)\leqslant\frac{n}{2}+1\leqslant\frac{3}{4}n$$

由此可知，对任意整数$x_1\geqslant 3$，正整数递推数列$x_{k+1}=x_k-d(x_k)$一定是严格递减数列，而且终止于 1 或 2.

设这个数列共有n项（$x_1=1$或$x_1=2$），令$S_i=x_{n+1-i}$，且$a_1=S_1$，$a_k=S_k-S_{k-1}$，则

$$\begin{aligned} d(S_1)&=d(x_n)=x_n=a_1\\ d(S_k)&=d(x_{n+1-k})\\ &=x_{n+1-k}-x_{n+2-k}\\ &=S_k-S_{k-1}\\ &=a_k\quad(k\geqslant 2)\end{aligned}$$

这就得到满足条件的n项数列，因为当$x\geqslant 3$时，有

$$x-d(x)\geqslant\frac{1}{4}x$$

所以，当取$x_1\geqslant 4^m$时，有$x_m\geqslant 4$，即得到的数列不少于m项. 因此，满足本题条件的、项数给定的任意多项数列一定存在.

95.59. 解法 1：如图 17 所示，设边AB与BC的中点分别为M与N. 则

$$\angle AMF=\angle FNC=\angle MFN=\angle ABC$$

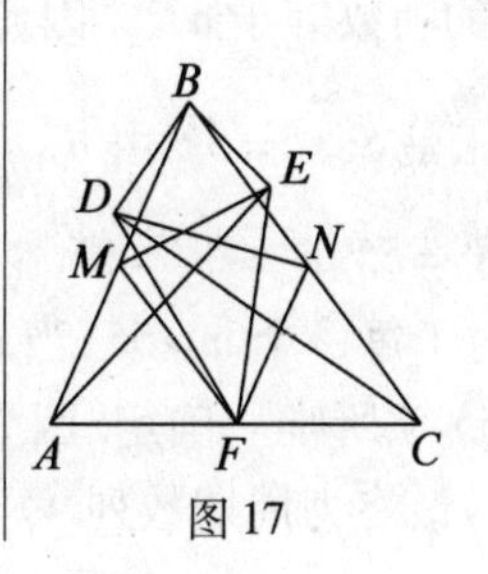

图 17

因为线段 DN 是 $\mathrm{Rt}\triangle BDC$ 的斜边 BC 上的中线，所以

$$\angle DNB=2\alpha$$

$$DN=\frac{BC}{2}=FM$$

$$\angle DNF=180^\circ-2\alpha-\angle ABC$$

类似地有 $ME=FN$，$\angle EMF=180^\circ-2\alpha-\angle ABC$. 由此得出，$\triangle EMF$ 与 $\triangle DNF$ 有两条边和两个角对应相等，因此，$\triangle DFE$ 为等腰三角形. 考虑顶点在 F 的角，有

$$\angle MFE+\angle DFN=\angle MFN+\angle DFE$$

另一方面

$$\begin{aligned}\angle MFE+\angle DFN&=\angle FDN+\angle DFN\\&=180^\circ-\angle DNF\\&=2\alpha+\angle ABC\end{aligned}$$

由此得出 $\angle EFD=2\alpha$. 从而

$$\angle FDE=\angle FED=\frac{1}{2}(180^\circ-2\alpha)=90^\circ-\alpha$$

解法 2(利用复数)：以 B 为原点建立复平面. 设点 D 与 E 分别对应的复数为 x 与 y，则由 $AE\perp BE$ 得

$$A-y=(0-y)\mathrm{i}\cot\alpha, A=y(1-\mathrm{i}\cot\alpha)$$

同理有 $C=x(1+\mathrm{i}\cot\alpha)$，$F=\frac{A+C}{2}=\frac{x+y}{2}+\frac{x-y}{2}\mathrm{i}\cot\alpha$. 向量 $\overrightarrow{DE}=\overrightarrow{BE}-\overrightarrow{BD}=y-x$. $\overrightarrow{FD}=\overrightarrow{BD}-\overrightarrow{BF}=\frac{y-x}{2}(-1+\mathrm{i}\cot\alpha)$. $\overrightarrow{FE}=\overrightarrow{BE}-\overrightarrow{BF}=\frac{y-x}{2}(1+\mathrm{i}\cot\alpha)$. 又有

$$\frac{\overrightarrow{FD}}{\overrightarrow{FE}}=\frac{-1+\mathrm{i}\cot\alpha}{1+\mathrm{i}\cot\alpha}=\frac{\cos\alpha+\mathrm{i}\sin\alpha}{\cos\alpha-\mathrm{i}\sin\alpha}=\cos 2\alpha+\mathrm{i}\sin 2\alpha$$

所以 $\angle EFD=2\alpha$，且 $|FD|=|FE|$，于是

$$\angle FDE=\angle FED=\frac{\pi}{2}-\alpha$$

95.60. 同问题 95.54 的解答.

95.61. 解法 1：将集合 $\{a_{n-i}-i\mid 0\leqslant i\leqslant n-1\}$ 中所有正数之和记为 S_n. 由于当且仅当 $a_i\geqslant n-i+1(1\leqslant i\leqslant n)$ 时，$a_{n-i}>i$，所以 S_n 的项数等于 a_{n+1}. 因此 S_{n+1} 等于 S_n 的各项减去 1 再加上 a_{n+1}，于是 $S_{n+1}=S_n$. 由 $a_{11}=10$，得 $S_{10}=\sum\limits_{i=1}^{10}a_i-\sum\limits_{i=1}^{9}i=55$，即每个 $S_n=55$. $a_n\leqslant S_n=55$.

对于每一个 $n>55$，当 $i<n-55$ 时，$a_i+i<n$，因此，a_n 由它的前 55 项所唯一确定. 因为 55 项只有有限多种取值，所以，数列 $\{a_n\}$ 最终为周期数列.

设该数列在一个周期内的最大项为 m,周期长为 T,取 K 个完整周期之后的 $a_n=m(KT>55)$. 由于每个非周期段的 $a_i\leqslant 55<n-i$,而在一个周期段内当 $i<n-m$ 时,$a_i\leqslant m<n-i$,所以,只有 $i=n-1,n-2,\cdots,n-m$ 可能满足 $a_i+i\geqslant n$. 但 $a_n=m$,所以,一定有 $a_{n-m}=m,a_{n-m+1}\geqslant m-1,a_{n-m+2}\geqslant m-2,\cdots$.

由此可知,充分靠后的周期部分若 $a_n=m$,则 a_{n+T} 与 a_{n-m} 都等于 m. 设 $d=(m,T)$,则存在正整数 u,v,使得 $uT-vm=d$,于是 $a_{n+d}=a_{n+uT-m}=m$,从而也有 $a_{n+m}=m$.

如果在一个周期段内有 $a_i\leqslant m-z$,则 a_i 一定位于两个相邻的等于 m 的项 a_r 与 a_s 之间. 存在 (r,i,s) 使 $k=i-r$ 最小 $(2\leqslant k<m)$. 因为 $a_{i-1}\leqslant m-1$,所以 $a_{i+m-1}\leqslant m-2$. 而它与 a_{r+m} 的距离为 $k-1$,这导致矛盾. 因此,在一个周期段内的所有项为 m 或 $m-1$.

如果在一个周期段内含有等于 $m-1$ 的项,那么,在每一个长为 m 的段内含有等于 m 或 $m-1$ 的项,于是对充分大的 n,有

$$55=S_n>m-1+m-2+\cdots+1=\frac{m(m-1)}{2}$$

$$S_n<m+m-1+\cdots+1=\frac{m(m+1)}{2}$$

$10<m<11$ 是不可能的,因此,在一个周期段内,数列的各项都为常数 10.

解法 2:对下列和数的值应用归纳法

$$(a_1-10)^2+(a_2-10)^2+\cdots+(a_{10}-10)^2$$

基础:当 $a_1=a_2=\cdots=a_{10}$ 时,数列的所有项都等于 10.

转移:设对于满足下列条件的所有数列,问题的结论成立:在该数列中,上述和数小于在 $\{a_n\}$ 中的上述和数. 设 $a_i<10$,$a_j>10(1\leqslant i,j\leqslant 10)$. 考虑数列 $\{b_n\}$,有

$$b_k=a_k,1\leqslant k\leqslant 10,k\neq i,j$$

$$b_i=a_i-1$$

$$b_j=a_j+1$$

数列 $\{b_n\}$ 满足问题的条件,按归纳法的假设,从某个位置开始,所有 $b_i=10$. 现在考虑数列 $\{p_n\}$ 与 $\{q_n\}$,即

$$p_1=i$$

$$p_{k+1}=p_k+b_{p_k}+1$$

$$q_1=j$$

$$q_{k+1}=q_k+b_{q_k}$$

因为从某个位置开始,$b_n=10$,所以对于充分大的 n,数列 $\{p_n\}$ 与 $\{q_n\}$ 分别与公差为 10 与 11 的等差数列重合,由此得出,所要寻找的序号被包含在这两个数列中,设该序号中最小的为 l.

现在,注意到数列$\{a_n\}$有如下形式(可以用归纳法证明)

$$a_k=\begin{cases}b_k+1 & k\in\{p_n\},k<l\\ b_k-1 & k\in\{q_n\},k<l\\ b_k & \text{在其他情形}\end{cases}$$

于是,从某个序号开始,$\{a_n\}$的所有的项将与$\{b_n\}$的对应的项重合. 这表示从某个位置开始,$\{a_n\}$都等于10.

95.62. 因为每次抽人的周期为3或4,所以,在一个周期内的最后两个数都不会被抽到. 任意接连抽调三次,周期的分布有$2^3=8$种模式,而$3^3\times4^3=1\ 728$都是周期的公倍数,因此,原先的第1 727与1 728两人在三次抽调中肯定都处在一个周期中的最后两位,因而不会被抽到.

◆在三次抽调中,肯定不会被抽到的人的全体是在上述8种抽调模式中,每次不被抽到者的集合的交集. 这个交集的完全的清单如下:143,288,324,383,431,432,527,575,612,815,864,959,1 007,1 044,1 152,1 188,1 295,1 391,1 476,1 584,1 620,1 679,1 727,1 728,1 871.

95.63. 将数a_i与a_j的最大公因子记为(a_i,a_j). 问题的条件表示,每一个a_i可以整除乘积$\prod\limits_{j\neq i}a_j$,即使将每一个因子换为$(a_j,a_i)$,这个乘积仍可被$a_i$整除. 事实上,这时排除$a_j$的分解式的素数余因子部分,也不影响被$a_i$的可除性. (在数$a_j/(a_j,a_i)$中的各素因子或者不在$a_i$中,或者如下述那样:它在分解式$(a_j,a_i)$中的数量已经等于在$a_i$的分解式中的数量). 因此,对于每一个固定的$i$,$\prod\limits_{j\neq i}(a_j,a_i)$可被$a_i$整除,对所有的$i$连乘得

$\prod\limits_{j\neq i}(a_j,a_i)=\prod\limits_{i<j}(a_j,a_i)^2$可被$\prod\limits_{i=1}^{n}a_i=k$整除.

95.64. 同问题95.56的解答.

95.65. 同问题95.57的解答.

95.66. 记$P(x)=\sum\limits_{i=1}^{K}f(x+i)$,依条件,$P(x)$也是$x$的三次多项式,它至少有一个实根. 以下证明:可以适当选取K,使$P(x)$只有一个实根. 为此,只要证明可以适当选取K,使$P'(x)>0$. 不妨设多项式$f(x)$的三次项系数为正数. 注意到$f'(x)$为二次三项式,从而在$f'(x)$中x^2的系数也是正数. 如果对于$x\in\mathbf{R}$,有$f'(x)>0$,则$P'(x)>0$,结论成立. 下面讨论$f'(x)$有2个实根的情形. 设$f'(x)$的两个根的距离为S,$f'(x)$的最小值(负数)的绝对值为m. 设为某个足够大的正数,使得当$|x|>t$时,有$f'(x)>m(s+1)$(这是可能的). 可以取大于$2t+s+1$的任何自然数作为K. 事实上,这时,数$x,x+1,\cdots,x+$

k 都是负数,而且都不大于 $s+1$,于是,在表达式 $f'(x)+f'(x+1)+\cdots+f'(x+k)$ 中负的加项之和的绝对值不大于 $(s+1)m$,另一方面,各数 $x,x+1,\cdots,x+k$ 中至少有一个数的绝对值大于 t. 因此,在表达式 $f'(x)+f'(x+1)+\cdots+f'(x+k)$ 中,正的加项之和大于 $(s+1)m$,这就证明了 $P'(x)>0$. 所以 $P(x)$ 严格单调增加,从而 $P(x)$ 只有一个实根.

95.67. 如图18所示,将 $\triangle ABC$ 的垂心记为 H. 那么 $\angle AHF=\angle EHC=\angle ABC$,这是因为它们是作为三角形的高之间的角,而且它们都与 $\angle EHF$ 互补. 又因为立在同一段弧上,所以 $\angle AFC=\angle HEC=\angle ABC$,这表示 $\triangle AFH$ 与 $\triangle CHE$ 都是等腰三角形. 因为等腰三角形底边 FH 上的高 AB 是底边的中垂线,所以 $FK=KH$. 同理,$HL=LE$. 因此有 $\angle KFH=\angle KHF$,$\angle LEH=\angle LHE$. 又由于都立在同一段弧上,所以有 $\angle AFD=\angle AED$. 综合上述,得到

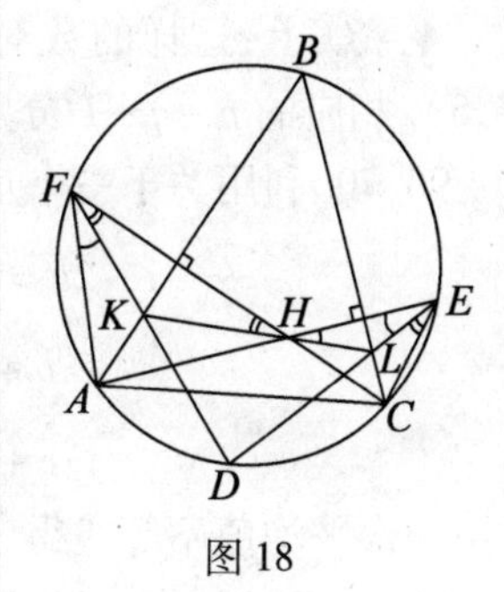

图18

$$\angle KHF=\angle AFC-\angle AFD=\angle EHC-\angle EHL=\angle LHC$$

即 $\angle FHK$ 与 $\angle LHC$ 是对顶角,这意味着线段 KH 与 HL 在同一条直线上,从而 K,H,L 三点共线.

◆本题所提供的结果是关于圆的内接六边形的帕斯卡(Pascal)定理的特殊情形.

95.68. 假设结论不成立,即任何人都有奇数个共同认识的人. 将所有人分成三组. 在第一组中找出任意的一个人,设这个人是瓦夏,在第二组中找出所有与瓦夏认识的人,在第三组中找出所有与瓦夏不认识的人. 我们仔细地考虑第二组的人,第二组中每一个人与瓦夏都有奇数个共同认识的人,并且,所有这些认识的人当然都在第二组内,于是,第二组中每一个人认识这个组里的奇数个人,这样一来,在第二组中有偶数个人(将这个偶数记为 b). 由此可知,瓦夏有偶数个认识的人. 又因为瓦夏是任意找出的一个人,所以,在这一伙人中,每一个人都有偶数个认识的人.

现在仔细地考虑第三组人,第三组中每一个人与瓦夏有奇数个共同认识的人,所有这些共同认识的人当然都在第二组内,于是,第三组中每一个人认识第二组中奇数个人(而且这些人不认识瓦夏). 因为每一个人都有奇数个认识的人,我们可以断定:第三组中每一个人认识本组中的奇数个人,即第三组的人数同样是偶数(将这个偶数记为 c). 但这时,这三组人的总人数 $n=1+b+c$ 为奇数. 这是矛盾的.

95.69. 因为 $(q+1)(q-1)$ 能被 p 整除,而且 p 为素数,所以 $q+1$ 或 $q-1$ 中的一个可以被 p 整除.

①如果 $q+1$ 被 p 整除,则 $p+q+1$ 能被 p 整除,即 $p+q+1$

是合数；

②如果 $q-1$ 被 p 整除，那么，存在某个自然数 $k\leqslant p$，使 $q=kp+1$，据条件 p^2+1 能被 q 整除，这表示

$$p^2+1-q=p^2-kp=p(p-k)$$

能被 q 整除，于是 $p-k$ 能被 q 整除，所以 $k=p$（否则，$0<p-k<q$），即 $q=p^2+1$，这时，$p+q+1=p^2+p+2$ 为大于 2 的偶数.

◆事实上，这样的数对 (p,q) 全部有三对：$(2,5)$，$(3,2)$，$(3,5)$. 相应的 $p+q+1$ 分别为 8，6，9，都是合数.

95.70. 利用关于三个正数的平均值不等式有

$$a+2b=a+b+b\geqslant 3\sqrt[3]{ab^2}$$

$$b+2c\geqslant 3\sqrt[3]{bc^2}$$

$$c+2a\geqslant 3\sqrt[3]{ca^2}$$

再用一次平均值不等式得

$$\left(\frac{a+2b}{c}\right)^2+\left(\frac{b+2c}{a}\right)^2+\left(\frac{c+2a}{b}\right)^2$$

$$\geqslant\left(\frac{3\sqrt[3]{ab^2}}{c}\right)^2+\left(\frac{3\sqrt[3]{bc^2}}{a}\right)^2+\left(\frac{3\sqrt[3]{ca^2}}{b}\right)^2$$

$$\geqslant 3\times\sqrt[3]{\left(\frac{3\sqrt[3]{ab^2}}{c}\right)^2\times\left(\frac{3\sqrt[3]{bc^2}}{a}\right)^2\times\left(\frac{3\sqrt[3]{ca^2}}{b}\right)^2}=27$$

95.71. 分别将两圆的圆心记为 O_1 与 O_2，将各圆的直径分别记为 BC 与 DE. 并分别从圆心作直径的垂线，设这些垂线相交于点 F，如图 19 所示. 下面证明 F 为所求圆的圆心.

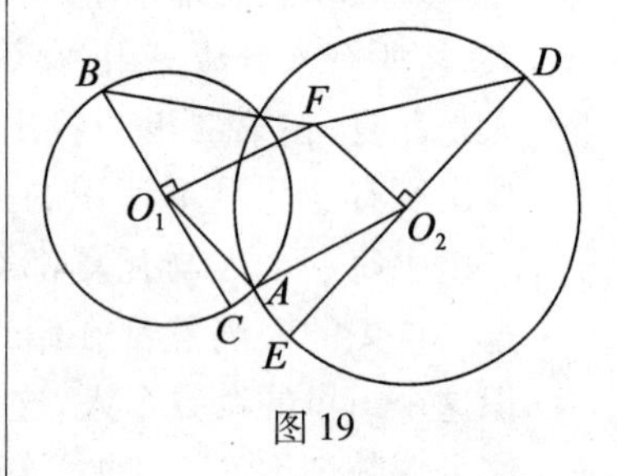

图 19

因为 O_1F 与 AO_2 都垂直于 BC，所以 $O_1F/\!/AO_2$. 类似地有 $O_2F/\!/AO_1$，于是 AO_1FO_2 为平行四边形，因此有 $FO_2=AO_1=BO_1$，且 $FO_1=AO_2=DO_2$，所以 $\triangle BO_1F\cong\triangle FO_2D$，因此 $FB=FD$. 此外，按作图，点 F 在 BC 与 DE 的垂直平分线上，这表示 $FC=FD=FB=FE$. 因此，F 为圆 $BCDE$ 的圆心.

◆在解答中，为了简化计算，各圆互不包含另一个圆的圆心，但上列解答也适用于两圆互相包含另一个圆的圆心的情形.

95.72. 在任何时刻考虑由联结同一颜色的点的线段的全体所组成的系统. 如果从某点引出的同一种颜色的线段的数目为奇数，就将该点称为奇顶点. 在系统中奇顶点的数量一定是偶数. 而在所规定的操作程序之中，正是这些点不改变颜色，即每一步操作都有偶数个点不改变颜色，而变色的点的个数是奇数，因此，经过奇数步操作后，各点的变色总次数为奇数，一定有一点被变色奇数次，从而不可能回到初始的染色状态.

95.73. 反设 M 中含有无穷等比数列 $\{a_n\}$，其公比为 q，则 q

一定是大于 1 的整数(若 q 为大于 1 的有理数,而且 q 有大于 1 的不可约分母,则当 n 充分大以后,a_n 都不是整数). 若 $\{a_n\}$ 中有一项 $a_i=b^2+1$,其中 $b>q$(!),那么 $a_{i+2}=q^2a_i=q^2b^2+q^2$. 如果 $a_{i+2}=c^2+1(c>0)$,于是有 $c^2+1=b^2q^2+q^2$,由此得出

$$q^2-1=c^2-(qb)^2=(c+qb)(c-qb)\geqslant c+qb\geqslant q^2$$

这是矛盾的.

95.74. 我们可以证明,问题的结论不仅对于矩形是正确的,而且,对于可以分解为 1×2 块的图形 F 也是成立的. 对 1×2 块的个数 n 应用归纳法,当 $n=1$ 时,只有 1 种分割法,结论自然成立.

对于 $n>1$,将有 1 条公共边的两个格称为邻格. 图形 F 中一定有一个方格 u 至多有 2 个邻格(例如 F 的右边界线上的最上的一个方格). 设在分割法 T 中 u 属于 1×2 块 $\overline{U}$. 据归纳假设可知,$F\setminus\overline{U}$ 可染二色满足条件,再将 $\overline{U}$ 的两格染成不同颜色,使得 v 与它的另一个邻格 v 同色(若 u 没有另一个邻格,则可以任意染色),这就得到 F 的一种二色染法. 这时,T 中每块的两格不同色.

对于 F 的任一种不同于 T 的分割法 S,若在 S 中 $u\notin\overline{U}$,则 u 一定与 v 组成块 $\overline{V}$,$\overline{V}$ 的两格同色;若 $u\in\overline{U}$(即 $\overline{U}$ 也是 S 中的一块),则在 $F\setminus\overline{U}$ 中,S 不同于 T,据归纳假设可知 S 中有两格同色的 1×2 块,因此,F 的上述染色法满足题目条件.

95.75. 解法 1:如图 20 所示,设 AL 与 CK 都是 $\triangle ABC$ 的高,延长 HD 到 H',使 $DH'=HD$. 因为四边形 $AHCH'$ 的对角线在交点 D 处互相平分,所以,四边形 $AHCH'$ 为平行四边形,于是 $H'A/\!/CK$,这表示 $\angle H'AB=90^\circ$. 又因为 $\angle H'AE=\angle EHH'=90^\circ$,类似地得 $\angle H'CH=\angle H'FH$,而 $\angle H'AH$ 与 $\angle H'CH$ 作为平行四边形的对角相等,所以 $\angle H'EH=\angle H'FH$,因此,$\triangle EH'F$ 为等腰三角形,它在底边上的高也是底边上的中线,即 $HE=HF$.

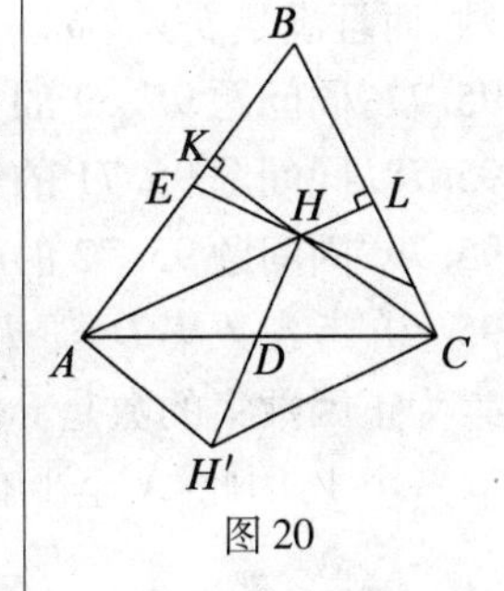

图 20

解法 2:从 $\triangle ABC$ 的顶点 A 向底边作高交 BC 于 L,则

$$\angle AHD=90^\circ-\angle AHE=90^\circ-\angle LHF=\angle LFH=\angle BFH$$

而且

$$\angle HAD=\angle FBH=90^\circ-\angle C$$

于是

$$\triangle AHD\backsim\triangle BFH$$

类似地证明

$$\triangle CHD\backsim\triangle BEH$$

注意到 D 为 AC 的中点,因此

$$\frac{EH}{FH}=\frac{EH}{BH}\cdot\frac{BH}{FH}=\frac{HD}{CD}\cdot\frac{AD}{HD}=\frac{AD}{CD}=1$$

解法3:如图21所示,过点 A 作平行于 EF 的直线,设该直线与边 BC 相交于点 M(如果该直线与边 BC 的延长线相交,那么就过顶点 C 作类似的直线).于是 $AM\perp HD$. 设高 BG(通过点 H)与线段 AM 相交于点 N,只要证明 $AN=NM$,那么问题的结果将是泰勒斯定理的推论.为此,只要验证直线 DN 与 $\triangle ABC$ 的中线重合或证明 $DN//BC$ 更为简单.因为直线 DN 通过 $\triangle AHD$ 的高的交点,所以 $DN\perp AH$. 因为直线 AH 是 $\triangle ABC$ 的高,所以 $DN//BC$.

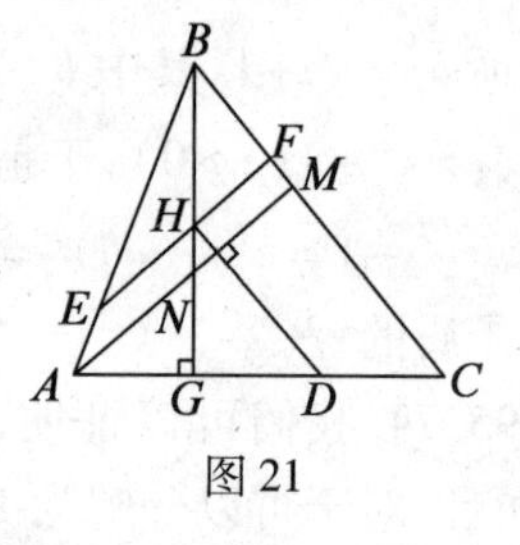

图21

◆本问题的结论是蝴蝶定理的简单的推论.

95.76. 答案:这样的数列是存在的.我们在形如 10^k-1 的数中寻找数列的项

$$\begin{aligned}(10^k-1)^5&=10^{5k}-5\cdot10^{4k}+10\cdot10^{3k}-10\cdot10^{2k}+5\cdot10^k-1\\&=(10^k-5)\cdot10^{4k}+(10^k-1)\cdot10^{2k+1}+(5\cdot10^k-1)\\&=\underbrace{99\cdots9}_{k-1}5\,\underbrace{00\cdots0}_{k-1}\underbrace{99\cdots9}_{k}\underbrace{00\cdots0}_{k}4\,\underbrace{99\cdots9}_{k}\end{aligned}$$

这表示数 $(10^k-1)^5$ 的各个数字之和等于 $27k$. 现在不难作出所求的数列.例如,设

$$b_1=9,b_{i+1}=10^{\frac{b_i^5}{27}}-1,i\geqslant2$$

则

$$S((b_{i+1})^5)=(b_i)^5$$

只要3整除 b_1,应用归纳法可以证明每个 b_i 都是可被3整除的正整数,而且满足 $b_{i+1}>b_i$.

95.77. 同问题95.69的解答.

95.78. 同问题95.71的解答.

95.79. 同问题95.72的解答.

95.80. 考虑数集 $D=\{d_2-d_1,d_3-d_2,\cdots,d_k-d_{k-1}\}$,以 D 的元素为正因数集的数是 $\max D=d_n-d_{n-1}$. 在各差 $d_{i+1}-d_i$ 中应当有一个1,因此,N 至少有一个因数为偶数,即 N 为偶数.这表示 $d_{n-1}=\frac{N}{2},d_n-d_{n-1}=N-\frac{N}{2}=\frac{N}{2}$,因此,$D$ 是 $\frac{N}{2}$ 的正因数集,即 N 的正因数个数比 $\frac{N}{2}$ 的正因数个数多1个.

设 $N=2^nq$(q 为奇数),则 N 的正因数个数 $r(N)=(n+1)\cdot r(q)$,$r(\frac{N}{2})=nr(q)$. 由此得 $r(q)=1,q=1$. 于是 $N=2^n$. 这个 N 的正因数集为 $\{1,2,\cdots,2^n\}$,$D=\{1,2,\cdots,2^{n-1}\}$,符合题目要求.所以,满足条件的所有的 N 是 $N=2^n(n\in\mathbf{N}^*)$.

95.81. 如果某个外星人用两个5分硬币换取一个10分硬

币,然后又用这个 10 分硬币兑换两个 5 分硬币,当完成这些操作时,他送出了三个硬币(两个 5 分硬币和一个 10 分硬币). 因为在一天之内每一个外星人完成的兑换数目不能被 3 整除,所以,这意味着每一个外星人至少进行过一次与上述不同的操作. 这就是说,或者他没有花费他换得的 10 分硬币,或者他从一开始就拥有 10 分硬币,用它来兑换两个 5 分硬币,而且当天没有花费. 因此,从条件可知,或者在一开始时,或者在最后,每一个外星人都有 10 分硬币. 但这是不可能的,因为 10 分的硬币的个数太少. 所以,必有一个外星人讲错.

◆如果外星人共有 1 329 个 10 分硬币,其他条件如题述的那样,那么,错的是谁?

95.82. 同问题 95.75 的解答.

95.83. 答案 $p=19,q=7$.

将方程两边都减去 1 得

$$p(p-1)=(q-1)(q^2+q+1)$$

因为 p 为素数,上式右边的一个因式能被 p 整除,但因为 $q<p$,所以 $q-1$ 不能被 p 整除,于是,对于某个自然数 k,$q^2+q+1=kp$,而且 $p-1=k(q-1)$,以第二个等式表示 p 并将它代入第一个等式,得到方程

$$k^2(q-1)+k=q^2+q+1$$

由此得 $q+1<k^2<q+3$. 因为当 $q+1\geqslant k^2$ 时,有

$$k^2(q+1)+k\leqslant q^2+k-1<q^2+q+1$$

而当 $k^2\geqslant q+3$ 时,成立

$$k^2(q-1)+k\geqslant q^2+2q+k-3>q^2+q+1$$

于是

$$k^2=q+2$$

$$\begin{aligned}q^2+q+1&=(q+2)(q-1)+k\\&=q^2+q+k-2\end{aligned}$$

由此得 $k=3$,这表示

$$q=k^2-2=7,p=k(q-1)+1=19$$

◆在上列解法中没有用到 q 为素数的条件.

95.84. 在实施运算过程中所得的数都可以表示为 $a+b\sqrt{2}$ 的形式,其中 a 与 b 为有理数,而且因为 $\sqrt{2}$ 是无理数,所以,这种表达形式是唯一的. 将数 $2a+b\sqrt{2}$ 与坐标平面上的点 (a,b) 相对应,在黑板上一个数对应于一个三角形. 如果将其中一个数加上另外两个数之差,并且乘以有理数 r,这种操作对应于将一个三角形的顶点转移到乘以 r 的相对一边的向量上. 在这种操作之下,三角形的面积是一个不变量,而数 $0,1,\sqrt{2}$ 对应的三

角形的面积为$\frac{1}{2}$,但数 0,2,$\sqrt{2}$ 对应的三角形面积为 1,这表示从前一组数经上述操作不可能得到后一组数.

95.85. 同问题 95.69 的解答.

95.86. 解法 1:如图 22 所示,作线段 A_1B,B_1C,C_1A,将$\triangle A_1B_1C_1$ 分为 7 个小三角形. 不难证明,这 7 个小三角形各自的面积都相等. 因此 $S_{\triangle A_1B_1C}=2S_{\triangle A_1C_1C}$. 作这些三角形到它们的公共边 A_1C 的高 B_1M 与 C_1P,设直线 A_1C 与线段 B_1C_1 相交于点 N. 那么 $B_1M=2C_1P$,而且$\triangle B_1MN\backsim\triangle C_1PN$,相似系数为 2. 于是,直线 A_1C 分线段 B_1C_1 的比为 2:1. 类似地,直线 B_1A 与 C_1B 分别将线段 C_1A_1 与 A_1B_1 分为 2:1,于是,当$\triangle A_1B_1C_1$ 绕中心旋转 120°以后,它的图形与原来一样,这表示$\triangle ABC$ 是正三角形.

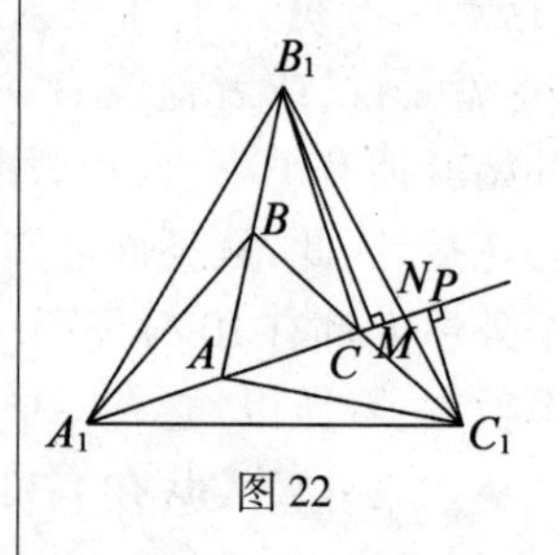

图 22

解法 2:如图 23 所示,设$\triangle ABC$ 的三边长为 a,b,c,而$\triangle A_1B_1C_1$ 的边长为 l. 从关于$\triangle ABC$ 与$\triangle A_1B_1C_1$ 的余弦定理得

$$\cos\angle CAB=\frac{b^2+c^2-a^2}{2bc}=-\frac{b^2+4c^2-l^2}{4bc}$$

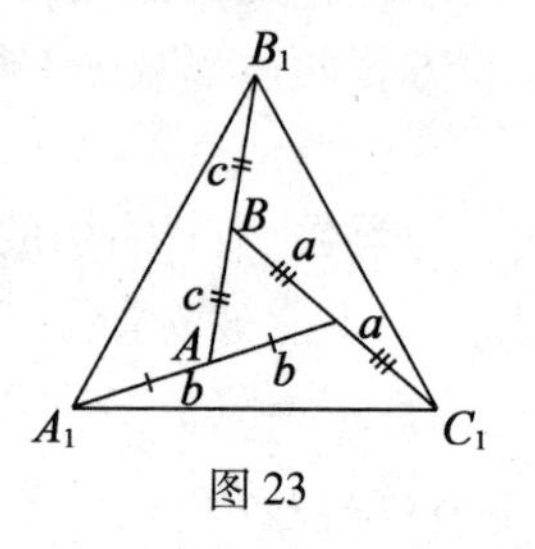

图 23

由此得 $3b^2+6c^2-2a^2=l^2$. 对$\triangle ABC$ 的其他角类似地得到关于 a^2,b^2,c^2 的线性方程组

$$\begin{cases}3b^2+6c^2-2a^2=l^2\\3c^2+6a^2-2b^2=l^2\\3a^2+6b^2-2c^2=l^2\end{cases}$$

解这个方程组,得 $a^2=b^2=c^2=\frac{l^2}{7}$.

95.87. 解法 1:将要证的不等式左、右两边都除以 $(a+b)^5$ 得

$$\left(\frac{a}{a+b}c+\frac{b}{a+b}d\right)^5+\left(\frac{b}{a+b}c+\frac{a}{a+b}d\right)^5\leqslant c^5+d^5$$

注意到在上列不等式左端的在五次方括号内的各表达式之和为 $c+d$,而且因为

$$\min(c,d)\leqslant\frac{a}{a+b}c+\frac{b}{a+b}d\leqslant\max(c,d)$$

$$\min(c,d)\leqslant\frac{b}{a+b}c+\frac{a}{a+b}d\leqslant\max(c,d)$$

于是,可以从下列引理得到要证明的不等式.

引理:设 $x\geqslant y\geqslant 0$,$\frac{x-y}{2}\geqslant t\geqslant 0$,则

$$x^5+y^5\geqslant(x-t)^5+(y+t)^5$$

换句话说,如果两个非负数之和为一定值,那么,当这两个数之差最大时,它们的五次方之和达到最大值.

引理的证明:将引理中包含 x 的加项集中在不等号的左端,并将包含 y 的加项集中在不等号的右端,然后分解因式得

$$t(x^4+x^3(x-t)+x^2(x-t)^2+x(x-t)^3+(x-t)^4)$$
$$\geqslant t(y^4+y^3(y+t)+y^2(y+t)^2+y(y+t)^3+(y+t)^4)$$

因为上式左端的每一个加项都不小于上式右端的对应的加项.所以,最后这个不等式是成立的.

解法 2:考虑函数

$$f(x)=(xc+bd)^5+(xd+bc)^5-(x+b)^5(c^5+d^5)$$

求 $f(x)$ 的 4 阶导数得

$$f^{(4)}(x)=120(c^4(xc+bd)+d^4(xd+bc)-(c^5+d^5)(x+b))$$
$$=120b(c^4-d^4)(d-c)\leqslant 0$$

由此可知 $f(x)$ 的 3 阶导数 $f^{(3)}(x)$ 为递减函数,即对 $x>0$ 有

$$f^{(3)}(x)\leqslant f^{(3)}(0)=60(c^3b^2d^2+d^3b^2c^2-b^2(c^5+d^5))$$
$$=60b^2(c^2-d^2)(d^2-c^2)\leqslant 0$$

同理可知 $f^{(2)}(x)$ 也是递减函数,于是有

$$f^{(2)}(x)\leqslant f^{(2)}(0)=20(c^2b^3d^3+d^2b^3c^3-b^3(c^5+d^5)$$
$$=20b^3(c^2-d^2)(d^3-c^3)\leqslant 0$$

并且

$$f'(x)\leqslant f'(0)=5(cb^4d^4+db^4c^4-b^4(c^5+d^5))$$
$$=5b^4(c-d)(d^4-c^4)\leqslant 0$$

最终得

$$f(a)\leqslant f(0)=b^5d^5+b^5c^5-b^5(c^5+d^5)=0$$

即

$$(ac+bd)^5+(ad+bc)^5\leqslant (a+b)^5(c^5+d^5)$$

95.88. 答案:不存在满足条件的排列.

反设可能存在满足条件的排列,按照数字所在的次序将各数分为五组. 依条件,在每一组中,各数字之和除以 5 得余数 1 或 -1. 同时,所有的数字之和,显然能被 5 所整除,这只可能在下列情形中出现:所有的五个数组中的每一组数之和除以 5 都是余 1 或都是余 -1.

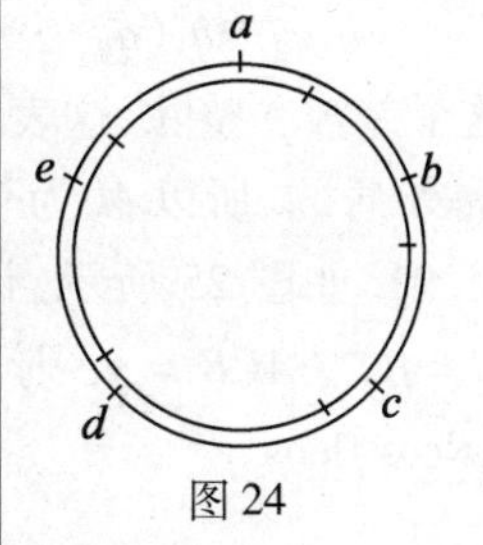

图 24

现在考虑将原来的分组法按顺时针方向移动一个位的"相邻的"分组法,注意到位于第一次分组时的每一组开始位置的数,如图 24 所示,可能有两种情形:

①在第一次分组中一组数之和除以 5 所得的余数与在第二次分组中一组数之和除以 5 所得的余数相同(两个都是 1 或都是 -1).

②在第一次分组中一组数之和除以 5 所得的余数与在第二次分组中一组数之和除以 5 所得的余数不相等,比如说,前一个余数为 1,后一个余数为 -1. 那么,每一个顺时针方向标出

的下一个数所得的余数比前一个数所得的余数小 2. 而且,5 个标出的数中的每一个数在除以 5 时所得的余数是 5 个互不相等的数.

因为在我们的全部 25 个数中没有这样的 6 个数,它们中每一个除以 5 得到相等的余数. 所以,在下列的意义上,①与②是相互排斥的:如果对于任何两个相邻的分组都出现①,那么,对其他两个无论什么相邻的分组都不可能出现②,而且反之亦然. 这表示,或者任何两个相邻的分组在组内各数之和有相同的余数;或者任何两个相邻的分组在组内各数之和有符号相反的余数. 在①配置的四个数总是给出同样的余数,而这意味着在任意五个依次放置的数中,所有数都给出不同的余数,而那时任意的五个数之和可被 5 所整除,这与条件相矛盾. 而在②中,当将分组按顺时针方向移动一个位时,在这种分组中,任何一组的各数之和的余数变为前一种分组的余数的相反数. 依次完成五次移动,我们回到原来的分组,但同时发现,和数被 5 除所得的余数已改变符号,这是不可能的. 因此,我们的反设不成立.

95.89. 同问题 95.81 的解答.

95.90. 如果 M 为有限集,则 M 的所有元素的乘积减 1 所得的数的素因子与 M 的每个元素互素,与条件矛盾,所以 M 为无限集. 假设素数 $p\notin M$,在 M 中选择素数 $q_1,q_2,\cdots,q_p$,使得它们除以 p 所得的余数是相同的. 考虑 p 个数

$$q_1,q_1q_2,q_1q_2q_3,\cdots,q_1q_2\cdots q_p$$

在这 p 个数中找出两个被 p 除所得余数相同的数,这两个数之差有下列形式

$$q_1q_2\cdots q_k(q_{k+1}\cdots q_m-1)\quad(1\leqslant k<m\leqslant p)$$

而且这个差被 p 整除,这表示 $q_{k+1}\cdots q_m-1$ 被 p 整除,而这时 $p\in M$,这是矛盾的. 所以 M 为全体素数的集合.

95.91. 如图 25 所示,设 $\triangle ABC$ 的垂心为 H,记 $\angle BAC=\alpha$, $\angle ABC=\beta$, $\angle ACB=\gamma$. 则 $AH=2R\cos\alpha$, $A_1H=BH\sin(90^\circ-\gamma)=2R\cos\beta\cos\gamma$.

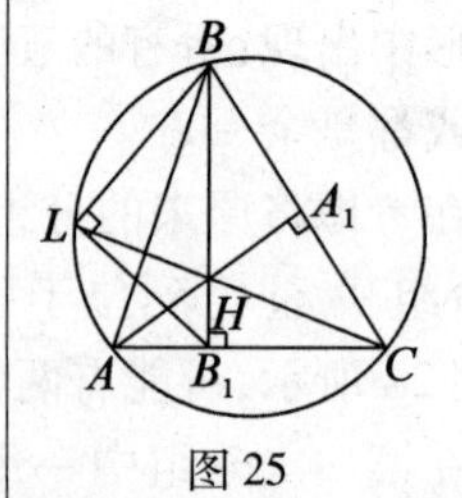

图 25

因为

$$\angle CBL=\angle CLB=\angle CAB=\alpha$$

所以

$$\angle ABL=\alpha-\beta$$

$$\begin{aligned}\angle LB_1B&=90^\circ-\angle ABL-\angle ABB_1\\&=90^\circ-(\alpha-\beta)-(90^\circ-\alpha)\\&=\beta\end{aligned}$$

在 $\triangle CBL$ 中有 $BL=2BC\sin CBL=4R\sin\alpha\cos\alpha$,而在 $\triangle BB_1L$ 中

有 $BL=BB_1\sin\beta=2R\sin\alpha\sin\beta\sin\gamma$,因此得

$$2\cos\alpha=\sin\beta\sin\gamma$$

$$\cos\alpha=\sin\beta\sin\gamma+\cos(\beta+\gamma)=\cos\beta\cos\gamma$$

于是

$$AH=A_1H$$

95.92. 答案:2^{901}.

解法 1:我们容许用几条道路连接两个市镇,一条道路也可以开始和结束于同一个市镇. 将所有道路编上号码,设 A 与 B 是以 1 000 号道路连接的城市. 设想自己的地区是南方的荒凉的地方,其中有 99 个市镇和 999 条道路,而且它与北方的荒凉地区的区别仅仅在于 A 与 B 在其中合并为一个市镇,而第1 000 条道路消失(保留原来的所有其他道路). 设南方政府也打算关闭一些道路. 注意到北方荒凉地区关闭道路的每一个计划,单值地对应于南方荒凉地区关闭道路的计划,只需从其中撤销第 1 000 号道路所涉及的车站等设施(这时,从南方荒凉地区的每一个城市有偶数条道路出发!). 反过来,南方荒凉地区的每一个关闭道路的计划单值地对应于北方荒凉地区的关闭道路的计划,只需正确地处理第 1 000 号道路,使得从市镇 A 与 B 出发的道路仍然是偶数条.

因此,如果有连接道路的市镇联合为一个,撤销两市之间的道路,那么关闭道路的方法数量不改变. 将合并城市的方法应用 99 次,我们就得到一个唯一的市镇,以 901 条道路"自己连接自己". 对于这样的地图,可以宣告关闭道路的任何集合,而且自动地满足出发的道路为偶数的条件. 因此,关闭道路的方法数量等于在有 901 个元素的集合中的子集的数量,即 2^{901}.

解法 2:我们去证明更一般的结果:设在一个国家里有 u 条道路和 v 个城市,将城市染成两种颜色:白色和黑色,并且白色城市数等于黑色城市数. 如果关闭某些道路,使得从白色城市出发奇数条路,而从黑色城市出发偶数条路,那么关闭道路的方法数量等于 2^{u-v+1}.

对 v 应用归纳法. 当 $v=1$ 时,结论自然成立. 现在假设结论对任 $v\leqslant V$ 的 v 个城市成立,当 $v=V+1$ 时,考虑某个城市 A,按下列方式关闭从这个城市出发的 n 条道路:如果 A 是白色的,那么使从 A 出发的道路数是奇数;如果 A 是黑色的,那么使从 A 出发的道路数为偶数. 然后完成以下改造,从国家的地图上擦去两类城市:以与 A 的颜色相反的道路与 A 连结的所有城市,以及与 A 已关闭的与未关闭的道路连结的城市. 这时,白色城市的个数的奇偶性没有被改变,而且,在适当地选择 A 的时候,道路的图式保持连通性. 按照归纳法的假设,关闭某些其余的

道路的方法数如下：为了满足我们的条件，该个数等于 $2^{(u-n)-(v-1)+1}=2^{u-n-v+2}$. 如果我们将城市 A 涂上它原先的颜色，并考虑关闭它的道路的方法，然后在地图上恢复城市 A，于是，上述的每一种方法都满足我们的要求，又因为关闭从 A 出发的道路的方法有 2^{n-1} 种，所以，当 $v=V+1$ 时，所求方法的总数为 $2^{u-n-v+2}\times 2^{n-1}=2^{u-v+1}$.

设 $u=1\ 000$, $v=100$，便得到原来问题的答案 2^{901}.

95.93. 解法1：如图26所示，将四边形 $ABCD$ 的对角线的交点记为 O. 对 $\triangle AOD$ 与 $\triangle BOC$ 来说，$\angle AOB$ 为外角，所以

$$\begin{aligned}2\angle AOB &= \angle ODA+\angle OAD+\angle OBC+\angle OCB\\ &= \angle ODA+\angle OAD+\angle OAB+\angle ODC\\ &= \angle ADC+\angle DAB=120°\end{aligned}$$

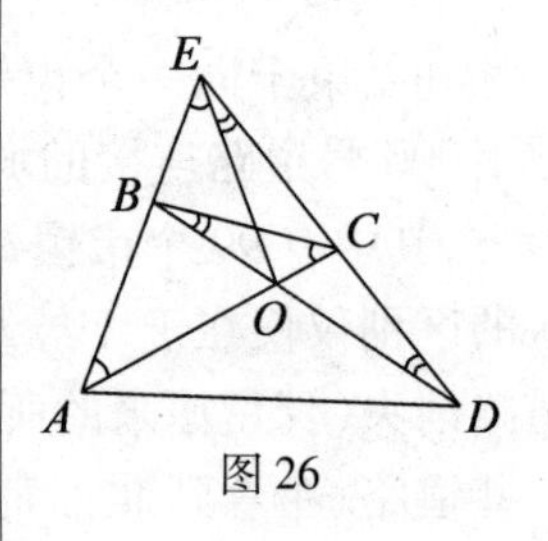

图26

（在第二个等式中，我们利用了 $\triangle ABC$ 与 $\triangle BCD$ 都是等腰三角形的性质），于是 $\angle BOC=120°$. 设直线 AB 与 CD 相交于点 E，在 $\triangle ADE$ 中，因为 $\angle EAD+\angle ADE=120°$，所以 $\angle AED=60°$，这表示 E,C,O,B 四点共圆，于是

$$\angle BEO=\angle BCO=\angle BAO$$

由此得 $AO=OE$，类似地得 $DO=OE$，所以 $DO=AO$.

解法2：参看解法1的开头，如图27所示，注意到

$$\angle ABC+\angle BCD=240°$$

$$\angle OBC+\angle OCB=60°$$

所以

$$\angle ABD+\angle ACD=180°$$

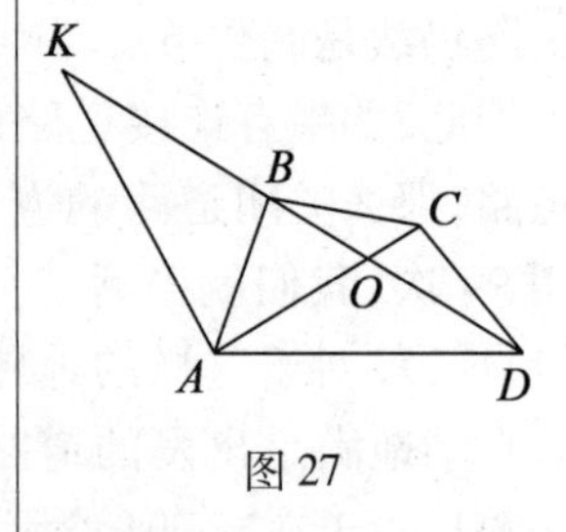

图27

从点 B 延长线段 DB，使线段 $BK=CA$，于是 $\triangle ABK\cong\triangle DCA$，由此得 $AK=AD$，而且 $\angle KAD=\angle BAD+\angle CDA=120°$，这表示 $\angle ODA=30°$. 类似地得 $\angle CAD=30°$，由此得 $AO=OD$.

95.94. 解法1：题目所给的表达式是关于 k 的二次方程，它的判别式等于 $8mn$，为完全平方，所以 $2mn$ 为完全平方.

解法2：依题意有

$$k^2-m^2-n^2=2k(m-n)-2(m^2+n^2-2mn)$$

$$\begin{aligned}2mn &= k^2-m^2-n^2-2k(m-n)+2(m^2+n^2-mn)\\ &= k^2-2k(m-n)+(m-n)^2=(k-m+n)^2\end{aligned}$$

95.95. 如图28所示，O_1O_2, O_2O_3, O_3O_4, O_4O_1 分别垂直平分线段 OB,OC,OD,OA 于点 L,M,N,K，因此四边形 $O_1O_2O_3O_4$ 为平行四边形，它的高 $KM=\frac{1}{2}AC$, $LN=\frac{1}{2}BD\leqslant O_2O_3$，因此

$$\begin{aligned}S_{\text{四边形}ABCD} &= \frac{1}{2}AC\times BD\times\sin\angle AOB\\ &\leqslant\frac{1}{2}AC\times BD=2KM\times LN\end{aligned}$$

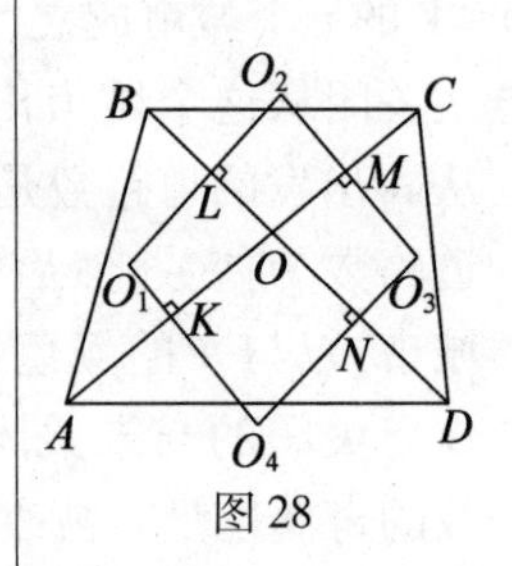

图28

$$\leqslant 2KM \times O_2O_3 = 2S_{\text{四边形}O_1O_2O_3O_4}$$

95.96. 题述的结果是可能出现的. 例如:被选队与未选队的比赛结果全部都是零比零,而进球与失球都只发生在被选队之间的比赛中.

95.97. 依题意,我们可以假设装满一箱油正好行驶公路一周(若可行驶多于一周,可将油箱及各加油站所加的油按可以行驶的路程比例减少到正好行驶一周). 沿顺时针方向,从每个加油站起将空油箱在该站加油后可行驶的路段染成红色. 如果有一点位于另一段弧的内部,就将该段弧被覆盖的部分沿顺时针方向向前顺延. 设圆周长为 $2L$,则红色弧段总长为 L. 将圆周的其余部分染成黑色,黑色弧段总长也是 L.

将公路按上述方式沿逆时针方向进行染色,将可行驶路段染成蓝色,其余路段染成白色. 蓝、白每种颜色的总长各为 L,因为黑白两色路段的总长之和等于圆形公路的圆周长 $2L$,所以一定有一个公共点(可能是黑弧与白弧的公共端点),从这点出发沿顺时针方向行驶时,由于在每个红色弧上的用油可由加油站提供,而需要汽车自备油料的黑色弧段的总长为 L,所以汽车自备的车箱油够用,沿路在加油站可加油,因此可以行驶一周. 同理,汽车沿逆时针方向也可以行驶一周.

95.98. 将从原数列中删去数字(全部)0 所得的数列记为 $P(1,2)$,类似地得到数列 $Q(2,0)$, $R(0,1)$. 设这三个数列的周期分别为 $T(1,2)$, $T(2,0)$, $T(0,1)$,在一个周期中含相应数字的个数分别为 $p(1)$, $p(2)$, $q(2)$, $q(0)$, $r(0)$, $r(1)$.

设原数列中所有取值为 0 的项的序号依次为 $\beta(1) < \beta(2) < \beta(3) < \cdots$,则在任何一个序号区间

$$I_i = [\beta(i), \beta(i + q(0)r(0))]$$

中恰好有 $q(0)r(0)$ 项为 0,因为 I_i 的两个端点的项都是 0,所以在 $Q(2,0)$ 中它的剩余项正好是 $r(0)$ 个周期,即正好含 $r(0)q(2)$ 个取值为 2 的项. 同理在 $R(0,1)$ 中恰好含 $q(0)r(1)$ 个取值为 1 的项,因此在区间 I_i 中的项数为

$$\begin{aligned}|I_i| &= \beta(i + q(0)r(0)) - \beta(i)\\ &= q(0)r(0) + r(0)q(2) + q(0)r(1)\\ &= T(2,0)T(0,1) - q(2)r(1)\end{aligned}$$

即原数列中取值为 0 的项分布的周期为

$$m = T(2,0)T(0,1) - q(2)r(1)$$

同理,取值为 1 的项的分布周期为

$$n = T(0,1)T(1,2) - r(0)p(2)$$

取值为 2 的项的分布周期为

$$k = T(1,2)T(2,0) - p(1)q(0)$$

于是,原数列为周期数列,其周期等于 mnk.

95.99. 因为

$$(xy-z+1)^2=x^2y^2+1+2xy+z^2-2z-2xyz$$
$$(yz-x+1)^2=y^2z^2+1+2yz+x^2-2x-2xyz$$
$$(zx-y+1)^2=z^2x^2+1+2zx+y^2-2y-2xyz$$

以上三式相加,并利用条件 $x+y+z=0$ 得到

$$\begin{aligned}&\sum(xy-z+1)^2\\=&x^2y^2+y^2z^2+z^2x^2+3-6xyz+(x+y+z)^2-2(x+y+z)\\=&x^2y^2+y^2z^2+z^2x^2+3-6xyz\end{aligned}$$

所以

$$x^2y^2+y^2z^2+z^2x^2+3=6xyz+\sum(xy-z+1)^2\geqslant 6xyz$$

95.100. 设 k 与 l 不能被 71 整除,那么存在唯一的正整数

$$n\in\{1,2,\cdots,70\}$$

使得 $ln-k$ 能被 71 整除. 记 $n=<\frac{k}{l}>$,这个运算具有下列性质

$$71\mid<\frac{x}{y}>\cdot<\frac{z}{t}>-<\frac{xz}{yt}>,<\frac{xm}{ym}>=<\frac{x}{y}>\qquad(*)$$

(上列每一个数字都不能被 71 整除). 考虑有 69 个顶点的完全图,将它的顶点从 2 到 70 编号. 以数 $<\frac{i}{j}>(i>j)$ 在题给方案中的颜色将棱 $(i,j)(i>j)$ 染色. 这样一来,这个图的所有棱都被 4 色染色,与拉姆赛问题类似,在图中存在三角形,它的三条边都被染上同一种颜色. 设它的顶点是 $i,j,k(i>j>k)$,那么点 $a=<\frac{i}{j}>,b=<\frac{j}{k}>,c=<\frac{i}{k}>$ 也被染上相同的颜色,根据性质$(*)$可知,$ab-c$ 可被 71 整除.

95.101. 将函数 $f(x)$,$f(x^2)$ 的正周期分别记为 T_1,T_2,由函数的周期性与连续性可知,$f(x)$ 与 $f(x^2)$ 有共同的最小值 y_1,也有共同的最大值 y_2. 设 $f(x^2)$ 的一个最大值点是 $x_2>0$,由 $f(x^2)$ 的周期性有

$$y_2=f(x_2^2)=f((x_2+kT_2)^2)\quad(k\in\mathbf{N})$$

又由于 $f(x)$ 在任一个长度为 T_1 的区间上必有最小值 y_1,所以,存在 $\alpha\in[0,1]$ 使得 $x_1=(x_2+kT_2)^2+\alpha T_1$ 为 $f(x)$ 的一个最小值点,即

$$y_1=f((x_2+kT_2)^2+\alpha T_1)$$

因为 $(x_2+kT_2)^2+\alpha T_1\geqslant(x_2+kT_2)^2$,所以,存在 $\beta\geqslant0$,使得

$$(x_2+kT_2)^2+\alpha T_1=(x_2+kT_2+\frac{\alpha\beta T_1}{2(x_2+kT_2)})^2$$

将上式右边括号展开可知 $\beta\leqslant1$. 由于 x_1 是 $f(x)$ 的一个最小值

点,据$f(x^2)$的周期性可知

$$x_3=x_2+\frac{\alpha\beta T_1}{2(x_2+kT_2)}$$

就是$f(x^2)$的一个最小值点. 对任意小的$\varepsilon>0$,一定存在正整数k使得$\frac{T_1}{2(x_2+kT_2)}<\varepsilon$,于是$|x_3-x_1|<\varepsilon$. 这表示在$f(x^2)$的最大值点$x_2$的任一个小邻域内都有$f(x^2)$的最小值点$x_3$,由$f(x^2)$的连续性可知$y_1=y_2$,即$f(x)$为常数$y_1$.

95.102. 同问题95.94的解答.

95.103. 设置直角坐标系,使题中给出的初始三角形的三个顶点的坐标分别为$(0,0)$,$(1,0)$,$(0,1)$. 应用归纳法可以证明每步操作所得到的对称点都是整点,而且新三角形的面积等于初始三角形的面积,即经任意多步操作后所得到的$\triangle ABC$的面积S都等于$\frac{1}{2}$,每边的边长都等于1,而且三个顶点都是整点.

可以证明,经若干步后,$\triangle ABC$的最大角C一定不小于$90°$. 否则,反设$60°\leqslant C<90°$,则AC,BC两边的端点不可能都是整点. 因为两个整点的最短距离为1,不在同一直线上的两个整点的最短距离为$\sqrt{2}$.

如图29所示,设$\triangle ABC$的内切圆I与AC相切于点D. 由$\angle ICD=\frac{1}{2}\angle ACB\geqslant 45°$,圆$I$的半径$r=ID\geqslant CD=\frac{a+b-c}{2}$. 留意到$\triangle ABC$的周长$P=a+b+c\geqslant 2+\sqrt{2}$,得

$$a+b-c\leqslant 2r=\frac{4S}{P}=\frac{2}{P}\leqslant\frac{2}{2+\sqrt{2}}=2-\sqrt{2}$$

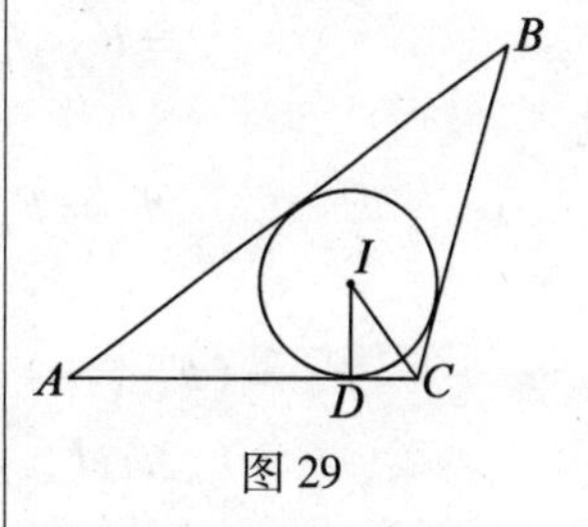

图29

95.104. 答案:甲可保证获胜.

将棋盘等分为25^2个4×4块,如果A能保证在每个4×4块中都有自己的4个棋子构成独立集(互不威胁),则主对角线上25个4×4块的独立集合成整个棋盘的独立集. 于是,本题可归结为下列引理.

引理:两人在4×4棋盘上轮流地每一步放一个棋子,每一方都可以保证自己有4个棋子构成独立集(原文并没有给出这个引理的证明).

95.105. 当$p=3,9,11$时,分别取$n_3=3$,$n_9=111\ 111\ 111$,$n_{11}=313\ 131\ 313$,可直接验证它们都满足要求,对于所有其余的p,可以从下列引理得出答案.

引理:对于任何自然数k,$2<k<p-1$,$p\notin\{3,9,11,99\}$,$(p,10)=1$,各数$1,10,10^2,\cdots,10^{k-1}$的所有可能之和除以$p$所

得的余数中,一定有不少于 $k+2$ 个不同的值.

引理的证明:对 k 应用归纳法.

当 $k=3$ 时,可能全部出现5个不同的余数,可独立地证明引理结论成立.

设当 $k=n-1$ 时结论成立,去证明当 $k=n$ 时结论正确.事实上,设数 $1,10,10^2,\cdots,10^{n-2}$ 的各种可能的和除以 p 的不同的余数为 $S_1,S_2,\cdots,S_m$.考虑下列数

$$S_1+10^{n-1},S_2+10^{n-1},\cdots,S_m+10^{n-1}$$

其中可能会出现某个新的余数(而且,这些新的余数会不小于 $m+1\geqslant n+2$,这正是我们所需要的),或者这一组数与数组 $S_1,S_2,\cdots,S_m$ 重合,在后一种情形,由于 10^{n-1} 与 p 互素,所以 $m=p>n+2$.引理得证.

当 $k=p+2$ 时,引理的结论表示:由0与1组成的所有不多于 $(p-2)$ 位的数给出了除以 p 的所有可能的余数,这对于由0与2所组成的数是正确的.这时,在它们之中可以找到由 $(p-2)$ 个1所组成的数,这个数能被 p 整除.

95.106.首先注意到递推关系

$$\begin{aligned}F_n&=F_{n-1}+F_{n-2}\\&=F_{n-1}F_2+F_{n-2}F_1\\&=(F_{n-2}+F_{n-3})F_2+F_{n-2}F_1\\&=F_{n-2}F_3+F_{n-3}F_2\end{aligned}$$

设

$$F_n=F_{n-k}F_{k+1}+F_{n-k-1}$$

则

$$\begin{aligned}F_n&=(F_{n-k-1}+F_{n-k-2})F_{k+1}+F_{n-k-1}F_k\\&=F_{n-k-1}F_{k+2}+F_{n-k-2}F_{k+1}\end{aligned}$$

所以对任意的 $m>k+1$ 有

$$F_m=F_{m-k}F_{k+1}+F_{m-k+1}F_k$$

令

$$m=2n+1,k=n$$

得

$$F_{2n+1}=F_n^2+F_{n+1}^2$$

如果239整除 F_{2n+1},因为239为 $4k+3(k\in\mathbf{N})$ 型的素数,从上式推出239整除 F_n 及 F_{n+1}.

另一方面,斐波那契数列的相邻项是互素的,即

$$(F_{n+1},F_n)=(F_n,F_{n-1})=\cdots=(F_2,F_1)=1$$

所得矛盾证明若239整除 F_n,则 n 为偶数.

95.107.如图30所示,设在内部的棱锥为 $S-F_1F_2\cdots F_n$,在外部的棱锥为 $T-F_1F_2\cdots F_n$.考虑两个棱锥的公共底面的任一

个顶点 F_i 处的平面角. 由棱锥底面多边形的凸性可知,平面 $SF_{i-1}F_i$ 与侧面 TF_iF_{i+1} 的交线 KF_i 在 $\angle TF_iF_{i+1}$ 内. 由于三面角的两个平面角之和大于第三个平面角. 所以,对三面角 F_i-KTF_{i-1} 与三面角 $F-KSF_{i+1}$ 分别有

$$\begin{aligned}&\angle TF_iF_{i-1}+\angle TF_iK\\&>\angle F_{i-1}F_iK\\&=\angle SF_iF_{i-1}+\angle SF_iK\end{aligned}$$

$$\angle KF_iF_{i+1}+\angle SF_iK>\angle SF_iF_{i+1}$$

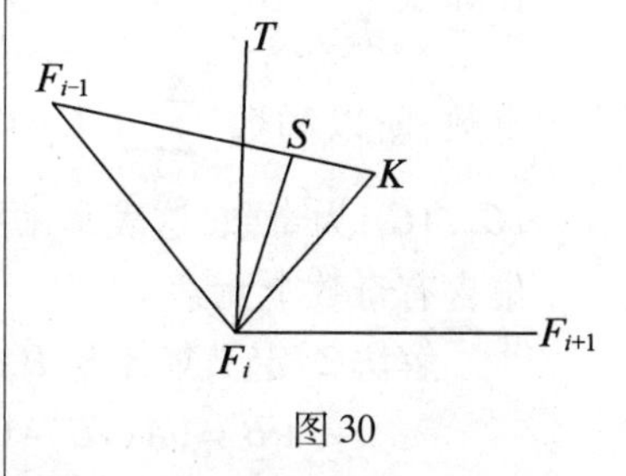

图 30

上两式相加得

$$\angle TF_iF_{i-1}+\angle TF_iF_{i-1}>\angle SF_iF_{i-1}+\angle SF_iF_{i-1}$$

根据棱锥各侧面内角和的关系,可知顶点 F_i 处各平面角之和成立下列不等式

$$\begin{aligned}\sum_{i=1}^{n}\angle F_iTF_{i+1}&=\sum_{i=1}^{n}(\pi-\angle TF_iF_{i+1}-\angle TF_{i+1}F_i)\\&=n\pi-\sum_{i=1}^{n}(\angle TF_iF_{i-1}+\angle TF_iF_{i+1})\\&<n\pi-\sum_{i=1}^{n}(\angle SF_iF_{i-1}+\angle SF_iF_{i+1})\\&=\sum_{i=1}^{n}(\pi-\angle SF_iF_{i+1}-\angle SF_{i+1}F_i)\\&=\sum_{i=1}^{n}\angle F_iSF_{i+1}\end{aligned}$$

95.108. 解法 1:将 n 元集记为 A. 若所选的 $n+1$ 个子集中有两个子集相等,则这两个子集的交集即为所求,因此,可以设所选的 $n+1$ 个子集互不相等. 将这样选得的子集族记为 $M=\{B_1,B_2,\cdots,B_{n+1}\}$,已知每个 $|B_i|$ 为奇数. 以 a 表示集 A 的元素,对以子集为元素的集族 M 的每个不空子族 P,以 $n(a,P)$ 表示 P 中含有 a 的子集的个数. 先证明一个引理:

引理:集族 M 存在不空的子族 Q,使得每个 $n(a,P)(a\in A)$ 都是偶数.

引理的证明:对 M 的每个不空子族 P,记 $T(P)=\{a\in A\mid n(a,P)$ 为奇数$\}$. 因为 M 的不空子族的个数为 $2^{n+1}-1$ 大于 A 的子集的个数 2^n,所以 M 有 2 个子族 $P_1\neq P_2$,满足 $T(P_1)=T(P_2)$,即每个 $n(a,P_1)\equiv n(a,P_2)\pmod 2$. 现在,$P_1$ 与 P_2 的对称差 $P_1\triangle P_2=(P_1\setminus P_2)\cup(P_2\setminus P_1)$ 为 M 的不空子族,对每个 $a\in A$,设三个互不相交的子族 $P_1\setminus P_2,P_1\cap P_2,P_2\setminus P_1$ 中包含 a 的子集的个数分别为 K_1,K_2,K_3,则由 $n(a,P_1)=K_1+K_2$ 与 $n(a,P_2)=K_2+K_3$ 的奇偶性相同可知 K_1 与 K_3 的奇偶性相同. 因此,$n(a,P_1\triangle P_2)=K_1+K_3$ 为偶数. 于是,M 的不空子族 $Q=$

$P_1 \triangle P_2$为所求.

设 $Q=\{C_1,C_2,\cdots,C_q\}$,因为每个 $a\in A$ 属于 Q 中偶数个子集,所以,每个 $a\in C_1$ 属于$\{C_2,C_3,\cdots,C_q\}$中奇数个子集. 因此,在和数 $\sum_{i=2}^{q}|C_1\cap C_i|$ 中每个 $a\in C_1$ 被计算奇数次,而$|C_1|$为奇数,所以和数 $\sum_{i=2}^{q}|C_1\cap C_i|$ 为奇数,从而其中必有一个$|C_1\cap C_i|$为奇数. 这表示,原来的各子集之中的某两个子集的交集含有奇数个元素.

解法 2:定义集 A 与 B 的"和"与"积"为

$$A+B=(A\cup B)\setminus(A\cap B),A\cdot B=|(A\cap B)|$$

容易证明,对任何集 A,B,C 成立

$$(A+B)\cdot C\equiv A\cdot C+B\cdot C(\bmod 2) \qquad (*)$$

考虑集族 M 的几个不同的集的所有可能的"和"("总计",为了确定起见,从左至右,虽然实际上这并不重要). 它们的数量 2^{n+1}大于 A 的所有子集数 2^n,因此,可以找到两个相等的"和"

$$K_1+K_2+\cdots+K_m=K_1'+K_2'+\cdots+K_r'$$

设集 K 在其中一个和内且不在另一个和内,将 K"乘以"上式两边,并且按性质($*$)"打开括号"得

$$K_1\cdot K+K_2\cdot K+\cdots+K_m\cdot K$$
$$\equiv K_1'\cdot K+K_2'\cdot K+\cdots+K_r'\cdot K(\bmod 2)$$

上式各加项($K_i\cdot K$)中有一项为奇数,这表示还有一项(例如 $K_l\cdot K$)是奇数($K_l\neq K$),于是 $K_l\cap K$ 有奇数个元素.

1996 年奥林匹克试题解答

96.01. 有多种不同的填法,其中一种填法如图 1 所示.

96.02. 只有一种填法:在方格表中只有 6 和 12,如图 2 所示.

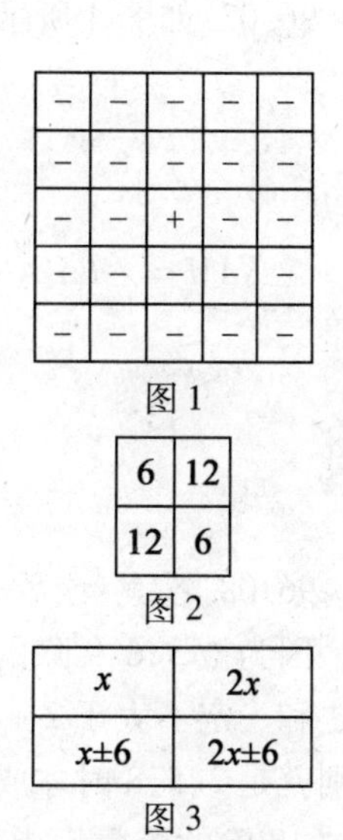

图 1 图 2 图 3

下面证明没有其他填法. 设在第一行中分别填写 x 与 $2x$ (在图 3 中,左边为 x,右边为 $2x$,反过来的情形由于对称性与之类似). 于是,在 x 的下方只能填写 $x+6$ 或 $x-6$,而在 $2x$ 的下方只能填写 $2x+6$ 或 $2x-6$,因为在第二行中,有一个数是另一个数的 2 倍,所以只能是以下 8 种情形之一

$$x+6=2(2x+6),x-6=2(2x+6)$$
$$x+6=2(2x-6),x-6=2(2x-6)$$
$$2(x+6)=2x+6,2(x-6)=2x+6$$
$$2(x+6)=2x-6,2(x-6)=2x-6$$

这些方程中只有一个方程有正整数解($x=6$),其他情形都不满足题目要求.

96.03. 因为任何相邻两种植物上所结的浆果数目都是相差 1 个,所以,任何相邻两种植物上所结的浆果数目之和都是奇数,因此,八种植物上所结的浆果总数就是 4 个奇数之和,从而一定是偶数. 所以,不可能一共结有 225 个浆果.

96.04. 答案:原来的五位数为 59 994.

因为每次删除前后所出现的数都是 9 的倍数,所以,每次删去的数的各位数字之和都是 9 的倍数. 这就是说,每次都只能删去一个 9,最后剩下的数只能是 54. 而且在三位数 549,594,954 中,只有 594 是 54 的倍数,所以,两次删除之后得到的三位数是 594. 而在四位数 9 594,5 994,5 949 中,只有 5 994 是 54 的倍数,所以第一次删除之后得到的四位数是 5 994. 最后,在五位数 95 994,59 994,59 949 中,只有 59 994 是 54 的倍数,这就是原来的五位数.

96.05. 例如 $n=\frac{(n^2)^2}{n^3}$.

96.06. 答案:这三个差数的和的可能的最大值是 194.

将所给的三个正整数记为 a,b,c. 不妨设 $a\geqslant b\geqslant c$,它们两两之差的和为

$$(a-b)+(a-c)+(b-c)=2(a-c)$$

因为 $b\geqslant1,c\geqslant1$,而 $a+b+c=100$,所以 $a\leqslant98$,因此

$$2(a-c)\leqslant 2(98-1)=194$$

只有当 $a=98$，$b=c=1$ 时，成立等号.

◆五个自然数之和为 100，这五个数两两之差的和数的最大值是什么？

96.07. 如图 4 所示，因为

$$\triangle ABD\cong\triangle CBD$$
$$\triangle ADM\cong\triangle CDN$$

所以

$$\angle KAM=\angle BAD-\angle MAD=\angle BCD-\angle NCD=\angle LCN$$

于是

$$\triangle KAM\cong\triangle LCN$$

因此

$$KM=LN$$

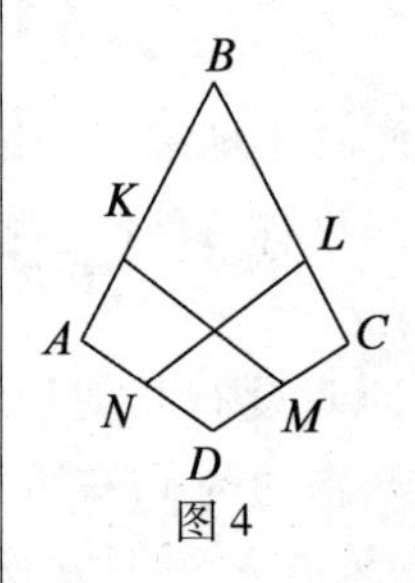

图 4

96.08. 答案：该数被 18 除所得余数为 17.

因为被 3，6，9 除的余数分别不大于 2，5，8，所以这三个余数之和一定不大于 $2+5+8=15$. 而且等号只有当这三个余数分别就是 2，5，8 时才成立. 又因为该数被 9 除的余数为 8，所以它被 18 除的余数只能是 8 或 17. 如果该余数为 8，那么，该数为偶数，从而它被 6 除的余数不可能为 5. 于是该数被 18 除所得余数为 17.

96.09. 同问题 96.05 的解答.

96.10. 解法 1：设这两个正整数的最大公约数为 d，则它们的最小公倍数就是 $16d$，又因为这两个正整数都是 d 的倍数，而且都是 $16d=2^4d$ 的约数，因此，它们中每一个都可以表示成 2^kd 的形式，其中 k 为非负整数，而在这种形式的两个正整数中，一定有一个能被另一个整除.

解法 2：考虑这两个正整数的素因数分解式. 容易看出，在这两个正整数的素因数分解式中，除了 2 之外的每个素因数的指数都相同，这是因为它们的最小公倍数与它们的最大公约数中，只有 2 的指数不相同. 因此，只要在其中一个正整数的素因数分解式中的 2 的指数增大，就可以得到另一个正整数的素因数分解式，所以，后一个正整数是前一个正整数的倍数.

注：实际上，已知的两个数中的一个是另一个的 16 倍. 事实上，若数 a 是数 b 的倍数，则 a 与 b 的最大公约数为 b，最小公倍数为 a.

96.11. 答案：$\angle ACD=90°$.

如图 5 所示，在 $\triangle ABG$ 与 $\triangle BCG$ 中，分别有一条高与一条中线重合，所以，它们都是等腰三角形. 于是 $DG=AG=BG=CG$. 因此在 $\triangle ACD$ 中，边 AD 上的中线 CG 是 AD 的一半，所以

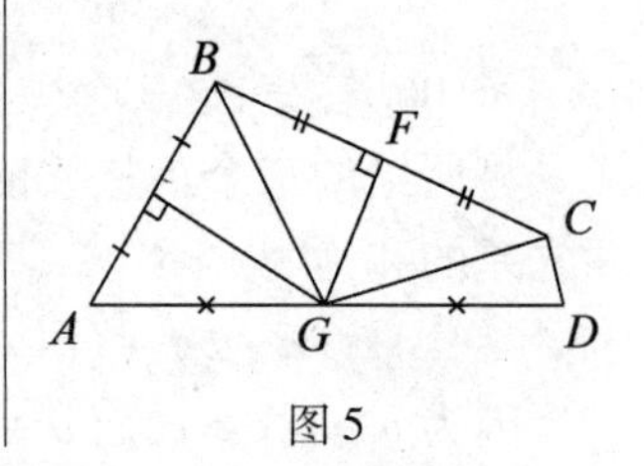

图 5

$\triangle ACD$ 为直角三角形,于是$\angle ACD = 90°$.

96.12. 将第一类数的集记为 A,将第二类数的集记为 B. 考虑到有一些十位数既含有组合 12,又含有组合 21,于是它们既属于 A,又属于 B. 首先从 A 与 B 中都去掉这样的十位数,然后将所得的两类数的集合分别记为 A'和 B',并将它们各自的数之和分别记为 S_1 与 S_2. 由此可知,A'中每一个数 a 的表达式中都一定含有片断 $1\cdots12\cdots2$,即在若干个 1(至少有一个 1)的右面跟着若干个 2,如果将该片断中的 1 全部换成 2,把 2 全部换成 1,那么就得到一个属于 B'的数 b,而且 $a<b$. 从 A'中的不同的数 $a_1 \neq a_2$ 经上述置换所得到的 B'中的数 $b_1 \neq b_2$,因此 A'中的元素的个数不多于 B'中的元素的个数,而且有 $S_1<S_2$.

96.13. 可以按图 6 方式填入数字,其中 $a=3-\sqrt{5}$,$b=3+\sqrt{5}$.

a	b	a
b	a	b
a	b	a

图 6

数 a 与 b 决定于条件 $a+b=6$,$ab=4$,即它们都是二次方程 $x^2-6x+4=0$ 的根.

96.14. 参看问题 96.10 的解答.

96.15. 如图 7 所示,因为 $BD=BC$,所以$\triangle CBD$ 为等腰三角形,因此,它的内切圆与线段 CD 相切于 CD 的中点 F. 依条件有 $DF=\frac{CD}{2}=AD$. 另一方面,因为$\triangle DOF$ 与$\triangle DOE$ 的直角边与斜边对应相等,所以 $DF=DE$,因此 $AD=DE$,即$\triangle ADE$ 是等腰三角形,于是,直线 AE 垂直于$\angle ADE$ 的角平分线,而直线 DO 作为$\angle ADE$ 的邻角的平分线也垂直于$\angle ADE$ 的角平分线. 所以,直线 AE 平行于直线 DO.

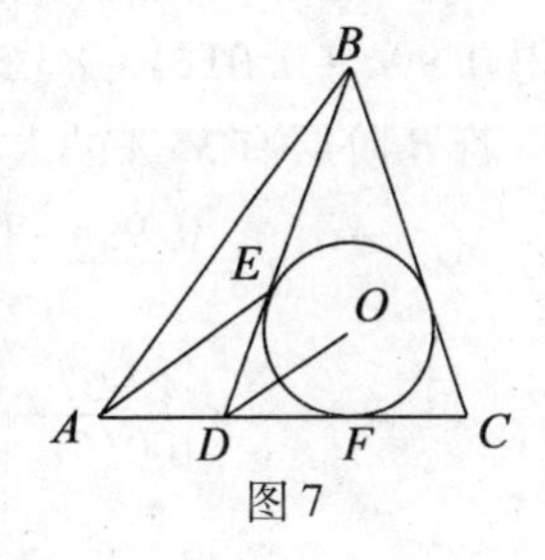

图 7

96.16. 设 n 为给定的自然数,以 100 除 n 所得的商为 a,余数为 b,以 1 995 除 n 所得的商为 c,余数为 d,于是 $n=100a+b=1\,995c+d(0\leqslant b\leqslant 99,0\leqslant d\leqslant 1\,994)$. 从等式 $100a+b=1\,995c+d$ 减去已知条件 $a+b=c+d$ 得 $99a=1\,994b$. 因为数 1 995与 1 994 互素,所以 a 能被 1 994 整除,即数 $k=\frac{a}{1\,994}=\frac{b}{1\,995}$为整数. 将 $a=1\,994k$ 与 $b=99k$ 代入等式 $a+b=c+d$ 得

$$1\,994k+b=99k+d$$

由此得 $d-b=1\,895k$. 但是 $d-b<1\,995$,所以 $k<2$. 于是 $k=0$ 或 $k=1$. 当 $k=0$ 时得 $a=b=0$;当 $k=1$ 时得 $a=1\,994$,$b=99$. 这两种形式实际上都是可能的. 例如,当 $n=1$ 时实现 $a=b=0$;当 $n=100$ 时,$1\,994=1\,995\times 99+1\,895$. 因此,两个不完全商为$(0,0)$或$(1\,994,99)$.

96.17. 作出所有水平线段所在的直线,设其中最下一条水

平直线为 L_1，最上一条水平直线为 L_2. 将这两条直线及其上的线段称为极端的水平线. 类似地，将位于最左面的垂直线段及其所在直线与位于最右面的垂直线段及其所在直线称为极端的垂直线.

反设问题的结论不成立. 那么，每一条垂直的线段对应于唯一的一条与它不相交的水平线段，反之亦然. 我们找出一条非极端的垂直线段 a，使得它对应于非极端的水平线段 b（依题意，这样的线段 a 必存在）. 除了 b 以外，线段 a 应当与所有水平线段相交，包括与 L_1 及 L_2 相交，这表示它与前面所作的水平直线相交. 特别地，线段 a 应与线段 b 所在的直线相交. 类似地，线段 b 应与线段 a 所在的直线相交. 因为 a 及 b 都是非极端线段，所以上述推理表明线段 a 与线段 b 相交，这是矛盾的.

96.18. 由 $\sin x=\sin\left(\frac{\pi}{2}-y\right)$ 及 $x,\frac{\pi}{2}-y\in\left(0,\frac{\pi}{2}\right)$，得 $x=\frac{\pi}{2}-y$. 同理 $y+z=z+x=\frac{\pi}{2}$，解得 $x=y=z=\frac{\pi}{4}$.

96.19. 设 A 阶层占该国总人数的比例为 a，则从投票的结果得 $0.99a+0.01(1-a)>0.5$，即 $a>0.5$.

若 B 阶层有 35% 的人不参加投票，则总统的得票率

$$\begin{aligned}p&=\frac{0.99a+0.01\times0.65(1-a)}{a+0.65(1-a)}\\&=\frac{1\,967a+13}{100(7a+13)}\\&=2.81-2.8\times\frac{13}{7a+13}\end{aligned}$$

将 $a>0.5$ 代入上式得 $p>2.81-\frac{2.8\times13}{16.5}>0.603$.

96.20. 解法1：如图8所示，因为 $\angle ALH=\angle AKH=90^\circ$，所以 A,K,H,L 四点共圆. 则 $\angle LKH=\angle LAH=90^\circ-\angle ACB$，于是

$$\angle LCB+\angle LKB=\angle LCB+\angle LKH+90^\circ=180^\circ$$

因此，C,L,K,B 四点共圆.

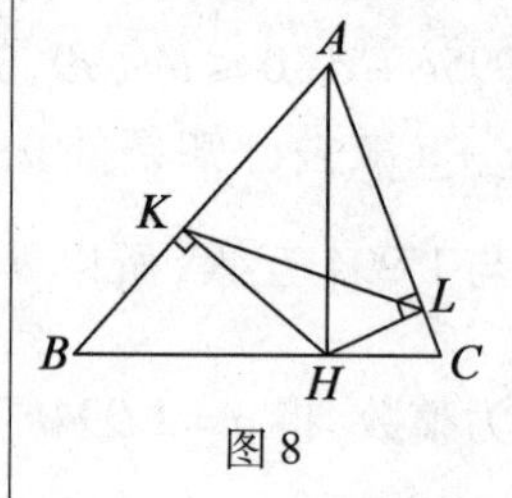

图8

解法2：如图9所示，延长直线 KH 与直线 AC 相交于点 C'，延长直线 LH 与直线 AB 相交于点 B'，则 H 为 $\triangle AB'C'$ 的垂心，因此直线 AH 包含 $\triangle AB'C'$ 的第三条高，即 $AH\perp B'C'$，所以 $BC/\!/B'C'$ 且 $\angle CBK=\angle C'B'K$. 直角 $\angle C'LB'$ 与直角 $\angle C'KB'$ 都立在线段 $C'B'$ 上，因此 C',L,K,B 四点共圆，而且 $\angle CLK+\angle C'B'K=180^\circ$. 又因为

$$\angle CLK+\angle CBK=\angle CLK+\angle C'B'K=180^\circ$$

所以 C,L,K,B 四点共圆.

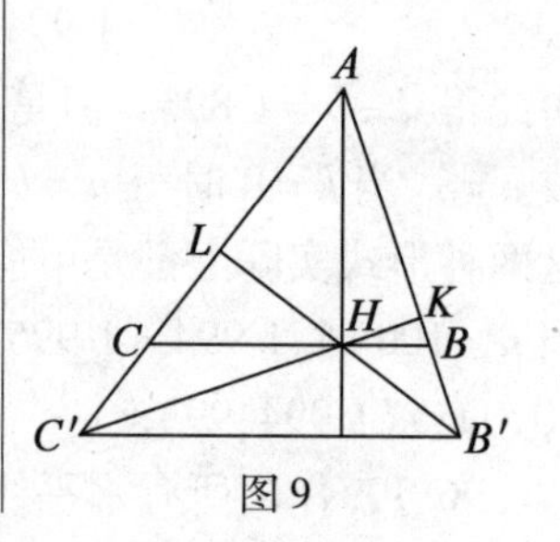

图9

96.21. 将该多项式的三个根记为 p,q,r，根据韦达定理有

$pqr=3$,所以有某一个根,比如 p 能被 3 整除. 设 $p=3s$,另一方面,仍据韦达定理得

$$3qs+3rs+qr=17$$

因此,当以 3 去除 qr 时得余数 2,于是,当以 3 去除 q 或去除 r 时,其中一个的余数为 1,而另一个的余数为 2. 因此,当除以 3 时,各个根各有不同的余数,从而,三个根是不相同的.

◆试证明:本问题的条件中所描述的多项式实际上是存在的.

96.22. 解法 1:依题有

$$\frac{3}{2}(a^4+b^4+c^4)+24$$
$$=\frac{1}{2}((a^4+16)+(b^4+16)+(c^4+16))+a^4+b^4+c^4$$
$$\geqslant 4a^2+4b^2+4c^2+a^4+b^4+c^4$$
$$=(4b^2+a^4)+(4c^2+b^4)+(4a^2+c^4)$$
$$\geqslant 4a^2b+4b^2c+4c^2a$$

解法 2:根据关于四个非负数的平均值不等式得

$$a^4+a^4+b^4+16\geqslant 8a^2b$$

将这个不等式与类似的不等式 $b^4+b^4+c^4+16\geqslant 8b^2c$ 与 $c^4+c^4+a^4+16\geqslant 8c^2a$ 相加,即得求证的不等式.

96.23. 答案:1 996.

为了写出所要求的四位数,第一位数字有 4 种可能(2,4,6,8),第四位数字有 5 种可能(0,2,4,6,8),中间第二、第三位数字各有 10 种可能. 因此,首位与末位都是偶数的四位数共有 $4\times5\times10\times10=2\ 000$ 个. 在这些四位数中剔除 998 的倍数,我们便可从余下的数中得到要求的数.

因为 $998k=1\ 000k-2k(2\leqslant k\leqslant 10)$ 这些数的末位数字一定是偶数,而当且仅当 k 为奇数时,这些数的首位为偶数,即当且仅当 $k=3,5,7,9$ 时. 因此,所求的四位数的个数为 $2\ 000-4=1\ 996$.

96.24. 如果每一个选民都没有填写某一个党,即每个选民只填写 19 个党中的一个,那么,必有一个党 P 被填写的份额不少于$\frac{1}{19}$,但每个填写 P 的人都投了 P 的票,因此,政党 P 的得票率应该也不少于$\frac{1}{19}$,因为$\frac{1}{19}>5\%$,所以公布的结果有误.

95.25. 同问题 96.20 的解答.

95.26. 同问题 96.22 的解答.

96.27. 考虑任意的四面体 $XYZT$,同样以 l 表示直线 XY. 因为

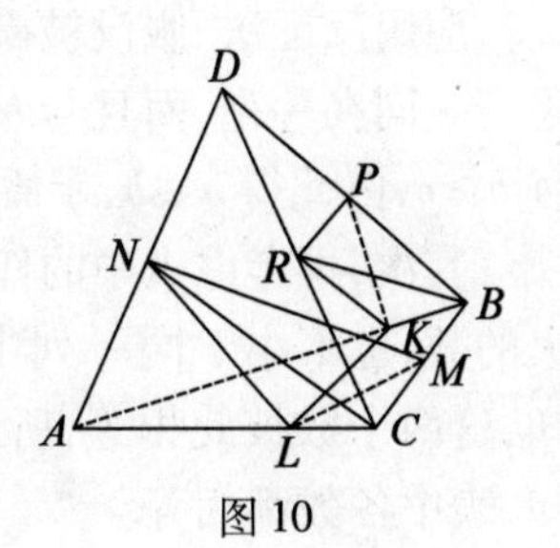

图 10

$$V_{XYZT}=\frac{1}{3}S_{XYZ}h=\frac{1}{6}XY\cdot XZ\cdot \sin\angle YXZ\cdot h$$

那么当顶点 Y 沿着直线 l 运动时,四面体的体积与 XY 的长度成比例地改变,如图 10 所示,设

$$\frac{KB}{AB}=\frac{LC}{AC}=\alpha$$

将四面体 $P\text{-}CLM$ 的顶点 L 移动到点 A,然后顶点 M 移动到点 B,最后顶点 P 移动到点 D,观察体积的改变,依次得

$$V_{P\text{-}CLM}=\alpha V_{M\text{-}ACP}=\frac{\alpha}{2}V_{B\text{-}ACP}=\frac{\alpha}{4}V_{D\text{-}ABC}$$

类似地可得

$$V_{B\text{-}KPR}=\frac{\alpha}{4}V_{D\text{-}ABC}$$

于是 $V_{B\text{-}KPR}=V_{N\text{-}CLM}$.

96. 28. 设船长给参与搬运每一只箱子的每个人都发 1 枚金币,那么,他一共发出了 6 500 枚金币. 又因为每搬运 1 只箱子,船长便发出 7 枚金币. 所以,船长发出的金币总数应当是 7 的倍数,但是 6 500 不是 7 的倍数,因此船长的判断有误.

96. 29. 答案:中尉站在少校的左面(假设在按身高列队时,最高的人站在右面).

为了证明,首先注意到,在第一次交换位置(上校与身高为第二的人换位)之后,中尉站在队列的最左面. 事实上,在按身高列队时,即在第二次交换位置之后,最矮的人到了最左面. 下面分两种情形讨论.

①中尉不是身高为第二的人,这时,中尉不涉及第一次交换位置,这说明,中尉站在最左面.

②中尉是身高为第二的人,那么,在第一次换位时,他与上校互换位置. 从条件得知,上校与中尉或者是身高为第二与第三的人;或者是最高与最矮的人. 现在中尉身高第二,则上校身高第三,上校没有参与第二次交换位置,因此,在第一次换位之后,上校在第三位,这表示开始时,中尉与上校占据着第三与第四位. 因此,开始时中尉位于少校的左面.

96. 30. 首先证明,所有被圈出的数彼此相等.

应用反证法. 假设被圈出的数中有某两个数 $a>b$,我们考虑与 a 同在一列,而且与 b 同在一行的那个数 c,依题意知 $a\leqslant c$ 且 $b\geqslant c$,由此得 $a\leqslant b$,矛盾. 因此,所有被圈出的数彼此相等.

其次,再考虑表中的任意一个数 x,它不大于同一行中的最大的数,也不小于同一列中的最小的数,但是由上面的证明可知,这两个数彼此相等,所以 x 也与这两个数相等. 综合上述可知,表中各数都相等.

96.31. 答案：只存在唯一的这样的数 1 494 = 18 × 83.

解法 1：将所求的数记为 x，并将 x 的各位数字之和记为 a，依题意得 $x=83a$. 因为 x 被 9 除的余数与 a 被 9 除的余数相同，所以 $x-a=82a$ 能被 9 整除，这表明 a 是 9 的倍数. 由于任何四位数的各位数字之和都不超过 36，所以 a 只能是 9，18，27，36 中的某个值，我们逐个检查如下：

$9\times83<1\ 000$，不是四位数；

$18\times83=1\ 494$，符合题目的要求；

$27\times83=2\ 241$，它的各位数字之和不等于 27；

$36\times83\neq9\ 999$，它的各位数字之和不可能等于 27.

解法 2：所求的四位数为 83 的倍数而且不超过 $36\times83=2\ 988$. 这样的数共有 24 个，逐个检验之后，可知只有一个数 1494 满足题目的条件.

96.32. 先考虑这样的一种情形：至少有 50 L 酒精是用 0.5 L和 1 L 的瓶子分装的. 在这种情形下，可以分出 50 L 酒精来给其中一名商人：如果有 50 瓶 1 L 的，这样做显然是可行的；如果有不足 50 瓶 1 L 的，那么，可以用每瓶 0.5 L 的来补足.

再考虑下列情形：至少有 50 L 酒精是用 0.7 L 的瓶子分装的. 在这种情况下，先凑出 $0.7\times70=49$ L 酒精. 如果至少有 1 瓶 1 L 装的酒精，或者有 2 瓶 0.5 L 装的酒精，那么，就可以凑足 50 L 酒精来给其中一名商人，否则，就只能设想：或者所有酒精都是用 0.7 L 的瓶子分装的；或者除了 0.7 L 的瓶子之外，只有 1 瓶是 0.5 L 的，但这都是不可能的. 因为 100 L 或者 99.5 L 酒精不能只用 0.7 L 的瓶子来分装.

96.33. 逐一写出每只棋子车所在的行号与所在的列号，再将所有这些行号与列号相加，如果 9 只棋子车不能相互搏杀，那么，所得的和一定等于 $2\times(1+2+\cdots+9)=90$. 这是因为这时这些棋子既两两不同行，又两两不同列，所以每个行号与每个列号都在和式中出现，而且只能在和式中出现 1 次，在每只棋子车都按照棋子马的走法移动一次以后，它们的行号与列号之和或者都变化了 3，或者都变化了 1，总之都变化了一个奇数. 由于一共有 9 只棋子车，则总和也变化了一个奇数. 这样一来，棋子相互之间的关系就不可能保持原来的和平共处的状态，即其中一定有某两只棋子可以进行相互搏杀.

96.34. 答案：不能.

在凸六边形中有两类对角线：一类是"长对角线"，它们连接两个相对的顶点；另一类是"短对角线"，它们联结间隔一个的顶点. 如果只作长对角线，它们不能满足题目所要求的性质. 因此，在所作的对角线中一定要有短对角线，但是，一旦作出了

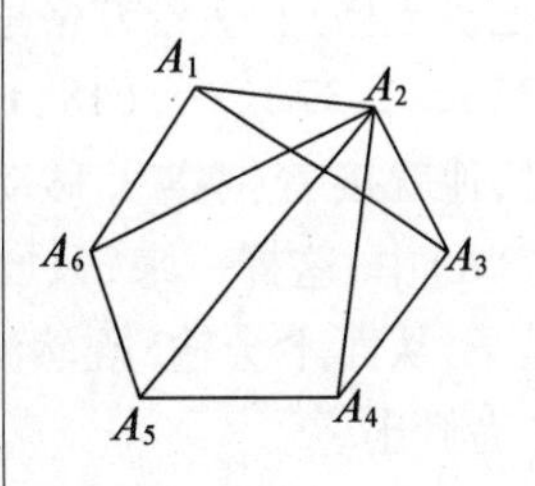

图 11

某条短对角线，例如 A_1A_3，如图 11 所示，那么它只能与从 A_2 所引出的三条对角线相交于六边形内的点，因此，这时就必然还要作短对角线 A_2A_4 和长对角线 A_2A_5. 再对短对角线 A_2A_4 作类似的考察，发现还要作短对角线 A_3A_5 和长对角线 A_3A_6. 继续如此考察下去，就会发现，需要作出六边形的所有的对角线，这时，显然已经不能满足题目的要求了.

96.35. 首先，考虑侵略军入侵该国之后第一次发现重复占领某一个城市的时刻，假定这发生在他们入侵该国之后的第 K 天，那么，在此之后，侵略军就只能一次又一次地重复占领这 K 座城市，而且，某两次占领同一座城市间隔的天数都是 K 的倍数. 显然有 $K>1$，因为不论占领哪一座城市之后的第二天，他们都会去占领另一座城市，既然他们有一次发现重复占领同一座城市间隔 17 天，那么，17 就应该是 K 的倍数，从而，只能是 $K=17$. 这意味着他们已经占领了该国的所有城市.

96.36. 将摆放角状形的位置两两配对：在摆放角状形的 2×2 正方形中，将关于正方形中心对称的两个摆放角状形的位置配为一对(如图 12 所示两种搭配情形).

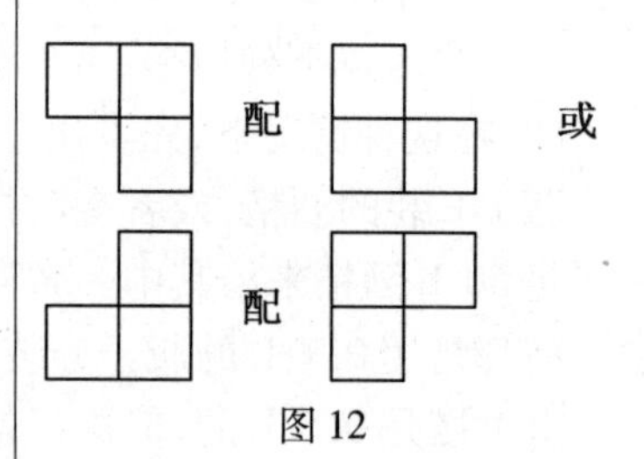

图 12

只有贴着被剪去的方格表的左上角的那个摆放角状形的位置不能做上述配对，因为它所在的 2×2 正方形中的右下角方格被剪去了.

◆证明：在这块矩形上放置角状形⊞的办法数除以 4 的余数为 1.

96.37. 答案：该方程没有正整数解.

因为 $[x^2,y]$ 与 $[x,y^2]$ 都既能被 x 整除，又能被 y 整除，因此，它们的和 1 996 也应既能被 x 整除，又能被 y 整除. 由于 $1\ 996=2^2\times499$，而 499 为素数，所以 x 与 y 都只可能等于 1，2，4，499，998 或 1 996. 但是不可能为最后三个数，若不然，$[x^2,y]$ 与 $[x,y^2]$ 之一不小于 $499^2>1\ 996$，矛盾. 反过来，如果 x 与 y 都只等于 1，2 或 4，则此时 $[x^2,y]+[x,y^2]$ 远远小于 1 996，所以该方程没有正整数解.

96.38. 答案：先开始操作的人有取胜策略.

他可以采用如下策略：将 40 个方格自左至右依次编号. 首先，把棋子移到 39 号方格里. 然后，将其余 38 个方格两两配对：$(1,38),(2,37),\cdots,(18,19)$. 每当对手把棋子移动到方格 K 中时，他就接着把棋子移动到该方格所在配对的另一个方格 $(39-K)$ 中. 这样一来，只要对手能够移动棋子，他也就可以移动棋子，从而不会输. 既然游戏持续不多于 39 步，那么，第一个操作者胜出.

◆在 1×39 或 1×41 的方格纸上玩上述规则的游戏，谁可获胜?

96.39. 用反证法证明.

假设不存在三个顶点被分别染为三种不同颜色的直角三角形. 不难验证,可以找出一条水平方向或竖直方向的直线 l,在 l 上有两种或三种颜色的结点,为确定起见,设 l 为水平方向,如果 l 上只有两种颜色的点,比方说蓝色与红色,那么,在平面上任意取一个绿色结点 A,并且把 A 所在的竖直直线与 l 的交点记为 B. 于是 B 或为蓝色或为红色,不妨设其为蓝色,由于 l 上还有红色结点,只要任取其中一个红点 C,即可得到三个顶点颜色各异的 $\mathrm{Rt}\triangle ABC$,这与假设矛盾,所以 l 上面应有三种颜色的结点.

在直线 l 上任意取一个蓝点 B、一个红点 C 和一个绿点 D,那么,这时在经过点 B 的竖直直线上的结点都应当是蓝色,否则,就可以找到三个顶点颜色各异的直角三角形. 同理可知,在经过点 C 的竖直直线上的结点都是红色,在经过点 D 的竖直直线上的结点都是绿色,这就表明,在以上的染色方法中,每条竖直直线上的结点都是单一颜色的,从而,任何直角边在方格纸上的直角三角形中都至少有两个顶点同色. 下面考察任何一条经过结点且与竖直方向的夹角为 $45°$ 的直线,由于它同每条竖直直线都在结点处相交,所以,它上面有着三种不同颜色的结点,这样一来,根据以上的讨论,在每一条与它垂直的直线上的结点都只能是单一颜色的. 但是,事实上这些直线与竖直方向的夹角都是 $135°$,从而与每条竖直直线都相交于结点处,所以都有着三种不同颜色的结点,导致矛盾.

96.40. 答案:当该国的城市的数目为 n 时,获得这些航线的经营权的公司的数目可以是从 1 到 $n-1$ 之中的任何一个整数.

用数学归纳法证明:当城市的数目为 n 时,依题目条件,购买航线的公司的数目不可能超过 $n-1$.

对于 $n=2$,结论显然成立.

假设结论对 $n=k$ 成立,去证明当 $n=k+1$ 时,根据人民呼拉尔通过的议案,政府亦至多可将航线出售给 k 家公司.

假设这时结论不成立,即政府可以把航线出售给 $k+1$ 家公司. 任意取出 1 座城市 A,关闭从 A 出发的所有 k 条航线. 由归纳假设可知,其余的航线至多可以出售给 $k-1$ 家公司,这就意味着,在买得被关闭的航线的公司中,还有两家新的公司. 假设航线 AB 和 AC 是分别卖给这两家新公司的,这样一来,航线 AB,AC,CB 就被分别卖给了三家不同的公司了,违背了人民呼拉尔所通过的议案,所以,政府至多可将航线出售给 k 家公司,

因此结论对 $n=k+1$ 也成立.

下面的例子说明可以把航线刚好出售给 $n-1$ 家公司:将 n 座城市分别记为 $A_1,A_2,\cdots,A_n$,当 $i<j$ 时,就把连接城市 A_i 与 A_j 的航线出售给第 i 家公司. 这个方案满足人民呼拉尔通过的议案精神,并且刚好把航线售给了 $n-1$ 家公司.

96.41. 同问题96.34的解答.

96.42. 同问题96.37的解答.

96.43. 如图13所示,直线 SM 既通过 $\triangle ABD$ 的边 AD 的中点,又平行于边 AB,所以 SM 包含了 $\triangle ABD$ 的一条中线. 类似地可以证明,直线 PM 包含了 $\triangle ABD$ 的另一条中线. 由此可知,作为直线 SM 与直线 PM 的交点,点 M 与线段 BD 的中点重合. 于是线段 QM 与 RM 就是 $\triangle BCD$ 的两条中线,从而 $QM/\!/CD$, $RM/\!/BC$,所以四边形 $CRMQ$ 也是平行四边形.

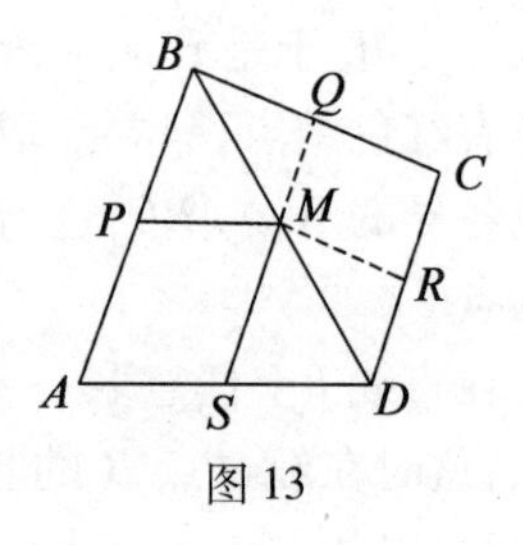

图 13

96.44. 解法与96.35题的解答类似. 老人所走过的路程是一个圈. 事实上,他是在一个长度不超过13的圈上重复绕行,该圈的长度应当是1 313的约数,正是13,所以老人可以从任何一层到达任何另一层.

96.45. 将正整数 a 的所有正约数分别记为 $a_1=1,a_2,a_3,\cdots,a_{d(a)-1},a_{d(a)}$. 考虑正整数 b 的所有正约数,以及数 $a_2b,a_3b,\cdots,a_{d(a)}b$,容易证明,这些数互不相等,而且都是 ab 的正约数,它们一共有 $d(a)+d(b)-1$ 个,所以

$$d(ab)\geqslant d(a)+d(b)-1$$

96.46. 答案:先开始者有取胜策略.

将先开始者称为甲,将甲的对手称为乙,甲的取胜策略如下:

第一步,甲先占领方格表的中心方格,然后采用对称摆放策略:如图14所示,如果乙在中心列中的某个方格 B 中摆放棋子,那么,甲就在中心列中关于中心方格与 B 对称的方格 B' 中摆放棋子;如果乙在中心列以外的某个方格 A 中摆放棋子,那么,甲就在关于中心列与 A 对称的方格 A' 中摆放棋子. 不难验证,只要乙的摆法合乎要求,那么,甲的回应摆法也一定合乎要求. 所以,甲不会首先不能再摆放棋子,从而获胜.

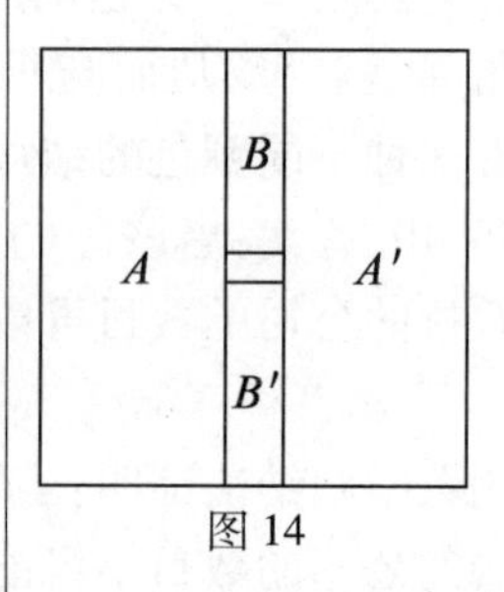

图 14

◆事实上,这是开玩笑的游戏,结果与怎样进行游戏无关,总是先开始者获胜.

96.47. 解法1:假定从冬季开始进行改变航线的布局. 在7月(半年后)发现航线网遍布全国,即从任何一座城市都可以飞到(包括中转)任何一座别的城市.

以下考虑6月份时的航线布局状况. 首先,在地图上标出首都;然后,标出由首都经过奇数次中转可以飞抵的所有城市.

可以断言,在所标出的城市之中,一定有某两座城市之间有直达航线. 事实上,如果不是这样,则说明从所标出的任何城市起飞,都只能首先飞到某座未标出的城市,如果再作中转,则又飞到某个被标出的城市,这样一来,到了 7 月份,所有被标出的城市之间都有航线连线,而且在它们之间就只有这样一些航线,从而,从这些城市起飞,无法飞到任何一座未被标出的城市,这与题目的条件相矛盾.

从上述讨论可知,在 6 月份时,该国的航线网中存在着包含奇数座不同城市的圈(将它称为"奇圈"). 如图 15 所示,事实上,在所标出的城市中,有某两座城市 A,B 之间有直达航线,而由首都 O 出发,飞到 A,B 都需要作奇数次中转,因此,航线 OA,OB 上都包含了奇数座城市. 从而,在航线 $O \to A \to B \to O$ 上就一共有奇数座城市,如果其中任何两座城市都不相同,那么,它就是一个奇圈. 否则,出现某座城市 C 经过了两次,那么,该航线就是都经过 C 的两个圈,如图 16 所示,这两个圈上的城市的座数为一奇一偶,留下其中有奇数座城市的圈,如果其中任何两座城市都不相同,那么,就是一个奇圈,否则上面还有某座城市出现两次,再继续上述的过程,这样下去,一定可以得到一个奇圈.

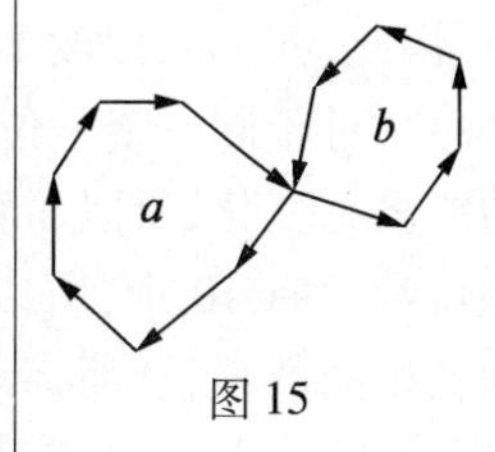

图 15

不难看出,如果在某一个月存在奇圈,那么,在下一个月就会有另外一个奇圈经过原来奇圈上的每一座城市(如图 16 中虚线表示新的奇圈). 因此,可以断定,从 6 月份开始,该国航线网络中就一直存在着奇圈.

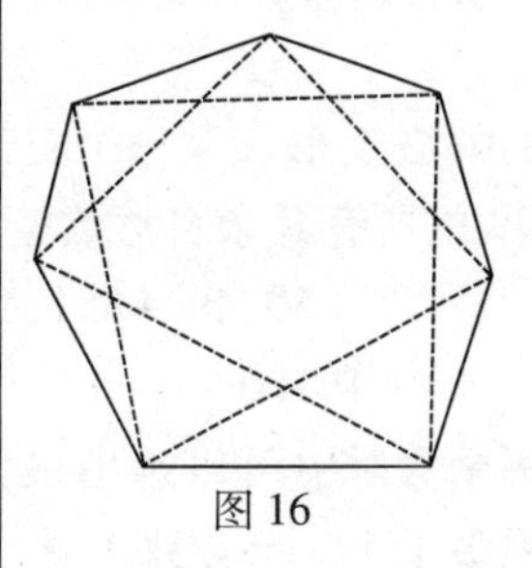
图 16

现在已经不难证明,从某个月开始,就可以从任何一座城市直接飞到任何一座别的城市,可以断言,这将从 8 月份开始.

以下只需证明,在 7 月份时,从任何城市 A 都可以经过奇数次中转,到达任何城市 B. 设想先从 A 飞到奇圈上的某座城市 C,然后再飞往 B. 如果在这条航线上需要作偶数次中转,那么,只要在到达 C 以后沿着奇圈飞行一圈,再从 C 飞往 B 即可.

解法 2:只需证明,在 8 月份,从该国的任何城市出发,乘飞机可以到达任何一座别的城市. 若不是这样,那么,可以将该国分为两个共和国,在这两个共和国的城市之间没有航线,由此得出,在 7 月份,没有任何一条航线是一个共和国的国内航线,即所有的航线都是"共和国之间的航线". 因此,在 7 月份,对于任何三个城市 A,B 与 C,航线 AB,AC,BC 中,甚至有一条是不通航的. 而这意味着在 7 月份,从一个城市出发的航线不多于 2 条(如果在 6 月份,有航线 XA,XB,XC,那么,在 7 月份,将有航线 AB,AC,BC),这只有在下列情形才可能出现:假设 6 月份的航线网是"线性的"(第一个城市飞往第二个城市,第二个城市飞往第三个城市，…，倒数第二个城市飞往最后一个城市)，或者是"环形的"(正如线性的航线那样，而且从最后一个城市飞往第一个城市). 如果在6月份，航线网是由偶数个城市组成的线性网或环形网，那么，该国已瓦解为两个互不联系的共和国；如果在6月份，航线网是由奇数个城市组成的环形网，那么，在以后所有的月份里，航线网都是由奇数个城市组成的环形网. 特别地，在8月份，可以从任何一个城市直接飞往任何一座别的城市. 因此，我们的假设不成立.

96.48. 对于同一个一位数按规定作替换10次，因为其他一位数始终没有变化，所以，每一步操作中加上的是同一个和数. 由于一位数只有10个，所以，被替换的一位数在10步操作后，复原到初始的数值，从而，我们又得到初始的数组.

96.49. 解法1：将从1到99的全部数字按下列次序写成数列

$$99,1,98,2,97,3,\cdots,52,48,51,49,50$$

在这个数列中，任何两个相邻数字之和等于99或100. 因此，任何两个选出的数在这个数列中不可能是相邻的. 在这个限制下，从99个数中选出50个数(多于一半)只能有一种方法：从第一个开始，跨一个选取，这就是说，选取从50到99的全部数字.

解法2：假设某一个自然数$n(50\leqslant n\leqslant 99)$没有入选. 将从1到99的所有其余自然数按以下方式整理为数对

$$(50,49),(51,48),\cdots,(n-1,100-n),$$
$$(n+1,100-n-1),(n+2,100-n-2),\cdots,(99,1)$$

从每个数对中可以选出最大的一个数，于是，所选出的全部数字不多于49个，导致矛盾.

96.50. 如图17所示，将从点X到直线l的距离记为$d(X,l)$，注意到

$$d(C,AP)=d(M,AP)\cdot\frac{AC}{AM}$$
$$d(B,DP)=d(M,DP)\cdot\frac{DB}{DM}$$

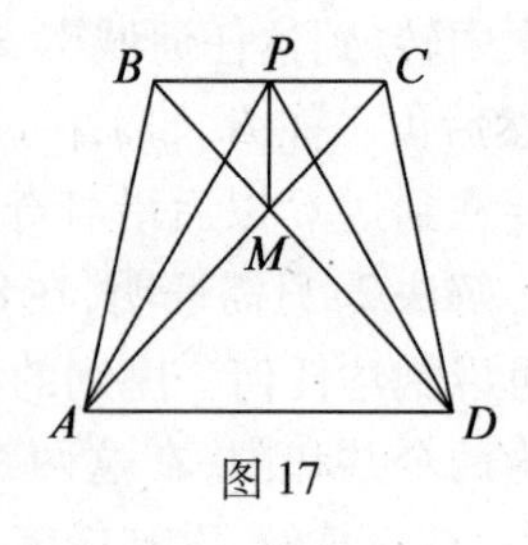

图17

因为PM是$\angle APD$的角平分线，所以$d(M,AP)=d(M,DP)$，因此，只要证明$\frac{AC}{AM}=\frac{DB}{DM}$. 由于$\triangle AMD$与$\triangle CMB$相似(因为有三个角对应相等)，所以$\frac{CM}{AM}=\frac{BM}{DM}$，由此得出

$$\frac{AC}{AM}=1+\frac{CM}{AM}=1+\frac{BM}{DM}=\frac{DB}{DM}$$

96.51. 两个人A与B只有在下列条件下因为某几次邀请

来参加晚餐而认识的:最初他们是“间接地认识的”,即存在这样的人的链条,刚开始的人与 A 认识,而最后的人与 B 认识,中间的每一个人与下一个人认识. 下面证明,在这种情况下,当所有人都至少安排一次晚餐以后,A 与 B 已经认识.

如果这个认识链中一个成员(除 A 与 B 外)组织了一次晚餐,那么,他就与链上与自己相邻的两个人认识,于是他可能将自己从链上除名. 而且,在链上的每一个人依然认识下一个人. 考虑在 A 与 B 之间的认识链,每天晚上将组织过晚餐的人(如果这个人列入这个链内)从链中除去. 当每一个人至少组织一次晚餐时,在 A 与 B 之间没有任何人留下来,因此,A 与 B 就彼此认识.

因此,当每一个人都至少请过一次晚餐后,各个认识链上的人都相互认识. 如果这时仍有两人不认识,那么这两个人各自必属于不同的认识链. 下一次晚餐他们也不可能认识.

96.52. 如图 18 所示,设对角线 AC,BD 的中点分别为 X,Y,则

$$\overrightarrow{OX}=\frac{1}{2}(\overrightarrow{OA}+\overrightarrow{OC}),\overrightarrow{OY}=\frac{1}{2}(\overrightarrow{OB}+\overrightarrow{OD})$$

而

$$\overrightarrow{ON}=\frac{1}{4}(\overrightarrow{OA}+\overrightarrow{OB}+\overrightarrow{OC}+\overrightarrow{OD})$$

所以 N 为线段 XY 的中点.

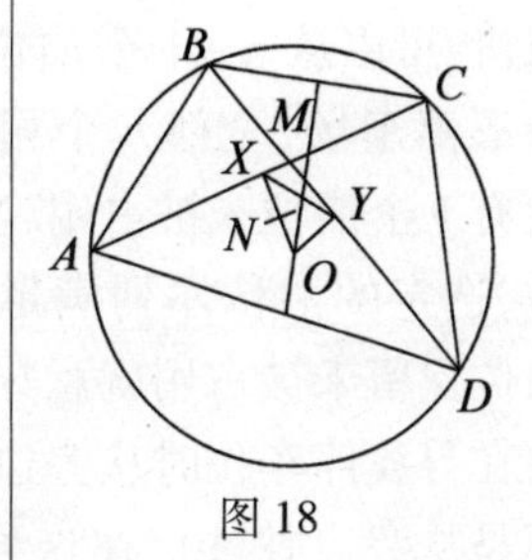

图 18

由于 O 是外接圆的圆心,所以 X 与 Y 是从 O 到对角线的垂线的垂足,于是 $\angle OXM$ 与 $\angle OYM$ 都是直角,因此,X 与 Y 落在以 OM 为直径的圆上,点 N 作为弦 XY 的中点也落在该圆内(或在该圆上),因为 OM 为圆的直径,而圆的任意两点的距离都不大于直径,所以 $ON\leqslant OM$.

96.53. 对于次数大于 1 的任意整系数多项式,本问题的结论都是成立的. 设 d 是任何一个大于 1 的自然数,对于整数 x,考虑形式为 $p(x)$ 的数对模 d 的所有可能的余数,如果在这些余数中没有某一个数 a,那么取形式为 $a_n=a+n$ 的数列作为所求的数列(它们由对模 d 有余数 a 的各数所组成).

余数 x 确定余数 $p(x)$,它们可以取所有 d 的不同的值,因此,如果相同的余数 $p(x)$ 与 $p(y)$ 对应于两个不同的 x 与 y,那么,可以取形如 $p(x)$ 的数而得到某一个余数,从而解决问题. 所以,只要求出自然数 d 和关于模 d 不同余的数 x 与 y,使 $p(x)$ 与 $p(y)$ 关于模 d 同余. 为此,可以找这样的 x 与 y,使得

$$|p(x)-p(y)|>|x-y|$$

然后,设 $d=|p(x)-p(y)|$. 可以用多种方法证明存在这样的 x

与 y,以下介绍其中两种:

方法 1:因为幂 p 大于 1,所以这个多项式比线性函数更快地增长至无穷,于是对充分大的 x,有

$$|p(x)|>|x|+|p(0)|$$

选择满足这个不等式的整数 x,然后取 $y=0$.

方法 2:考虑多项式

$$q(x)=p(x+1)-p(x)$$

它的幂为正数,因为它的幂比 $p(x)$ 的幂恰好小 1,就是说,对于有限的整数 x,$q(x)$ 的值只可能等于 0,1 或 -1,对于所有其余的 x,有 $|q(x)|>1$,即当 $y=x+1$ 时,$|p(x)-p(y)|>|x-y|$.

96.54. 答案:$(n+1)^{n-1}$.

解法 1:设想补充第 $n+1$ 个泊位,而且将它与 1 号泊位相连成圆形街道,使得泊位从第 $n+1$ 号返回到第 1 号. 现在选定泊位的序列恰好有 $(n+1)^n$ 个(n 个司机中的每一个不依赖其他司机,可以从 $n+1$ 个泊位中选定 1 个). 按照题述的规则来到环形停车场,全部 n 个司机都可以停泊在任何选定的位置,并且有 1 个泊位未被占用. 当且仅当第 $n+1$ 个泊位保留未被占用时,选定的泊位序列满足原来问题的要求. 事实上,第 $n+1$ 个泊位保留未被占用就意味着它不是任何一个司机的,也不是任何在寻找停车位时从旁边驶过的司机的(否则他就停在那里而不是从旁边驶过),在这种情形,可以关闭第 $n+1$ 个泊位和街道的邻接的地段(即返回到原来的问题),而不扰乱寻找泊位的过程.

将整个环形站的选位序列分为 $(n+1)^{n-1}$ 个组,每一个组中有 $n+1$ 个序列. 归入一组的序列来自它以环形移动方式停车的位置号码. 在每一个组中,恰好有一个选定的序列,它满足原来的问题的要求,正是未被占用的泊车位对应于号码 $n+1$,就是说,原来的序列的个数恰好等于组的个数,即 $(n+1)^{n-1}$.

解法 2:对于每一个整数 m,$0\leqslant m\leqslant n$,以 $N(n,m)$ 表示 m 个司机选定的导致有效的泊位的序列的个数(特别地,$N(n,0)=1$). 下面对 n 用归纳法证明:对于所有的 m,有

$$N(n,m)=(n+1-m)(n+1)^{m-1}$$

当 $n=1$ 时,只有 $m=1$,结论成立.

当 $n>1$ 时,设结论对 $n-1$ 成立,去证结论对 n 成立. 设有 k 个司机选 1 号泊位,另外 $m-k$ 个司机选编号大于 1 的泊位. 因为喜欢选 1 号泊位而未得的司机一定能够找到泊位,而且不影响其他司机泊的情形(一个司机占据编号比他靠后的司机的泊位相当于这个司机再往后找泊位). 所以,这时的合乎条件的序列的个数等于 $m-k$ 个司机选 $n-1$ 个泊位的合乎条件序列

个数. 注意到 k 个司机有 C_m^k 种选法,因此有

$$N(n,m) = \sum_{k=0}^{m} C_m^k N(n-1,m-k)$$

将归纳假设 $N(n-1,m-k)=(n-m+k)n^{m-k-1}$ 代入上式,并应用二项式公式得

$$\begin{aligned} N(n,m) &= \sum_{k=0}^{m} C_m^k (n-m+k) n^{m-k-1} \\ &= \sum_{i=0}^{m} C_m^i (n-i) n^{i-1} \\ &= \sum_{i=0}^{m} C_m^i n^i - m\sum_{i=1}^{m} C_{m-1}^{i-1} n^{i-1} \\ &= (n+1)^m - m(n+1)^{m-1} \\ &= (n+1-m)(n+1)^{m-1} \end{aligned}$$

◆凯莱(A. Cayley 1889)定理:由 $n+1$ 个有标记的顶点可以产生 $(n+1)^{n-1}$ 个不同构的数. 正如上述那样,这个量与本问题的答案相同.

96.55. 答案:$n=1$.

由直接验算可知 $n=1$ 满足条件. 如果有正整数 $n\geqslant 2$ 使 3^n+5^n 能被 $3^{n-1}+5^{n-1}$ 整除,那么数

$$3^n+5^n-3(3^{n-1}+5^{n-1})=2\times 5^n$$

也能被 $3^{n-1}+5^{n-1}$ 整除. 但是 5^n 与 $3^{n-1}+5^{n-1}$ 互素,于是 2 也可被 $3^{n-1}+5^{n-1}$ 整除,得出矛盾. 因此,满足条件的 n 只有 1 个 $n=1$.

96.56. 如图 19 所示,由面积公式得

$$r_1=\frac{2S_{\triangle ABM}}{AB+AM+BM}$$

$$r_2=\frac{2S_{\triangle ACM}}{AC+AM+CM}$$

$$S_{\triangle ABM}=S_{\triangle ACM}$$

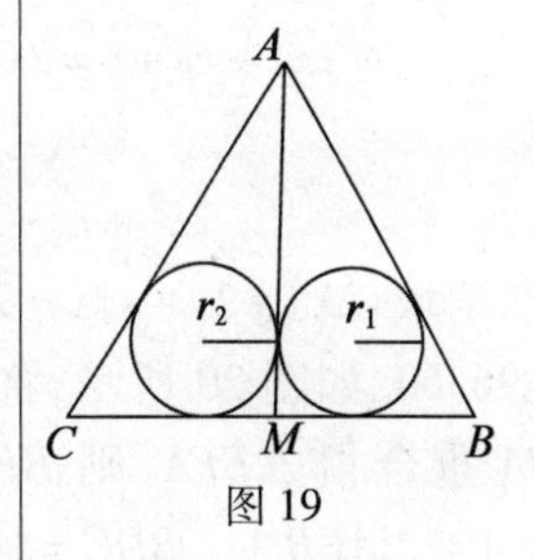

图 19

假设 $r_1\geqslant 2r_2$,那么可以将这个不等式写成下列形式

$$AC+AM+CM\geqslant 2(AB+AM+BM)$$

由此得 $AC\geqslant 2AB+AM+CM$. 这与三角形不等式矛盾,所以 $r_1<2r_2$.

96.57. 每步操作将 a,b 变为 (a,b) 与 $[a,b]$. 因为对任意的自然数 a,b 有 $(a,b)[a,b]=ab$,因此,操作前两数的乘积与操作后两数的乘积相等. 从而各步操作后,在黑板上的所有数的乘积始终不变,另一方面,记 $(a,b)=d,a=da_1,b=db_1$,则

$$[a,b]=da_1b_1$$

$$(a,b)+[a,b]-(a+b)=d(a_1-1)(b_1-1)\geqslant 0$$

当且仅当 a_1,b_1 之一等于1(即 a 与 b 中一个整除另一个)时上式成立等号. 因此,黑板上所有数之和不会递减(当被操作的两个数互不整除时,黑板上所有数之和则严格递增). 但因为黑板上所有数的乘积不变,所以,这些数的总和有上界,从而这些数的总和不可能一直严格递增,即从某时刻起被操作的两数一定有一个整除另一个的关系,设 a 整除 b,这时 $(a,b)=a$, $[a,b]=b$,即黑板上的数不再改变.

96.58. 因为每个内部三角形由三条互无公共端点的对角线相交而成,而每条对角线由它的两端点所确定,因此,每个内部三角形由6个顶点所确定. 而任意的6个顶点只有一种连线方式(1与4相连,2与5相连,3与6相连),从而,内部三角形的总数等于该凸1 996边形的不同的6个顶点的个数,即

$$C_{1\,996}^{6}=\frac{1\,991\times1\,992\times1\,993\times1\,994\times1\,995\times1\,996}{1\times2\times3\times4\times5\times6}$$

由于11整除1 991,而且上式的分母不含素因子11,所以11整除 $C_{1\,996}^{6}$.

96.59. 记 $f(x)=x^2+px+q$,则 $f(x)-f(0)=x(x+p)$,当 $p\equiv0,1,2,3\pmod 4$ 时,分别取 $k=2,3,2,1$ 有 $f(k)\equiv f(0)\pmod 4$,即 $f(0),f(1),f(2),f(3)$ 中总有2个关于模4同余. 又因为

$$\{f(n)\pmod 4\mid n\in\mathbf{Z}\}=\{f(0),f(1),f(2),f(3)\pmod 4\}$$

所以一定存在一个 $s\in\mathbf{Z}$ 满足 $s\notin\{f(n)\pmod 4\mid n\in\mathbf{Z}\}$,即对于任意整数 n, $f(n)\not\equiv s\pmod 4$. 取 $r=2$,则对任意的整数 x,有

$$2x^2+rx+s=2x(x+1)+s\equiv s\pmod 4$$

所以

$$2x^2+rx+s\not\equiv f(n)\pmod 4$$

因此,值域 $\{2x^2+2x+s\mid x\in\mathbf{Z}\}$ 与值域 $\{f(n)\mid n\in\mathbf{Z}\}$ 不相交.

96.60. 如图20所示,将 $\triangle BDC$ 绕点 B 顺时针旋转,使 BC 与 BA 重合得 $\triangle BFA$,则 $BF=BD$, $\angle ABF=\angle CBD$, $\angle AEB+\angle BFA=\angle AEB+\angle BDC=180^\circ$,所以 A,E,B,F 四点共圆. 又因为

$$\angle EBF=\angle ABE+\angle ABF=\angle ABE+\angle DBC=\angle EBD$$

所以 $\triangle EBF\cong\triangle EBD$,设 $\triangle EBD$ 的垂心为 H,则

$$\angle BFE=\angle BDE=180^\circ-\angle BHE$$

所以点 H 也在圆 $AEBF$ 上,于是

$$\angle AHB=\angle AEB$$

同理可知

$$\angle CHB=\angle CDB$$

于是

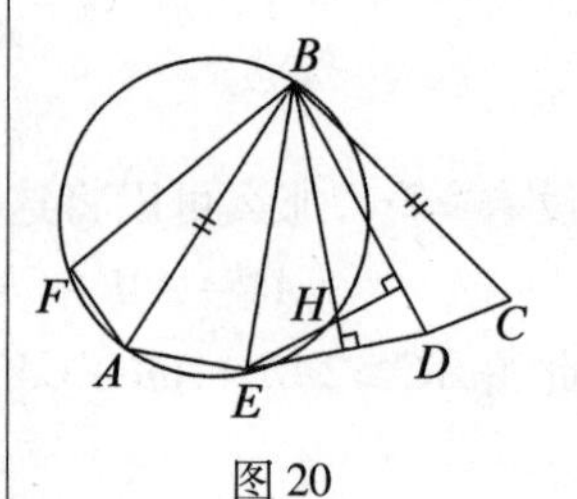

图20

$$\angle AHB+\angle CHB=180°$$

即$\triangle BDE$的垂心位于直线AC上.

96.61. 我们去证明,每一对沿不同共和国的路线都可以唯一地对应于沿整个国家G的路线,并且将这样的路线称为哈密尔顿环.

设按游客在共和国A的城市的参观次序第一条路线为$A_1A_2\cdots A_p$,游客在共和国B的城市的参观次序的逆序为$B_1B_2\cdots B_q$,不妨设$p\geqslant q$. 将在城市A_i与B_j之间的道路A_iB_j称为是"走出去"的是指在这条路上确定从A_i到B_j内的运动;在相反的情形下,则将该道路称为是"走进来"的. 可以区分下列的情形:

①如果可以找到城市A_i与B_j之间这样的道路:使得道路A_iB_j是走出去的,而道路$A_{i+1}B_{j+1}$是走进来的,那么就可以用如下道路合成G国的哈密尔顿环

$$A_iB_jB_{j-1}\cdots B_{j+1},A_{i+1},A_{i+2},\cdots,A_{i-1}$$

②如果对于每一条走出去的道路A_iB_j,道路$A_{i+1}B_{j+1}$也是走出去的. 这时,从共和国A的每一个城市出发往共和国B的道路是唯一的(为了证明这个结论,考虑从共和国A的一座城市出发往共和国B的道路的最大数目,以及随后沿线的后续的城市). 这时,对于每一条走进来的道路A_iB_j,道路$A_{i+1}B_{j+1}$同样是走进来的,这时,可以合成G国的哈密尔顿环

$$\cdots A_{i-1}A_iB_jB_{j-1}\cdots B_{j+1}A_{i+1}\cdots$$

③因为联邦国G的道路系统是连通的,所以,当从共和国A的每一个城市往共和国B去的时候,一定可以找到走出去的道路与走进来的道路,不失一般性,可以认为道路A_1B_1是走出去的,而道路A_2B_1是走进来的,这时,可以作出G国的哈密尔顿环

$$A_1B_1A_2B_2\cdots A_qB_qA_{q+1}\cdots A_p$$

因此,由每一对走出去和走进来的路线都可以合成G国的一个哈密尔顿环,由于不同的走出去与走进来的路线合成的哈密尔顿环也不相同,因此,可以开设G国的mn条不同的环游路线.

96.62. 注意到如果$x(x\neq 0)$是已知方程的根,那么$y=-\frac{96}{19x}$也是这个方程的根(因为$19x-\frac{96}{x}=19y-\frac{96}{y}$),而且$y\neq x$. 同时$x=-\frac{96}{19y}$,因此,可以将方程的所有根划分为互逆对,每对中的两个数不相等,不同的对也没有相等的数. 因此,求得的11个不同的根中一定有一个数不与其他数构成互逆对,这个根的互逆数一定是该方程的另一个根.

96.63. 在本问题中,计算除以$2n$的余数时,如果余数为0,

则以 $2n$ 代替 0.

设数 a 与 b(可能相等)都属于第一组,我们只需从第二组中找到下列的两个数:这两个数之和除以 $2n$ 的余数等于 $(a+b)$ 除以 $2n$ 的余数.将 1 到 $2n$ 的数按下列方式分为数对:

①若 a 与 b 的奇偶性相同,设 $a+b=2c$,考虑下列 $n+1$ 个数对

$$(c,c),(c-1,c+1),\cdots,$$
$$(c-n+1,c+n-1),(c-n,c+n)$$

同一对中两数之和等于 $2c$,而不同对的任两数除以 $2n$ 的余数不相等,因为第一组的元素的个数为 n,所以,一定有一对数除以 $2n$ 的余数不属于第一组(否则 A 的元素除以 $2n$ 有 $n+1$ 个余数).由于正整数除以 $2n$ 的余数都在 1 到 $2n$ 的正整数中,所以有一对的两个数都属于第二组,这就是所求的两个数.

②若 a 与 b 的奇偶性不相同,设 $a+b=2c+1$,考虑 n 个余数对

$$(c,c+1),(c-1,c+2),(c-2,c+3),\cdots,(c-n+1,c+n)$$

同一对中两数之和等于 $2c+1$,而不同对的任两数除以 $2n$ 的余数不相等,因为这时 $a\neq b$,所以上列 n 对中有一对为 (a,b),而其余 $n-1$ 对中也有一对的两个数不属于第一组,从而得到所求的两个数.

96.94. 同问题 96.58 的解答.

96.65. 如图 21 所示,从条件可知 $\triangle CKM\backsim\triangle A'CM$,线段 $AA'=CC'$,由此得

$$\frac{CM}{C'D}=\frac{CM}{A'B}=\frac{KC}{A'C}$$

另一方面,从 $\triangle A'AK\backsim\triangle CLK$ 及线段 $AA'=CC'$ 得

$$\frac{LC}{KC}=\frac{AA'}{A'K}=\frac{LC+AA'}{A'K+KC}=\frac{LC'}{A'C}$$

由此得 $\frac{KC}{A'C}=\frac{LC}{LC'}$,将这个等式与第一个等式对比得 $\frac{LC}{LC'}=\frac{CM}{DC'}$,于是有 $\triangle CLM\backsim\triangle C'LD$,而且 $\angle MLC=\angle DLC$,因此 D,M 与 L 三点共线.

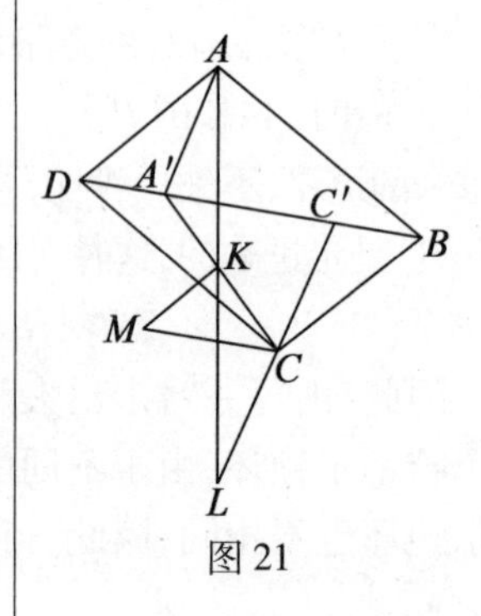

图 21

96.66. 设实系数多项式 $p_1(x),p_2(x)$ 的次数分别为 n_1,n_2,取自然数 N,使它的正因数个数大于 n_1+n_2,又设 $z=1,t=N-1$,则数 N 的所有因数满足方程

$$p_1(x)p_2(\frac{N}{x})=1+p_3(1)p_4(N-1)$$

另一方面,解这个关于 x 的方程归结为求一个 n_1+n_2 次多项式的根.只有当

$$p_1(x)p_2(\frac{N}{x})=\text{常数}$$

时,该多项式的次数才可能大于 n_1+n_2,同样地,对于不等于常数的多项式,只有当 $p_1(x)=ax^n$,$p_2(x)=bx^n$(a,b 为实数,n 为自然数)时,上列等式才可能成立. 同理有 $p_3(x)=cx^m$,$p_4(x)=dx^m$. 数 $x=y=1$,$z=t=0$ 满足等式 $xy-zt=1$,因此

$$ab=p_1(1)p_2(1)-p_3(0)p_4(0)=1$$

类似地有 $cd=1$. 取 $x=z=1$,$t=y-1$,对任意整数 y 成立 $y^n-(y-1)^m=1$. 由此得 $m=n=1$,于是得答案

$$p_1(x)=ax$$

$$p_2(x)=\frac{x}{a}$$

$$p_3(x)=cx$$

$$p_4(x)=\frac{x}{c}$$

其中 a 与 c 都是任意的非零实数.

96.67. 同问题 96.60 的解答.

96.68. 答案:甲可保证获胜.

我们将位于从棋盘左边或上边的方格沿与水平线成 $-45°$ 的对角线向右下直到棋盘右边或下边的方格系列称为对角线列(例如在通常的国际象棋棋盘上 $a4$,$b3$,$c2$,$d1$ 构成对角线列).

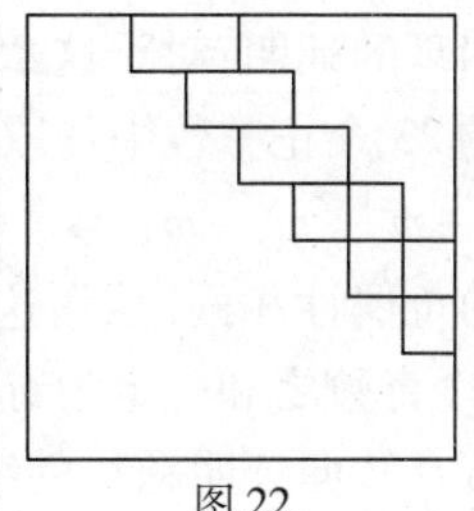
图 22

甲的策略如下:如图 22 所示,每一步在最下面的对角线列中选空格,并且优先选取只有一种覆盖方法的空格(即该空格只有一个邻格为空格). 如果在这个对角列中所有的空格都可以用两种方法覆盖,那么甲可以在其中任选一个. 下面证明,如果甲按这个策略操作,那么在棋盘上不可能出现如下的方格:它们的所有相邻的方格都已被多米诺所覆盖(当所有方格都被多米诺覆盖时,游戏结束). 事实上,当甲在任何一条对角线列选取方格时,这时分布在更低的对角线列上的所有方格都已经被多米诺覆盖,因此,如果在某一条对角线列上第一次出现"孤立的"方格 A,它的所有边都被多米诺包围. 当甲在这条对角线列中分别选取与 A 在左上与右下相邻的方格 B_1 与 C_1 时,那么,在 k_1 步与 l_1 步以后,方格 A 的上方与右方的方格都被多米诺覆盖. 设 $k_1<l_1$,因为甲在第 l_1 步选取方格 C_1,在这一步以前,方格 A 可能已被乙以唯一的方式所覆盖,这就是说,这时方格 C_1 同样可能被乙以唯一的方式所覆盖(用垂直的多米诺),所以,在甲的前面的某一步,比如说第 l_2 步,甲选取与 C_1 左下相邻的方格 C_2(而乙将垂直的多米诺放在 C_2 上,将水平的多米诺"一

起”放在方格 C_1 上). 假设 $k_1 > l_2$,在第 k_1 步,甲选取方格 B_1,那时,因为在这之前方格 C_1 可能已被乙以唯一的方式覆盖,这时,方格 B_1 同样可能被乙以唯一的方式覆盖. 这就是说,在更早的某一步(自然是在第 l_2 步)甲选取位于 B_1 左上方的方格 B_2. 按这种策略继续操作,甲找到新的方格 $B_3, B_4, \cdots, C_3, C_4, \cdots$,并依次选取这些方格,直到出现“孤立的方格”为止,甲能够在对角线列中选取所有的其余方格,直至获胜(不难验证,游戏结束时,被多米诺覆盖的部分所包含的黑色方格数并不等于白色方格数).

96.69. 如图 23 所示,因为线段 AD 与 DF 都立在 $\triangle ABD$ 的外接圆的相等的弧上($\angle ABD = \angle DBF$),所以 $AD = DF$,同理有 $CD = DE$. 又因为 B, E, D, C 四点共圆,所以 $\angle ADE = 180° - \angle EDC = \angle EBC = \angle ABC$, $\angle CDF = \angle ABC$,于是 $\triangle ADE \cong \triangle FDC$(它们有两边及一个角对应相等),从而 $AE = CF$.

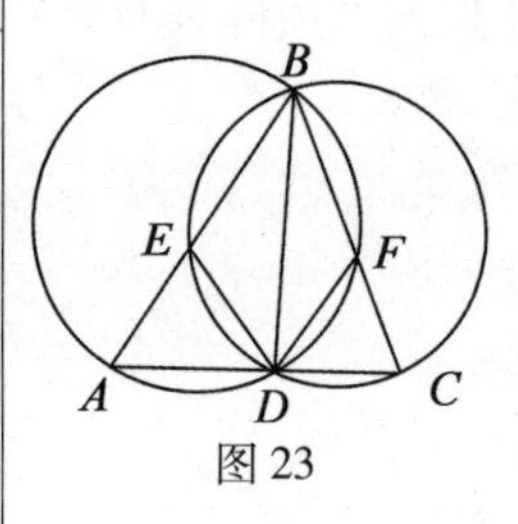

图 23

96.70. 首先证明一个辅助的结果.

引理:已知 25 个正整数中任意 5 个之和都是偶数,求证这 25 个正整数都是偶数.

引理的证明:对于这 25 个正整数中的任意的两数 p, q,在其余的 23 个正整数中任取 4 个数 m_1, m_2, m_3, m_4,依引理条件,$p + m_1 + m_2 + m_3 + m_4$ 与 $q + m_1 + m_2 + m_3 + m_4$ 都是偶数,所以 p 与 q 的奇偶性相同,从而这 25 个正整数的奇偶性都相同. 因为任 25 个奇数之和一定为奇数,所以这 25 个数都是偶数.

现在转向证明题目的结论. 在表中任取 5 行,设这 5 行与各列的 5 个数之和为 $S_1, S_2, \cdots, S_{25}$,这 25 个和数中任意 5 个之和都是 10×10 方格表的 5 行 5 列交叉处的 25 个数之和,由题目条件知这个和为偶数,据引理,每个 $S_i (i = 1, 2, \cdots, 25)$ 都是偶数,因为所取的 5 行是任意选取的,所以,每一列中任意 5 个数之和为偶数,再据引理可知,每列的 10 个数都是偶数,即方格表中每个数都是偶数.

96.71. 对于任意正整数 a, b. 因为素数有无穷多个,所以,一定存在大于 1 000 的两个不同的素数 p 与 q,它们被 $a + b$ 所除的余数相等,又因为 $q - p$ 可被 $a + b$ 整除,而

$$ap + bq = (a + b)p + b(q - p)$$

一定可被 $a + b$ 整除,且 $ap + bq > a + b$,所以 $ap + bq$ 为合数.

96.72. 如图 24 所示,因为

$$\begin{aligned}\angle OAC + \angle OCA &= 180° - \angle AOC \\ &= 60° \\ &= \angle BAC \\ &= \angle OAC + \angle OAB\end{aligned}$$

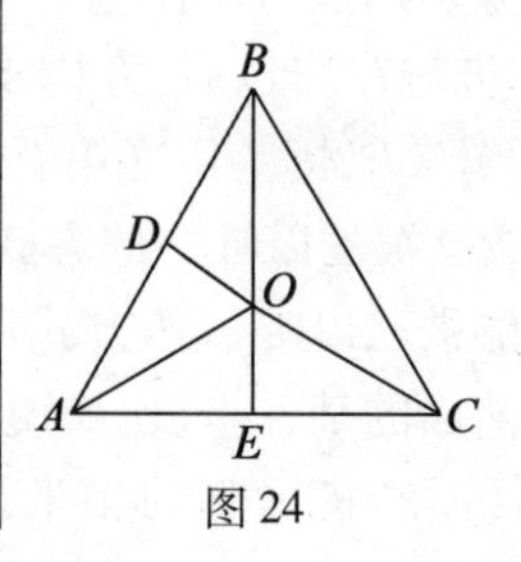

图 24

所以

$$\angle OCA=\angle OAB$$

同理可得

$$\angle OAC=\angle OBA$$

因此$\triangle OCA\backsim\triangle OAB$. 据条件,$E,D$ 分别是边 AB,AC 的中点,所以

$$\angle OEC=\angle ODA$$

即

$$\angle ODA+\angle OEA=180^\circ$$

于是 A,D,O,E 四点共圆.

96.73. 为了简化,以 n 表示数 2 000(该国的城市数),以 N 表示$\frac{n(n-1)}{2}$(道路数). 在路上引入单向运动的方案数为 2^N,我们将可以从任何一个城市走到任何另一个城市的方案称为连通的方案. 对于任何非连通方案,可以将所有城市分为 2 组,使得每一条都不能从第一组城市往第二组城市定向(事实上,如果从城市 A 走到城市 B,那么可以将所有从 A 到达的城市列入第一组,而将其余的城市列入第二组). 如果已经完成这种划分,而且在第一组中包含 k 个城市,那么,连接不同组的城市的 $k(n-k)$条道路上的运动方向是唯一确定的,因此,由于这种划分,非连通的方案数不大于 $2^{N-k(n-k)}$,因此,非连通方案的总数不大于

$$\sum_{k=1}^{n-1}C_n^k\cdot 2^{N-k(n-k)}=2n\cdot 2^{N-n+1}+\sum_{k=2}^{n-2}C_n^k\cdot 2^{N-k(n-k)}$$

($C_n^k=\frac{n!}{k!\ (n-k)!}$是从 n 个城市选出 k 个的方法数). 若$2\leqslant k\leqslant n-2$,则 $k(n-k)\geqslant 2(n-2)$. 此外,所有系数 C_n^k 之和等于 2^n(将 n 个城市分为两组的方法数). 因此,上述和数不大于

$$\begin{aligned}2n\cdot 2^{N-n+1}+2^n\cdot 2^{N-2(n-2)}&=4n\cdot 2^{N-n}+2^{N-n+4}\\&=2^N\cdot\frac{4n+16}{2^n}\end{aligned}$$

用归纳法可以证明:当 $n\geqslant 7$ 时,有 $2^n>2(4n+16)$,因此 $2^N\cdot\frac{4n+16}{2^n}<\frac{1}{2}$. 于是非连通的方案数小于方案总数 2^N 的一半,即当 $n\geqslant 7$ 时,互通的方案数多于方案总数的一半.

96.74. 在指定的操作下,数量 $xv+yu$ 是不变量

$$(x-y)v+y(u+v)=x(v+u)+(y-x)u=xv+yu$$

在开始时这个等于 $2mn$,在结束时 $x=y=d$,其中 d 为 m 与 n 的最大公因数. 若结束时数组是(d,d,u,v),则 $du+dv=2mn$. 又因为两个数的乘积总是等于它们的最大公因数与最小公倍数

的乘积,于是得

$$\frac{u+v}{2}=\frac{2mn}{2d}=[m,n]$$

96.75. 考虑该凸多边形的结点(指由正三角形的顶点或四边形的顶点拼接而成的点). 各正三角形与各四边形的内角在结点处拼合. 依条件,四边形与四边形的角所能拼出的角的范围是

$$(80°,100°)\cup(160°,200°)\cup(240°,300°)\cup(320°,360°]$$

注意到只用四边形不能拼出下列的角:60°,120°,240°,300°. 因此,可以将拼合分为下列三类:

①拼成凸多边形的内角α,且$60°\leqslant\alpha<180°$. 由条件知这只可能有四种形式:1 个四边形;2 个三角形;1 个三角形与 1 个四边形;2 个四边形.

②拼成凸多边形的一条边界或凸多边形内部的一条线段,以结点为顶点的角是 180°. 这只可能有两种情形:3 个正三角形;2 个四边形.

③在凸多边形的一个结点处拼成 360°角,这只有下列三种可能的情形:5 个正三角形;3 个正三角形与 2 个四边形;4 个四边形.

从②可知,凸多边形的每一条边或者全是由正三角形拼合而成,或者全是由四边形拼合而成. 因此,凸多边形的每一条边只有 1 种颜色,每一条红色的边的两个端点各有 1 个红色的角,从①可知,不同的边的端点的红色的角是不相同的,因此,①类的红色角的总个数是红色边的条数的 2 倍.

由于正三角形有 3 个 60°的角,所以,红色角的总个数是 3 的倍数,而②,③类红色角的个数(0 个或 3 个或 6 个)都是 3 的倍数,所以①类红色角的总个数也是 3 的倍数. 由于 2 与 3 互素,从而凸多边形的红色边的条数是 3 的倍数.

96.76. 我们转向考虑在每步写下当时该方格所在的行的所有数之和,以及当时该方格所在的列的所有数之和,这样做将该步所填的数计算了两次,从而使最后的总和增加了$(1+2+\cdots+n^2)$,这是一个常数,不会影响总和是否达到最小值,因此,可以分别考虑各行的数之和,及各列的数之和.

以$d(i,j)$表示在第i行中第j个格填入的数,有$(n+1-j)$个行在求该行各数之和时都将这个数计入,因此,最后n行之和的总和为

$$S=\sum_{i=1}^{n}\sum_{j=1}^{n}(n+1-j)d(i,j)=\sum_{j=1}^{n}(n+1-j)\sum_{i=1}^{n}d(i,j)$$

若记$D_j=\sum_{i=1}^{n}d(i,j)$,则$S=\sum_{j=1}^{n}(n+1-j)D_j$. 这里$D_j$为$\{1,$

$2,\cdots,n^2\}$划分为10个10元子集后各子集元素之和,应用局部调整法可以证明:当且仅当这10个子集依次为

$$\{1,2,\cdots,n\},\{n+1,n+2,\cdots,2n\},$$
$$\{2n+1,2n+2,\cdots,3n\},\cdots,\{(n-1)n+1,(n-1)n+2,\cdots,n^2\}$$

时,S达到最小值.由此可知,应采取的填数法是按先后次序,第一行依次为1到n,第二行依次为$n+1$到$2n$,$\cdots$,最后一行依次为$(n-1)n+1$到n^2.

对于各列的和数可得同样的结论.我们将棋盘中互不同行也不同列的n个方格所组成的一组方格称为棋盘的一条"广义的对角线".现在将整个棋盘的方格划分为n条广义对角线,依次在各条广义对角线中填入上述n组数(每条广义对角线填一组),这就使每行各数之和及每列各数之和同时达到最小值,这就是所求的填数顺序(例如,将各行列分别编号为$0,1,2,\cdots,n-1\pmod n$,则$L_k=\{(x,y)\mid y-x\equiv k\pmod n\}$ $(k=0,1,2,\cdots,n-1)$就是一条广义对角线).

96.77. 证法1:设$a\geqslant b$,则由$\frac{a}{b}\geqslant 1$,$a-b\geqslant 0$及平均值不等式得

$$\frac{\left(\frac{a+b}{2}\right)^{a+b}}{a^b b^a}\geqslant\frac{(\sqrt{ab})^{a+b}}{a^b b^a}=\left(\frac{a}{b}\right)^{\frac{a-b}{2}}\geqslant 1$$

证法2:对题目所给的不等式各项取对数得

$$\frac{b}{a+b}\ln a+\frac{a}{a+b}\ln b\leqslant\ln\frac{2ab}{a+b}\leqslant\ln\frac{a+b}{2}$$

上式左面的不等式是关于函数$\ln x$的詹森不等式,而右边的不等式容易从显然的不等式$a^2+b^2\geqslant 2ab$得到.

96.78. 如图25所示,因为小弧EC与AF都位于$\angle ABC$内,所以它们的交点D也在这个角内.又因为$BEDC$四点共圆,所以

$$\angle BCD=180^\circ-\angle BED=\angle AED$$

同理$\angle CFD=\angle EAD$,且$CF=EA$.因此$\triangle AED$与$\triangle DFC$全等.这两个三角形的对应边CF,EA从顶点D所作的高(即D到$\angle ABC$的两边的距离)相等,即点D位于$\angle ABC$的角平分线上,于是BD是$\angle ABC$的平分线.

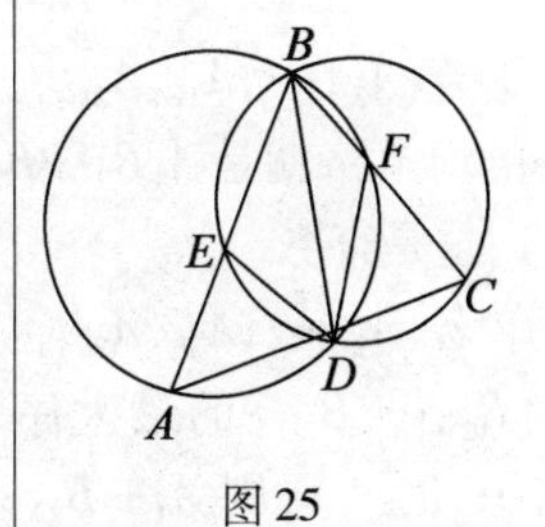

图25

96.79. 假设$\{a_n\}$的末位数字组成的数列是周期数列,设$b_1,b_2,\cdots,b_k$是它的最小周期段,在差$\{a_{n+1}-a_n\}$的末位数字的数列中,同样存在长度为k的周期,将它表示为$c_1,c_2,\cdots,c_k$.此外,数列$\{a_{[\frac{n+1}{2}]}\}$的末位数字数列也是周期数列,它的周期长度为$2k$,而且形式为$b_1,b_1,b_2,b_2,\cdots,b_k,b_k$.

由递推关系 $a_{n+1}-a_n=a_{[\frac{n+1}{2}]}$，得

$$(c_1,\cdots,c_k,c_1,\cdots,c_k)=(b_1,b_1,b_2,b_2,\cdots,b_k,b_k)$$

①若 k 为偶数，$k=2m$，则

$$(c_1,\cdots,c_{2m})=(b_1,b_1,b_2,b_2,\cdots,b_m,b_m)$$
$$=(b_{m+1},b_{m+1},b_{m+2},b_{m+2},\cdots,b_{2m},b_{2m})$$

即

$$(b_1,b_2,\cdots,b_m)=(b_{m+1},\cdots,b_{2m})$$

因此，m 也是 $\{a_n\}$ 的末位数字的数列的周期，与所设 k 为该数列的最小正周期矛盾.

②因此，k 一定是奇数，设 $k=2m+1$，则

$$(c_1,\cdots,c_{2m+1})=(b_1,b_1,b_2,b_2,\cdots,b_m,b_m,b_{m+1})$$
$$=(b_{m+1},b_{m+2},b_{m+2},\cdots,b_{2m+1},b_{2m+1})$$

对比上式两边的相邻相同项得 $b_1=b_2=\cdots=b_m=b_{m+1}=b_{m+2}=\cdots=b_{2m}=b_{2m+1}$，即 $\{a_n\}$ 的末位最终为同一个常数，从而 $\{a_{n+1}-a_n\}$ 的末位最终为 0，于是得 $\{a_n\}$ 的末位最终全为 0. 但是 $a_1=1,a_2=2$，它们的末位都不为 0，设 $\{a_n\}$ 中末位数字不等于 0 的最后一项为 a_s，则 $s\geqslant 2$，但这时 a_{2s} 与 a_{2s-1} 的末位数字相同，这与 $a_{2x}=a_{2s-1}+as$ 矛盾.

96.80. 以楼层为顶点，电梯为边构建一个简单图，如果经过图的顶点的路，没有两个通过同一个顶点，就将这条路称为简单路，不在同一层待两次的乘电梯路线就是这个图的简单路. 对于任两个顶点 X,Y，据已知条件，存在长度为偶数的简单路($X=A_1,Y=A_{2k+1}$)，即

$$A_1A_2A_3\cdots A_{2k}A_{2k+1}$$

而且存在长度为偶数的简单路

$$A_1B_2B_3\cdots B_{2m}A_2$$

①若 $\{A_3,\cdots,A_{2k},A_{2k+1}\}$ 与 $\{B_2,\cdots,B_{2m}\}$ 没有公共点，则 X 到 Y 的简单路就是 $A_1B_2\cdots B_{2m}A_2A_3\cdots A_{2k}A_{2k+1}$，它的长度为 $2m+2k-1$，这是奇数.

②若 $\{A_3,\cdots,A_{2k},A_{2k+1}\}$ 与 $\{B_2,\cdots,B_{2m}\}$ 有公共点，设使得 $A_i\in\{B_2,\cdots,B_{2m}\}$ 的最大序号为 p(即当 $i>p$ 时，A_i 都不属于 $\{B_2,\cdots,B_{2m}\}$)，则 $A_1A_2B_{2m}\cdots B_{i+1}B_iA_{p+1}\cdots A_{2k+1}$ 与 $A_1B_2\cdots B_{i-1}B_iA_{p+1}\cdots A_{2k+1}$(其中 $B_i=A_p$)都是从 X 到 Y 的简单路，它们的长度之和为 $2m+1+2(2k+1-p)$，这是一个奇数，所以，其中一定有一条路的长度为奇数.

96.81. 如图 26 所示，设原来的凸六边形为 $ABCDEF$，它的各边中点连线所构成的六边形为 $PQRSTU$. 由于三角形的中位线平行于底边，所以 $PU/\!/BF$，$RS/\!/CE$，于是 $BF/\!/CE$. 同理 $BD/\!/AE$，$DF/\!/AC$，因此 $\triangle BDF\backsim\triangle ACE$，而且是同位相似. 它们

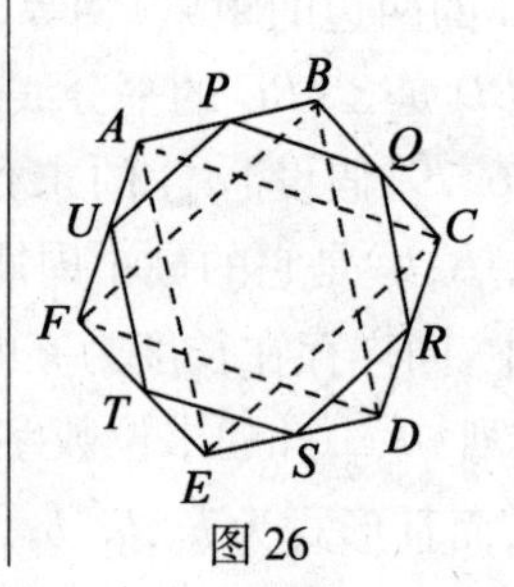

图 26

的中心同位,而且,位似中心就是六边形 $ABCDEF$ 的长对角线的交点.

96.82. 对于 A 中的每一个数列 $\{a_n\}$,应用归纳法可以证明它的任一项 $a_k \leqslant k$. 令 $b_k = k+1-a_k$,则 $b_k>0, b_1=1, b_{k+1} \leqslant k+1$. 而且 $b_{k+1}-b_k=a_k+1-a_{k+1} \geqslant 0$,因此这个 $\{b_k\} \in B$.

反之,对于每一个 $\{b_k\} \in B$,设 $a_k=k+1-b_k$,则 $\{a_k\} \in A$,因此 A 与 B 的元素一一对应.

96.83. 当 n 是大于 2 的偶数时,1 与 $\frac{n}{2}$ 是小于 n 的不同正因数,所以 $S(n)>\frac{n}{2}$,2 显然不是解. 因此,该方程的偶数解都应小于 2 000 000,于是,这个方程的偶数解不多于 999 999 个.

当 n 为奇数时,它的所有正因数都是奇数,当且仅当 n 是完全平方数时,$S(n)$ 为偶数. 事实上,如果奇数 n 不是完全平方数,那么可以将数 n 的所有正因数分为形如 $(k,\frac{n}{k})$ 的数对,每一个数对中两个奇数之和为偶数,从而 $S(n)$ 为奇数. 于是,方程的奇数解是 k^2 的形式,而对于大于 1 的完全平方数 $n=k^2$,1 与 k 是小于 n 的不同的正因数,所以 $S(k^2)>k$,因此,方程的奇数解 k^2 应满足 $k<1\ 000\ 000$,即少于 500 000 个.

因此,解的个数小于 $1\ 000\ 000+500\ 000=1\ 500\ 000$.

◆事实上,本方程只有两个解 1 130 324,1 333 324.

◆◆证明方程 $S(n)=1\ 000\ 000$ 有小于 1 000 000 个解.

96.84. 答案:甲可以保证获胜.

甲的获胜策略如下:设 $a1$ 为黑色方格,甲可以将黑格分为两组,每组 16 个,一组是位于奇数的水平线上的黑格,另一组是位于偶数水平线上的黑格. 设甲首先将车放在第一行的一个黑格中,然后依次将车放在第一组的各行的黑格中. 乙的操作并不妨碍甲的操作,这是因为乙的操作是将一块多米诺盖在甲已放着车的黑格及其一个邻格上,因此,甲未操作到过的黑格总是空的. 设甲已将车放到 $g7$ 中,乙接着用多米诺盖住 $g7$,这时 $g8$ 与 $h7$ 中至少还有一个为空格,甲可以进入第二组黑格操作,而且甲可以将车放在剩余的任何一个黑格中,乙只能用多米诺盖住该行(列)的一个黑格. 因此,甲可以类似地接着在所有余下的黑格上操作. 如果在甲依次的操作之后,乙不能放置多米诺,那么,乙就输了;如果每一次乙都能够放置多米诺,那么最后在棋盘上恰好放着 32 个多米诺(等于棋盘上所有黑格的个数),即整个棋盘都被多米诺所覆盖,这时,乙仍然是输方.

96.85. 证法 1:记 $[\sum_{m=1}^{n} b_m]+1=s$. 设所要证明的不等式不

成立,即

$$\sum_{k=1}^{n} a_k b_k > \sum_{k=1}^{s} a_k$$

从这个不等式减去显然的不等式

$$a_s \sum_{i=1}^{n} b_i \leqslant \sum_{i=1}^{s} a_i$$

我们得到不等式

$$\sum_{i=1}^{n} (a_i - a_s) b_i + \sum_{i=s+1}^{n} (a_i - a_s) b_i \geqslant \sum_{i=1}^{s} (a_i - a_s)$$

这是错误的不等式,因为上式左边的第一个加项不大于上式右边,而左边的第二个加项为负数. 因此,题目的不等式成立.

证法 2:请参看图 27,不等式的左端是有黑点的矩形面积之和,而不等式的右端是粗黑线所围矩形面积之和.

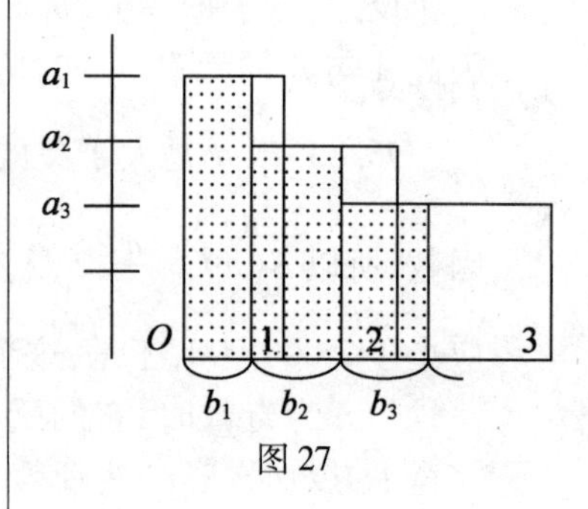

图 27

96.86. 同问题 96.78 的解答.

96.87. 同问题 96.71 的解答.

96.88. 如图 28 所示,将恰好含有 k 个格子的挂钩称为 k 挂钩,并将 k 挂钩的顶上的方格称为 k 顶点. 因为杨格图各行的长度从上到下递减,各列的长度从左到右递减,所以图中同一行或同一列分别至多有一个 k 顶点.

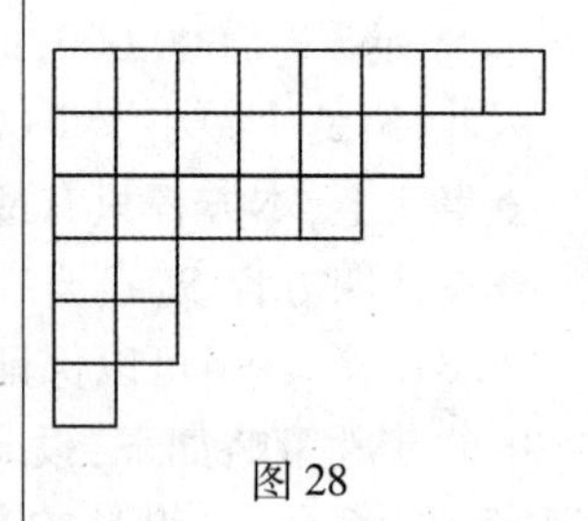
图 28

将 k 挂钩的两边分别反向延伸得到一个以 k 顶点为中心的十字形,将延伸部分(┛形)称为 k 反钩,其他 k 顶点或者位于 k 反钩的水平边的下方,或者位于 k 反钩的铅垂边的右方. 由于不同的 k 顶点既不在同一行,也不在同一列,所以,构成每一个 k 反钩的方格数不小于 $s-1$. 因此,每个十字形的行与列的方格数之和不小于 $k+s$(其中将中心计算了两次).

现在作出所有 k 挂钩的 s 个十字形,因为任何两个十字形没有公共边,所以,图中每一个方格至多属于两个十字形,所有十字形的行方格数与列方格数的总和不大于 $2n$,因此 $s(k+s)\leqslant 2n$.

96.89. 如图 29 所示,因为 $\angle AOC = 120°$,所以 $\angle OCA + \angle OAC = 60° = \angle OAC + \angle OAB$. 因此 $\angle OCA = \angle OAB$. 而 $\angle COA = \angle AOB$,所以 $\triangle OCA \backsim \triangle OAB$, $\frac{OC}{OA} = \frac{OA}{OB}$.

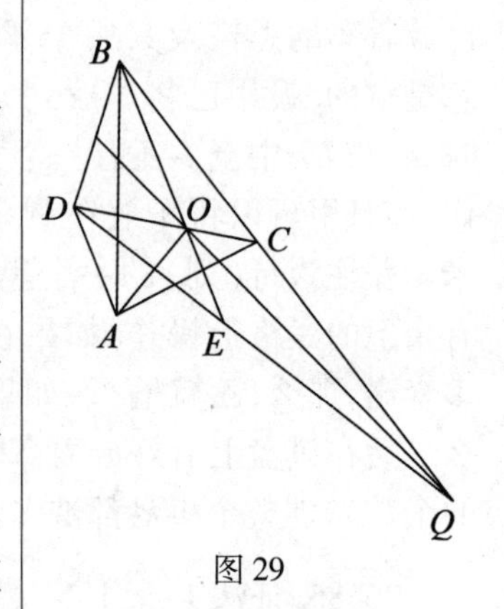

图 29

线段 AO 的中垂线一定通过点 D,延长 BO 交 DQ 于点 E,则 $EO = EA$. 又因 $\angle EOA = 180° - \angle AOB = 60°$,所以 $\triangle OAE$ 为正三角形. $OE = OA = OD$,因此,上述比例式可写为 $\frac{OC}{OE} = \frac{OD}{OB}$,由此得 $CE /\!/ BD$,即四边形 $BCED$ 为梯形. Q 为梯形两腰延长线的交点,O 为梯形两对角线的交点,所以 OQ 通过底边 BD 的中点,即直线 OQ 平分线段 BD.

96.90. 将从一个车站到另一个车站的最少换乘次数称为这两个车站的距离(规定在同一线路上任意两个车站的距离为0). 作出 n 个城市的换乘关系图 G,其中每一条地铁线路为图中一个顶点. 当且仅当两个车站之间可以换乘时,图 G 中对应的两点之间有一条棱,如图30所示. 本题要求在120个点的集合中求出两两距离不小于5的顶点子集 s 所能包含的点数的最大值.

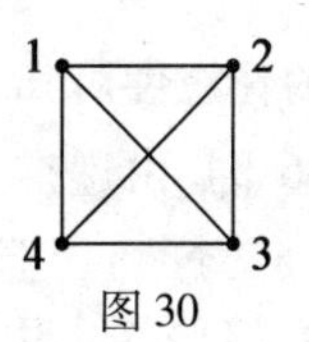

图30

根据线路的连通性,对于集 s 中每一点 p,都有与 p 的距离不大于2的点(每一点与自己的距离为0),将所有这些点的集合记为 $N(p)$,则每个 $N(p)$ 中的元素的个数不大于3(与点 p 的距离分别为0,1,2的点至少各有1个). 由于 s 的点的远离性,对于不同的点 p_1 与 p_2,有 $N(p_1)\cap N(p_2)=\varnothing$. 因此 $3k\leqslant 120$,即得 $k\leqslant 40$.

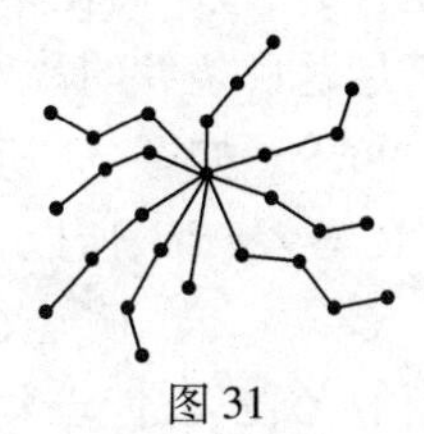
图31

图31蜘蛛状图形代表含有40对两两远离车站的地铁图(为简化起见,未将40条全部画出),它的“躯干”是一个位于中心的顶点,有39条双拐的腿和1条单拐的腿,每条双拐腿上有3个顶点,单拐腿上有2个顶点,共有 $3\times 39+2+1=120$ 个顶点,所有腿的末端共有40个顶点,代表两两远离的车站,这表示 k 可以达到它的最大值40.

96.91. 设 y 为多项式 ax^2+bx+c 的正整数根. x_1,x_2,x_3 为多项式 x^3+ax^2+bx+c 的三个根. 若 y 为奇数,则对于任意奇数 x,ax^2+bx+c 与 $ay^2+by+c=0$ 的奇偶性相同,即同为偶数. 而这时 x^3+ax^2+bx+c 为奇数,且不等于零,因此 x_1,x_2,x_3 都是偶数,这与它们两两互素矛盾.

因此 y 为偶数,那么 c 也是偶数. 据韦达定理,$c=-x_1x_2x_3$,因此 x_1,x_2,x_3 中有一个为偶数,而另两个为奇数,又由 $a=-(x_1+x_2+x_3)$ 可知 a 为偶数,又因为 $|a|=x_1+x_2+x_3\geqslant 6$,因此 $|a|$ 为合数.

◆a,b,c 为整数,已知多项式 x^3+ax^2+bx+c 有三个互不相等且两两互素的正整数根,而多项式 ax^2+bx+c 有正整数根. 证明:数 $|a|$ 不是2的方幂.

96.92. 同问题96.76的解答.

96.93. 下面证明,对于任何素数 p,p 在 $d_{k-1}d_{k+1}$ 中的幂次不低于它在 d_k^2 中的幂次. 设 p 在自然数 $a_1,a_2,\cdots,a_n$ 中的幂次分别为 $\alpha_1,\alpha_2,\cdots,\alpha_n$,不妨设 $\alpha_1\leqslant\alpha_2\leqslant\cdots\leqslant\alpha_n$. 那么,$p$ 在 $d_{k-1}\cdot d_{k+1}$ 中的幂次为

$$(\alpha_1+\alpha_2+\cdots+\alpha_{k-1})+(\alpha_1+\alpha_2+\cdots+\alpha_{k+1})$$

而 p 在 d_k^2 中的幂次为 $2(\alpha_1+\alpha_2+\cdots+\alpha_k)$. 由于 $\alpha_k\leqslant\alpha_{k+1}$,所以

$$2\sum_{i=1}^{n}\alpha_i \leqslant \sum_{i=1}^{k-1}\alpha_i + \sum_{i=1}^{k+1}\alpha_i$$

由 p 的任意性可知,d_k^2 整除 $d_{k-1}d_{k+1}$.

96.94. 由递推关系得 $a_{2^n}=(a_2)^n$,所以$(a_2)^n$ 可被(2^n-1)整除($n\in\mathbf{N}^+$),但形式为 2^n-1 的数可以有任意大的素因数(例如,据费马小定理,2^{p-1}可被 p 整除). 因此,形式为 a_{2^n}的项可能有的因数,而在 a_2 的分解式中却没有这个因数. 从而,不存在满足题目条件的数列.

96.95. 如图 32 所示,设直线 BO 与 AD 相交于点 E,因为 $\angle EAC=\angle EBC$,所以 A,B,C,D 四点共圆. 于是

$$\angle ODC=\angle CAB=\angle OEC$$

从而 O,C,E,D 四点共圆,而且

$$\angle OCD=180^\circ-\angle OED=\angle BEA=\angle BCA$$

◆请读者考虑,如图 33 所示,为什么点 E 位于射线 AD 上.

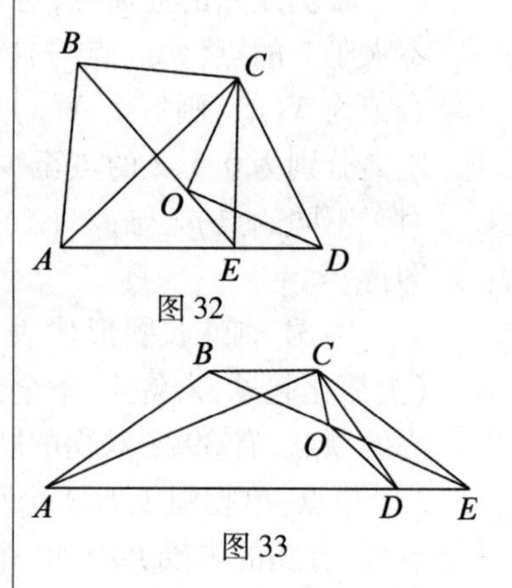

图 32

图 33

96.96. 不妨设三元组是由 2×2 的正方形在右上角空缺 1×1的方格而成. 将三元组的左下角的 1×1 格染成黑色,因为黑色方格的右邻方格及上邻方格属于同一个三元组,所以,矩形的最右边一列及最上边一行都不能有黑色方格,即所有嵌入的三元组的黑色方格都只能位于一个 13×55 的矩形中. 此外,由于嵌入的三元组的同方向性且互不重叠的要求,使得当两个三元组有公共顶点时,两个黑方格的相对位置只能是一个在左下,另一个在右上,因此,在任何一个 2×3 矩形中至多只有两个黑色方格. 我们可以将 13×55 矩形按图 34 的形式分割为 3×28,4×27,9×28,10×27 个矩形,并进一步分割成 $14+18+42+45=119$ 个 2×3 矩形及中间一个方格. 于是,可嵌入的黑色方格数不多于 $2\times119+1=239$,即在 14×56 矩形中最多能同方向且不重叠地放入 239 个三元组.

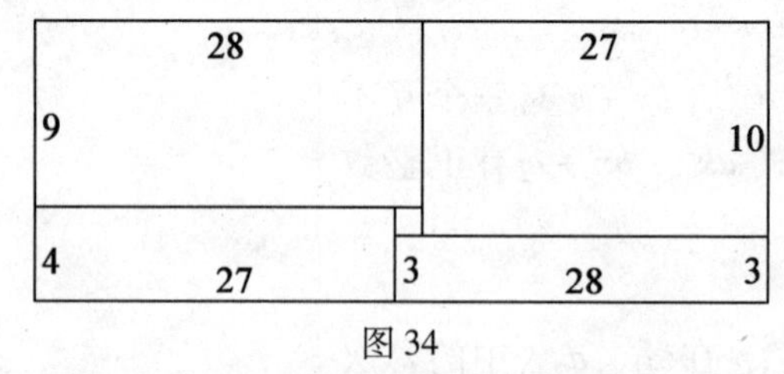

图 34

图 35 表示一种可操作的嵌入法. 从矩形的左下角开始,以 3 列为一段,以周期分布式嵌入,在每个周期中可嵌入 $5+4+4=13$ 个三元组,共有 18 个周期,最右边两列还可以放入 5 个三元组,于是,总共放入 $13\times18+5=239$ 个三元组.

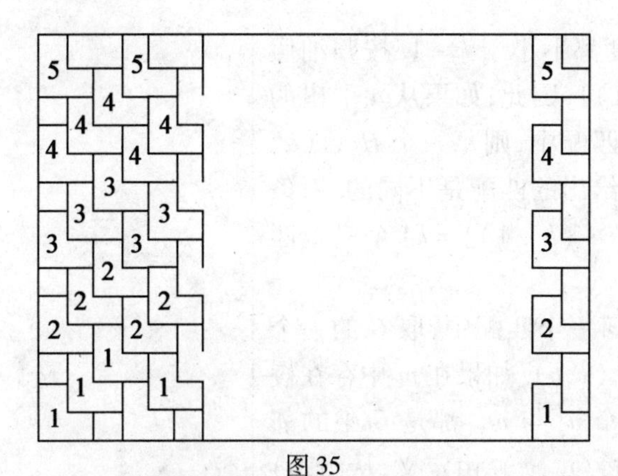

图 35

96.97. 答案:梯形的一条底边的长是另一条底边的长的 2 倍.

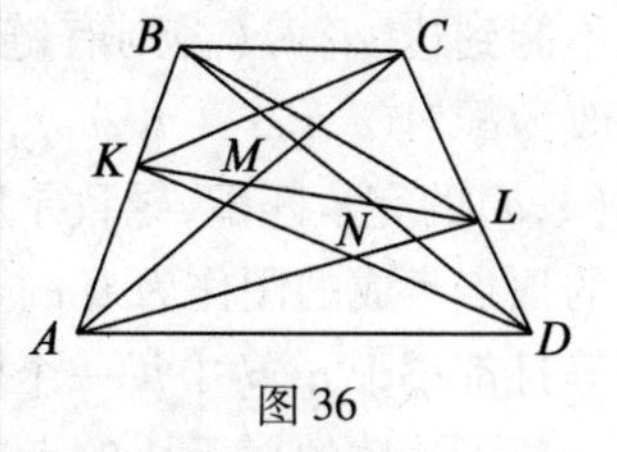

图 36

如图 36 所示,将 KL 与梯形两对角线的交点分别记为 M,N. 不妨设两对角线的交点在四边形 $KBCL$ 内.

因为 $KN=2NL$,所以 $S_{\triangle BKN}=2S_{\triangle BNL}$,$S_{\triangle DKN}=2S_{\triangle DNL}$,于是 $S_{\triangle BDK}=2S_{\triangle BDL}$. 同理 $S_{\triangle ACL}=2S_{\triangle ACK}$.

因为 $\triangle BDL$ 与 $\triangle ADL$ 有公共的底边 DL,这两个三角形的面积之比等于 B 到 CD 的距离与 A 到 CD 的距离之比,由于 $BC /\!/ AD$,所以

$$\frac{S_{\triangle BDL}}{S_{\triangle ADL}}=\frac{BC}{AD},S_{\triangle ADL}=\frac{AD}{BC}S_{\triangle BDL}=\frac{AD}{2BC}S_{\triangle BDK}$$

同理可得 $S_{\triangle ADK}=\dfrac{AD}{2BC}S_{\triangle ACL}$,于是有 $S_{\triangle ACL}S_{\triangle ADL}=S_{\triangle ADK}S_{\triangle BDK}$. 又因为 $BC /\!/ AD$,所以 $S_{\triangle ACL}+S_{\triangle ADL}=S_{\triangle ADK}+S_{\triangle BDK}$,根据韦达定理得

$$\{S_{\triangle ACL},S_{\triangle ADL}\}=\{S_{\triangle ADK},S_{\triangle BDK}\}$$

由于 KL 不与底边平行,所以 $S_{\triangle ADL}\neq S_{\triangle ADK}$,因此 $S_{\triangle ADL}=S_{\triangle BDK}$,于是 $AD=2BC$.

96.98. 我们证明一般的结果:已知两个 n 点集 A 与 B 构成二部图 G,在 G 中,A 的每一点的度都不小于 k,而且 G 存在完全匹配,则 G 的完全匹配的个数不小于 $k!$.

对 k 与 n 作双重归纳. 因为当 $k=1$ 时,$k!=1$,所以当 $k=1$ 时,结论显然成立.

设当 $n=k-1$ 时,命题结论成立,则当 $n=k>1$ 时,G 为完全二部图(即 A 的每一点与 B 的每一点都有棱). 将 A 的点的次序固定,则对 B 作任意置换配对都是 G 的完全匹配. 因此,G 的完全匹配个数等于 $k!$.

当 $n>k>1$ 时,任取一点 $a\in A$ 和它的一个邻点 $b\in B$. 如果棱 (a,b) 出现在 G 的一个匹配中,则二部图 $H_b=G\backslash(a,b)$ 存在

完全匹配,而且 $A\setminus\{a\}$ 的每一点的度都不小于 $k-1$. 按归纳假设,H_b 的完全匹配个数不小于 $(k-1)!$,因此,如果从 a 引出的每一条棱 (a,b) 都分别出现在 G 的匹配中,则每一个 $H_b\cup(a,b)$ 有 $(k-1)!$ 个完全匹配,不同的 b 给出的匹配是不同的. 由条件知 b 不少于 k 个,因此得到 G 的 $k\cdot(k-1)!=k!$ 个完全匹配.

如果棱 (a,b) 不出现在 G 的任何一个匹配中,取 G 的一个匹配 m,设其中含 a,b 的棱为 $(a,y),(x,b)$. 如果在 m 中存在棱 $(u_2,v_2),\cdots,(u_{r-1},v_{r-1})$ 满足:每一个 u_i 与 v_{i+1} 都是 G 中的邻点,则称在 m 中从棱 (u_1,v_1) 可到达棱 (u_r,v_r). 由定义,从 (x,b) 不能到达 (a,y)(否则有链 $(u_1,v_1)=(x,b),(u_r,v_r)=(a,y)$,改为配对 $(x,v_2),(u_2,v_3),\cdots,(u_{r-1},y),(a,b)$,便得到 G 的含 (a,b) 的完全匹配,导致矛盾). 现在将从 (x,b) 可到达的所有棱的顶点生成的图作为 G 的子图 H,则构成 H 的两部的顶点数相等且都小于 n,H 中每一个属于 A 的点的度都不小于 k(因为每一条可达棱的属于 A 的点的邻点所在的属于 m 的棱也可达). 由归纳假设,H 有 $k!$ 个完全匹配. 将 H 的这 $k!$ 个完全匹配与 m 中不属于 H 的棱合并,就得到 G 的 $k!$ 个完全匹配.

96.99. 取 $n=C_{10}^{7}=120$,$S=\{b_1,b_2,\cdots,b_n\}$ 为 $A=\{a_1,a_2,\cdots,a_{10}\}$ 中所有可能的任意的 7 个数的乘积.

因为 A 中任意 4 个数都互素,所以任一个素数 p 至多整除 A 的 3 个数,且 p 不能整除其余 7 个数的乘积,即对于任一个素数 p,S 中都有数不被 p 整除,所以 S 整体互素.

而且,对于 S 的任意 3 个数 b_x,b_y,b_z,设它们分别由 A 的 7 个数的子集 X,Y,Z 中各数连乘而得,则 $|Z\cap Y|\geqslant 7+7-10=4$,于是 $|\frac{Z}{Y}|$ 及 $|\frac{Y}{X}|$ 都不大于 $7-4=3$,所以 Z 中至少有 $7-3-3=1$ 个数属于 $X\cap Y$,即 X,Y,Z 一定有公共元素 a_i,于是 b_x,b_y,b_z 都能被 a_i 整除,从而 $b_x+b_y+b_z$ 也能被 a_i 整除.

因此,所选的 n 和 S 满足题目的要求.

96.100. 本题的解法与 96.108 题的解法类似.

96.101. 设该数列为 $\{a+kd\}(k=0,1,2,\cdots)$. 下面证明:对于任意的正整数 $k>6$,一定可以找到数列的项,它能被 2^k 整除. 若不然,以 n 表示该数列的各项所含素因子 2 的幂的最大次数. 不失一般性,可以认为 a 能被 2^n 整除,而 $a+d$ 能被 $2^m(m<n)$ 整除. 可设 $a=2^np(p$ 为奇数$)$,$d=2^mq(q$ 为奇数$)$,于是

$$a+2^{n-m}d=2^np+2^{n-m}\cdot 2^mq=2^n(p+q)$$

其中 $p+q$ 为偶数,记 $p+q=2s$,于是 $a+2^{n-m}d=2^{n+1}s$,这表示数列的项 $a+2^{n-m}d$ 可被 2^{n+1} 整除,这与 n 的上述最大性矛盾.

96.102. 首先将平面分割为若干条高为 2 的水平带形条. 只需证明可以将每个带形条分割为 1×2 块.

若带形条的某一个 2×1 块中的红色方格不多于 1 个,则称这一块为合格块. 我们只要处理带形条中有 2 格都是红色的 2×1 块. 注意到任何两个红色带形域的间距不小于 2(如果有两个红色带形域相邻或间距为 1,那么它们位于同一个 2×3 的矩形中,其中至少有 4 个红色方格,矛盾). 因此每个红色带形域都可以与相邻的两个合格块组成 2×3 矩形,这些矩形不会相互重叠,每一个矩形中至多还有一个红色方格,可以按图 37 的方式分成三个 1×2 块,剩下的合格块自成一块,这就是所要求的分割法.

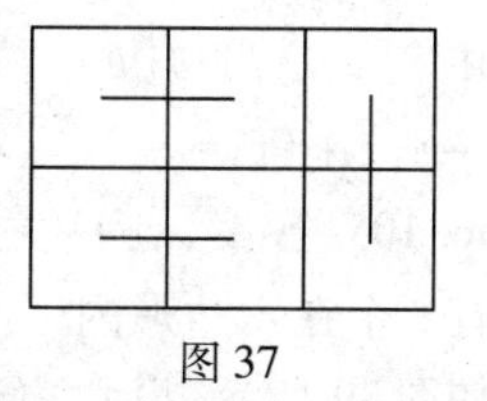
图 37

96.103. 如图 38 所示,设直线 MH 与 $\triangle ABC$ 的外接圆相交于点 N. 因为 $\angle BC_1H=90°$,所以 BH 是 $\triangle A_1B_1C_1$ 的外接圆的直径. 那么 $\angle BMH=90°$,而且 $\angle BMN=90°$,因此 BN 是 $\triangle ABC$ 的外接圆的直径,于是 $\angle BAN=\angle BCN=90°$,所以 $AN/\!/CC_1$,$CN/\!/AA_1$,因此,四边形 $AHCN$ 为平行四边形,它的对角线 HN(即直线 MH)平分对角线 AC.

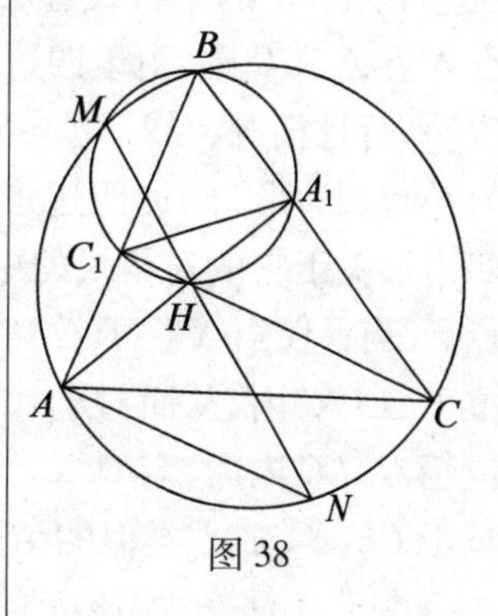

图 38

96.104. 由条件知二次方程 $y^2-ay+b=0$ 有两个不等的实根 y_1,y_2,不妨设 $y_2>y_1$. 据韦达定理得 $y_1y_2=b>0$,所以 y_1 与 y_2 同号,又因为 $y_1+y_2=a>0$,因此 y_1 与 y_2 都是正数. 而且 $\sqrt{\Delta}=y_2-y_1$,又

$$x^4-(a+1)x^2-\sqrt{\Delta}x+b=(x^2+x-y_1)(x^2-x-y_2)$$

而方程 $f_1(x)=x^2+x-y_1=0$ 的两根 u_1 与 u_2 分别为

$$u_1=\frac{-1-\sqrt{1+4y_1}}{2},u_2=\frac{-1+\sqrt{1+4y_1}}{2}$$

方程 $f_2(x)=x^2-x-y_2=0$ 的两根 v_1 与 v_2 分别为

$$v_1=\frac{1-\sqrt{1+4y_2}}{2},v_2=\frac{1+\sqrt{1+4y_2}}{2}$$

于是有 $u_1<0<u_2$,$v_1<0<v_2$,而且 $u_2<v_2$. 又因为

$$v_1-u_1=1-\frac{\sqrt{1+4y_2}-\sqrt{1+4y_1}}{2}$$

因为 $a^2-4b<2a$,所以 $4b>a^2-2a$,于是

$$\begin{aligned}&(\sqrt{1+4y_2}-\sqrt{1+4y_1})^2\\=&2[1+2(y_1+y_2)]-2\sqrt{1+4(y_1+y_2)+16y_1y_2}\\=&2(1+2a-\sqrt{1+4a+16b})\\<&2(1+2a-\sqrt{1+4a+4(a^2-2a)})\\=&2(1+2a-|2a-1|)\leqslant4\end{aligned}$$

因此得$\sqrt{1+4y_2}-\sqrt{1+4y_1}<2, v_1-u_1<0$. 所以不等式$f_1(x)\cdot f_2(x)=(x-u_1)(x-u_2)(x-v_1)(x-v_2)\leqslant 0$的解集为两个区间的并集$[u_1,v_1]\cup[u_2,v_2]$. 解集的总长度等于

$$(v_1-u_1)+(v_2-u_2)=(v_1+v_2)-(u_1+u_2)=1-(-1)=2$$

96.105. 答案：点 O 关于 6 条次对角线的中点的对称点有且只有 2 个在六边形内.

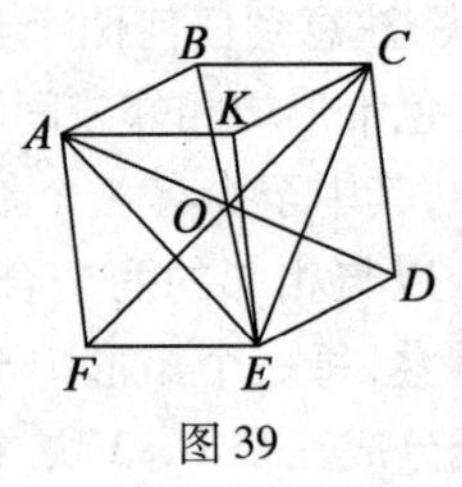

图 39

如图 39 所示，设六边形为 $ABCDEF$，由于六边形关于点 O 的中心对称性，所以六边形的三对对边分别平行且相等. 由 $AC/\!/DF$，$\angle CAF+\angle AFE>180°$及$\angle EAF+\angle AFE<180°$可知：从点 A 向六边形内作 EF 的平行线一定在$\angle CAE$内. 同理可知从点 E 作 FA 的平行线在$\angle AEC$内，所作的这两条平行线的交点 K 在$\triangle ACE$内. 由于四边形 $AKEF$ 为平行四边形，所以 AK 与 EF 平行且相等，从而也与 BC 平行且相等，于是四边形 $AKCB$ 为平行四边形，同理四边形 $CKED$ 也是平行四边形. 根据平行四边形关于它的对角线的中点的对称性可知：对于平面上任一点 X，当且仅当 X 位于$\triangle AKC$内时，X 关于 AC 的中点的对称点位于$\triangle ABC$内，从而对于六边形的任一个内点 O，当且仅当点 O 位于$\triangle AKC$内时，点 O 关于 AC 的中点的对称点位于六边形内，对于 CE，EA 成立类似的结果.

由于点 O 是▱$ABDE$ 的中心，根据六边形的凸性可知点 O 与点 F 分别位于直线 EA 的两侧，同理，点 O 与点 D 分别位于直线 CE 的两侧，点 O 与点 B 分别位于直线 AC 的两侧，即点 O 在$\triangle ACB$内. 又从已知条件，点 O 不在线段 AK，CK，EK 上，所以点 O 在且只在$\triangle AKC$，$\triangle CKE$，$\triangle EKA$之一的内部，因此，点 O 分别关于 BD，DF，FB 的中点的对称点有且只有一个在六边形内. 同理，点 O 分别关于 BD，DF，FB 的中点的对称点有且只有一个在六边形内.

96.106. 因为

$$\mathrm{C}_{2n+1}^{n}=\frac{(2n+1)!}{n!\ (n+1)!}=\frac{2^n\cdot(2n+1)!!}{(n+1)!}=2^n\cdot\frac{3}{2}\cdot\frac{5}{3}\cdot\cdots\cdot\frac{2n+1}{n+1}$$

所以利用不等式

$$(1+x_1)(1+x_2)\cdots(1+x_n)\geqslant(1+\sqrt[n]{x_1x_2\cdots x_n})^n$$

得

$$\sqrt[n]{\mathrm{C}_{2n+1}^{n}}=\sqrt[n]{2^n(\frac{3}{2}\cdot\frac{5}{3}\cdot\cdots\cdot\frac{2n+1}{n+1})}=2\sqrt[n]{(1+\frac{1}{2})(1+\frac{2}{3})\cdots(1+\frac{n}{n+1})}$$

$$\geqslant 2(1+\sqrt[n]{\frac{1}{n+1}})$$

96.107. 解法 1:设 $y_n=x_n-a$,转向考虑数列$\{y_n\}$:$y_1=0$,$y_{n+1}=\frac{ay_n-1}{y_n+a}$,则$\{y_n\}$为纯周期数列,而且$\{y_n\}$的最小正周期与$\{x_n\}$的最小正周期相同.

设 $y_n=\cot\theta_n$,$a=\cot\varphi(\varphi\in(0,\pi))$,则

$$\cot\theta_{n+1}=\frac{\cot\theta_n\cot\varphi-1}{\cot\theta_n+\cot\varphi}\cot(\theta_n+\varphi)$$

因此,可取 $\theta_1=\frac{\pi}{2}$,$\theta_n=\frac{\pi}{2}+(n-1)\varphi$,应用和角的余切公式及数学归纳法得到

$$y_n=\cot\theta_n=\cot(\frac{\pi}{2}+(n-1)\varphi)$$

当且仅当 m 是使$\frac{m\varphi}{n}$为整数的最小正整数时,m 是$\{y_n\}$的最小正周期,所以 $m\varphi=k\pi(k\in\mathbf{N}^*)$. 如果 m 为偶数,设 $m=2u$,则 $u\varphi=\frac{k\pi}{2}$,从 $y_{n+1}=\cot(\frac{\pi}{2}+u\varphi)=\cot(\frac{(k+1)\pi}{2})$有意义可知 $k+1$为奇数,$k=2v$ 为偶数,但这时 $u\varphi=v\pi$,u 为$\{y_n\}$的比 m 更小的正周期,导致矛盾. 因此$\{y_n\}$的最小正周期 m 一定是奇数,从而$\{x_n\}$的最小正周期一定是奇数.

解法 2:设 m 是数列$\{x_n\}$的最小正周期,那么 $x_1=x_{m+1}=a$,有 $x_1+x_{m+1}=2a$,注意到 $x_k=\frac{a^2+1}{2a-x_{k+1}}$,于是

$$\begin{aligned}x_2+x_m&=(2a-\frac{a^2+1}{x_1})+\frac{a^2+1}{2a-x_{m+1}}\\&=(2a-\frac{a^2+1}{x_1})+\frac{a^2+1}{x_1}\\&=2a\end{aligned}$$

类似地得 $x_3+x_{m-1}=2a$ 等. 当 m 为偶数时有 $x_{\frac{m}{2}+1}+x_{\frac{m}{2}+1}=2a$,即 $x_{\frac{m}{2}+1}=a$. 这表示$\frac{m}{2}$是数列$\{x_n\}$的比 m 更小的正周期,导致矛盾,因此 m 应为奇数.

96.108. 对于每个 i,考虑集合

$$A_j\setminus\bigcup_{j\neq i,j\leqslant\frac{i(i+1)}{2}}A_j=A_j\setminus\bigcup_{j\neq i,j\leqslant\frac{i(i+1)}{2}}(A_i\cap A_j)$$

据已知条件有

$$\left|\bigcup_{j\neq i,j\leqslant\frac{i(i+1)}{2}}(A_i\cap A_j)\right|\leqslant\sum_{j\neq i,j\leqslant\frac{i(i+1)}{2}}|A_i\cap A_j|$$

$$\leqslant 2\left(\sum_{j=1}^{i-1} j+\sum_{j=i+1}^{\frac{i(i+1)}{2}} i\right)$$
$$=i(i-1)+i^2(i-1)$$
$$=i^3-i$$

由于$|A_i|\geqslant i^3$,所以$A_i\setminus\bigcup\limits_{j\neq i,j\leqslant\frac{i(i+1)}{2}} A_j$的元素个数不小于$i$.

下面对i应用归纳法证明可以构造集合B_i满足$B_i\subseteq A_i\setminus\bigcup\limits_{j\neq i,j\leqslant\frac{i(i+1)}{2}} A_j$,且$|B_i|=i-\left|A_i\cap\bigcup\limits_{k=1}^{i-1}B_k\right|$.

当$i=1$时,因为$\bigcup\limits_{j\neq i,j\leqslant\frac{i(i+1)}{2}} A_j$与$\bigcup\limits_{k=1}^{i-1}B_k$都是空集,因此,可以取$A$的任一个一元子集作为$B_1$.

当$i>1$时,设已构造满足条件的$B_1,\cdots,B_{i-1}$,则每个$B_k\subseteq A_k$,$|B_k|\leqslant k$. 当$\frac{k(k+1)}{2}\geqslant i$且$k\neq i$时

$$A_i\subseteq\bigcup_{j\neq k,j\leqslant\frac{k(k+1)}{2}} A_j$$
$$B_k=A_k\setminus\bigcup_{j\neq k,j\leqslant\frac{k(k+1)}{2}} A_j\subseteq A_k\setminus A_i$$

所以

$$A_i\cap B_k\subseteq A_i\cap(A_k\setminus A_i)=\varnothing$$

取m为满足$\frac{m(m+1)}{2}<i$的最大整数,则

$$A_i\cap\bigcup_{k=1}^{i-1}B_k=A_i\cap\bigcup_{k=1}^{m}B_k\subseteq\bigcup_{k=1}^{m}B_k$$

所以

$$\left|A_i\cap\bigcup_{k=1}^{i-1}B_k\right|\leqslant\sum_{k=1}^{m}|B_k|$$
$$\leqslant 1+2+\cdots+m$$
$$=\frac{m(m+1)}{2}<i$$

因此,可取$A_i\setminus\bigcup\limits_{j\neq i,j\leqslant\frac{i(i+1)}{2}} A_j$的$i-\left|A_i\cap\bigcup\limits_{k=1}^{i-1}B_k\right|$元子集作为$B_i$.

最后,令$B=\bigcup\limits_{i=1}^{\infty}B_i$. 由上列构造法可知:对任意$j<k$,$B_j\subseteq A_j$,而$B_k\subseteq A_k\setminus A_j$,因此$B_j\cap B_k=A_j\cap B_k=\varnothing$.

于是对任意的i,$B\cap A_i=A_i\cap\bigcup\limits_{k=1}^{i}B_k=B_i\cup\left(A_i\cap\bigcup\limits_{k=1}^{i-1}B_k\right)$. 因为$B_i$与$\bigcup\limits_{k=1}^{i-1}B_k$不相交,所以

$$|B\cap A_i|=|B_i|+\left|A_i\cap\bigcup_{k=1}^{i-1}B_k\right|=i$$

1997 年奥林匹克试题解答

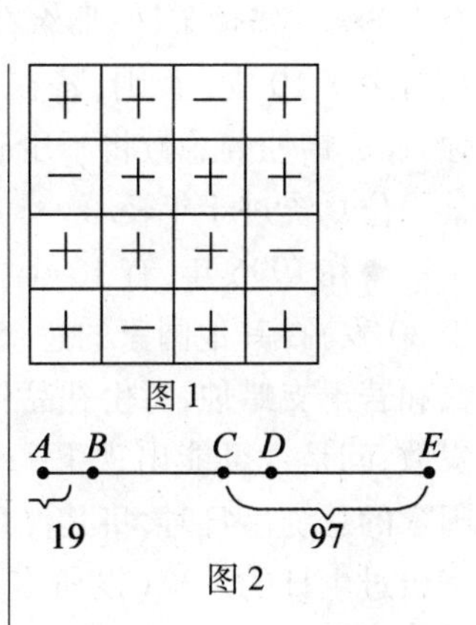

图 1

图 2

97.01. 图 1 是一种符合要求的填法.

97.02. 如图 2 所示,从相等的线段 AC 与 BD 中除去它们的公共部分 BC,得到线段 AB 与 CD,于是 $CD=AB=19$ cm,由此得 $DE=CE-CD=97-19=78$ cm.

97.03. 答案:甲手中三张卡片上写着的数分别是 6,8,10.

因为甲知道写在那四张卡片上的数,但是那四张卡片不在甲的手里,而且甲也不知道乙从这四张卡片中拿到什么卡片. 因此,只有当在甲手里的任意两张卡片上所写的数字之和为偶数的情况下,甲才能作出自己的判断. 所以,在那四张卡片上写的数必须有相同的奇偶性,即或者都是偶数;或者都是奇数. 因为写着偶数的卡片总共只有三张,所以,那四张卡片上都不可能写着偶数,而是都写着奇数. 因此写着偶数的三张卡片应该都在甲的手中.

97.04. 解法 1(从结果上分析):在尤拉第二次删除计算结果的最后一位数字前,他面前可能有从 210 到 219 的三位数,在这个区间内,只有两个数能被 7 整除:$210=30\times7$,$217=31\times7$. 因此,在乘以 7 以前,尤拉面前可能有 30 或 31,就是说,在第一次删除以前,尤拉可能有从 300 到 319 的某一个整数,在这个区间内,只有一个数 312 能被 13 整除:$312=24\times13$. 因此,他设想的数为 24.

解法 2(利用单调性):首先注意到,将一个正整数 n 按题述进行操作,最后所得的数字一定随着 n 的增大而增大,如果尤拉设想的数为 25,可以将操作过程描述如下

$$25\to325\to32\to224\to22$$

因此,将任何大于 25 的正整数进行操作的结果都不小于 22. 所以,尤拉设想的数应当小于 25. 而从数 23 开始操作的过程可描述如下

$$23\to299\to29\to203\to20<21$$

因此,尤拉设想的数只可能是大于 23 又小于 25 的正整数 24.

97.05. 答案:这是不可能的(译者注:苏联共有 16 个共和国).

解法 1:每一位总统收到 14 块蛋糕和 14 份蜡烛(每份蜡烛的蜡烛数等于他的新年龄). 因此,每一位总统所收到的蜡烛总数一定能被 14 整除. 于是,全部礼品中蜡烛的总数可以被 14 整

除. 因为 1 997 不能被 14 整除，所以，蜡烛总数不能恰好是 1 997.

解法 2：每一位总统在礼品中寄出过 14 块大蛋糕，因此共寄出了 $15\times14=210$ 块大蛋糕. 如果这 210 块大蛋糕上全部只有 1 997 支蜡烛装饰，那么在蜡烛最少的那块大蛋糕上，蜡烛的数目少于 10 支(否则，若在每一块大蛋糕上有不少于 10 支蜡烛，那么蜡烛的总数将不少于 $210\times10=2\ 100$ 支). 这就是说，某一位总统过于年轻.

◆在 1996 年，有 15 个国家的每一位总统(每位总统不小于 20 岁)在其他国家的总统的生日时寄出礼品，包括一只大蛋糕和若干支蜡烛，每份礼品中的蜡烛数等于受祝贺的总统的周岁数，问是否可能出现下列情形：如果建议每一位总统在其他国家的总统生日时，将其他总统馈赠给自己的大蛋糕上的蜡烛寄给过生日的总统(设所有 15 位总统的生日都不相同)，结果共寄出了 1 997 支蜡烛.

97.06. 如果在矩形的每一行中，十号的个数都大于 0 的个数，那么在整个矩形方格表中十号的个数大于 0 的个数. 如果在每一列中十号的个数都不大于 0 的个数，那么在整个方格表中十号的个数也不大于 0 的个数，这是不对的. 所以一定可以找到矩形的一列，其中十号的个数大于 0 的个数.

97.07. 答案：不可能按题目要求摆放 1 到 10 的各整数.

解法 1：假设我们能够按题目要求摆放 1 到 10 的各整数，那么在圆周的某个位置上放着数字 3. 假设按顺时针方向与 3 隔着一位数放着的数字为 a，按要求，$a+3$ 能被 3 整除，于是 a 能被 3 整除. 设按顺时针方向与 a 隔一位数摆放的数字为 b，按要求，$a+b$ 能被 3 整除，于是 b 能被 3 整除. 再按顺时针方向移动一位数，我们应该找到第四个能被 3 整除的数 c，因为从 1 到 10 只有三个数能被 3 整除，所以 c 不可能存在.

解法 2：假设我们能够按要求摆放 1 到 10 的各整数. 对于在圆周上的每一个数，计算该数与按顺时针方向隔一个数的那个数字之和，我们得到 10 个和数. 其中每一个和数都能被 3 整除，将这些和数加起来的结果应该能被 3 整除. 另一方面，我们所得到的结果等于 1 到 10 的全部整数之和的 2 倍，这是因为在将这些和数加起来的时候，在圆周上的每一个数字被我们计算了两次，一次是作为摆放在圆周上的一个数，而另一次是作为与每一个数"隔一个数"的数字，所以全部数字之和应当能被 3 整除. 但是，从 1 到 10 的所有整数之和为 55，所以我们的假设是错误的.

97.08. 答案：谢廖扎总共完成了 11 次交易.

设谢廖扎 x 次换到瓶装牛奶,并且 y 次换到瓶装奶油. 在每一次换牛奶时,他给出了 5 个瓶子,同时得到 1 个瓶子,因此,他的瓶子数量减少了 4 个;在每一次换奶油时,他的瓶子数量减少了 9 个. 全部交易的结果,使他的瓶子数量减少了 59 个,所以有 $4x+9y=59$,因为 x 与 y 都是非负整数,我们得到 $y<7$,而且 $59-9y$ 能被 4 整除. 利用穷举搜索(或除以 4 的余数)容易得知有唯一的合适的 y 值:$y=3$,由此得 $x=8$. 因此,交易总数为 11 次.

97.09. 假设电气技师能够完成任务. 考虑任一根柱子 k,首先,假设找到四根柱子,将它们分别称为 A,B,C,D,柱子 k 与这四根柱子相连接,在柱子 A,B,C,D 之间拉着三根电线,设其中一根电线,比如说在 A 与 C 之间,那么我们立即得出矛盾:在柱子 A,B,C,K 之间不是拉着三根电线,而是正如按条件所要求的至少四根:KA,KB,KC 与 AC.

可见,与柱子 K 连接的柱子不会多过三根,但那时显然可以找到四根柱子,仍然将它们分别称为 A,B,C,D,柱子 K 与它们不相连接. 在柱子 A,B,C,D 之间拉着三根电线,假设在 A 与 C 之间没有电线,那么我们仍然得到矛盾:在柱子 A,B,C,K 之间没有三根电线连接,正如按条件所要求的,而不多于两根:AC 与 BC,所得的矛盾证明原来的假设是错误的.

◆还可以用以下方式解题. 对于每一对不是用电线连接的柱子,它们之间用绳索相连接,那么,在任何四根柱子之间有三根电线与三根绳索连接. 由此可知,全部电线与全部绳索的数量一样多(请读者证明). 但是,电线与绳索的总数是 $10\times\frac{9}{2}=45$,得到一个奇数,因此,这是不可能的.

97.10. 将已知的大矩形划分为许多个 1×3 的矩形,而且,这些 1×3 矩形共有奇数个,因此,方格表中全部数字之和为奇数.

97.11. 答案:不存在满足题目要求的正整数 a,b,c.

因为 $340=2^2\times5\times17$,所以,在数 $a+b,b+c,c+a$ 中不会有一个以上为偶数. 若不然,如果它们之中有两个偶数,那么这三个数都是偶数,于是乘积 $(a+b)(b+c)(c+a)$ 应当能被 8 整除,这与上列 340 的质因数分解式矛盾. 因此,在数 $a+b,b+c,c+a$ 中只有一个是偶数. 此外,这三个数中每一个都不小于 2,所以这些数的乘积只有在下列情形才可能等于 340:其中一个等于 4,另一个等于 5,第三个等于 17. 例如,设

$$\begin{cases}a+b=4\\b+c=5\\c+a=17\end{cases}$$

从第一个等式得 $a<4$,从第二个等式得 $c<5$,因此,第三个等式是不可能成立的.

97.12. 因为根据三角形不等式有 $a<b+c$,依条件 $a+b+c=1$,所以 $0<1-2a<1$,同理 $0<1-2b<1$,$0<1-2c<1$. 于是

$$\frac{1+a}{1-2a}+\frac{1+b}{1-2b}+\frac{1+c}{1-2c}=3+\frac{3a}{1-2a}+\frac{3b}{1-2b}+\frac{3c}{1-2c}$$
$$>3+3a+3b+3c=6$$

◆a,b,c 是周长为 1 的三角形的边,证明不等式

$$\frac{1+a}{1-2a}+\frac{1+b}{1-2b}+\frac{1+c}{1-2c}\geqslant 12$$

97.13. 解法 1:如图 3 所示,线段 KL 是 $\triangle ABC$ 的中线,因此 $KL /\!/ AC$,而且 $KL=\frac{1}{2}AC$. 同理 $NM /\!/ AC$ 且 $NM=\frac{1}{2}AC$. 因为 $\triangle KLP$ 与 $\triangle MNQ$ 的边位于平行直线上,且 $KL=NM$,所以 $\triangle KLP\cong\triangle MNP$,于是 $LP=NQ$. 在四边形 $ALCN$ 中,边 AL 与 CN 平行,且由条件 $AP=CQ$,$LP=NQ$,所以 $AL=CN$,于是四边形 $ALCN$ 为平行四边形,则 $LC /\!/ AN$ 且 $LC=AN$,但 $LC=\frac{1}{2}AD$ 且 $AN=\frac{1}{2}BC$. 因此,在四边形 $ABCD$ 中,边 BC 与 AD 平行而且长度相等,从而四边形 $ABCD$ 为平行四边形.

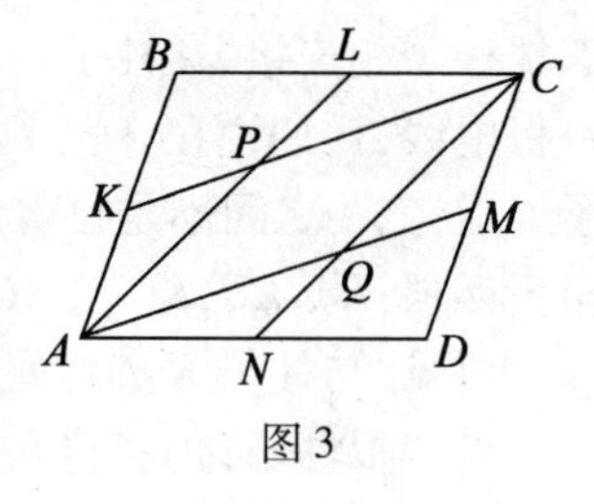

图 3

解法 2:设点 O 是对角线 AC 的中点,$\triangle ABC$ 的中线 AL 与 CK 相交于点 P,则 $\triangle ABC$ 的中线 BO 也通过点 P,且 $PO=\frac{1}{3}BO$. 同理,线段 DO 通过点 Q 且 $QO=\frac{1}{3}DO$. 根据平行四边形的性质可知:联结平行四边形 $APCQ$ 的顶点与对角线中点的线段 PO 与 QO 位于同一条直线上,而且长度相等,即直线 BD 通过点 O 且 $BO=OD$. 于是,四边形 $ABCD$ 的两条对角线在交点 O 处互相平分,所以四边形 $ABCD$ 为平行四边形.

97.14. 答案:可以.

下面举例说明可以用什么方法填写. 考虑用 4 种颜色的标准染色(为了记号的方便,在图中分别以数字 3,4,5,6 表示四种颜色). 这种染色有下列性质:任何一个 1×4 矩形都包含了每一种颜色的一个方格,注意到全部方格中颜色为 3 的方格有 9 个,颜色为 4 的方格有 10 个,颜色为 5 的方格有 9 个,颜色为 6 的方格有 8 个. 就是说,如果在颜色 3 与颜色 5 的方格中填入奇数,并在其余的方格中填入偶数,那么在每一个 4×1 矩形中有两个偶数与两个奇数(即这 4 个数之和为偶数),而在整个表内有 19 个奇数,即全表各数之和为奇数. 图 4 就是这种填法的一个例子.

3	5	4	6	3	5
5	4	6	3	5	4
4	6	3	5	4	6
6	3	5	4	6	3
3	5	4	6	3	5
5	4	6	3	5	4

图 4

97.15. 如图 5 所示，因为点 P 位于 AB 的中垂线上，所以 $PA=PB$，$\angle PAB=\angle PBA$，于是

$$\angle BPD=180°-\angle APB=2\angle PAB$$

同理 $PC=PD$，$\angle APC=2\angle PDC=2\angle PAB$，于是 $\triangle APC$ 与 $\triangle BPD$ 有两边和一个角对应相等（$AP=BP$，$PC=PB$，$\angle APC=\angle BPD$），因此 $AC=BD$.

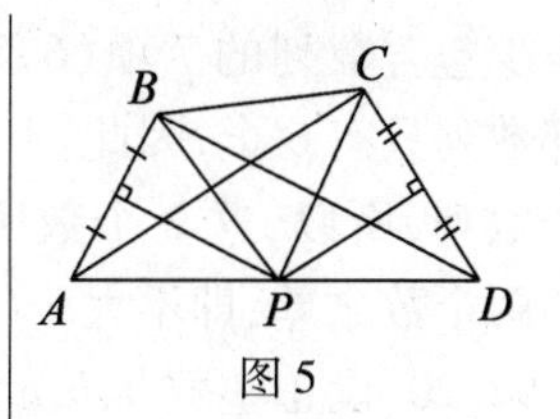

图5

97.16. 设已知的二次三项式为 f_1,f_2,f_3. 设 f_1 与 f_2+f_3 有公共根 α，f_2 与 f_1+f_3 有公共根 β，f_3 与 f_1+f_2 有公共根 γ. 由 $f_1(\alpha)=f_2(\alpha)+f_3(\alpha)=0$ 得 $f_1(\alpha)+f_2(\alpha)+f_3(\alpha)=0$，这表明 α 也是 $f_1+f_2+f_3$ 的根，同理，β 与 γ 也都是 $f_1+f_2+f_3$ 的根.

若 α,β,γ 中有两个相等，例如 $\alpha=\beta$，则 α（即 β）是 f_1 与 f_2 的公共根，与条件矛盾. 因此 α,β,γ 互不相等，这表示 $f_1+f_2+f_3$ 有三个互不相等的根. 考虑到 $f_1+f_2+f_3$ 为二次三项式，根据多项式的基本定理得到 $f_1+f_2+f_3\equiv 0$.

97.17. 在以啤酒瓶换啤酒时，谢尔盖的瓶子数量减少了 4 个；在以啤酒瓶换牛奶时，谢尔盖的瓶子数量减少了 9 个. 在全部交易过程中，瓶子总数减少了 59 个. 以 x 表示啤酒的交易次数，以 y 表示牛奶的交易次数，依题意得

$$4x+9y=59$$

在非负整数中，这个方程只有唯一解（请参看问题 97.08 的解）. 因此，每次交出 5 个啤酒瓶的交易谢尔盖共做了 8 次，每次得到 1 个啤酒瓶的交易他共做了 3 次，即在谢尔盖手中啤酒瓶的数量变化为 $8\times(-5)+3=-37$. 因为变化的最后结果是剩下 1 个啤酒瓶，所以，开始时，谢尔盖找到了 38 个啤酒瓶.

97.18. 设正整数 a 的 5 个正因数为 d_1,d_2,d_3,d_4,d_5，记 $d_1+d_2+d_3+d_4+d_5=r$（r 为素数）. 下面证明，进入 a^4 标准分解式的任何素数，在该分解式中的次数不低于在乘积 $d_1d_2d_3d_4d_5$ 中的次数. 设素数 p 在 a 的标准分解式中为 n 次，那么，p 在 a^4 的标准分解式中的次数为 $4n$. 另一方面，各 d_i 中至多只有 4 个能被 p 整除（若 5 个 d_i 都能被 p 整除，则 p 整除 r，但 $p\leqslant d_i\leqslant r$，与 r 为素数矛盾）. 因此，每一个因数 d_i 在分解式中的次数不大于 n，从而在乘积 $d_1d_2d_3d_4d_5$ 中含 p 的次数不大于 $4n$，又因为 d_i 的素因子都是 a 的因数，所以 a^4 能被 $d_1d_2d_3d_4d_5$ 整除. 因此 $a^4\geqslant d_1d_2d_3d_4d_5$.

97.19. 设正整数 n 属于某一个数列. 考虑 6 个正整数段：$[n+1,n+100]$，$[n+101,n+200]$，$[n+201,n+300]$，$[n+301,n+400]$，$[n+401,n+500]$，$[n+501,n+600]$，在这 6 个整数段中的每一个都有 100 个相继的自然数，就是说，每个数段中各有一个数是某个数列的项. 这样一来，在数段 $[n,n+600]$

内至少包含数列的7项(6个数段中的6个数及 n 本身).因为全部数列只有6个,因此,上述7个数中的某2个数应当属于同一个数列,所以,这2个数所在数列的公差不大于这个数段两端的两个数之差,即不大于 $(n+600)-n=600$.

97.20. 设正整数 a,b,c 满足条件,因为 $4\ 242=42\times 101$,由于101为素数,所以,在分解式 $4\ 242=(a+b)(b+c)(c+a)$ 中应有一个因子能被101整除.不妨设 $a+b$ 能被101整除,则 $a+b\geqslant 101$,那么

$$(b+c)(c+a)=\frac{4\ 242}{a+b}\leqslant 42$$

因此 $b+c\leqslant 42$ 且 $c+a\leqslant 42$.于是 $(b+c)+(c+a)\leqslant 84$,另一方面

$$(b+c)+(c+a)=a+b+2c>a+b\geqslant 101$$

导致矛盾.因此不存在满足条件的正整数 a,b,c.

97.21. 同问题97.17的解答.

97.22. 解法1:如图6所示,记 $\angle BAC$ 为 α,$\angle BCA$ 为 γ,AC 的中点为 O,作半径 $OK=OA$,于是在 $\triangle AOK$ 中

$$\angle AKO=\angle KAO=\alpha,\angle AOK=180^\circ-2\alpha$$

同理 $\angle COL=180^\circ-2\gamma$.由此得 $\angle KOL=180^\circ-\angle AOK-\angle COL=2\alpha+2\gamma-180^\circ$.在四边形 $OKML$ 中 $\angle OKM$ 与 $\angle OLM$ 都是直角,即

$$\angle KML=180^\circ-\angle KOL=360^\circ-2\alpha-2\gamma$$

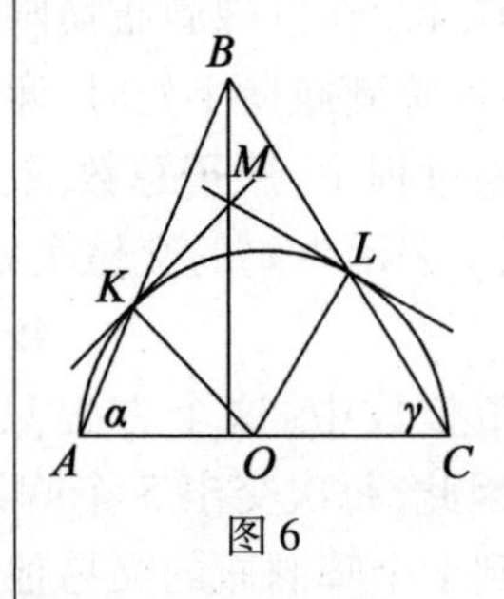

图6

注意到 $\angle ABC=180^\circ-\angle BAC-\angle BCA=180^\circ-\alpha-\gamma$,于是 $\angle KML=2\angle ABC=2\angle KBL$.此外,作为从点 M 所作的切线段有 $MK=ML$.

从等式 $MK=ML$ 及 $\angle KML=2\angle KBL$ 得出 M 是 $\triangle KBL$ 的外接圆的圆心(这是简单且有用的性质,请读者自己证明).因此

$$MB=MK$$

于是得

$$\angle KBM=\angle MKB=180^\circ-\angle MKO-\angle AKO=90^\circ-\alpha$$

这表示 BM 与 BA 的夹角等于从 B 向 AC 所作的高与 BA 的夹角,即从 B 向 AC 所作的高通过点 M,因此 $BM\perp AC$.

解法2:如图7所示,线段 AL 与 CK 都是 $\triangle ABC$ 的高,设 BN 是 $\triangle ABC$ 的第三条高,点 H 为垂心(三条高的交点).$\angle BKN$ 的对顶角支在弧 AK 上(作为切线与弦之间的角),$\angle ACK$ 也支在这段弧上,所以 $\angle BKM=\angle ACK$.因为 $\mathrm{Rt}\triangle ABN$ 与 $\mathrm{Rt}\triangle ACK$ 有公共角 $\angle KAN$,所以 $\angle ACK=\angle ABN$,从而 $\angle ABN=\angle BKM$.在 $\mathrm{Rt}\triangle BKH$ 中,$\angle BKM=\angle KBN$,于是 $\angle MKH=\angle MHK$.因此 $BM=KM=HM$,即直线 KM 通过 BH 的中点.同理,直线 LM 也通过线段 BH 的中点,于是,点 M 与线段 BH 的中点重合,特别地,点 M

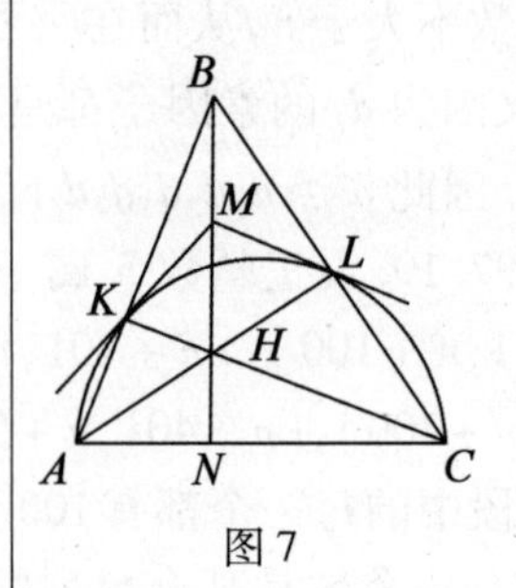

图7

位于$\triangle ABC$的高BN上,即$BM\perp AC$.

97.23. 由已知条件得$\sqrt{2f(x)}\geqslant 2$,$f(x)\geqslant 2$. 将已知条件化为$\sqrt{2f(x)}-2\geqslant\sqrt{2f(x)-f(2x)}$,将这个不等式两边平方得$2f(x)-4\sqrt{2f(x)}+4\geqslant 2f(x)-f(2x)$,所以

$$f(2x)\geqslant 4\sqrt{2f(x)}-4\geqslant 4\times 2-4=4$$

因为当$x\in\mathbf{R}$时,$2x$可以取得$\mathbf{R}$的所有值,于是得$f(x)\geqslant 4(x\in\mathbf{R})$.

注:解决本题的关键在于利用条件得$f(2x)\geqslant 4$"对所有$x\in\mathbf{R}$成立". 只是利用代数变换是不能解决问题的. 从已知不等式对某一个x成立并不能得到对同样的x有$f(x)\geqslant 4$. 例如,可能$f(x)=2$,$f(2x)=4$.

97.24. 答案:米沙原先选定的数为 114.

设$n\in\mathbf{N}^*$,米沙所作的运算是

$$f(n)=[1.7\times[1.7n+0.5]+0.5]$$

依题意并利用不等式$x-1<[x]\leqslant x(x\in\mathbf{R})$,一方面得到

$$330=f(n)\leqslant 1.7\times(1.7n+0.5)+0.5=2.89n+0.9$$

所以

$$n\geqslant\left[\frac{329.1}{2.89}\right]=114$$

另一方面有

$$330>1.7\times(1.7n-0.5)-0.5=2.89n-0.9$$

所以

$$n\leqslant\left[\frac{330.9}{2.89}\right]=114$$

于是

$$n=114$$

97.25. 同问题 97.16 的解答.

97.26. 考虑$f(x)$为常数b. 从条件知b应满足不等式$\sqrt{2b}-\sqrt{2b-b}\geqslant 2$,解得$\sqrt{b}\geqslant\frac{2}{\sqrt{2}-1}=\sqrt{12+8\sqrt{2}}$. 对于非负的$b$,这个不等式等价于$b\geqslant 12+8\sqrt{2}$. 取$b=12+8\sqrt{2}$,于是函数$f(x)\equiv 12+8\sqrt{2}$满足问题的条件,因此$a\leqslant 12+8\sqrt{2}$. 下面证明:对于所有$x\in\mathbf{R}$,$f(x)\geqslant 12+8\sqrt{2}$. 因而应证明$a=12+8\sqrt{2}$是满足条件的所有可能的数中最大的. 以下应用归纳法构造递增数列$\{a_n\}$,使它满足不等式

$$f(x)\geqslant a_n\quad(x\in\mathbf{R},n\in\mathbf{N}^*)$$

设$a_1=4$,在问题 97.23 的解答中已经证明$f(x)\geqslant a_1$. 假设我们已经作出数列的项$a_1,\cdots,a_n$,将问题条件的不等式变换为

$f(2x)\geqslant 4\sqrt{2f(x)}-4$，将 4 移到左边，然后两边平方得

$$(f(2x))^2+8f(2x)+16\geqslant 32f(x)$$

据归纳假设 $f(x)\geqslant a_n$，从上式得出

$$(f(2x))^2+8f(2x)+16\geqslant 32a_n$$

因为 $f(2x)$ 是非负的，我们从上式得到

$$f(2x)\geqslant \sqrt{32a_n}-4$$

设 $a_{n+1}=\sqrt{32a_n}-4=4\sqrt{2a_n}-4$，于是

$$a_{n+1}-a_n=4\sqrt{2}(\sqrt{a_n}-\sqrt{a_{n-1}})=\frac{4\sqrt{2}(a_n-a_{n-1})}{\sqrt{a_n}-\sqrt{a_{n-1}}}$$

用归纳法可以证明数列 $\{a_n\}$ 是严格递增数列. 又因 $b=12+8\sqrt{2}$ 满足 $b=4\sqrt{2b}-4$，所以

$$\begin{aligned}a_n-b&=4\sqrt{2a_{n-1}}-4-(4\sqrt{2b}-4)\\&=4\sqrt{2}(\sqrt{a_{n-1}}-\sqrt{b})\\&=\frac{4\sqrt{2}(a_{n-1}-b)}{\sqrt{a_{n-1}}+\sqrt{b}}\end{aligned}$$

因为 $a_1<b$，又可用归纳法证明数列 $\{a_n\}$ 有上界 b. 因此，极限 $\lim\limits_{n\to\infty}a_n$ 存在，记 $S=\lim\limits_{n\to\infty}a_n$，在递推式 $a_n=4\sqrt{2a_{n-1}}-4$ 两边取极限得 $s=4\sqrt{2s}-4$，由此得 $s=12+8\sqrt{2}=b$.

因为对任何 $x\in\mathbf{R}, n\in\mathbf{N}^*$ 有 $f(x)\geqslant a_n$，所以

$$f(x)\geqslant \lim_{n\to\infty}a_n=b$$

因此，满足条件的 $a=12+8\sqrt{2}$.

◆本题的完整解答在于提供可能的最大的 a（虽然表面上没有要求），而且要证明所提供的 a 确定是最大的.

从图 8 可以看出

$$a_n<a_{n+1}<12+8\sqrt{2}$$

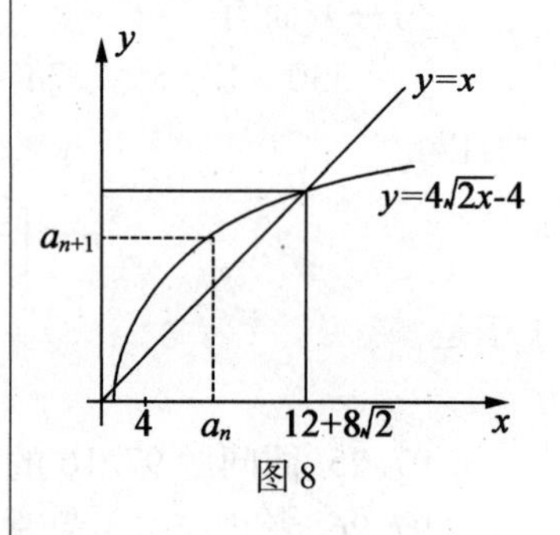

图 8

97.27. 答案：不存在满足条件的等比数列.

因为等比数列的公比为 3，因此可以将 a_1 记为 $a_1=3^{n_1}b$，其中 b 不能被 3 整除. 类似地，记 $a_i=3^{n_i}b(i=2,3,\cdots,10)$，由于 a_ia_{i+2} 是立方数，因此 n_i+n_{i+2} 能被 3 整除. 以下的步骤请参看问题 97.07 的解答.

97.28. 解法 1：如图 9 所示，作线段 DB'，使 $DB'\parallel AB$ 而且 DB' 的长度等于 AB. 因为 $AB\perp CD$ 且 $DB'\parallel AB$，所以 $\triangle CDB'$ 是直角三角形. 根据毕达哥拉斯定理有

$$CB'^2=CD^2+DB'^2=121+AB^2$$

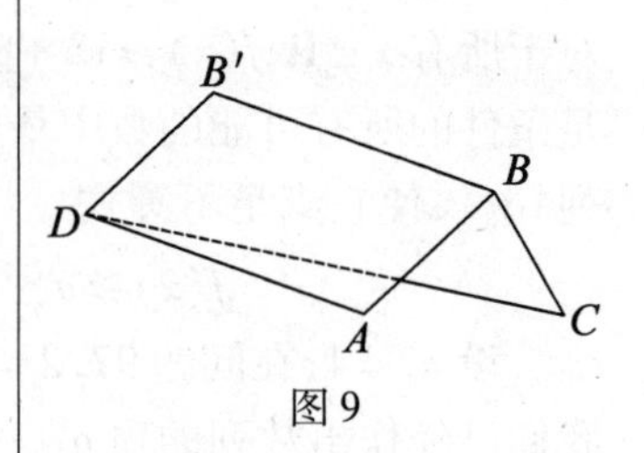

图 9

由于 $B'B\parallel AD, AD\perp BC$，所以 $\triangle CBB'$ 也是直角三角形，于是

$$CB'^2 = BC^2 + BB'^2 = 25 + 100 = 125$$

因此 $121 + AB^2 = 125, AB = 2$.

解法 2:以点表示向量的数积. 由已知条件 $\overrightarrow{CB} \cdot \overrightarrow{AD} = 0$, $\overrightarrow{DC} \cdot \overrightarrow{AB} = 0$,得

$$\begin{aligned} AB^2 &= \overrightarrow{AB} \cdot \overrightarrow{AB} = (\overrightarrow{AD} + \overrightarrow{DC} + \overrightarrow{CB}) \cdot (\overrightarrow{AD} + \overrightarrow{DC} + \overrightarrow{CB}) \\ &= AD^2 + DC^2 + CB^2 + 2\overrightarrow{DC} \cdot (\overrightarrow{AD} + \overrightarrow{CB}) \end{aligned}$$

因为

$$\overrightarrow{AD} + \overrightarrow{DC} + \overrightarrow{CB} + \overrightarrow{BA} = \mathbf{0}$$

所以

$$\overrightarrow{AD} + \overrightarrow{CB} = -\overrightarrow{DC} - \overrightarrow{BA}$$

于是

$$\begin{aligned} AB^2 &= AD^2 + DC^2 + CB^2 - 2\overrightarrow{DC} \cdot (\overrightarrow{DC} + \overrightarrow{BA}) \\ &= AD^2 + DC^2 + CB^2 - 2DC^2 \\ &= AD^2 - DC^2 + CB^2 \\ &= 10^2 - 11^2 + 5^2 = 4 \end{aligned}$$

$$AB = 2$$

97.29. 设活着的瘦士兵有 x 个,他们击毙的胖士兵不多于 x 个,即剩下的胖士兵不少于 $1\ 000 - x$ 个,所以,剩下的士兵总数不少于

$$x + (1\ 000 - x) = 1\ 000(\text{个})$$

97.30. 在 9 个 10×10 的正方形中,至少有一个是由少于 4 个矩形组成的,否则,将至少有 36 个矩形. 选出一个由少于四个矩形组成的正方形 k,并由其余的 8 个正方形组成两个 10×40 的矩形. 所选的正方形 k 不可能由一个矩形组成,这是因为按条件,在矩形中没有正方形,因此,k 由 2 个或 3 个矩形组成. 在将正方形划分为 2 个或 3 个矩形的时候,必须是使用下列的线:它们联结对边平行于另外的两边,而且不与划分矩形的线相交(证明:正方形的每一个角属于某一个矩形,即它是至少包含 2 个角的矩形,这样的矩形的一条边应当与正方形的边重合,那么,对边就是所求的线). 用这样的线将正方形 k 分为 2 个矩形(其中一个可能由两个较小的矩形组成). 所得到各部分面积之差不超过 80 个方格,这是因为其中每一个的面积都不小于 10 个方格,而且又不大于 90 个方格. 将这些部分的长边接在已经做好的 10×40 的矩形的短边上,我们就得到所要求的两个矩形.

97.31. 答案:原来的数是 1 717.

设原来的数为 x,将 x 的每一位数字加 1 或加 5. 因为将数 x

加上某个由 1 或 5 组成的四位数而得到的数值为 $4x$，所以，加上的数值为 $3x$. 特别地，加上的四位数能被 3 整除，而且不小于 3 000. 据整数被 3 整除的法则可知，在 $3x$ 的数字表达中有两个 1 和两个 5，而从条件 $3x \geqslant 3\ 000$ 可知，$3x$ 的第一位数字为 5，因此，$3x$ 的写法只有三种可能

$$3x = 5\ 115 \text{ 或 } 3x = 5\ 151 \text{ 或 } 3x = 5\ 511$$

于是

$$x = 1\ 705 \text{ 或 } x = 1\ 717 \text{ 或 } x = 1\ 837$$

这三个可能的数字中，只有第二个适合要求. 这是因为当进行加法 $1\ 705 + 5\ 115$ 或 $1\ 837 + 5\ 511$ 时，由于进位的关系，所得和数并不是按题述操作所得的数字.

97.32. 日出以后，每一只蓝色的章鱼有两个朋友，并且两个朋友都是红色的. 而每一只红色的章鱼有一个朋友，并且是蓝色的. 对于每一只蓝色的章鱼，由它和它的红色的朋友构成一组. 那么每一只红色的章鱼位于那样的一些组中，正如它拥有的蓝色的朋友那样多的组，即在一组中. 于是，所有章鱼被划分为三组，在每一组中有一只蓝色的章鱼和两只红色的章鱼.

因为在变色后任何两个朋友变成同样的颜色，所以，在每一组中，或者一只蓝色的章鱼变色，或者两只红色的章鱼变色. 按条件，第一类组有 10 只，而第二类组有 $\frac{12}{2} = 6$ 只，因此，整个组有 16 只，而章鱼有 $16 \times 3 = 48$ 只.

97.33. 符合条件的砝码组总共有四个组：

①1 个质量为 1 kg 的砝码和 59 个质量为 2 kg 的砝码；

②2 个质量为 1 kg 的砝码和 58 个质量为 2 kg 的砝码；

③58 个质量为 1 kg 的砝码和 2 个质量为 2 kg 的砝码；

④59 个质量为 1 kg 的砝码和 1 个质量为 2 kg 的砝码.

我们去验证这四个组都是坚实的. 如果在一个组中有一个质量为 a 的砝码和 59 个质量为 b 的砝码，若按 20 个砝码为一堆将这个组分为三堆，那么某两堆只含有质量为 b 的砝码. 就是说，这两堆是一样的. 如果在一个组中有两个质量为 a 的砝码和 58 个质量为 b 的砝码，那么在分堆时可能有两种变化形式：或者两个质量为 a 的砝码落在一堆内，而那时另外两堆是一样的；或者两个质量为 a 的砝码落在两个不同的堆，而那时这两个堆是一样的.

现在去证明不存在满足条件的其他的组. 首先假设在组内有三个质量不同的砝码，比如，各有质量为 a, b, c，其中 $a < b < c$. 那时，以任意的方式将其余的 57 个砝码按 19 个砝码为一堆分成三堆，并按质量递减将各堆排序，然后将砝码 a 补充到第

一堆中,将砝码 b 补充到第二堆中,将砝码 c 补充到第三堆中.在所得的分堆中,所有三堆按质量都是不同的.因此,这个组不是坚实的.

这就是说,在符合条件的组中只可能有 1 kg 砝码与 2 kg 砝码.设 2 kg 砝码的数量为 n,$3\leqslant n\leqslant 57$,由 20 个质量各为 1 kg 或 2 kg 的砝码组成一堆.这样组成的两堆有相等质量的充分必要条件是在每一堆中有相同数量的 2 kg 砝码.因此,为了证明组的不坚实性,只需将 n 表示为三个不超过 20 的不同的非负整数之和,并且将 2 kg 砝码作为添加项,给各组分配同等数量的 2 kg砝码.例如:

当 $3\leqslant n\leqslant 21$ 时,$n=0+1+(n-1)$;

当 $21\leqslant n\leqslant 39$ 时,$n=0+20+(n-20)$;

当 $39\leqslant n\leqslant 57$ 时,$n=19+20+(n-39)$.

97.34.在四步(操作)后,圆周上所有的数都变成偶数.

解法 1:在第一步以后,各数之和变成了偶数,这是因为它恰好是原先的和数的 50 倍(每一个数恰好 50 次列入求和的五十个数中,在完成操作时,要计算这些数之和).在第二步以后,在圆周上任何位于对面(指位于某一直径的两个端点上)的两个数有相同的奇偶性,这是因为它们之和等于在第一步以后所有数之和,即偶数.在第三步以后,所有数都有相同的奇偶性.事实上,在完成操作后,两个相邻的数之差等于在操作前两个对面的数之差,而在第二步以后,对面的两个数之差为偶数.就是说,在第三步以后,任何两个相邻的数都有相同的奇偶性,因此,全部数都有相同的奇偶性.最后,在第四步以后,正如 50 个有相同的奇偶性的数之和那样,所有数都是偶数.

解法 2:对于在圆周上的 100 个数的任何两个排列,我们算出它们之和,即算出这样的排列:在它的每一个位置上的数,是位于排列中两个数的对应的和,可以将自然数的任何排列,表示为某些"初等的"排列之和的形式.在初等的排列中,在一个位置上为 1,而在其余位置上为零.因此,只需对"初等的"排列证明问题的结论.如果只注意数的奇偶性,那么在这个具体的情形容易求出每一步的结果.在第一步以后,是 50 个奇数的子列与 50 个偶数的子列.在第二步以后,50 个奇数与 50 个偶数互相交错,在第三步以后,100 个都是奇数.在第四步以后,100 个都是偶数.

97.35.在两次齐射以后还活着的士兵不少于 1 000 人(请参看问题 97.29 的解答).注意到下一次齐射时,可能击毙的士兵不多于剩余的一半,即最后留下活着的不少于 500 人.

注:估计 500 是确定的.

◆在4次对射以后,可能活着的士兵的最小数量是什么,而在n次对射以后呢(设军人按次序射击)?

97.36. 设$x=n,y=n+1,z=n(n+1)+1$,其中n为大于19 971 997的自然数,不难验证,这些x,y,z满足在条件中给出的等式(请参看问题97.43的解答).

97.37. 可以让司务长按以下方式依次地补充执勤人员:在第一天,他可以指定下列学员中的任何人补充到执勤人员之中:在这一天以及以后五天里不用执勤的学员.假设司务长在开头k天已经补充了学员.考虑第$k+1$天的执勤,当天,司务长不可能安排下列25位学员(不会更多)中任何一个人执勤;这些人在此前五天执勤.司务长也不可能用当天或以后5天值班的24位学员中的任何一个人作为补充.因此,司务长总可以找到一位学员,将他补充到第$k+1$天的执勤人员中去.

97.38. 请参看问题97.34的解答.

97.39. 设矩形的边长分别为m,n.那么,部分为多米诺的数量等于$\frac{mn}{2}$.注意到,标记出每一个多米诺的两条长边(即长度等于2的边)的两个中点.网络的某些结点会被两次标记,这些结点就是由两个多米诺组成的正方形的中心,即正方形的中心恰好被标记两次.因此,不同的被标记点的数量等于$2\times\frac{mn}{2}-A=mn-A$,其中一些点位于矩形的边上.它们所对应的多米诺的一条长边与矩形的边相接,这样的多米诺的数量不超过$m+n-2$个.这是因为其中每一个占据着矩形的两个边上的方格,而所有边上的方格正好有$2m+2n-4$个.因此,有不多于$m+n-2$个标记点位于边上,即至少有$mn-A-(m+n-2)=(m-1)\cdot(n-1)+1-A$个标记点在矩形内,全部网络结点恰好有$(m-n)(n-1)$个,即其中剩下的无标记结点至多是$A-1$个.但是,在矩形内无标记的结点恰好是$2\times2$正方形的中心,在这些正方形内,没有整个的多米诺,而这样的正方形的个数为B,就是说$B\leqslant A-1$.

◆问题的结论不仅对于将矩形部分为多米诺成立,而且对任何不能用单位线段(方格的边)划分为两部分的方格多角形也成立.

97.40. 答案:$k=1,2,3,4$.

如果在两两互素的各项中,没有任何一个偶数,那么这些项之和不小于

$$1+3+5+\cdots+(2k-1)=k^2 \qquad (*)$$

况且,当$k\geqslant5$时,这些项之和严格大于k^2,这是因为在各项中

不可能同时出现 3 和 9. 如果有偶数的项，显然只能有一项为偶数. 考虑到奇偶性可知：$k-1$ 个奇数与 1 个偶数各项之和不可能等于 k^2；当 $k\leqslant4$ 时，上列公式（$*$）给出了所求的一个例子.

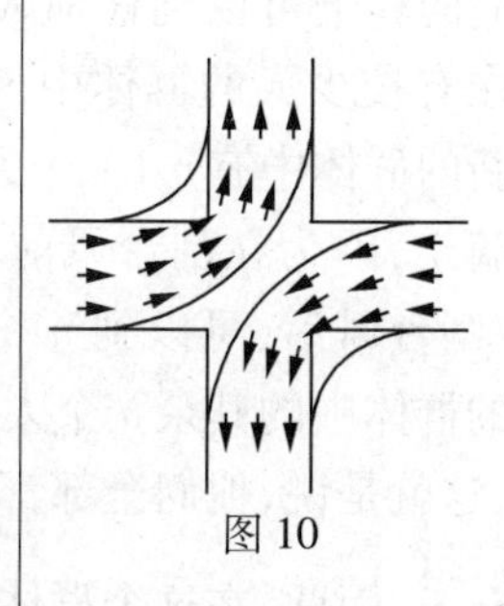
图 10

97.41. 解法 1：将城市的下列部分称为微型区域：它具有被道路所包围的所有区域，而不包括在它内部的任何道路. 将所有城郊地域也算作是微型区域. 假设在不时发生的下雪以后，省长下令清除某些地区的雪，使得任何两个被雪覆盖的微型区域与任何两个打扫干净的微型区域不相邻. 下面证明，可以怎样执行省长的命令. 对交叉路口的个数应用归纳法. 如果在城市里没有任何一处交叉路口，那么执行省长的命令是毫无困难的；如果有交叉路口，那么从它们中剪裁出一条路，使它变为两个“圆形的转弯处”（请参看图 10），根据归纳假设，在剪裁过的城市中，可以执行省长的命令，那么在恢复交叉路口之后，通过清理便符合命令的要求. 现在考虑省长的出行，如果最初打扫干净的微型区域是在省长坐驾的右方，那么在省长的全部出行时间内，城市的打扫干净的街区都是在省长坐驾的右方，因此，省长在原来的街道上按同一方向行驶，直到回到出发点.

解法 2：如果省长沿着他已经去过的街道按与原先相反方向出发，那么在这之前，他驶入了那样的交叉路口：他曾经从相反方向离开那里. 假设存在这些行进路线（从某个交叉路口走出去，并且沿相反方向回到那里）. 考虑其中长度最短的行进路线，这样的路线显然不会自己相交，因为如果他两次通过某个交叉路口 X，那么不难验证（在不违反条件的前提下），他可以选取或者缩短在两次访问 X 之间的道路地段，或者从原来的行进路线中删除这个路段. 我们的行进路线限于城市中的某些“区域”，在位于这个区域内的每一个交叉路口上写上数字 4，而在位于行进路线中的每一个交叉路口上写上从这个交叉路口离开区域的街道的数量. 对于行进路线的开始的（它也是结束的）交叉路口，这个数等于 1. 对于其余的交叉路口，该数为 0 或者为 2（与行进路线在该交叉路口向右或向左转弯有关）. 这就是说，所有写上的数字之和为奇数，但是这个和数应当等于进入区域内的街道数量的 2 倍，导致矛盾.

97.42. 考虑任何一个本地人与在刮台风前所有可以到达他那里的人，将这些人构成的集合称为一个群体. 显然，在一个群体中，每一个人在刮台风前可以去到本群体中任何一个人那里，而不到别的群体中去. 这就是说，在刮台风前，可以将岛上所有居民划分为若干个互不相交的群体.

考虑在任意一个群体中的人，如果在其中至少有一个骑士，那么在这个群体中就有奇数个人（因为从这些骑士在刮台风后所发表的言论得知,在刮台风前可以到他那里的人的数量为偶数).假设在这个群体中有 $2n+1$ 个人,而且 $n\neq 0$,这是因为我们的骑士可以到任何人那里去.在刮台风后,我们的骑士出现在有较少人的群体中,其中除了他以外还有 n 个人,即在这个新的群体中有 $n+1$ 个人,这就是说,这 $n+1$ 个人中每一个都是骑士,因为在刮台风前他们中每一个人都可以到 $2n$ 个人处,在刮台风后,可以到 n 个人处.另一方面,我们的骑士最初所在的群体中的其余 n 个人,在刮台风后可能到不多于 $n-1$ 个人处,这就是说,他们全部都是撒谎者.但是当 $n\geqslant 1$ 时,有 $n-1\geqslant \frac{2n+1}{3}$,因此,在这个群体中,撒谎者不少于三分之一.

如果在原来的群体中没有一个骑士,那么在这个群体中撒谎者当然是不少于三分之一.于是,在每一个群体中,撒谎者都不少于三分之一.因此,在岛上的全体居民中,撒谎者不少于三分之一.

97.43.解法1:例如,当 $y=x+1,z=x^2+x+1$ 时,方程变成了恒等式,立即得出问题的结论.下面说明这是怎样做到的.将方程的形式变为

$$x^2y^2+x^2+y^2=z^2$$

显然,z 应大于 xy,尝试取 $z=xy+1$,容易将这个方程变为下列形式

$$(x-y)^2=1$$

我们可以取 $y=x+1$.

再举一个例子.令 $y=2x^2,z=2x^3+x$,对于这些 y,z,方程化为恒等式.

解法2:设 $x=2$,我们得到佩尔方程

$$z^2-5y^2=4$$

可以按下列公式得到这个方程的解序列 (z_n,y_n),即

$$z_1=3,y_1=1,z_{n+1}=\frac{3}{2}z_n+\frac{5}{2}y_n,y_{n+1}=\frac{1}{2}z_n+\frac{3}{2}y_n$$

容易用归纳法验证这些公式(关于不定方程,可参看曹珍富著的书,《丢番图方程引论》,哈尔滨工业大学出版社,2012.3.

97.44.解法1:对参加汇演的合唱团应用归纳法证明可以按要求安排演出次序.

当 $n=1$ 时,结论显然成立.设当 $n=k$ 时,结论成立,即当有 k 个合唱团参加汇演时,已经安排好演出次序,使得每一个合唱团在它离开以前,至多只听到三首对它不宜的歌曲.则当 $n=k+1$ 时,设第 $k+1$ 个合唱团演唱的歌曲中有3首对其他合唱团不宜的歌曲,我们将这第 $k+1$ 个合唱团安排在最后演出,那么

按规则,当第 $k+1$ 个合唱团演出时,其他合唱团的成员都已经离开汇演现场. 因此,这样安排演出顺序合乎条件要求,从而对所有合唱团的演出顺序的安排都符合要求.

解法 2:以参加汇演的合唱团为元素构造递减的集合序列. 设 A_1 为所有合唱团的集合,如果已经确定集合 $A_1,\cdots,A_n$,那么设 A_{n+1} 为 A_n 中那样的合唱团所构成的真子集:在 A_n 的合唱团表演的节目中,对 A_{n+1} 中的合唱团来说属于不宜的歌曲多于三首. 注意到

$$A_{n+1}\subsetneqq A_n\subsetneqq A_{n-1}\subsetneqq\cdots\subsetneqq A_1$$

因此,在我们所作的排序步骤中(设这是第 $k+1$ 步)最后得到空集:$A_k\neq\varnothing,A_{k+1}=\varnothing$. 这时,可以规定合唱团按下列顺序演出:首先,集合 A_k 中的合唱团以任何次序演出,接着,集合 $A_{k-1}\backslash A_k$ 中的合唱团以任何次序演出,然后,集合 $A_{k-2}\backslash A_{k-1}$ 中的合唱团以任何次序演出等.

97.45. 如图 11 所示,设直线 B_1B_2 与边 BC 相交于点 B_3,直线 C_1C_2 与边 BC 相交于点 C_3. 将线段 AA_1,BB_1,CC_1 的交点记为 O,在直线 BC,BB_1,B_2C_2 中,不妨设 BC 不平行于 B_2C_2(其他情形可类似地考虑). 将 BC 与 B_2C_2 的交点记为 D.

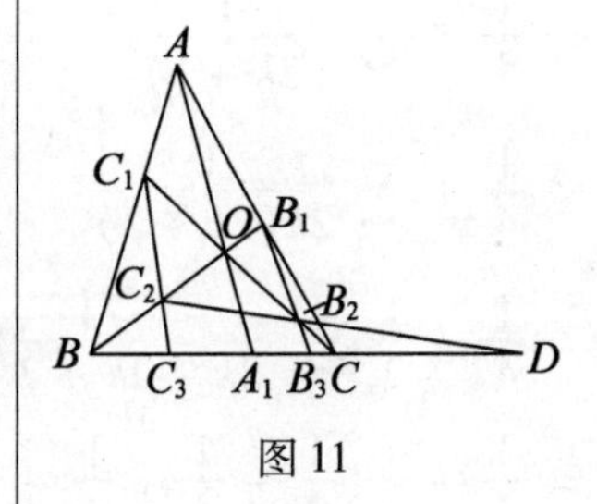

图 11

根据泰勒斯定理有

$$\frac{B_2B_3}{B_2B_1}=\frac{A_1O}{AO},\frac{C_2C_3}{C_2C_1}=\frac{A_1O}{AO}$$

即

$$\frac{B_2B_3}{C_2C_3}=\frac{B_2B_1}{C_2C_1}$$

考虑位于平行直线上的线段 $B_1B_2,B_2B_3,C_1C_2,C_2C_3$ 与直线 DB_1,DB_2,DB_3 可知,直线 DB_1 应通过点 C_1,这就是所要证明的.

97.46. 在十进制记数法中,将分数$\frac{1}{1\ 997}$化为小数应用"直列式"除法的基本步骤如下:将前一步所得的余数乘以 10,把所得的数除以 1 997 并带有余数,不完全的商给出答案开头的各位数字,又将余数转到下一步除法. 当在依次的步骤中所得到的余数重复出现时,我们得到该循环小数的周期. 只有在下列情况下,在这个循环小数中才可能出现数字 7:前一个剩余是位于如下区间中的数$(0.7\times1\ 997,0.8\times1\ 997)=(1\ 397.9,1\ 597.6)$. 在这个区间内恰好有 200 个自然数,这就是说,在将分数$\frac{1}{1\ 997}$化为循环小数的一个周期内,不可能有多于 200 个 7.

◆根据作者对本问题的计算,在将分数$\frac{1}{1\ 997}$化为循环小数

的一个周期内,恰好有 102 个 7.

97.47. 同问题 97.41 的解答.

97.48. 我们自上而下估计未被选出的点的数量,即其两个坐标有不等于 1 的公因子的点的个数. 两个坐标都是偶数的点的数量不大于$\frac{1}{4}\times 1\ 997^2$,其两个坐标具有公因子 $2k+1$ 的点的数量不超过$\frac{1}{(2k+1)^2}\times 1\ 997^2$,因此未被选出的点的总数不超过

$$1\ 997^2\times(\frac{1}{4}+\frac{1}{9}+\frac{1}{25}+\cdots+\frac{1}{1\ 997^2})$$

而且,如果任何一点的两个坐标的最大公因子是合数,那么在这个表达式中,我们已将该点计算了若干次,因此这个估计相当粗糙. 现在注意到

$$\begin{aligned}
&\frac{1}{4}+\sum_{k=1}^{998}\frac{1}{(2k+1)^2}\\
<&\frac{1}{4}+\sum_{k=1}^{998}\frac{1}{2k(2k+2)}\\
=&\frac{1}{4}+\frac{1}{2}\sum_{k=1}^{998}(\frac{1}{2k}-\frac{1}{2k+2})\\
=&\frac{1}{4}+\frac{1}{2}(\frac{1}{2}-\frac{1}{4}+\frac{1}{4}-\frac{1}{6}+\frac{1}{6}-\frac{1}{8}+\cdots+\frac{1}{1\ 996}-\frac{1}{1\ 998})\\
=&\frac{1}{4}+\frac{1}{2}(\frac{1}{2}-\frac{1}{1\ 998})<\frac{1}{2}
\end{aligned}$$

因此未被选出的点的个数小于一半,这表示被选出的点的个数大于一半.

◆设$\{p_1,p_2,p_3,\cdots\}$是素数的集合. 如果已知的二次幂范围增大,那么被选出点的比率趋于

$$\begin{aligned}
&1-\sum_{i=1}^{+\infty}\frac{1}{p_i^2}+\sum_{\substack{i,j=1\\i\neq j}}^{+\infty}\frac{1}{p_i^2p_j^2}-\sum_{\substack{i,j,k=1\\i\neq j,j\neq k,i\neq k}}^{+\infty}\frac{1}{p_i^2p_j^2p_k^2}+\cdots\\
=&\prod_{i=1}^{+\infty}(1-\frac{1}{p_i^2})\\
=&(\prod_{i=1}^{+\infty}(1-\frac{1}{p_i^2})^{-1})^{-1}\\
=&(\prod_{i=1}^{+\infty}(1+\frac{1}{p_i^2}+\frac{1}{p_i^4}+\frac{1}{p_i^6}+\cdots))^{-1}\\
=&(\sum_{n=1}^{+\infty}\frac{1}{n^2})^{-1}=\frac{6}{\pi^2}
\end{aligned}$$

证明的细节可参看 A. A. 布赫什搭布的书《数论》,莫斯科,1996.

97.49. 选择以向西方向为正向的圆周坐标. 设每棵树的树高为 h,各树的位置分别为 $x_1,x_2,\cdots,x_n$. 每一棵树向西倒下对应于用区间(x_i,x_i+h),$i=1,2,\cdots,n$,覆盖圆周;每一棵树向东倒下则是对应于用区间(x_i-h,x_i)覆盖圆周. 因为区间(x_i-h,x_i)沿圆周平移 h 个单位(即绕原点旋转180°)后与区间(x_i,x_i+h)重合,因此向东与向西的对应部分对应相等(包括覆盖5层的部分),因此,向东与向西各自的总长度也相等.

97.50. 如图12所示,设 AO,DO 分别与 BC 相交于点 E,F. 因为 K,F 分别是 AB,BE 的中点,所以 $KF/\!/AE$. 又由 E 为 CF 的中点,$OE=\frac{1}{2}KF$,所以 $OK=OC$. 同理 $OB=ON$. 因此,四边形 $BCNK$ 为平行四边形,于是 BK 平行且等于 CN,从而 AB 平行且等于 CD,所以四边形 $ABCD$ 是平行四边形.

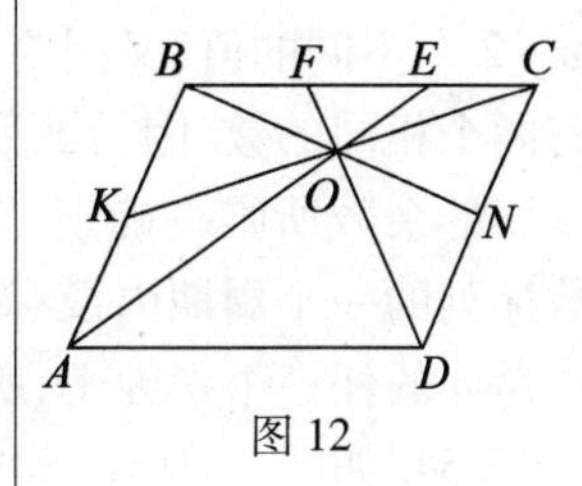

图12

◆本题的逆命题成立:若四边形 $ABCD$ 是平行四边形,则 AO,DO 的延长线将边 BC 分为三等份.

97.51. 设 y 与 $z=\frac{1}{y}$ 分别是两个方程的实根,则

$$ay^2+ay+b=0$$

$$\frac{a}{y^2}+\frac{b}{y}+b=0$$

由此 $ay^2+ay+b=0$ 且 $by^2+by+a=0$,两式相加得$(a+b)\cdot(y^2+y+1)=0$. 由于 $y^2+y+1=(y+\frac{1}{2})^2+\frac{3}{4}>0$,所以 $a+b=0$,$b=-a$,将它代入已知的第一个方程得 $a(y^2+y-1)=0$,因此,所求的两个根是$(\frac{1+\sqrt{5}}{2},\frac{-1+\sqrt{5}}{2})$或$(\frac{1-\sqrt{5}}{2},\frac{-1-\sqrt{5}}{2})$.

97.52. 由题述条件可知,染色后白格不能相邻. 所以在任何一个 1×6 块中有不少于3个黑格,但若只有3个黑格,则一定是黑格与白格相间,而没有相邻的黑格,不合条件,因此任意一个 1×6 块中应有不少于4个黑格,从而任意一个 1×5 块中有不少于3个黑格. 因为可以将整个 100×100 表分割为若干个 1×5 块,所以全表中黑格总数不少于 $\frac{3}{5}\times100\times100=6\,000$(个).

按条件在5格中染3个黑格的一种方法是

·		·		·

应用循环置换方法可得到在 5×5 方块中染黑格的方法如图13所示. 将 100×100 表划分为 $20\times20=400$ 个 5×5 块,周期地将全表填满便得到符合要求的染色. 因此,符合条件的黑

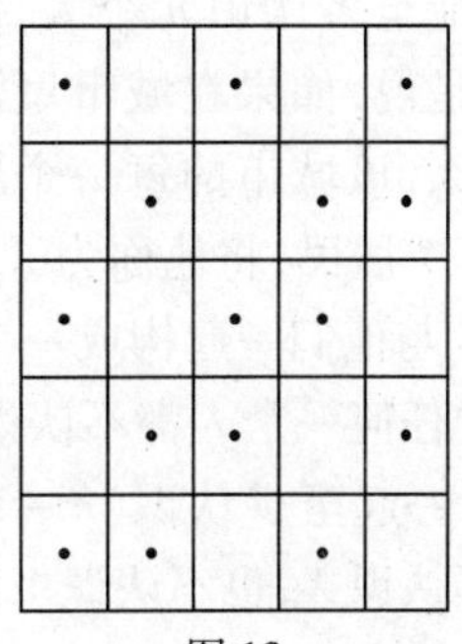
图13

格个数的最小值是 $15\times400=6\ 000$.

97.53. 设 p 为 n 的任一个素因子,考虑数列 $\{x_n\}$ 各项除以 p 的余数所成的序列. 如果在这个余数序列中出现 0,由递推关系可知,在 0 后面的余数为 -1. 应用归纳法可以证明 -1 以后的全部余数都是 1. 就是说,如果某一项 x_n 能够被 p 整除,那么数列的前面任一项都不能被 p 整除. 此外,任一项 x_n 除以 p 的余数都不是 1,于是,数列的项 $x_1,x_2,\cdots,x_{n-1}$ 除以 p 的余数至多有 $p-2$ 个不同的值,又因为 $p-2<n-1$,所以在这些余数中一定有两个相同的数. 因为数列当前的项除以 p 的余数为前一项除以 p 的余数所唯一确定,因此,余数序列是周期序列,并且在余数序列的一个周期内没有一个数为 0,即 x_n 不能被 p 整除,因为 p 是 n 的任一个素因子,所以 x_n 与 n 互素.

97.54. 如图 14 所示,设梯形的对角线 AC,BD 相交于点 O. 因为 $AB\parallel CD$, $\triangle AOB\backsim\triangle COD$, $\frac{AO}{CO}=\frac{AB}{CD}$. 又因为 $AO+CO=AC=AB+CD$,所以 $AO=AB$, $CO=CD$. 又由点 B 与点 B' 关于 AM 的对称性得 $AB'=AB$,所以点 B,O,B' 同在以 A 为圆心的圆周上,设 $\angle OAB=\alpha$,则 $\angle OB'B=\frac{1}{2}\alpha$. 由于 AM 垂直平分 BB', M 为 BC 的中点, AM 是 $\triangle BB'C$ 的中位线,所以 $B'C\parallel AM$,于是 $B'C\perp BB'$. 因此

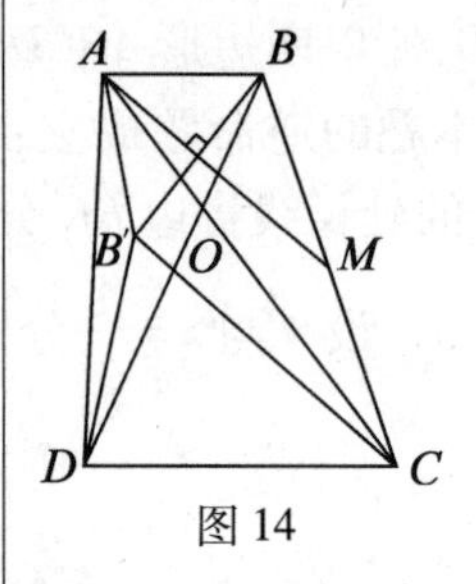

图 14

$$\angle OB'C=90^\circ-\angle OB'B=90^\circ-\frac{1}{2}\alpha$$

又由

$$AB=AO,\angle ODC=\angle OBA=90^\circ-\frac{1}{2}\alpha=\angle OB'C$$

因此 O,C,D,B' 四点共圆

$$\angle CB'D=\angle COD=\angle AOB=\angle ABD$$

◆请验证,点 B' 位于 $\angle AOD$ 的内部.

97.55. 将一个居民群体称为"好的",是指其他市民中的每一个人至少认识这个群体的一个成员. 设可以找到这样的城市居民,他至多认识 n 个人,那么他所认识的人构成一个好的群体. 就是说,如果在城市里没有由至多 n 个居民组成的好的群体,那么,该城市的每一个居民至少认识 $n+1$ 个人. 考虑城市的任一个居民,将他称为 X,并选出他认识的 $n-1$ 个人,那时,或者 X 与他们一起构成一个好的群体;或者可以找到居民 Y,他与其中任何一个人都不认识,但是 Y 至少认识 $n+1$ 个人. 所以 X 与 Y 一起至少认识 $(n-1)+(n+1)=2n$ 个人. 而由 X 与 Y 及既不认识 X,也不认识 Y 的居民构成一个好的群体,在这个群体中至多有 $2+(3n-2n-2)=n$ 个居民.

97.56. 参看问题 97.49 的解答.

97.57. 假设存在满足条件的一组正整数 $a_1,a_2,\cdots,a_{100}$，记 $a_1+a_2+\cdots+a_{100}=s$. 从条件知 s 可被组内任何两个数之和整除. 设这 100 个数中最大的数是 a_1，则 $a_1>\frac{s}{100}$. 考虑 99 个和数：$a_1+a_2,a_1+a_3,\cdots,a_1+a_{100}$，它们都是数 s 的不同的因数，而且所有这些因数都位于区间 $(\frac{s}{100},s)$ 内. 但在这个区间内，s 最多只有 98 个不同的因数：$\frac{s}{2},\frac{s}{3},\cdots,\frac{s}{99}$，导致矛盾. 所以，不存在满足条件的 100 个正整数.

97.58. 如图 15 所示，容易通过角的计算得知 $\triangle ABX$ 与 $\triangle ADY$ 都是等腰三角形 $(AB=BX,AD=DY)$. 因为 BD 是线段 AA' 的中垂线，所以 $AB=A'B$ 且 $AD=A'D$，这表示 X,A,A' 三点共圆，该圆的圆心为 B，而且 Y,A,A' 三点共圆，该圆的圆心为 D. 设 $AB>AC$，不难验证点 Y 落在 A 与 X 之间，点 A' 与 D 位于直线 AX 的一侧，而点 B 与 C 位于 AX 的另一侧，如图 15 所示. 记 $\angle ADC=\angle ABC=\alpha$，求得 $\angle AA'Y=\frac{\alpha}{2}$，且 $\angle AA'X=180°-\frac{\alpha}{2}$. 这是从这些通过中心的内接角的表达式而得的. 由此得出

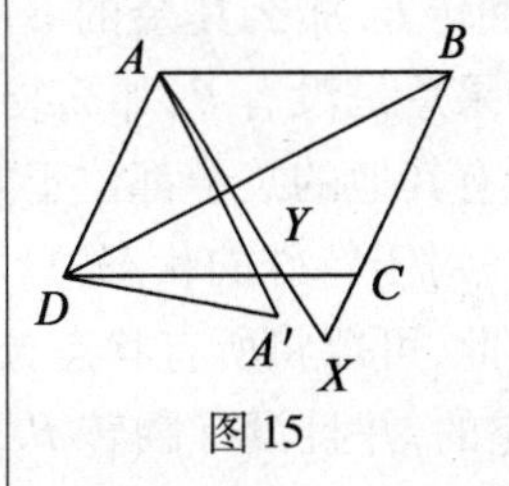

图15

$$\angle XA'Y=\angle A'AX-\angle AA'Y=180°-\alpha$$

但是 $\angle XCY=\angle ABX=\alpha$，因此 A',X,C,Y 四点共圆. 当 $AB<AC$ 时，可以通过变换顶点 B 与 D 的记号化为已考虑的情形.

97.59. 将袋子从 1 到 n 编号，并将袋子的配置法称为“状态”.

解法 1(图 16 的方法)：以下列方式画出袋子的配置图. 从 1 到 n 标记 n 个点，另加一点 O 表示地面. 如果将袋子 B 直接装在袋子 A 中，就在图上表示 A 与 B 的点之间连一条边 $A\to B$(地面连向放在地上的袋子). 由于每只袋子都间接地连到地面，所以，这是一个连通图. 又因为每一个点的入度为 1，因此，得到有 $n+1$ 个点的有向树 G.

对袋子的每一步操作在图上是选择 O 的一个邻点 i，将 i 的前方的邻点改为 O 的邻点，并将 O 的前方的其他邻点改为 i 的前方邻点，这表现为将边 $O\to i$ 反向(连同交换后的顶点放回原来位置). 如果将 G 作为无向图，这些操作不会改变整个图 G 的连线方式. 设经过多步操作后点 O 到达点 j 处，则操作过程是在 G 中选择一条从 O 到 j 的无向通路(允许垂边)，依次将 L 的各边反向并同时交换顶点. 因为对同一条边定向与反向各 1 次后恢复原状，所以沿 L 将 O 变到 j 与沿一条简单路径(没有垂边)将 O 变到 j 的效果相同. 由于在树中任意两点间有且只有一条

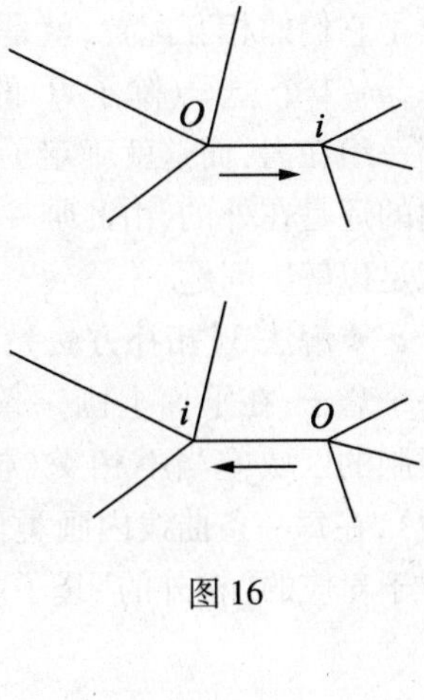

图16

简单路径,所以,任一操作过程的结果状态决定于 O 所到达的点,而每一个状态图唯一确定各袋子的状态. 因为点 O 的可达点共有 $n+1$ 个,因此,对于袋子的任意的初始分布,经多步操作所能得到的袋子状态种数为 $n+1$.

解法 2(归纳法):将在袋子上的操作统称为"翻转". 当 $n=2$ 时可以直接验证问题的结论. 当 $n\geqslant 3$ 时,假设对于 $n-1$ 个袋子的任何开始的配置,问题的结论成立.

可以将原来的状态归结如下:在地上至少放着一个空袋子,因为翻转是可逆的,因此可以认为所得的状态就是开始状态. 挑选一个放在地上的空袋子,并将它称为"B"(补充的). 如果不翻转 B,那么其余的 $n-1$ 个袋子的相互配置会有下列改变:如果总是没有 B,那么袋子 B 将保持着是空的,在翻转 B 以后,所有其他的袋子都位于 B 的内部. 我们将这种状态称为"特殊的". 对于特殊的状态,只可能翻转 B,这化为已经遇到过的状态. 因此,可以将所有状态分为特殊的与非特殊的. 非特殊是指 B 是空的,并且没有翻转 B. 为了解决问题,只要证明下列结论就够了:特殊情形是唯一的,而且在非特殊情形,其余的 $n-1$ 个袋子的相互配置唯一地确定了 B 的位置(因而根据归纳假设,B 是空的状态恰好是 n 种).

将下列的每一种情形称为所有袋子关于袋子 X 是"在内的":它们或者位于 X 内,或者位于在 X 内的袋子里等. 其他的袋子称为关于 X 是"在外的". 当翻转 X 时,对 X 在外的袋子成为对 X 在内的袋子,并且反之亦然. 当翻转其他袋子时,这两个集合依然存在. 因此,对于每一个袋子,可以将所有其他的袋子划分为两个组,并且在操作时保持着这种划分. 状态之间的区别仅仅是在组里哪一个是在内的,而哪一个是在外的.

考虑任一种特殊的状态,其中 B 对于任何的袋子 X 都是在外的,这就唯一地确定了两个组中哪一个组关于 X 是在外的,哪一个组关于 X 是在内的. 关于所有袋子的这些信息唯一地给出了它们的相互配置,就是说,特殊状态是唯一的. 在非特殊状态,$n-1$ 个袋子(除了 B)的相互配置唯一地给定,哪一组在外,哪一组在内,而这就确定了袋子 B 关于其他的每一个袋子是在内的还是在外的,由此唯一地确定了 B 的所在地. 如上所述,这就足以解决问题.

◆解法 3(拓扑方法):如图 17 所示,对于放在地板上的每一个袋子,在平面上画一条封闭的不自交的曲线,这些曲线所限制的区域应当不相交(包括一个区域应该不在另一个区域内),在每一条曲线内画类似的曲线组(可能是空的)用来表示位于对应的"在外的"袋子内的各个袋子. 在新的曲线内实施类似的构造等(同时,将曲线按它所对应的袋子的号码编号). 最后我们得到表示所有袋子和它们相互套入的图形.

现在将平面上包含全部曲线的充分大的部分看做是与球面上的区域一样(借助于与将地球的一部分曲面与地图对应的那样的映射). 此外,在球面上标出在这个区域外的一点(这个点对应于"看门人"),袋子的状态由在球面上的标出点与曲线的相互配置所唯一确定. 曲线的连续变形与标出点的移置,在所作的区域中的一个内部不作任何更改. 袋子的翻转对应于将标出点通过其中一条曲线移置到相邻的区域内,实施翻转对应的袋子在图上表示为其中一条曲线的连续变形. 在运动过程中,这条曲线越过标记点,可以用点代替曲线运动,反之,可以用曲线移置点. 因为 n 条曲线将球面分为 $n+1$ 个区域,而且标出点可以落在其中任何一个区域,我们得到原来问题的 $n+1$ 种状态.

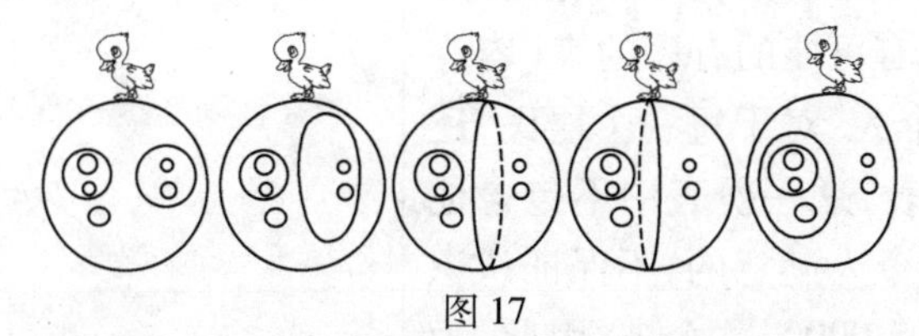

图 17

◆◆各袋子本身构成空间中的曲面套系统. 因此,更自然的拓扑解法是利用三维球面. 可以用带有补充的"无穷远"点的三维空间,而且可以不用拓扑来说明这种解法. 为此,应当建立所给的问题与下列问题之间的对应关系:在该问题中看门人亲自钻进去代替"翻转"袋子(或者,如果这不是第一次操作,可能是相反的出来).

97.60. 同问题 97.53 的解答.

97.61. 解法 1:如图 18 所示,设 AB 的中点为 M,注意到 $\angle EDB$ 与 $\angle BCM$ 都立在弧 EB 上,而 $\angle DEB$ 与 $\angle CBM$ 立在相等的弧 DB 和弧 AC 上,所以 $\triangle BDE \backsim \triangle MCB$. 设 BC 的中点为 X,则 $\triangle DBE$ 的中线 BK 对应于 $\triangle MCB$ 的中线 MX,由此得 $\angle BKE = \angle MXB$. 因为 MX 是 $\triangle ABC$ 的中线,所以 $\angle MXB = \angle ACB$,于是 $\angle BKE = \angle ACB$. 同理从 $\triangle ADE \backsim \triangle MCA$,得 $\angle AKE = \angle ACB$. 从而 $\angle BKE = \angle AKE$.

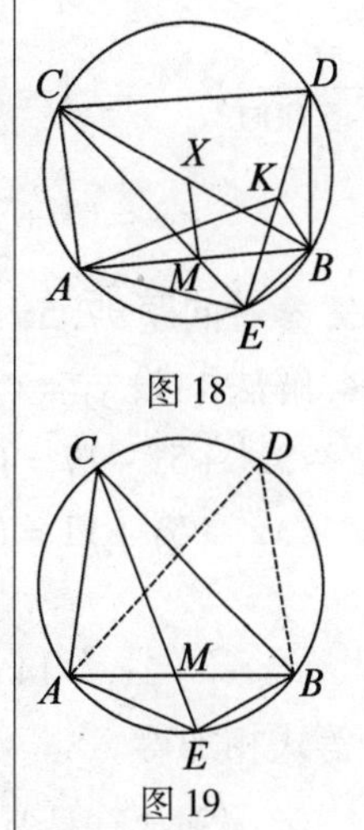

图 18

图 19

解法 2:考虑外接于圆的四边形 $ACBE$. 如图 19 所示,它的对角线 CE 平分另一条对角线,即 CE 也平分四边形 $ACBE$ 的面积,有

$$S_{\triangle ACE} = S_{\triangle BCE}$$

因为 $\sin\angle CAE = \sin\angle CBE$,由此得

$$AC \cdot AE = BE \cdot BD$$

因为 $AD=BC$ 且 $BD=AC$，在四边形 $ADBE$ 中，对边的乘积相等

$$AD\cdot BE=AE\cdot BD$$

在圆 S 上作点 B'，使 $BB'/\!/DE$. 如图 20 所示，因为 $BE=DB'$ 且 $BD=EB'$，所以 $AD\cdot DB'=AE\cdot EB'$，于是 $S_{\triangle ADB'}=S_{\triangle AEB'}$. 因此，$AB'$ 平分 DE，即 AB' 通过点 K. 就是说，作为对顶角 $\angle AKE=\angle B'KD$. 但根据 $BB'DE$ 为等腰梯形，所以 $\angle BKE=\angle B'KD$，因此

$$\angle AKE=\angle BKE$$

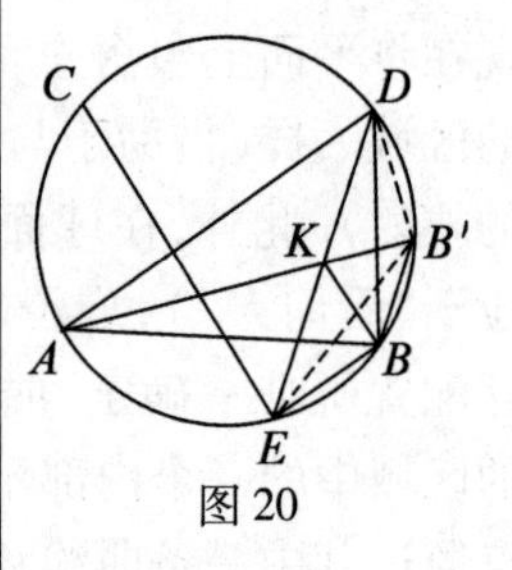

图 20

97.62. 从不多于 5 000 人中选出满足条件的一群人就足够了. 如果某位居民，比如说瓦夏有不多于 5 000 个认识的人，那么作为所求的居民群体，为了有与瓦夏共同认识的人，可以选择瓦夏的所有认识的人，其余的每一个居民在这个群体中应当都有认识的人.

设每一个居民都有多于 5 000 个认识的人. 为了简化记号，以 M 表示 10^6. 考虑 5 000 个居民的所有可能的有序的表（容许其中有重复），这份表中恰好有 $M^{5\,000}$ 个人. 对于每一个居民，还有一份不多于 $(M-5\,000)^{5\,000}$ 个人的表，这一份表中不包含他所认识的任一个人，就是说，所有不能令人满意的，不保证认识任何人的表，其中有不多于 $M\cdot(M-5\,000)^{5\,000}$ 个人，因此，为了解答问题，只要证明下列不等式就足够了

$$M^{5\,000}>M\cdot(M-5\,000)^{5\,000}$$

可以从下列正确的不等式推出这个不等式. 利用伯努利不等式

$$(1+x)^n>1+nx\quad(x>0)$$

设 $x=\dfrac{1}{200}$，$n=200$，注意到 $5\,000=200\times25$，得

$$\left(\frac{M}{M-5\,000}\right)^{5\,000}=\left(1+\frac{5\,000}{M-5\,000}\right)^{5\,000}>\left(1+\frac{5\,000}{M}\right)^{5\,000}$$

$$=\left(1+\frac{1}{200}\right)^{5\,000}>2^{25}>10^6=M$$

97.63. 参看问题 97.56 的解答.

97.64. 解法 1：设 $x_1=x-1$，$y_1=y-1$，那么

$$x^3-3x^2+5x-17=(x-1)^3+2(x-1)-14=0$$

$$y^3-3y^2+5y+11=(y-1)^3+2(y-1)+14=0$$

即

$$x_1^3+2x_1-14=0,\ y_1^3+2y_1+14=0\qquad(*)$$

将这两个等式相加得

$$(x_1+y_1)(x_1^2+x_1y_1+y_1^2+2)=0$$

上式第二个括号内的表达式永远是正数，因此 $x_1+y_1=0$，即 $x+$

$y=2$.

◆解法 2：如果方程 $x^3+px+q=0$ 有一个实根(题目中的方程就是这样)，那么根据卡丹公式，这个实根等于

$$x=\sqrt[3]{-\frac{q}{2}+\sqrt{(\frac{q}{2})^2+(\frac{p}{3})^3}}+\sqrt[3]{-\frac{q}{2}-\sqrt{(\frac{q}{2})^2+(\frac{p}{3})^3}}$$

那么，从方程(*)立即得出 $x+y$ 等于

$$2+\sqrt[3]{-7+\sqrt{\frac{1\ 331}{27}}}+\sqrt[3]{-7-\sqrt{\frac{1\ 331}{27}}}+$$
$$\sqrt[3]{7+\sqrt{\frac{1\ 331}{27}}}+\sqrt[3]{7-\sqrt{\frac{1\ 331}{27}}}$$

原则上，这个表达式就是答案. 但是在数学奥林匹克中要求答案不包含算术运算符号，而上列表达式显然等于 2.

97.65. 同问题 97.58 的解答.

97.66. 同问题 97.53 的解答.

97.67. 首先注意到，如果依次执行题述操作某一时刻得到偶数，因为偶数的末位数码一定是偶数，所以，以后操作所得的都是偶数.

设 $n+1$ 位正整数的首位数码为 a，则 $k\geqslant a\cdot 10^n$. 而 k 的各数码之积 $P(k)\leqslant a\cdot q^n$，因此

$$\frac{P(k)}{k}\leqslant(\frac{9}{10})^n$$

当 $n\geqslant30$ 时

$$(\frac{9}{10})^n\leqslant(\frac{9}{10})^{30}=(\frac{729}{1\ 000})^{10}<(\frac{3}{4})^{10}$$
$$=(\frac{243}{1\ 024})^2<(\frac{1}{4})^2<\frac{1}{10}$$

这表明 $P(k)$ 比 k 至少少了一位，从而每一步操作后所得的数比操作前的数至多增加一位.

考虑依次操作中第一次出现的 32 位数 x，x 一定是由一个 31 位数 k 经操作而得. 因为 $k\leqslant10^{31}-1$，所以

$$P(k)<\frac{k}{16}<7\cdot10^{29}$$

于是 $x=k+P(k)+2<10^{31}+7\cdot10^{29}+1$. x 的首位数码为 1，第二位数码为 0，所以 $P(x)=0$.

如果 x 为偶数，据前述理由可知问题结论成立；如果 x 为奇数，此后的一段操作中，当所得的数有数码 0 时，每一步都是加 2. 直到所得的数为大于 x 而且各位数码都不为 0 的最小奇数 $y=11\cdots11$(32 个 1). 因为 $P(y)=1$，按规定操作所得的数都是偶数. 从而，不可能得到由数码 7 组成的 1 997 位数.

97.68. 解法 1：假设我们能够按要求的方式将方格表染色. 应注意配置在表内的每一个方格，恰好有两个白色的方格相连，而且恰好有两个黑色的方格相连. 如图 21 所示，可以认为配置在左下角的方格(利用国际象棋的记号将它称为 $a1$)被染成黑色，那么方格 $b1$ 与 $a2$ 应当是白色. 无论方格 $b2$ 是什么颜色，已经有两个相邻的白色方格，因此，另外两个相邻的方格 $b3$ 与 $c2$ 应当是黑色. 现在我们看到有 2 个黑色方格与 $c3$ 相邻，因此，$c4$ 与 $d3$ 应该是白色. 以这种方式继续推理，可知方块的对角列 $a2-b3-c4-d5\cdots$ 与 $b1-c2-d3-e4-\cdots$ 是由互相交错的黑色方格与白色方格组成的. 考虑类似的对角列：它从表的与左下角按奇数(短的)行相邻的角开始，我们就会发现，在这些列相交的位置上所得到的关于它们被染颜色的信息是矛盾的，因此，不可能按要求将方格表染色.

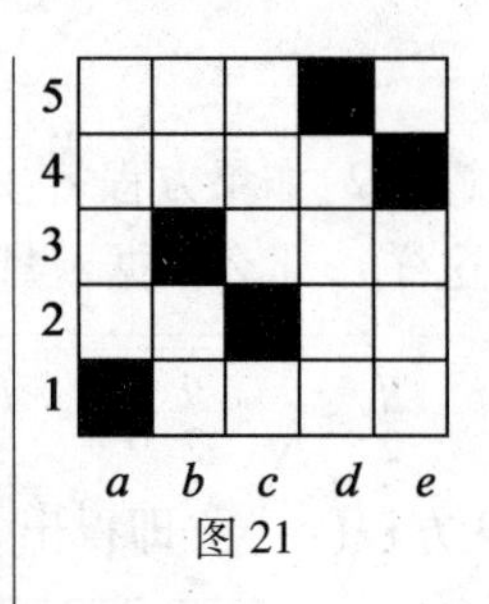

图 21

解法 2：我们在方格纸内走动，从黑色方格走到相邻的白色方格，又从白色方格走到相邻的黑色方格，那时，整张方格纸被划分为一些不相交的圈，每一个圈是限制在方格纸的某个部分的"框架". 考虑与矩形的奇数边邻接的框架，其中某一个包含矩形边上奇数个方块(参看图 22)以字母 A 表示的方格不可能在这个与方格 1 相邻的框架内，这是因为否则方格 1,2,3,A 是独立的框架(读者可以验证，因为框架的方格的染色是黑白互相交替的，所以，方格 A 一般情况下不可能属于所考虑的框架). 那时，排列在 A 与 B 之间的方格属于某一个框架的边，而且我们可以对那些包含着奇数个这种方格的框架作类似的推理. 依此类推可得出这样的结果：不论什么时候，总有由三个方格组成的边的框架. 但是，这样的框架是不可能存在的，这是因为在这种情况下，方格 C(参看图 23)有三个同色的方格.

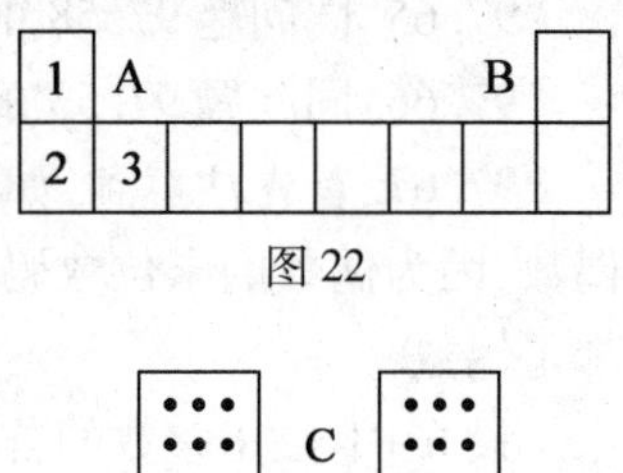

图 22

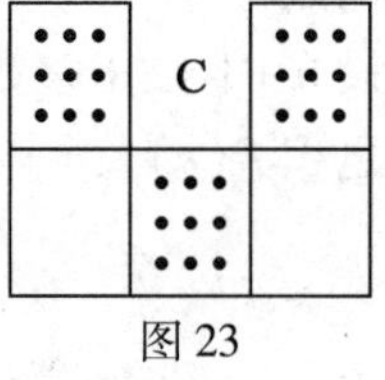

图 23

从上述证明的结论可知，以奇数个方格为边的矩形不可能划分为"框架"，这就是说，所要求的染色不存在.

97.69. 设有 n 条鲈鱼，它们的棘刺数目分别为 $a_1<a_2<\cdots<a_n$，各自质量为 $w_i(i=1,2,\cdots,n)$(lb). 用数轴上的整点 a_i 标记各鲈鱼的棘刺的数目. 在数轴上作开线段 $I_i=(a_i-w_i,a_i+w_i)$. 题目要求 $w_i+w_j\leqslant|a_i-a_j|$ 等价于 I_i 与 I_j 不相交. 为了解答问题，只要证明下列结果：

在集$\{1,2,\cdots,n\}$中存在一个子集 S 满足：$\sum\limits_{i\in S}w_i\geqslant\dfrac{2n}{9}$，而且对任意 $i,j\in S,i\neq j,I_i$ 与 I_j 不相交.

设开区间 T 含有相继的 k 个整点 $a_i,a_{i+1},\cdots,a_{i+k-1}$.

①当 $k=1$ 时，因为 $w_i\geqslant\dfrac{1}{4}>\dfrac{2}{9}\cdot1$，所以这时取 w_i 即满足

要求,即捞起质量为 w_i 的鲈鱼.

②当 $k=2$ 时,因为两线段相交,$w_i+w_{i+1}>a_{i+1}-a_i\geqslant 1$,所以 w_i 与 w_{i+1} 中一定有一个大于$\frac{1}{2}>\frac{2}{9}\cdot 2$. 取出其中大于$\frac{1}{2}$的那个即满足要求.

③当 $k=3$ 时,如果 I_i 与 I_{i+2} 相交,则 $w_i+w_{i+2}>a_{i+2}-a_i\geqslant 2$,所以 w_i 与 w_{i+2} 中一定有一个大于 $1>\frac{2}{9}$,取出其中大于 1 的那个即满足要求;如果 I_i 与 I_{i+2} 不相交,则 I_i 与 I_{i+1} 相交,且 I_{i+1} 与 I_{i+2} 相交. 这时 w_i+w_{i+1} 与 $w_{i+1}+w_{i+2}$ 都大于 1,于是 $w_i+2w_{i+1}+w_{i+2}>2$,所以 w_i+w_{i+2} 与 w_{i+1} 中必有一个大于$\frac{2}{3}=\frac{2}{9}\cdot 3$. 取出相应的两个或一个即满足要求.

④当 $k>4$ 时,存在 r 个序号列 $i_1=i,i_2,\cdots,i_r=i+k-1$ 满足:对每个 j,$I_{i_{j+1}}$ 是与 I_{i_j} 相交的最后一条线段,即在 $I_{i_1},I_{i_2},\cdots,I_{i_r}$ 中相邻的线段相交,不相邻的线段不相交,所以 $w_{i_j}+w_{i_{j+1}}>\sum\limits_{j=0}^{i-1}a_{i_{j+1}}-a_{i_j}$. 将这 r 个不等式全部相加并加上 a_i,$a_{i+k-1}\geqslant\frac{1}{4}$得

$$2\sum_{j=1}^{r}w_{i_j}>\frac{1}{2}+\sum_{j=1}^{r-1}(a_{i_{j+1}}-a_{i_j})=\frac{1}{2}+a_{i+k-1}-a_i\geqslant k-\frac{1}{2}$$

因此,在两个奇偶间隔的和之中一定有一个大于$\frac{1}{4}(k-\frac{1}{2})>\frac{2k}{9}$,即$\frac{k}{9}>\frac{1}{2}$. 这时取相应的间隔项即满足要求.

⑤当 $k=4$ 时,与情形④一样考虑线段的相交列,这时,r 可能有三个值:2,3,4.

若 $r=2$,则 $w_i+w_{i+3}>3$,w_i 与 w_{i+3} 中一定有一个大于$\frac{3}{2}>\frac{2}{9}\cdot 4$,就取这个大于$\frac{3}{2}$的数.

若 $r=3$,则 w_i+w_{i+2} 与 $w_{i+1}+w_{i+3}$ 中有一个大于 2,因此,这四个数中一定有一个数大于 $1>\frac{2}{9}\cdot 4$. 就取这个大于 1 的数.

若 $r=4$,则 w_i+w_{i+1} 与 $w_{i+2}+w_{i+3}$ 都大于 1,$w_i+w_{i+2}+w_{i+1}+w_{i+3}>2$,所以 w_i+w_{i+2} 与 $w_{i+1}+w_{i+2}$ 中一定有一个大于 $1>\frac{2}{9}\cdot 4$,就取这个大于 1 的数.

97.70. 如图 24 所示,设 $\triangle ABC$ 的内切圆半径为 r,圆心为点 O,内切圆在 AB 边上的切点为 D,内切圆在 AB 边上的投影

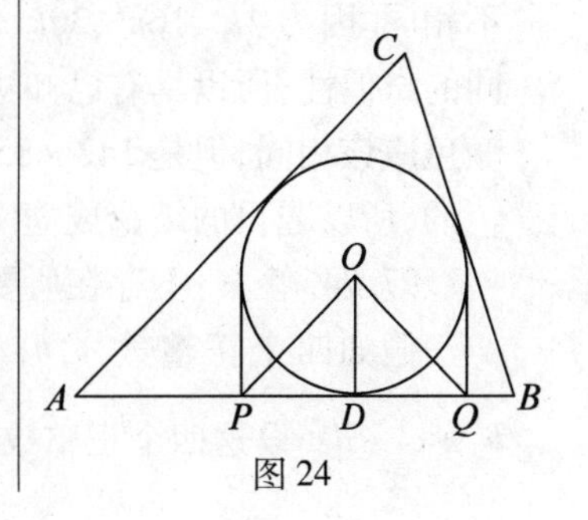

图 24

线段为 PQ,则 $DP=DQ=OD=r$,所以 $OP=OQ=\sqrt{2}r$,即内切圆在三角形三边上的投影线段的 6 个端点都在以 O 为圆心,$\sqrt{2}r$ 为半径的圆周上.

97.71. 当 a 与 b 同号时有 $|a+b|\geqslant|a-b|$,即 $\left|\frac{a+b}{a-b}\right|\geqslant 1$,又因 $ab>0$,所以 $\left|\frac{a+b}{a-b}\right|^{ab}\geqslant 1$.

当 a 与 b 异号时有 $|a+b|<|a-b|$,即 $\left|\frac{a+b}{a-b}\right|<1$,又因 $ab<0$,所以 $\left|\frac{a+b}{a-b}\right|^{ab}>1$.

综合上述可知当 $a\neq b$ 时,$\left|\frac{a+b}{a-b}\right|^{ab}\geqslant 1$.

97.72. 将末位为 1 或 9 的数称为 A 型数,而将末位为 3 或 7 的数称为 B 型数,注意到两个同型的数的乘积为 A 型数,而两个不同型的数的乘积为 B 型数. 当一个数是素数的幂的时候,容易验证问题的结论成立. 下面去证明,如果问题的结论对两个互素的数都成立,那么,它对这两个互素的数的乘积也是成立的. 设数 k 有 x_1 个 A 型因数与 y_1 个 B 型因数,而数 L 有 x_2 个 A 型因数与 y_2 个 B 型因数,而且 K 与 L 互素,那么 KL 将有 $x_1x_2+y_1y_2$ 个 A 型因数,并有 $x_1y_2+y_1x_2$ 个 B 型因数,当 $x_1\geqslant y_1$ 且 $x_2\geqslant y_2$ 时,这些数之差

$$x_1x_2+y_1y_2-x_2y_1-y_2x_1=(x_1-y_1)(x_2-y_2)\geqslant 0$$

就是说,数 KL 的 A 型因数的个数不少于它的 B 型因数的个数. 因为每一个正整数都可以表示为不同的素数的幂的乘积,所以,问题的结论对任何正整数都是成立的.

97.73. 设联线中最短的折线的长度的一半等于 k,那么联线的长度依次为 $2k,3k,4k,5k,6k$. 根据毕达哥拉斯定理可知,联线的长度的平方是整数. 因为 $k^2=9k^2-2(4k^2)$,所以,k^2 为整数. 将结点按国际象棋的棋盘方式染色,注意到如果联线的长度的平方是偶数,那么这条联线的两个端点是同一种颜色;如果联线长度的平方是奇数,那么这条联线的两个端点的颜色不相同. 因为 $4k^2,16k^2,36k^2$ 都是偶数,而且数 $9k^2$ 与 $25k^2$ 有相同的奇偶性,所以具有已知边长比例关系的折线的两个端点的颜色应该相同,但是 142×857 的方格矩形的相对顶点是不同颜色的,所以题目的结论成立.

97.74. 答案:不存在所要求的正整数.

假如四个正整数 a,b,c 与 d 的乘积 $abcd$ 能够整除 $a^4+b^4+c^4+d^4$. 设这四个正整数的最大公约数为 k,则数 $\frac{a}{k},\frac{b}{k},\frac{c}{k}$,

$\frac{d}{k}$也能整除 $a^4+b^4+c^4+d^4$. 因此可以设这 100 个正整数整体互素. 又因为任意的 4 个数不可能都是 3 的方幂(若不然,设这 4 个数中所含 3 的方幂的最低次数为 t,则 $a^4+b^4+c^4+d^4$ 中含 3 的方幂的次数为 $4t$,而 $abcd$ 中含 3 的方幂的次数至少为 $4t+6$,导致矛盾),因此,一定有一个数(以 a 为例)含有素因子 p, $p\neq3$.

现在对 a 以外的任意两个数 b,c,任取另外的一个数 u,由于 $a^4+b^4+c^4+u^4$ 可以被 p 整除. 可知 b^4 与 c^4 被 p 除所得余数相等. 由此可知,除 a 以外的 99 个正整数的 4 次方被 p 除所得余数相等. 设余数为 r,再对这 99 个中的三个与 a 一起推知 p 整除 $3r$. 由于 p 与 3 互素可得 p 整除 r,从而得知所有 100 个正整数都能被 p 整除,这与上述所得这 100 个正整数整体互素矛盾. 因此不存在满足条件的 100 个正整数.

97.75. 如图 25 所示,在向量$\overrightarrow{IB'}$的另一侧(点 A 所在的一侧)作向量$\overrightarrow{BT}/\!/\overrightarrow{IB'}$($T$ 为 BT 与 AC 的交点),则向量$\overrightarrow{BT'}$关于$\angle ABC$ 的角平分线 BI 对称于向量$\overrightarrow{BT}$,去证 $BT\perp KL$. 注意到向量$\overrightarrow{IB'}$在边 AB 的投影等于向量$\overrightarrow{BT'}$在边 AB 上的投影,而$\overrightarrow{IB'}$在 BC 上的投影等于$\overrightarrow{BT'}$在 BC 上的投影,最终的投影分别等于$\overrightarrow{BL}$与$\overrightarrow{BK}$. 因此,$\angle BKT'=\angle BLT'=90°$,而且 K,B,L,T'四点共圆,所以$\angle BT'K=\angle BLK$,而且 $\angle TBL+\angle BLK=\angle T'BK+\angle BT'K=90°$,由此得 $BT\perp KL$,从而 $B'I\perp KL$.

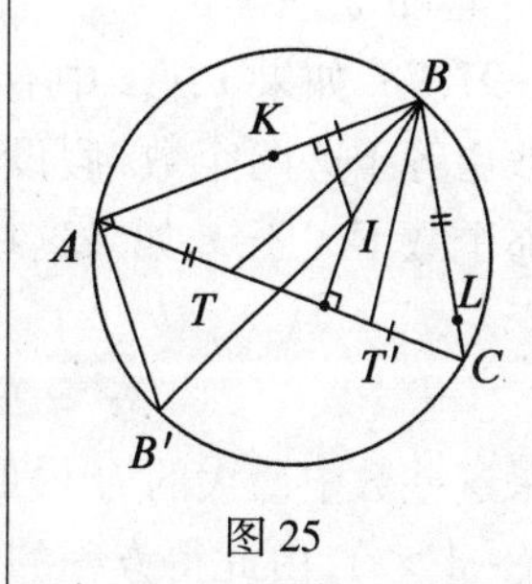

图 25

97.76. 答案:可以.

以下说明具体的分解步骤. 如图 26 所示,选择一个不太大的自然数,它有两个大于 30 而且互素的因子(例如 $992=31\times32$). 用一个水平的切口和一个垂直的切口将原来的正方形分割为四部分:其中有 2 个正方形(992×992 与 $1\ 005\times1\ 005$)和 2 个一样的矩形($992\times1\ 005$). 尝试将矩形 $992\times1\ 005$ 切开为正方形 31×31 与 32×32. 为此,将数 1 005 表示为数 31 与 32 的带有正整数系数的线性组合(任何充分大的正整数都可以表示为这种形式)

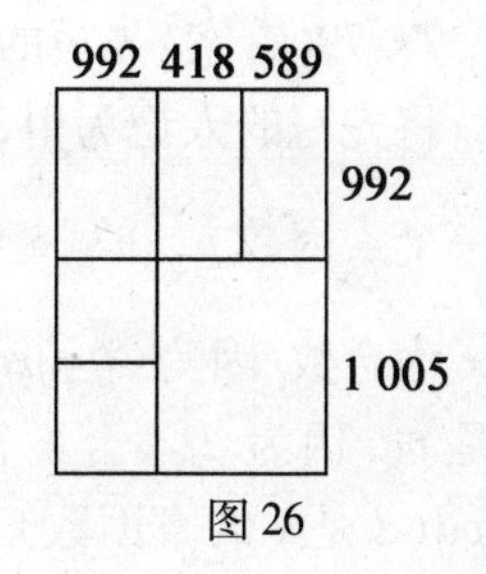

图 26

$$1\ 005=589+416=19\times31+13\times32$$

现在将矩形 $992\times1\ 005$ 划分为 2 个矩形:992×589 与 $1\ 005\times416$. 再将这两个矩形分割为 19 个 31×31 的正方形与 13 个 32×32 的正方形.

再讲一种分割法. 对于 $n=1\ 997$,将数 $n+1=1\ 998$ 分解为 2 个因数,其中每一个都大于 30:$1\ 998=37\times54$. 为了简化起见,将这些因数记为 $x+1$ 与 $y+1$,得 $1\ 997=xy+x+y$. 然后以

与上述类似的方式进行分割,将原来的正方形首先分割为正方形$xy \cdot xy$,$(x+y)(x+y)$和矩形 $x \cdot xy$ 及 $y \cdot xy$,最后将它们分割为若干个正方形 $x \cdot x$ 与 $y \cdot y$.

97.77. 将放置在1 997 边形的顶点上的各数依次记为 a_0,a_1,…,$a_{1\,996}$. 考虑和数

$$S = \sum_{n=0}^{1\,996} n^2 a_i (\bmod 1\,997)$$

每一次操作(r,k)使多边形的顶点上的数(a_r,a_{r-k},a_{r+k})变为$(a_r+2,a_{r-1}-1,a_{r+k}-1)$,从而使 S 变动的量为

$$\Delta S \equiv (r-k)^2+(r+k)^2-2r^2=2k^2 (\bmod 1\,997)$$

依题意,经若干步操作,各顶点处的数又回到初始的数,即 $\sum \Delta S \equiv 0$, 所以 $2\sum k^2 \equiv 0(\bmod 1\,997)$. 因为 2 与 1 997 互素,于是 1 997整除 $\sum k^2$.

97.78. 如果 x,y,z 中有两个数相等,那么从方程可知第三个数也等于这两个数. 假设这三个数互不相等,那么其中最大的那个数不大于 3. 如果这些数中最大的为 z,那么方程的右端大于左端

$$3z^2=2z^z+z^z>2x^x+y^y$$

如果这些数中最大的为 y,那么 $y^y=y \cdot y^{y-1}>3z^z$(因为 $y \geqslant 3$,而且 $y-1>z$),由此得方程的左端大于右端. 类似地,如果这些数中最大的为 x,那么 $x^x>3z^z$,从而方程的左端大于右端. 综合上述可知应有 $x=y=z$.

97.79. 答案:先写的人可以获胜.

将先写的人记为甲,甲的对手记为乙. 甲的第一步是任取 N 的一个素因数 p,并写 $x=\dfrac{N}{p}$,则 x 整除 N 且 $x \neq N$,又由 $k \geqslant 3$ 可知 x 为合数. 因为 $N=px$,所以 N 的因数或者是 d 除 x 的商,或者是 pd. 因为 d 不合不整除的条件,所以以后可以写的数只能是 pd(d 是 x 的真因数). 这样的数都是 N 的合数真因数,而且这些数与 x 不互素也互不整除,它们之间两两不互素,所以,只要它们互不整除就符合游戏规则.

由于 x 不是完全平方数,所以可将 x 的真因数配对划分为$(d,\dfrac{x}{d})$,每对的两个数不能互相整除. 当乙写 pd 后甲接着写 $p \cdot \dfrac{x}{d}$. 如果它与之前的某个 pk 有整除关系(指 k 整除$\dfrac{x}{d}$或$\dfrac{x}{d}$整除 k),则有 d 整除$\dfrac{x}{k}$或$\dfrac{x}{k}$整除 d,这表示乙刚才所写的 pd 已违反游戏规则. 因此,只要乙方有数可写,则甲方也有数可写,但

因为 x 的真因数只有有限多个,所以,最后乙因为无法写出而成为输方.

注:借助于自然数的集合论,可以将本题的条件改写如下,这有助于理解本题的解法.

已知集合$\{p_1,\cdots,p_k\}$,两个游戏者依次写出它的包含多于一个元素的真子集,使得任何两个子集都相交,并使任何一个子集不包含另一个子集.

97.80. 如图 27 所示,设四边形 $ABCD$ 的外接圆的圆心为点 O,四个三角形$\triangle ANK$,$\triangle BKL$,$\triangle CLM$,$\triangle DMN$ 的垂心分别为点 H_1,H_2,H_3,H_4.

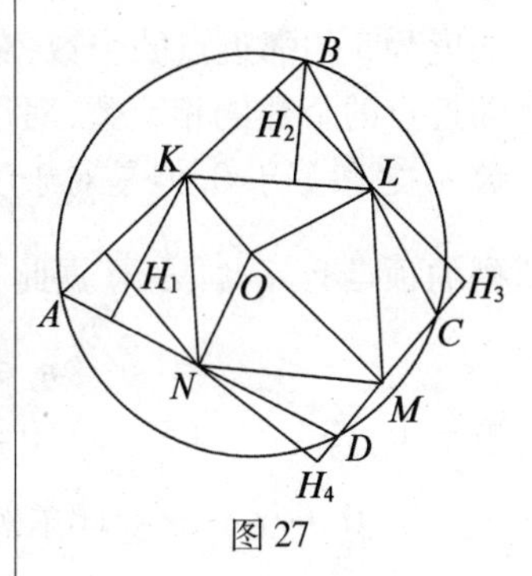

图 27

由 $OK\perp AB$ 与 $NH_1\perp AB$ 得 $OK/\!/NH_1$,同理 $ON/\!/KH_1$,所以四边形 OKH_1N 为平行四边形,NH_1 平行且等于 OK. 同理四边形 OLH_2K 为平行四边形,LH_2 平行且等于 OK,因此,NH_1 平行且等于 LH_2,所以四边形 H_1H_2LN 为平行四边形,H_1H_2 平行且等于 NL. 同理 H_3H_4 平行且等于 NL,从而 H_3H_4 平行且等于 H_1H_2,所以四边形 $H_1H_2H_3H_4$ 为平行四边形.

97.81. 因为是沿格线剪正方形,所以在折叠方格纸并剪一刀又将正方形展开后,剪刀的一条割线是原正方形中的若干条互相平行的格线,而且每两条平行格线之间的距离不小于2(这是因为它们之间至少有一条折叠线). 因此,展开后的割线不多于 50 条,这些割线将原正方形至多割成 51 个矩形. 同理,这 51 个矩形中的每一个在剪第二刀以后至多再分为 51 块,因此,剪两刀所剪成的总块数不多于 $51^2=2\ 601$ 块.

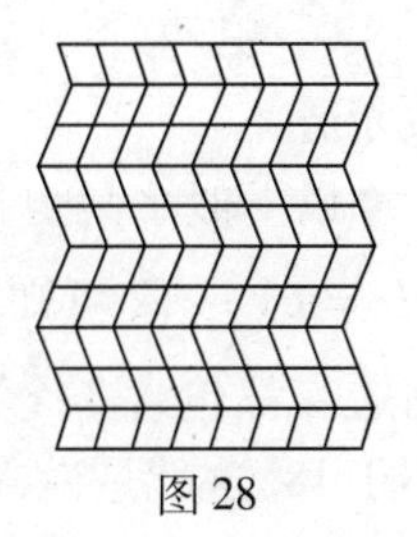
图 28

可以用下列方式剪得 2 601 块:如图 28 所示,将原正方形方格纸沿上下与左右两个方向各折叠成 50 层 2×2 正方形,再沿 2×2 正方形的两条中位线各剪一刀,就得到 2 601 块.

97.82. 依次将顶点编号为 $1,2,\cdots,n$. 将从一个顶点出发的棱的数目称为这个顶点的度,将第 i 个顶点的度记为 d_i. 设已知多面体的面数为 F,顶点数为 V,棱数为 E. 对于任何凸多面体,根据欧拉公式 $V-E+F=2$. 如果所有面都是三角形,那么 $E=\frac{3F}{2}$(因为每一个面有三条棱,每一条棱属于 2 个面),将它代入欧拉公式中得 $F=2V-4$,$E=3V-6$. 因为各顶点的度之和等于棱的数量的 2 倍,我们得

$$\sum_{i=1}^{n} d_i = 6V - 12$$

或

$$\sum_{i=1}^{n} (d_i - 6) = -12$$

将度大于6的顶点称为过剩的,又将与已知顶点以棱联结的所有顶点称为已知顶点的邻近点.显然,第 i 个顶点有不多于 $[\frac{d_i}{2}]$ 个度为5的邻近点.假设多面体的任何边界都没有度为5,6,6的顶点,那么任何度为5的顶点应当有不少于3个过剩的邻近点(因为它没有度为5的邻近点).对每一个顶点按下列规则写出数 n_i(其中 i 为顶点的编号):对于过剩的顶点,n_i 是它的度为5的邻近点的个数;对于度为5的顶点,n_i 是它的过剩的邻近点的个数的相反数;对于度为6的顶点,$n_i=0$.显然,所有数 n_i 之和等于0.但是对于度为5的顶点有 $n_i\leqslant -3$,而对于过剩的顶点有 $n_i\leqslant[\frac{d_i}{2}]$.据此,在所有情形得到不等式

$$n_i\leqslant 3(d_i-6)$$

事实上 $-3=3\cdot(5-6)$,$0=0\cdot(6-6)$,而且对任何 $d\geqslant 7$ 有 $[\frac{d}{2}]\leqslant 3(d-6)$.将这些不等式对所有 i 相加得

$$\sum n_i\leqslant 3\sum(d_i-6)=3\cdot(-12)<0$$

导致矛盾.

◆以下似乎是更简单的"推理":从前面已经证明的公式 $\sum d_i=6V-12$ 可知各顶点的度的算术平均值严格地小于6,任何边界都包含3个顶点,因此,边界的顶点的度的平均值之和小于18,这就是说,一定有这样的边界,它的顶点的度之和小于18,而这只有当顶点的度各为5,6,6时才有可能.

可惜的是,这个"推理"是不正确的,为什么呢?这是因为是否存在具有各面为三角形的凸多面体,在它的每一个面上,顶点的度之和都大于18?

97.83.因为将各直线同绕一点作微小的旋转不会减少也不会增加锐角三角形的个数,所以可设所有直线两两不平行,也不互相垂直,而且任三条直线不共点,即题给的任意三条直线围成的三角形只有两类:锐角三角形或钝角三角形.

将由直线 a,b,c 构成的锐角三角形称为"关于 a 的锐角三角形",是指该三角形的在 a 上的边的两个角都是锐角.从 $2n+1$ 条直线中任选一条直线 l,将 l 视为水平线,将其余 $2n$ 条直线区分为2类:(关于 l)斜率为正的直线与(关于 l)斜率为负的直线.不难证明:当且仅当两条直线属于不同类时,这两条直线与 l 一起构成关于 l 的锐角三角形.因此,这些三角形的数量等于这两类直线数量的乘积.设(关于 l)斜率为正的直线有 x 条,(关于 l)斜率为负的直线有 y 条,则 $x+y=2n$,据平均值不等式有 $xy\leqslant n^2$,即关于 l 的锐角三角形不超过 n^2 个.由于三边都在

这些直线上的锐角三角形的总数是关于 $2n+1$ 条直线的锐角三角形之和. 因此得

$$\sum_{l} xy \leqslant n^2(2n+1)$$

设锐角三角形的个数为 A, 钝角三角形的个数为 B, 则

$$A+B=C_{2n+1}^3=\frac{n(2n-1)(2n+1)}{3}$$

在这些计数中, 每一个锐角三角形计算了三次, 而每一个钝角三角形只计算了一次, 这就是说

$$3A+B\leqslant n^2\cdot(2n+1)$$

于是

$$\begin{aligned}2A&=3A+B-(A+B)\\&\leqslant n^2(2n+1)-\frac{n(n-1)(2n+1)}{3}\\&=\frac{n(n+1)(2n+1)}{3}\end{aligned}$$

所以

$$A\leqslant\frac{n(n+1)(2n+1)}{6}$$

◆估值$\frac{n(n+1)(2n+1)}{6}$是准确的. 存在 $2n+1$ 条直线的适当配置, 使得相应的锐角三角形的个数等于这个估值. 例如正 $2n+1$ 边形各边所在的直线就是这样. 试考虑对于 $2n$ 条直线, 相应的准确估值是什么?

◆可以将本题改编为下列等价的问题: 在圆周上有 $2n+1$ 个点, 求证: 以这些点为顶点而且包含圆心作为内点的三角形的个数不超过$\frac{n(n+1)(2n+1)}{6}$. 需要证明下列两类等价关系: 在直线上配置的点组与在圆周上分布的点组的一一对应关系. 在直线上的锐角三角形与包含圆心在内的三角形之间的对应关系.

97.84. 考虑只由奇数所组成的 12 位数的集合. 由于每位数码只有 1,3,5,7,9 五种, 所以这个数集共有 5^{12} 个这样的数. 而满足题述条件的四元数组或者不含这样的数(因若相同的 11 位数码中一定有偶数码); 或者恰好含有这个数集的两个数(若相同的 11 位数码都是奇数), 因此不可能完全划分.

◆民间流传着下列与 97.84 类似的奥数试题:

①证明不能将 10×10 的正方形划分为 1×4 的矩形;

②证明不能将 $10\times10\times10$ 的立方体划分为 $1\times1\times4$ 的立方体.

将在 $10\times10\times10$ 立方体内的每一个 $1\times1\times1$ 的立方体与

三位数——它的坐标相对比. 并将立方体的拐角上的坐标认为是零,可以将划分立方体的问题改编为关于三位数的问题. 相反地,可以将问题97.84改编为如下问题:将12维"超平行体" $9\times10\times10\times\cdots\times10$ 划分为多少个 $1\times1\times1\times\cdots\times1\times4$"超平行体". 这种类比使得对问题97.84有可能得到其他的解法. 例如可以利用解问题97.14的染色方法去解问题97.84,其中"颜色"数是它的数字之和对模4的余数.

请尝试解下列问题:求从12位数的集合中选出满足条件的且不相交的四元组的个数的最大值.

97.85. 本题的实质在于各弦的端点将圆周等分为 $4n$ 段圆弧,而且角的转动量是一段弧的弧长的偶数倍.

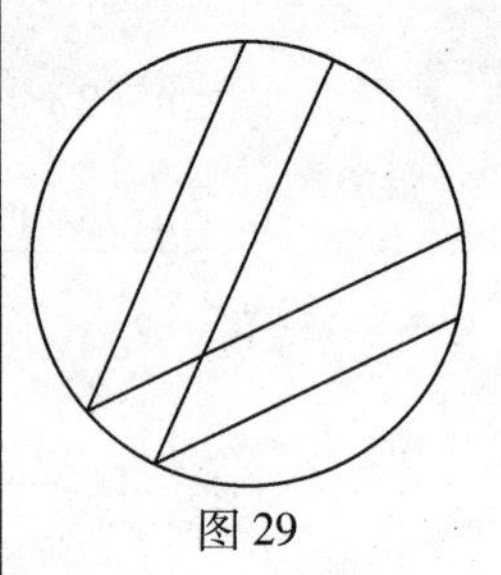
图29

解法1(图29的方法):考虑互不相交的 $2n$ 条弦任意地将圆周等分为 $4n$ 等分,这 $2n$ 条弦将圆域分割为 $2n+1$ 个区域,将这 $2n+1$ 个区域间隔地染成黑色与白色,得到 $n+1$ 个黑色区域和 n 段黑色的弧(每段弧所对的圆心角为 $\alpha=\frac{\pi}{2n}$,各段弧的弧长相等). 当旋转角是 α 的偶数倍时(如本题那样 $\alpha=1°,38°=38\cdot1°$),每段黑弧旋转后与另一段黑弧重合. 将旋转前后的两个染色圆周重叠,每一个分点是黑白两段弧及旋转前后两条弦的公共点,所以该分点处的黑色弧段是旋转前后两个黑色区域的共有弧段,将这两个区域称为在公共弧段处交接,依此作整个圆的交接二部图,每部各有 $n+1$ 个顶点,图的边对应于交接弧段(也是旋转前后两条弦的夹角).

如果所有的边构成单一回路,则所有黑色区域连通. 但是上述二部图共有 $2n+2$ 个顶点,而只有 $2n$ 条边,所以二部图不可能连通(因为 $2n+2$ 个顶点的连通图至少有 $2n+1$ 条边),导致矛盾,即这 $4n$ 条弦不可能构成一条闭合曲线.

解法2(排列的奇偶性):设各弦旋转同一角度 α(在本题中 $\alpha=38°$). 将各弦在圆周上的端点按一定方向(例如顺时针方向)依次从1到 $4n$ 编号. 这样编号以后,每一条弦都是一个端点编为奇数,另一个端点编为偶数. 在旋转前的那一组弦上画上从偶数指向奇数的箭头,然后在旋转后的那一组弦上画上从奇数指向偶数的箭头,那么在每一个分点出发恰好有一个箭头. 下面考虑这些箭头的两个端点的编号所形成的排列,可以将这个排列表示为三个排列的复合形式:首先将所有编号为奇数的点旋转一个角度 $-\alpha$(编号为偶数的点在原来位置上),然后将每一点移动到从该点出发的弦在旋转前的箭头的另一个端点上,最后将所有编号为偶数的点旋转一个角度 α. 在上述复合中的第一个排列与第三个排列显然有相同的奇偶性,而第二个排列是偶排列,这是因为它是由 $2n$ 个成双的交换所组成的.这就是说,总的排列是偶排列. 但是,如果旋转前后各弦构成一条封闭的折线,那么前述的排列将是 $4n$ 个点的循环排列,因而是奇排列,导致矛盾.

97.86. 按国际象棋棋盘方式将 75×75 全表的方格间隔地染成黑白两色,四角为白色,则全表中白格比黑格多 1 格,而每个 1×2 块含有一个白格和一个黑格,每个十字形块或含有 4 白 1 黑或含 4 黑 1 白. 设两种十字形的个数各为 a,b,若 75×75 全表能按题目要求分割,则应有 $3|a-b|=1$. 这是不可能的,因此 75×75 表不能按要求分割.

97.87. 解法 1(化为三个单变量不等式):当 $x\geqslant2$ 时显然有

$$\begin{aligned}y^3+x-5y&\geqslant y^3-5y+2\\&=(y-2)(y^2+2y-1)\\&=(y-2)((y-1)^2-2)\\&\geqslant0\end{aligned}$$

所以

$$y^3+x\geqslant5y$$

同理有 $x^3+z\geqslant5x,z^3+y\geqslant5z$,将这三个不等式相乘即得

$$(y^3+x)(z^3+y)(x^3+z)\geqslant125xyz$$

解法 2(利用平均值不等式):注意到当 $y\geqslant2$ 时,有 $y^3+x\geqslant 4y+x$. 又从关于 5 个数的平均值不等式得

$$4y+x=y+y+y+y+x\geqslant5y^{\frac{4}{5}}x^{\frac{1}{5}}$$

由此得到问题的结论

$$\begin{aligned}(y^3+x)(z^3+y)(x^3+z)&\geqslant(4y+x)(4z+y)(4x+z)\\&\geqslant5y^{\frac{4}{5}}x^{\frac{1}{5}}\cdot5z^{\frac{4}{5}}y^{\frac{1}{5}}\cdot5x^{\frac{4}{5}}z^{\frac{1}{5}}\\&\geqslant125xyz\end{aligned}$$

解法 3(利用导数):将表达式

$$(y^3+x)(z^3+y)(x^3+z)-125xyz$$

对 x 求导得

$$\begin{aligned}&(z^3+y)(x^3+z)+3x^2(y^3+x)(z^3+y)-125yz\\&>3x^2y^3z^3-125yz\\&\geqslant3\cdot2^2\cdot2^2\cdot2^2\cdot yz-125yz\\&=192yz-125yz>0\end{aligned}$$

类似地可得上述表达式对 y 的导数为正数,对 z 的导数也是正数,而且,当 $x=y=z=2$ 时成立等式 $(y^3+x)(z^3+y)(x^3+z)=125xyz$,所以当 $x\geqslant2,y\geqslant2,z\geqslant2$ 时,成立不等式

$$(y^3+x)(z^3+y)(x^3+z)\geqslant125xyz$$

97.88. 解法 1(应用正弦定理):如图 30 所示,设直线 QP

与 CD 相交于点 M. 则对于 $\triangle CQM$ 与 $\triangle DQM$ 有

$$\frac{CM}{DM}=\frac{S_{\triangle CQM}}{S_{\triangle DQM}}=\frac{QC\cdot QM\cdot\sin\angle AQP}{QD\cdot QM\cdot\sin\angle BQP}=\frac{QC}{QD}\cdot\frac{\sin\angle AQP}{\sin\angle BQP}$$

由 $QA\cdot QC=QB\cdot QD$ 及关于 $\triangle QAB$ 的正弦定理得

$$\frac{QC}{QD}=\frac{QB}{QA}=\frac{\sin\angle QAB}{\sin\angle QBA}$$

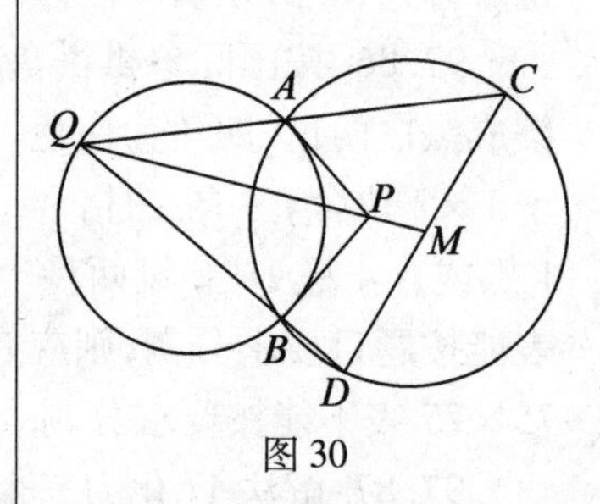

图 30

因为 PA 与 PB 都是圆 S_1 的切线,据弦切角定理有 $\angle AQB=\angle PAB$,所以

$$\angle QAP=\angle QAB+\angle PAB=\angle QAB+\angle AQB=180^\circ-\angle QBA$$

同理 $\angle QBP=180^\circ-\angle QAB$. 又由于 $AP=BP$,所以

$$\frac{AP}{PQ}=\frac{\sin\angle AQP}{\sin\angle QAP}=\frac{\sin\angle AQP}{\sin\angle QBP},\frac{BP}{PQ}=\frac{\sin\angle BQP}{\sin\angle QAB}$$

于是

$$\frac{CM}{DM}=\frac{\sin\angle QAB}{\sin\angle QBA}\cdot\frac{\sin\angle AQP}{\sin\angle BQP}=1$$

解法 2(利用动态):如图 31,32 所示,将两个圆的圆心分别记为 O_1 与 O_2. 设线段 CD 的中点为 N. 不难验证:如果点 Q 沿着圆 O_1 按顺时针方向转动角 φ,那么点 C 与 D 同时按顺时针方向沿着圆 O_2 转动同一个角 φ. 当点 Q 与点 B 重合时,点 C 也与点 B 重合,而点 D 与直线 BP 和圆 S_2 的第二个交点重合,这时 $\triangle O_1QP$ 与 $\triangle O_2PN$ 位似,它们的位似中心为 P,位似系数是 $K=-\frac{O_1P}{O_2P}$. 在转动点 N 与 Q 的时候,显然保持着围绕 Q_2 与 O_1 的对应于同一个角的位似. 特别地,这就表示直线 QP 一定通过点 N.

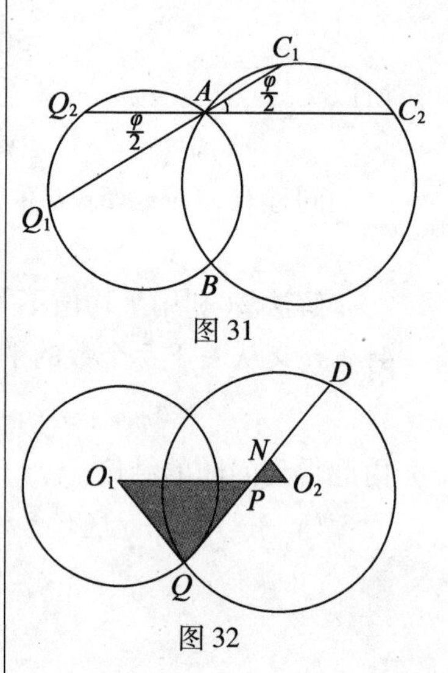

图 31

图 32

97.89. 已知的多角形的垂直对角线不可能多于 24 条,水平对角线不可能多于 24 条,因此该多角形沿网格线所作的对角线不多于 48 条. 可以用很多方法作出有 48 条对角线的多角形. 举例如下:考虑 49 级"阶梯形"折线 $A_1B_1A_2B_2A_3B_3\cdots A_{24}B_{24}A_{25}$. 它的顶点在结点上,垂直的边的形式为 A_KB_K,长度为 K,水平的边的形式为 B_KA_{K+1},长度为 $K+1$. 显然,这条折线的顶点 $B_1,\cdots,B_{24}$ 位于一条直线 l 上. 设 C_K 是 A_K 关于 $l(1\leqslant K\leqslant 25)$ 的对称点,那么 $A_1A_2\cdots A_{25}C_{25}C_{24}\cdots C_1$ 就是我们所需要的凸 50 角形.

97.90. 如果已知数 n 在除以 4 时余 3,将 n 分解为 2 个因子,那么其中一个因子除以 4 时余 3,一个因子除以 4 时余 1. 而除以 4 余 1 的数无论加上 2 或减去 2 以后除以 4 都是余 3. 因此,只要在黑板上出现过除以 4 余 3 的数,依题目操作下去,则黑板上永远有除以 4 余 3 的数. 现在开始的数 $99\cdots99$(1 997 个 9)除以 4 余 3,而 9 除以 4 余 1,所以,依题目操作,在黑板上永远都不可能出现全是 9 的数字.

97.91. 解法 1:将各微型电路编号,考虑任意的四个微型电路. 设它们的编号分别是 k,l,m,n,以 r_{klmn} 表示连接这些微型电路的红色导线的条数,而以 b_{klmn} 表示连接这些微型电路的蓝色导线的系数,并以 x_{klmn} 表示对这些微型线路选择两条不相交的红色导线的方法数,以 y_{klmn} 表示对这些微型线路选择两条不相交的蓝色导线的方法数. 直接逐个检查这些导线涂色的变化得

$$x_{klmn}-y_{klmn}=\frac{r_{klmn}-b_{klmn}}{2}$$

对所有可能的四个微型电路将这些等式加起来,那么 $\sum x_{klmn}$ 与 $\sum y_{klmn}$ 分别表示拔去红色导线或拔去蓝色导线破坏仪器的方法的个数,因为每一条导线被包含在 C_{4n}^2 个不同的四元组中,即 $\sum r_{klmn}$(或 $\sum b_{klmn}$) 等于红色(或蓝色)导线的数量乘以 C_{4n}^2,因此

$$\sum r_{klmn}-\sum b_{klmn}=0$$

这表示

$$\sum r_{klmn}=\sum b_{klmn}$$

这就是所要证明的结果.

解法 2:将连接第 k 个微型电路的红色导线的条数记为 $d_k(k=1,2,\cdots,4n)$,那么对第 k 个微型电路连接着 $4n-1-d_k$ 条蓝色导线. 因为红色导线与蓝色导线的数量相等,那么,代替比较“不相交”的单色导线对的数量,可以比较补充的数量,即有“共同的”微型电路的单色的导线对的数量. 对于红色导线与蓝色导线,这些数量分别是

$$\sum_{k=1}^{4n}\frac{d_k(d_k-1)}{2}$$

与

$$\sum_{k=1}^{4n}\frac{(4n-1-d_k)(4n-2-d_k)}{2}$$

在作任何变换之前,注意到

$$\sum_{k=1}^{4n}d_k=\frac{4n(4n-1)}{2}$$

这是因为在左端的求和中,每一条红色导线被计算了两次. 现在考虑上述两个量是否相等

$$\sum_{k=1}^{4n}\left(\frac{d_k(d_k-1)}{2}-\frac{(4n-1-d_k)(4n-2-d_k)}{2}\right)$$
$$=\sum_{k=1}^{4n}((4n-2)d_k-(2n-1)(4n-1))$$

$$= (4n-2)\frac{4n(4n-1)}{2} - 4n(2n-1)(4n-1)$$

$$= 0$$

97.72. 同问题 97.84 的解答.

97.73. 解法 1(归纳法):如图 33 所示,考虑"角带形",这是指 n 秩钻石图与 $n-1$ 秩的钻研图之差. 下面证明:借助于不多于 n^2 个操作,可以使得这个图形只是由水平的多米诺铺成,从这个事实及下列公式立即得到问题的结论

$$1^2 + 2^2 + \cdots + n^2 = \frac{n(n+1)(2n+1)}{6}$$

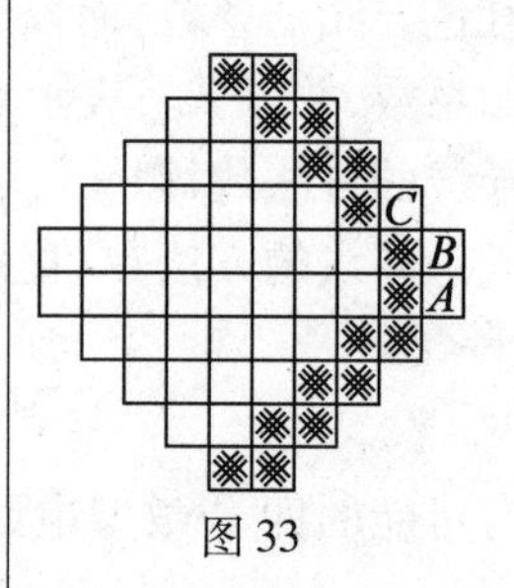

图 33

更准确地说,我们去证明:如果在这个带形的下面 $k-1$ 行($1 \leqslant k \leqslant n$)放置水平的多米诺,那么为了使得在第 k 行是水平的多米诺,只要做不多于 $2k-1$ 次操作就足够了. 如果已经证明了这个结论,那么为了保证以水平的多米诺铺成我们的角带形的下半部分,要求操作的次数不多于

$$1 + 3 + \cdots + (2k-1) = k^2$$

同时,带形的上半部分将自动地被水平的多米诺所覆盖(如果方格 A 属于水平的多米诺,那么方格 B 也属于水平的多米诺,所以这是显然的).

为了证明所述的结论,考虑位于我们的带形的第 k 个下水平系列的方块 X. 假设为了用水平的多米诺覆盖方格 X,要做不少于 $2k$ 次操作,那时方格 X 已被垂直的多米诺覆盖,否则,就不需要任何一次操作. 与 X 左面相邻的方格(在图 34 中以符号 1 表示这个方格),已被水平的多米诺覆盖,否则,一次操作已经足够. 唯独位于所研究的方格上面的方格(在图 34 中以符号 1′ 表示这个方格)已被垂直的多米诺覆盖,否则需要不多于两次操作等.

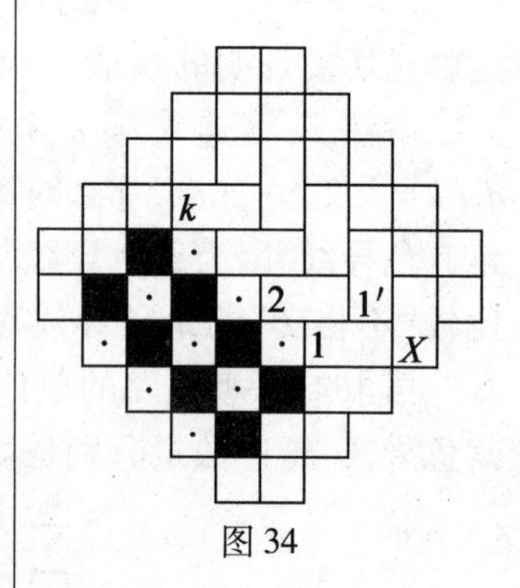

图 34

因此,如果我们假设的命题成立,就会发现,由 k 个水平放置的多米诺组成的"阶梯状的链条"(在图 34 中以 $1,2,\cdots,k$ 标记这些"链条"中的多米诺).

将位于这个"链条"左下方的钻石图方块按国际象棋棋盘格式进行染色,我们得到 $k(k-2)$ 个黑方格和 $(k-1)^2$ 个白方格. 在这个区域内包含白方格的任何多米诺显然也覆盖其中一个黑方格,但这是不可能的,因为在这里,黑方格比白方格少. 因此,我们的假设命题不成立.

解法 2(逐行填好):首先证明一个引理.

引理:假设在我们的钻石图中出现形状为的图形,其中 k 个水平多米诺位于两个垂直的多米诺之间,那么,通过不多于 $2k+1$ 步操作,可以使得这个图形被水平的多米诺

覆盖,同时,位于上述图形左面与下面的多米诺仍然在原来的位置上.

引理的证明:将在引理的条件下所描述的图形称为"k 框架". 下面对 k 用归纳法证明引理. 当 $k=0$ 时(由两个垂直的多米诺组成的框架),至多一步操作便可以使"0 框架"成为水平多米诺,引理结论成立. 设引理的结论对"$k-1$ 框架"成立. 考虑位于"k 框架"的水平多米诺上方覆盖 $2k$ 个方格的多米诺,所有这些多米诺是某些较小尺度的"框架"的并集,而且还可能有若干个沿边缘放置的水平的多米诺("0 框架"). 考虑这些框架中最左面的一个,根据归纳假设,在完成不超过 $2k-1$ 个操作以后,这些框架左下方的方格可以被水平的多米诺覆盖,此后还要做 2 次操作,使得我们的 k 框架左下方的方格被水平的多米诺覆盖,即我们通过不多于 $(2k-1)+2=2k+1$ 步操作达到要求. 引理得证.

下面证明问题的结论:钻石图下面的两个方块可以用水平的多米诺覆盖,为此要做不多于 1 个操作. 如果 $k-1$ 个下水平系列已经被水平多米诺覆盖,为了用水平多米诺覆盖第 k 个水平系列就要完成不多于 k^2 个操作. 事实上,为了用水平多米诺覆盖这个系列的边缘左边的方格,根据引理,要完成不多于 $2k-1$个操作,此后,为了用水平多米诺覆盖下一个左边的方格,要做不多于 $2k-3$ 个操作等. 于是,为了用水平多米诺全部覆盖第 k 个系列,要完成不多于

$$(2k-1)+(2k-3)+\cdots+3+1=k^2$$

次操作.

这就是说,为了用水平的多米诺覆盖下半个钻石图,就要完成不多于 $1^2+2^2+\cdots+n^2$ 个操作. 注意到那时钻石图的上半部分自动地被水平的多米诺覆盖,正如前面所指出的那样

$$1^2+2^2+\cdots+n^2=\frac{n(n+1)(2n+1)}{6}$$

解法 3(半不变性):以钻石形的中心为原点,上下对称,给钻石形的每条内部格边赋值:各条水平边中央线上为 1,高为 k 的线上为 $k(1\leqslant k\leqslant n-1)$,各条垂直边上端高为 k 的是 0 与 $4k-2$交替(将边沿定为 0). 在一种覆盖中,每个多米诺内部恰好被赋予一个数(即该多米诺两个方格的公共边上的数). 将一种覆盖中全部多米诺所含的数之和称为该覆盖的值. 这样一来,全水平覆盖的值为 0,全垂直覆盖边框的值为

$$2\cdot 1+4\sum_{k=1}^{n-1}2k=4n^2-4n+2$$

记$f(n)=f(n-2)+4n^2-4n+2$. 根据初值 $f(0)=0, f(1)=2$

及递推关系,应用归纳法可以证明

$$f(n)=\frac{n(n+1)(2n+1)}{3}$$

另一方面,如图35所示,每一步操作将一个正方形内部的两条水平边与两条垂直边对调,也就是将一个内部结点处的两个水平数与两个垂直数对调. 当结点位于中央线上时,水平数是(1,1),垂直数是(0,0)或(2,2);当结点的高为k时,水平数是$(2k,2k)$,垂直数是$(4k-2,0)$或$(0,4k+2)$,因此,每一步操作使覆盖的值的改变量都为2. 所以,从$\frac{n(n+1)(2n+1)}{3}$变到0所需完成的操作的步数不少于$\frac{n(n+1)(2n+1)}{6}$.

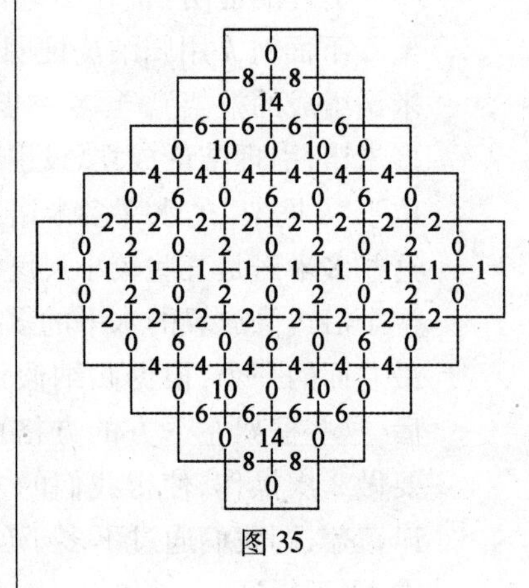
图35

97.94. 将条件中提到的因子记为$d_1,d_2,\cdots,d_k$. 对于每一个因子d_i,取数b_i,使得$n=d_ib_i(i=1,2,\cdots,k)$. 假设n与$(k-1)!$互素,那么每一个大于1的$b_i\geqslant k$,而且$d_i\leqslant\frac{n}{k}$. 又因为因数d_i是不同的,所以

$$d_1+d_2+\cdots+d_k=n(\frac{1}{b_1}+\frac{1}{b_2}+\cdots+\frac{1}{b_k})$$
$$<n\cdot\frac{1}{k}\cdot k=n$$

导致矛盾.

97.95. 解法1:如图36所示,作线段BA关于直线BC的对称线段BA',则点A'位于高AA_1的延长线上. 设直线BM与$A'C$相交于点M',因为ACA_1C_1四点共圆,所以

$$\angle ABM'=90°-\angle BC_1A_1=90°-\angle BCA=\angle A'AC=\angle AA'C$$

于是A,B,A',M'四点共圆,所以

$$\angle AM'A'=180°-\angle ABA'=60°$$

因此,点M'与M重合. 因为$\angle BM'A'$与$\angle BM'A$立在相等的弦上,从而这两个角都等于30°.

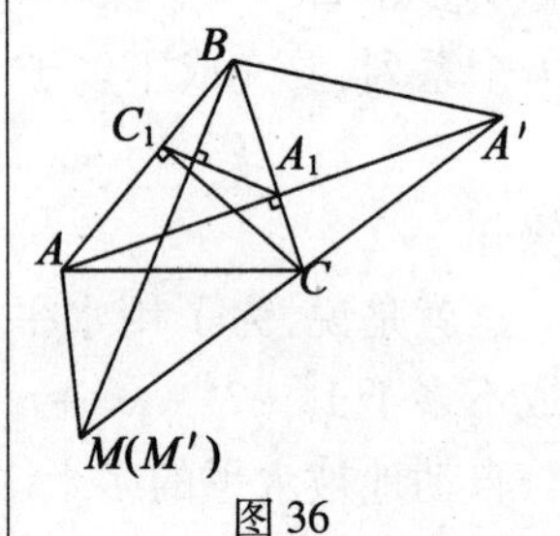

图36

解法2:如图37所示,设BB_1是$\triangle ABC$的第三条高. 因为$\triangle ABC$与$\triangle A_1B_1C_1$相似,因此可以使$\triangle ABC$与$\triangle A_1BC_1$结合在一起. 将它关于$\angle ABC$的角平分线作反射,然后实现以B为中心的合适的位似,将这个变换称为f. 这个变换保持了直线之间的夹角,将A映为A_1,将C映为C_1,并将直线BM映为直线BB_1. 因为$\angle C_1B_1A_1=\angle ABC$(切距三角形的性质),所以$f$将点$M$映为点$B_1$,这就是说,$\angle AMB=\angle A_1B_1B=30°$(仍然是切距三角形的性质).

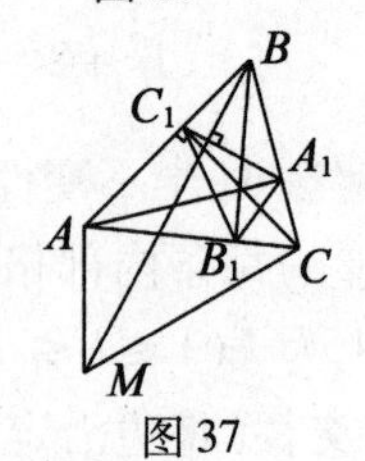

图37

97.96. 解法1:因为$1\ 996=2^2\cdot499$,$50^p-14^p-36^p=2^p\cdot(25^p-7^p-18^p)$,所以只要证明499能整除$25^p-7^p-18^p$. 记

$a_n=25^n-7^n-18^n$,注意到

$$\begin{aligned}a_{n+6}-25^6a_n&=(25^6-18^6)\cdot 18^n+(25^6-7^6)\cdot 7^n\\&=(25^3-18^3)(25^3+18^3)\cdot 18^n+\\&\quad(25^3-7^3)(25^3+7^3)\cdot 7^n\end{aligned}$$

能被 499 整除,这是因为 25^3+18^3 与 25^3+7^3 都能被 499 整除.又因为 a_1 与 a_5 都能被 499 整除,所以,对于所有不能被 3 整除的奇数 n,a_n 能被 499 整除.

解法 2:下面应用归纳法证明更一般的结论:如果 $a+b+c=0$,那么对于任何不是 3 的倍数的 p,$a^p+b^p+c^p$ 能被 $ab+ac+bc$整除.

首先注意恒等式

$$\begin{aligned}a^{p+3}+b^{p+3}+c^{p+3}&=(a+b+c)(a^{p+2}+b^{p+2}+c^{p+2})-\\&\quad(ab+ac+bc)(a^{p+1}+b^{p+1}+c^{p+1})+\\&\quad abc(a^p+b^p+c^p)\end{aligned}$$

在本题条件下,上式右端第一个加项为零,第二项包含因子 $ab+ac+bc$,第三项包含因子 $a^p+b^p+c^p$.按归纳法的假设,它能被 $ab+ac+bc$ 整除.归纳的基础 $n=1$ 与 $n=2$ 的结论是显然的,上述恒等式给出了从 n 到 $n+3$ 的推导过程.

当 $a=50,b=-36,c=-14$ 时,有

$$\begin{aligned}ab+ac+bc&=50\cdot(-36-14)+36\cdot 14\\&=-2\ 500+504\\&=-1\ 996\end{aligned}$$

97.97. 如图 38 所示,延长 BM 至 D,使 $MD=MB$,则四边形 $ABCD$ 为平行四边形(因为它的对角线互相平分). 由于 $AD//BC$,所以 $AD\perp AH$,同理 $CD\perp CH$,从而点 A,K,C 都在以 DH 为直径的圆周上,即 A,H,K,C 四点共圆.

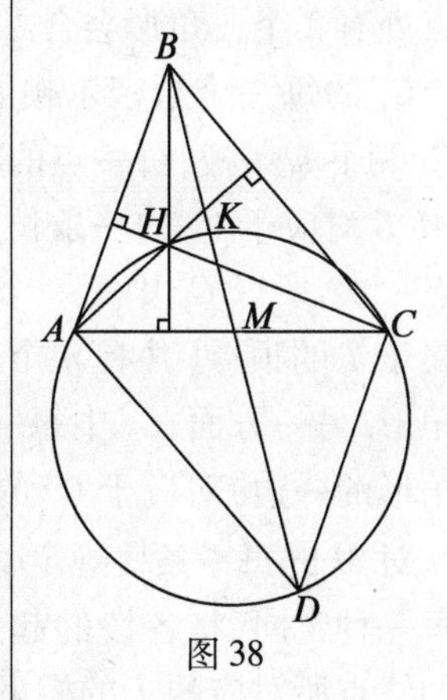

图 38

97.98. 设先填者为甲,后填者为乙. 乙可以保证获胜. 乙的获胜策略如下:

将整个方格表划分为 1×2 块. 除左上角外,将方格表的最上一行的 49 块和最左边两列的 99 块染为红色,将其他块(包括表的左上角那一块)染为蓝色. 每一轮甲与乙在同一块填数,由于乙后填,乙应在每个红色块中填上与甲所填的数异号的数,乙在每个蓝色块中应填上与甲所填的数同号的数. 这样填写的结果,最后在每个红色块中两个数之积为 -1,而在每个蓝色块中两个数之积为 1. 因为每行含有奇数个红色块(49 块或 1 块),因此,每行各数之积都是 -1,因为可以将表中各列相邻配对成 50 个竖条,每个竖条含有奇数个红色块(99 个或 1 个),因此,每个竖条中各数之积都是 -1,这表示每个竖条中所含两列各自之积符号相反,其中一列各数之积为 1,另一列各数之积为

-1. 因此,各行各列的总共 200 个积中有 150 个为 -1,有 50 个为 1,总和为负数,从而乙胜出.

97.99. 因为 $x_{k+1}y_{k+1}x_ky_k=(x_ky_k)^2+(x_ky_k)^{238}+x_ky_k(x_k^{238}+y_k^{238})$,且 239 为素数,所以,当 x_k,y_k 都不能被 239 整除时(即 x_k,y_k 各都与 239 互素),根据费尔玛小定理有

$$x_k^{238}\equiv y_k^{238}\equiv(x_ky_k)^{238}\equiv 1(\text{mod }239)$$

于是

$$x_{k+1}y_{k+1}x_ky_k\equiv(x_ky_k)^2+2x_ky_k+1=(x_ky_k+1)^2(\text{mod }239)$$

下面证明更强的结论:x_ky_k 是模 239 的非 0 平方剩余.

应用对 k 的归纳法证明. 当 $k=1$ 时,由初始条件 $x_1y_1=100$ 即得结论. 设 x_ky_k 是模 239 的非 0 平方剩余,由于 $239\equiv 3(\text{mod }4)$ 且 -1 不是模 239 的平方剩余,所以 $x_ky_k\not\equiv -1(\text{mod }239)$,因此,$x_{k+1}y_{k+1}x_ky_k$ 是模 239 的非 0 平方剩余,从而 $x_{k+1}y_{k+1}$是模 239 的非 0 平方剩余,特别地,每一项 x_k,y_k 都不能被 239 整除.

97.100. 首先注意到图 G_1 的棱数 $|L(G_1)|$ 与图 G_2 的顶点数 $|V(G_2)|$ 相等,即 $|V(G_1)|=|L(G_2)|=\frac{1}{2}\cdot 2n\cdot 3=3n$. 因为 G_1 中每一条棱的两个端点各还有 2 次,而且没有垂棱,所以 G_2 中每一个顶点的次数为 4,从而 $|L(G_2)|=\frac{1}{2}\cdot 3n\cdot 4=6n$. G_1 的每一个顶点对应于 G_2 中一个三角形的三边,在 G_2 的每一个顶点处有 2 个三角形会合.

G_1 的每一个哈密尔顿圈 S 含 $2n$ 条棱,每一点用到的次数为 2. 剩下 n 条棱,每一点的次数为 1,即余下 G_1 的一个完备匹配 M. S 对应于 G_2 的一条长为 $2n$ 的圈 T. 因为 S 过 G_1 的每一个顶点一次,所以 G_2 中每一个三角形恰好有一边属于 T. 每一个不属于 T 的顶点(共有 n 个)与 T 的两条不相邻的边分别构成三角形. 另一方面,G_2 中每一条这样的长为 $2n$ 的圈(含每一个三角形的一边)对应于 G_1 的一个哈密尔顿圈.

对 M 的每一条棱规定一个方案,那么定向方案有 2^n 种. 对于每一种定向,将各棱的起点所对应的 T 的棱染成红色,将各棱的终点所对应的 T 的棱染成蓝色,这时 T 以外的每一点所引出的两条边一条为红色,另一条为蓝色. 又将红边所在的三角形的另两边都染成蓝色,将蓝边所在的三角形的另两边染成红色. 这时 G_2 中每一点处有 2 条红棱和 2 条蓝棱. G_2 的棱划分为红色与蓝色两个哈密尔顿圈. M 的两种定向对应于 G_2 的相同的划分的充分必要条件是这两种定向为对应反向(即红色与蓝色对调). 因此 G_1 的每一个哈密尔顿圈对应于 G_2 的棱的 2^{n-1}

种哈密尔顿划分.

考虑相反的对应. 对于 G_2 的棱的每一种哈密尔顿划分 L_1-L_2,每一个三角形的三边不可能在同一个 L_i 中,三边一定为1-2分布,即 L_1 含每一个三角形的一条边或两条边,而且因为 L_1 过每一个顶点恰好一次,所以 L_1 所含的两边一定是相邻的. 将同一个三角形的相邻两边换为第三边,便得到在 G_1 中含每一个三角形各一条边的长为 $2n$ 的圈 T,从而对应于 G_1 的一个哈密尔顿圈. 据上述可知,G_2 的棱的 2^{n-1} 种哈密尔顿划分对应于同一个 T.

因此,G_1 的哈密尔顿圈的个数等于 G_2 的哈密尔顿划分数的 2^{n-1} 倍.

97.101. 答案:239 个.

解法 1:考虑从大矩形的中心 O 引向各个 $n(n+1)$ 矩形中心 A_i 的向量$\overrightarrow{OA_i}$,因为每一个矩形的中心就是该矩形的质心,所以 O 是等质量组(A_i)的质心,即所有向量$\overrightarrow{OA_i}$之和为$\boldsymbol{O}_1$,即

$$\sum \overrightarrow{OA_i}=\boldsymbol{O}$$

再考虑每一个 $2k\times(2m+1)$ 矩形. 它的 4 个边角的方格有 2 个为黑色,2 个为白色(同色的两个方格所在的边长为 $2m+1$). 将从这个矩形的中心到它的所有黑色方格中心的向量之和称为该矩形的特色向量. 根据图形的对称性,特色向量与同色的边垂直. 特色向量的长度等于 $k(2m+1)\dfrac{2k-1}{2}-(m+1)\sum\limits_{i=0}^{k-1}2i-m\sum\limits_{i=1}^{k}(2i-1)=\dfrac{k}{2}$(即等于矩形中心到同色的边的距离的一半).

现在将长度为偶数$(239\cdot 2k)$的边规定为水平边,则大矩形的特色向量$\boldsymbol{U}$的方向为水平向左,长度为$\dfrac{239k}{2}$. 因为 $\sum\overrightarrow{OA_i}=\boldsymbol{O}$,所以向量$\boldsymbol{U}$等于各个小矩形的特色向量$\boldsymbol{u}_i$之和,又因为每个$\boldsymbol{u}_i$的方向为上、下、左、右四个方向之一,长度为$\dfrac{k}{2}$. 所以,向上与向下的特色向量的个数相等. 从大矩形的结构可知:向左的特色向量比向右的特色向量多 239 个. 注意到黑色矩形的特色向量$\boldsymbol{u}_i$的方向是向左或向下,白色矩形的特色向量$\boldsymbol{u}_i$的方向是向右或向上,因此,无论如何分割大矩形,所得的黑色矩形的个数总比白色矩形的个数多 239 个.

解法 2:将以下方格列称为"对角列":从大矩形的左面的边(或上面的边)沿着大矩形的对角线方向向右下方走,直到大矩形右面的边(或下面的边)的方格所组成的列. 然后按每一个对

角列与大矩形的右下角的距离将各对角列编号. 首先证明一个引理.

引理:在确定的对角列的左下角所包含的部分矩形的数量与剖分无关.

引理的证明:按对角列的编号进行归纳. 对于第一个对角列(即大矩形的左下角),结论是显然的. 假设我们已经对开头 n 个对角列证明了引理,下面考虑第 $n+1$ 个对角列所横截的矩形. 根据归纳假设,位于它的左下角的前面的对角列的矩形的个数是固定的,而且位于这些矩形内的第 $n+1$ 个列的方格的个数与剖分无关. 因此,第 $n+1$ 个对角列的其余的方格的个数也与剖分无关,即这些方格就是剖分矩形的左下角. 引理得证.

因为每一个对角列的各方格都用同一种颜色染色,因此,从引理可知,剖分所得的黑色矩形的个数与白色矩形的个数之差与剖分无关,这就是说,可以用任何简单的剖分来计算这个差数,例如,用所有矩形都是同样的定向剖分矩形来计算,可知所得的黑色矩形的个数总比白色矩形的个数多 239 个.

97.102. 同问题 97.97 的解答.

97.103. 因为 $q(x)$ 的首项系数与 $p(x)$ 的首项系数相同,所以 $q(x)$ 的首项系数为正数. 于是对充分大的 x 值有 $p(x)>0$, $q(x)>0$.

当 $p(x)$ 无实根时,$p(p(x))$ 也无实根,结论成立.

当 $p(x)$ 有实根时,则它有最大实根(记为 x_0). 这时一定有 $p'(x_0)\geqslant 0$(否则,若 $p'(x_0)<0$,由 $p'(x)$ 的连续性知存在 $x_m>x_0$,使得 $p(x_m)<0$. 据多项式的介值性可知 p 在 x_m 与充分大的 x 之间还有大于 x_0 的根,矛盾),所以 $q(x_0)\leqslant p(x_0)=0$,即这时 q 有实根.

设 $q(x)$ 的最大实根为 x_1,则 $x_1\geqslant x_0$. 因为多项式 $q(q(x))$ 没有实根的充分必要条件是 $q(x)$ 的最小值大于 $q(x)$ 的最大实根,所以对一切实数 x 有 $q(x)>x_1$.

从 $q(q(x))$ 没有实根可知 $q(x)$ 的次数为偶数,由于 $q(q(x))$ 的次数等于 $q(x)$ 的次数的平方,所以 $q(x)$ 的次数(也就是 $p(x)$ 的次数)为偶数. 因此,$p(x)$ 在实数中有最小值,记为 $p(a)=k$. 因为 $p'(a)=0$,所以 $q(a)=p(a)=k$. 于是有 $k>x_1\geqslant x_0$,这表示 $p(x)$ 的值恒大于它的最大根 x_0,因此 $p(p(x))$ 没有实根.

97.104. 将 $m\times n$ 方格表的中心记为 O,将第一次分割所得各矩形的中心分别记为 A_i,染色的方格记为 C_i. 将第二次分割所得矩形各矩形中心各记为 B_i. 因为两次分割所得矩形面积相等得出

$$\sum \overrightarrow{OA_i} = \sum \overrightarrow{OB_i} = \boldsymbol{O}$$

所以

$$\sum \overrightarrow{OC_i} = \sum \overrightarrow{A_iC_i} = \sum \overrightarrow{B_iC_i}$$

再将第二次分割所得的各矩形的左下角方格记为 D_i. 依题意两次分割所得的矩形集合相等,所以

$$\{B_iD_i\} = \{A_iC_i\}$$

于是

$$\sum \overrightarrow{B_iD_i} = \sum \overrightarrow{A_iC_i} = \sum \overrightarrow{B_iC_i}$$

现在选择坐标系如下:以 O 为原点,x 轴的正向为水平向左,y 轴的正向为向下. 对于从点 $P(x_1,y_1)$ 到点 $Q(x_2,y_2)$ 的向量$\overrightarrow{PQ}$,定义函数$f(\overrightarrow{PQ}) = x_2 - x_1 + y_2 - y_1$. 由定义得$f(\sum \overrightarrow{P_iQ_i}) = \sum f(\overrightarrow{P_iQ_i})$. 因为染色的方格在左下角,所以第二次分割所得的各矩形中 D_i 的坐标不小于 C_i 的相应坐标,于是对每一个矩形都有$f(\overrightarrow{B_iD_i}) \geqslant f(\overrightarrow{B_iC_i})$(当且仅当 $D_i = C_i$ 时成立等号). 因为$f(\sum \overrightarrow{B_iD_i}) = f(\sum \overrightarrow{B_iC_i})$,所以一定有 $D_i = C_i$.

◆在本题条件下,证明第二次分割与第一次分割是完全相同的.

97.105. 解法 1:因为$[c,d]$是非退化区间,因此,存在非退化区间$[s,t] \subseteq (0,1)$和整数 m,使得 $m + [s,t] \subseteq [c,d]$,所以不妨设$[c,d] \subseteq (0,1)$.

由$(1-a) \in (0,1)$及 $b \in (0,1)$且 $d > c$ 可知:存在充分大的奇素数 p 满足 $b^p + (1-a)^p < \frac{d-c}{d+c}$及$\frac{p(d-c)}{2} > 1$.

又因为区间$(\frac{p(d+c)}{2}, pd)$的长度

$$pd - \frac{p(d+c)}{2} = \frac{p(d-c)}{2} > 1$$

所以存在正整数 $k \in (\frac{p(d+c)}{2}, pd)$.

考虑多项式$f(x) = \frac{k}{p}(1 - x^p - (1-x)^p)$. 由于

$$1 - x^p - (1-x)^p = \sum_{i=1}^{p-1} (-1)^{i-1} \mathrm{C}_p^i x^i$$

其中每项的系数$(-1)^{i-1}\mathrm{C}_p^i (i = 1,2,\cdots,p-1)$都能被 p 整除,所以f是整系数多项式.

对于任意的 $x \in [a,b]$,因为 $0 < x^p + (1-x)^p \leqslant b^p + (1-a)^p < \frac{d-c}{d+c}$,所以 $1 > 1 - x^p - (1-x)^p > 1 - \frac{d-c}{d+c} = \frac{2c}{d+c}$,因此

$f(x)<\frac{k}{p}<d$,且$f(x)>\frac{k}{p}\cdot\frac{2c}{d+c}>c$,即$f(x)\in[c,d]$

从而整系数多项式$f(x)$满足$f([a,b])\subseteq[c,d]$.

解法 2:不妨认为$[c,d]\subset(0,1)$,任取$\alpha\in(c,d)$.考虑多项式

$$f(x)=\sum_{k=1}^{n-1}[\alpha C_n^k]x^k(1-x)^{n-k}$$

(方括号表示括号内的数的整数部分).因为当$1\leqslant k\leqslant n-1$时有

$$(\alpha C_n^k-[\alpha C_n^k])\leqslant 1\leqslant \frac{1}{n}C_n^k$$

而且$\sum_{k=0}^{n}C_n^kx^k(1-x)^{n-k}=1$,所以

$$\begin{aligned}&|f(x)-\alpha|\\ \leqslant&\sum_{k=1}^{n-1}(\alpha C_n^k-[\alpha C_n^k])x^k(1-x)^{n-k}+\alpha x^n+\alpha(1-x)^n\\ \leqslant&\frac{1}{n}\sum_{k=1}^{n-1}C_n^kx^k(1-x)^{n-k}+\alpha x^n+\alpha(1-x)^n\\ \leqslant&\frac{1}{n}+\alpha x^n+\alpha(1-x)^n\end{aligned}$$

选择充分大的n,对于所有$x\in[a,b]$,上式右端将任意小,于是,对于这样选择的n,有$f([a,b])\subset(c,d)$.

◆在这个解法中,我们利用了伯恩斯坦多项式.有关内容请参看:刘培杰编著的书《数学奥林匹克试题背景研究》,上海教育出版社 2006.

97.106.同问题 97.100 的解答.

97.107.解法 1(线性):考虑四边形$ABCD$所在平面P的点到直线AB,BC,CD,DA的带符号的距离:规定从$ABCD$的内点到AB,CD的距离为正,到AD,BC的距离为负.则题述每条角平分线上的点到角的两边的带符号的距离之和等于0,从而每个交点到四边形$ABCD$四边的带符号的距离之和为零.

考虑经过题述各交点中任意两点的直线L,以L为横坐标轴引入坐标系.由点到直线的距离公式,对这一直线L,存在$a,b,c\in\mathbf{R}$满足$a^2+b^2=1$,而且平面P上任一点(x,y)到L的带符号的距离可表达为$f_L(x,y)=ax+by+c$.因此,到四边形$ABCD$四边的带符号的距离之和为零的点的轨迹S的方程为

$$f(x,y)=f_{AB}(x,y)+f_{BC}(x,y)+f_{CD}(x,y)+f_{DA}(x,y)=0$$

这个式或者是恒等式,或者是关于x,y的线性方程.

当$f(x,y)=0$为恒等式时,它表示S为$ABCD$所在的全平面P.由$A\in P$可知A位于$\angle C$的平分线上,同理可知四边形

ABCD 的对角线平分各内角，于是四边形 ABCD 为菱形. 从而它的对边平行，这与条件矛盾. 因此 $f(x,y)=0$ 为关于 x,y 的一次方程，S 为一条直线，从而题述各角平分线的三个交点共线.

解法 2（笛沙格定理）：设直线 AB 与 CD 相交于点 E. 考虑两个三角形：一个位于条件中已知的 $\angle B$，$\angle C$，$\angle E$ 的平分线上；另一个位于 $\angle A$，$\angle D$，$\angle F$ 的平分线上. 要证明这两个三角形的对应边的交点共线. 根据笛沙格定理，为此只要证明如下的结论成立：通过这些三角形的对应的顶点的三条直线相交于一点 O，这一点 O 是 $\triangle ECB$ 的外接圆的圆心. 请读者自己写出详细的证明.

◆关于笛沙格定理，可参看沈文选，杨清桃编著的书《几何瑰宝》（上），哈尔滨工业大学出版社，2010.

97.108. 取 $a=ks^3$，$b=(k+1)s^3$，则 $a-b=-s^3=(-s)^3$，而 $a^2+3b^2+1=4k^2s^6+64ks^6+3s^6+1$.

令 $s^6=2k$，则 $a^2+3b^2+1=8k^3+12k^2+6k+1=(2k+1)^3$.

因此，取 $k=36n^2$，$s=2n$，即 $a=256n^9$，$b=8n^3(32n^6+1)$，即为所求的正实数.

97.109. 对任意的正整数 n，将一个每行与每列有 $n+1$ 个方格的方格表中最上一行和最右一列称为该表的“边框”. 又将从一个每行 $n+1$ 格的正方形方格表的边框中剪去若干个方格（包括不剪）余下的图形称为一个 T_n 形. 将边框上除去右上角外的方格按关于从右上至左下的对角线的对称关系配对，如果一个 T_n 形在配对后只余下一个方格，就将这个 T_n 形称为正规的（本题的 $n\times(n+1)$ 方格表就是一个正规的 T_n 形）. 下面用归纳法证明：当且仅当 T_n 形为正规的时候，将 T_n 形分割为 1×2 块的分割方法个数是奇数.

当 $n=2$ 时，要求将 T_2：

K	1
2	3

分割为 1×2 块. 容易看出只有

K	1

（或

K
2

）符合要求. 这都是一个正规的 T_1 块，而且分割 T_2 得到符合要求的分割方法只有 1 种，1 为奇数.

对于 $n>2$，将 T_n 中覆盖边框方格的所有 1×2 块切除，得到一个 T_{n-1} 形的分割法. 由归纳假设，当且仅当它产生奇数个正规的 T_{n-1} 形时，T_n 形的分割法个数为奇数. 覆盖边框方格的 1×2 块的覆盖方式有 2 种. 一种是覆盖着两个边框方格（将这种覆盖简称为平盖）；另一种是覆盖着一个边框方格和一个内部方格（将这种覆盖简称为直盖）.

当 T_n 为正规形时，只有全部直盖才产生正规的 T_{n-1} 形，因此，只产生一个正规 T_{n-1} 形，所以正规的 T_n 形的分割法个数为奇数.

当 T_n 为非正规形时,如果能产生正规的 T_{n-1}形,一定有平盖,而且由于对称性,与平盖对称处是两个直盖,即边框在该处的两个对称对都属于这个 T_n 形. 因此,能产生正规的 T_{n-1}形的非正规 T_n 形的边框上一定有偶数个(记为 $2m$ 个)对称的 1×2 块,而且配成 m 个相邻组(只有一种配法). 产生正规 T_{n-1}形的分割法只能是同组一平二直,将两者对换也产生正规的 T_{n-1}一形,所以共产生 2^m 个正规的 T_{n-1}形. 因此,非正规的 T_n 形的分割方法个数为奇数.

解法 2:考虑从矩形的左上角方格到与右下角相邻的各方格构成的对角列. 只要考虑以下的分割就足够了:其中任何两个覆盖这个对角列的方格的多米诺不构成 2×2 正方形(即使包含一个这样的正方形的分割的个数为偶数). 在用多米诺分割 $n\times(n+1)$矩形与用多米诺分割$(n-1)\times n$ 矩形之间存在相互单值的对应.

可以用下列方式得到从分割 $n\times(n+1)$矩形到分割$(n-1)\times n$ 矩形的对应:从 $n\times(n+1)$矩形中切除包含上述对角列方格的全部多米诺,然后将上端的方格向左下移动一个方格,我们就得到$(n-1)\times n$ 矩形(请证明).

逆对应较为复杂. 在$(n-1)\times n$ 矩形中考虑类似的方格对角列,将位于“不高于”这个对角列的所有分割多米诺移到下半部,其他的多米诺构成上半部,将上半部向上和向右各移动一个单位,然后可以用唯一的方法填满由多米诺形成的“间隙”,使能得到 $n\times(n+1)$的多米诺分割.

现在对 n 用归纳法容易得出问题的结论.

◆证明:任意的 $m\times n$ 矩形分割为 1×2 块的分割法个数是奇数的充分必要条件是 $m+1$ 与 $n+1$ 互素.

1998 年奥林匹克试题解答

98.01. 可以如图 1 配置“×”形与“○”形.

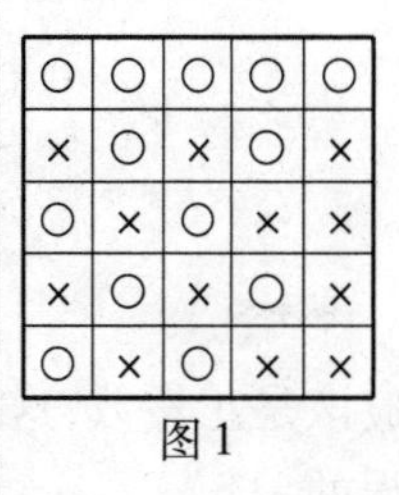

图 1

98.02. 答案:小猪吃了 1 根香蕉.

因为猫头鹰和小兔一起吃了 45 根香蕉,那么这两个小伙伴中一定有一个至少吃了 23 根香蕉,依条件,维尼熊至少吃了 24 根香蕉. 从而猫头鹰、小兔和维尼熊至少吃了 69 根香蕉,但是因为小猪至少吃了 1 根. 所以,猫头鹰、小兔和维尼熊恰好吃了 69 根香蕉,而小猪只吃了 1 根香蕉.

98.03. 答案:16. 下面列出在开头几分钟时间里,在黑板上依次出现的数字

$$23\to18\to20\to12\to14\to16\to18\to20\to\cdots$$

由此看出,从第 2 min 开始,数字以 5 个为一组周期地重复. 因为 $60=1+5\times11+4$,所以,一个小时以后,在黑板上写着(第十二个)周期中的第五个数字 16.

98.04. 答案:不可能. 考虑在正方形内形式为的图形. 一方面,因为这个图形是两个五方格图形的并集,按条件,在这个图形中各数字之和应该是 $2\times105=210$. 另一方面,又可以将这个图形表示为五个 1×2 矩形的并集,这样一来,在这个图形中各数之和应等于 $5\times40=200$. 因此,我们放置数字的要求是相互矛盾的,从而是不可能实现的.

◆在 10×10 的方格表中放置正整数,使得在任何形式为

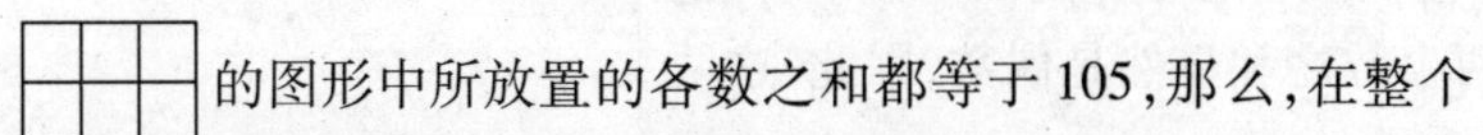

的图形中所放置的各数之和都等于 105,那么,在整个 10×10 表中各数之和能不能被 105 整除?

98.05. 请参看图 2. 还有其他形式的分割方法.

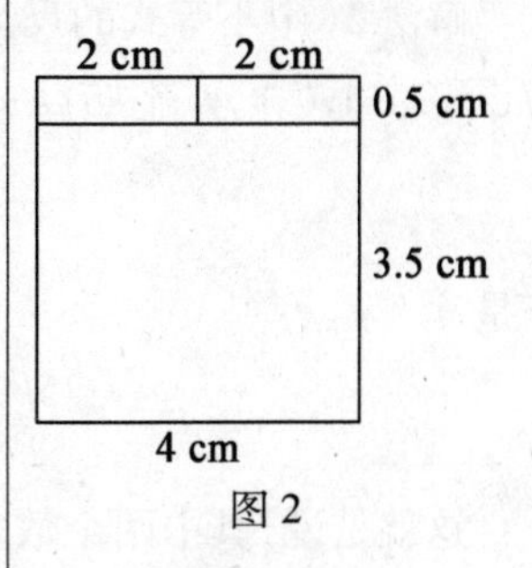

图 2

98.06. 答案:不可能. 假设可以按题目要求放置这些数,那么任何一个数的两侧的两个数的乘积应该是非负的. 于是,或者这两个数同号;或者它们中一个数为 0. 现在从 0 所在位置开始将各数的位置编号为 1 到 15(从 -7 到 7 正好有 15 个位置). 依次考虑在以下编号位置中各数

$$3,5,7,9,11,13,15,2,4,6,8,10,12,14$$

以这个表中相邻号码编号的每两个数在圆周上隔着一个位放着. 因为 0 在第一个位置上,所以在它们中没有 0,这就是说,它们全部同号. 另一方面,除第一个位置外,表中包含了所有的位

置,所以,除 0 以外,放置的所有数都是同号的,这与条件矛盾.

98.07. 解法 1(用方程的反证法):假设在仓库里有 x 个 0.7 L的瓶子,但没有0.5 L 的瓶子,那么1 L 的瓶子有 $2\ 500-x$ 个. 由全部瓶子的总容量为 1 998 L 得

$$0.7x+1\cdot(2\ 500-x)=1\ 998$$

简化为

$$0.3x=502$$

由此得

$$x=1\ 673\ \frac{1}{3}$$

但 x 应该是正整数,这表示在仓库里没有 0.5 L 的瓶子的假设是错误的.

解法 2(考虑余数的反证法):假设在仓库里没有容量为 0.5 L的瓶子. 现规定测量瓶子的容量的单位为 0.1 L,那么 2 500个瓶子的总容量为 19 980 个单位,其中每一个瓶子的容量是 7 个单位或 10 个单位. 数 7 或 10 被除以 3 的余数是 1,这就是说,2 500 个这样的数之和除以 3 时应当得出同样的余数 1,但当 19 980 除以 3 时的余数为 0. 所得矛盾证明仓库里至少有一个容量为 0.5 L 的瓶子.

98.08. 注意到该六十位数的十进记数法中一定有一个数码至少出现 6 次(这是因为该数的各位数码都不为 0,如果从 1 到 9 的每一个数码在该数中至多出现 5 次,那么整个数不会超过 $5\times9=45$ 位). 因此,可以从该数中删去一些数码,使所得的六位数的 6 个数码都相同,从而可以被 $111\ 111=111\times1\ 001$ 整除,即可被 1 001 整除.

98.09. 解法 1(奇偶性分析):在符合条件的四个数中,一定有两个奇偶性相同的数,这两个数之和显然是偶数,因此,这两个数之和不可能等于奇数 5 的幂.

解法 2(用不等式的反证法):假设找到了所求的互不相等的正整数 a,b,c,d. 不妨设 $a<b<c<d$,而且 $c+d=5^k$,那么

$$d>\frac{5^k}{2}$$

于是

$$\frac{5k}{2}<b+d<5^k$$

这就是说,其中两个数之和 $b+d$ 无论如何都不可能是 5 的幂.

98.10. 同问题 98.07 的解答.

98.11. 如图 3 所示,在 $\triangle ADB$ 与 $\triangle DFC$ 中,有

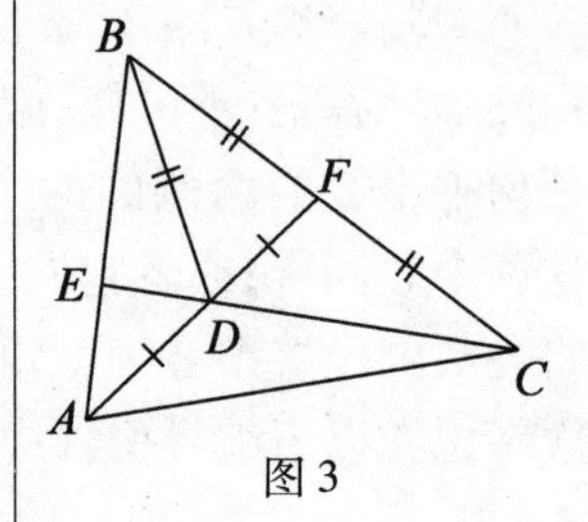

图 3

$$AD=DF, BF=FC$$

又因为

$$BD=BF$$

所以

$$\angle BDF=\angle BFD$$

于是

$$\angle ADB=\angle DFC$$

因此

$$\triangle ADB \cong \triangle DFC$$
$$\angle EAD=\angle FDC$$

从而

$$\angle EAD=\angle EDA$$

所以

$$AE=DE$$

98.12. 如图 4 所示,设原矩形的边长为 m 与 n,m 与 n 各除以 7 的余数分别为 a 与 b,那么可以将原矩形分割为如下三个矩形:$(m-a)\times n$,$a\times(n-b)$,$a\times b$. 因为前两个矩形各有一条边长能被 7 整除,因此可以将它们沿方格线分割为 1×7 矩形. 又因为另一个 $a\times b$ 矩形的面积不超过 $6\times 6=36$,而原矩形的面积不小于 $4\times 360=1\ 440$. 于是,前两个矩形的面积之和不小于 $1\ 440-36=1\ 404$. 由此可知,可以从前两个矩形剪出多于 200 个 1×7 矩形.

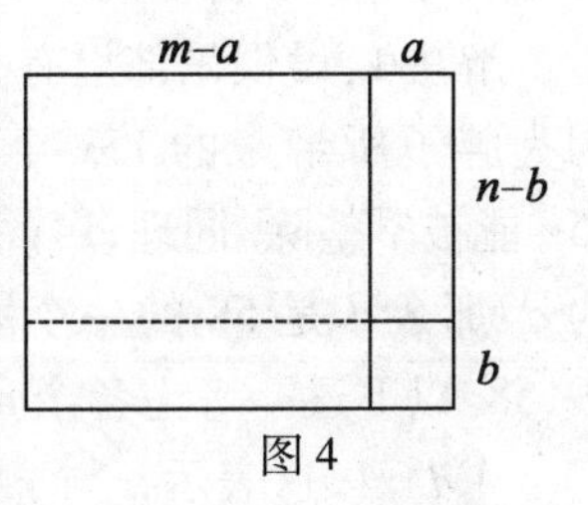

图 4

98.13. 答案:$x=4.75$. 从不等式 $[x]\cdot\{x\}\geqslant 3$ 及 $\{x\}\leqslant 1$ 得 $[x]>3$. 当 $[x]=4$ 时,$\{x\}\geqslant\frac{3}{[x]}=0.75$,即 $x\geqslant 4.75$. 当 $[x]\geqslant 5$ 时,$x\geqslant[x]\geqslant 5>4.75$. 因为当 $x=4.75$ 时,$[x]\cdot\{x\}=3$,所以所求的 x 的最小值是 4.75.

98.14. 设 $f(x)=ax^2+ux+s$,$g(x)=ax^2+vx+t$,则 $f(x)+g(x)=2ax^2+(u+v)x+(s+t)$. 据韦达定理可知 $f(x)$ 的两根之和为 $-\frac{u}{a}$,$g(x)$ 的两根之和为 $-\frac{v}{a}$,由已知条件 $-\frac{u}{a}-\frac{v}{a}=0$,于是 $f(x)+g(x)$ 的两根之和为 $-\frac{u+v}{2a}=0$.

98.15. 从 1 到 1 000 的正整数中,不能被 7 整除的数的个数 $1\ 000-[\frac{1\ 000}{7}]=858$,即有 $1\ 000-858=142$ 个数可被 7 整除. 又从 1 到 1 000 的正整数中,不能被 3 整除的数的个数是 $1\ 000-[\frac{1\ 000}{3}]=667$. 任取 860 个不同的数时,一定有 2 个数能被 7 整除,而且必有 $860-667=193$ 个数能被 3 整除. 从能被

7 整除的 2 个数与能被 3 整除的 193 个数中各选一个数，则这两个数的乘积一定能被 21 整除.

98.16. 如图 5 所示，设 AB 与 AC 的中点分别是点 D 与点 E. 注意到 $DE /\!/ BC /\!/ KL$，DO 是 AB 的中垂线，所以 $DO /\!/ KM$. 同理 $OE /\!/ LM$. 因此，以 A 为中心的位似将点 E 转移为点 L，将点 D 转移为点 K，并将点 O 转移为点 M. 因此 A, M, O 三点共线.

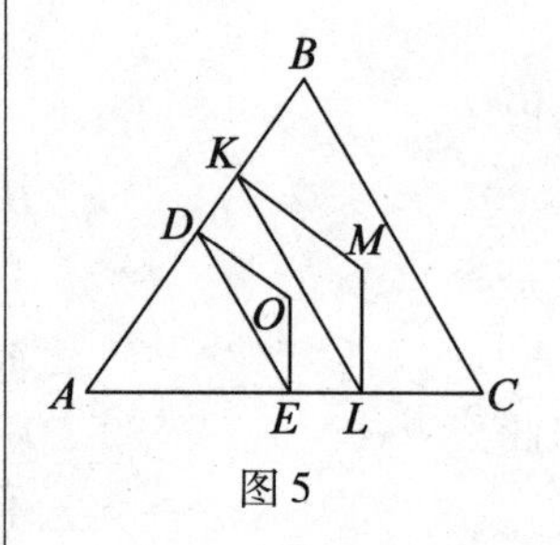

图 5

98.17. 该表的任意相邻两行中下一行比上一行至多有 $15-10=5$ 个新的数，所以 100×100 全表的不同数的个数不多于 $10+5\times99=505$ 个.

98.18. 将 $x=[x]+\{x\}$ 代入已知的不等式并解开括号，将已知不等式化为下列形式 $[x]\cdot\{x\}\geqslant3$. 以下步骤请参看问题 98.13 的解答.

98.19. 答案：俱乐部里或者胖子与瘦人各有 29 人；或者有 28 名胖子和 30 名瘦人.

解法 1：设俱乐部里有 x 个胖子，y 个瘦人. 那么 $x+y=58$. 因为胖子所带来的 $15x$ 个包子在 y 个瘦人中平均分配，所以 $15x$ 能被 y 整除. 同理，$14y$ 能被 x 整除. 设 x 与 y 的最大公约数为 d，那么 d 是 58 的一个因数，即 d 是下列数中的一个：1，2，29，58. 以下逐一考虑各个 d 的情形.

①$d=1$. 这表示 x 与 y 互素. 因为 $15x$ 能被 y 整除，而 x 与 y 没有公因数，那么 15 应当能被 y 整除，同理，14 能被 x 整除. 由此得 $x\leqslant14$ 与 $y\leqslant15$，这与 $x+y=58$ 矛盾.

②$d=2$. 这时 $x=2u$，$y=2v$，其中 u 与 v 是互素的自然数. 由对 x 与 y 的条件可得 $u+v=29$. $15u$ 能被 v 整除，$14v$ 能被 u 整除. 正如①那样，由此得出 $u\leqslant14$ 且 $v\leqslant15$，这就是说 $u=14$ 且 $v=15$，否则 $u+v<29$，于是 $x=28$，$y=30$. 这个答案合适：15×28 能被 30 整除，14×30 能被 28 整除.

③$d=29$. 因为数 x 与 y 都能被 29 整除，所以 x 与 y 都不小于 29，又因为 $x+y=58$，于是 $x=y=29$. 这个答案也合适.

④$d=58$. 这是不可能的，因为 x 与 y 应当都不小于 58，而那时 $x+y>58$.

解法 2：设有 x 个胖子，那么就有 $58-x$ 个瘦人，而且他们共带来了 $14(58-x)$ 个包子. 设每一个胖子得到 n 个包子，那么 $14(58-x)=nx$，整理得 $(n+14)x=14\times58$. 这就是说，x 能被数 $14\times58=2\times2\times7\times29$ 整除，以 x 的所有小于 58 的因子代替 x（即 1，2，4，7，14，28，29）可知仅有 $x=28$ 与 $x=29$ 满足条件. 从以下分析可知其他 x 值并不合适：$15x$（胖子送来的包子数）不能被 $58-x$（胖子的数量）整除.

96.20. 首先指出分式线性函数的三种可能的情形：对于任

一个分式线性函数$R(x)=\dfrac{ax+b}{cx+d}(c^2+d^2\neq 0)$. 当 $ad=bc$ 时，$R(x)$为常数；当 $a\neq 0$ 且 $c=0$ 时，$R(x)=\dfrac{a}{d}x+\dfrac{b}{d}$，这时 $R(x)$为一次函数；当 $c\neq 0$ 且 $ad\neq bc$ 时，$R(x)$为真分式.

①当$f(x)$为常数时，$R(x)$也应当为常数（否则当 $x\to+\infty$ 时或当 $x\to-\infty$ 时，不等式$f(x)-g(x)>1\ 997$ 不可能成立）. 这时$f(x)-g(x)$为常数.

②当$f(x)$为一次函数时，设$f(x)=ax+b$，由于当 $x\to+\infty$ 或 $x\to-\infty$ 时，$f(x)$可取到绝对值任意大的负值，所以 $g(x)$也应是一次函数，设 $g(x)=sx+t$，则$f(x)-g(x)=(a-s)x+b-t$，从$f(x)-g(x)>1\ 997$ 可知一定有 $a=s$，于是$f(x)-g(x)=b-t$ 为常数.

③当$f(x)$为真分式时，设$f(x)=\dfrac{ax+b}{cx+d}$，当 $x\to-\dfrac{d}{c}$时，$f(x)$可取到绝对值任意大的负值，因此，$g(x)$也应是真分式，而且 $g(x)$具有$f(x)$同样的性质，所以可设$g(x)=\dfrac{sx+t}{cx+d}$，由于$f(x)-g(x)=\dfrac{(a-s)x+b-t}{cx+d}$，从条件$f(x)-g(x)>1\ 997$ 可知$f(x)-g(x)$不能取到绝对值任意大的负值，于是$f(x)-g(x)$只可能是常数.

◆一般情况下，两个分式线性函数之差是分式二次函数. 对于任给的正数 k，存在恒大于 k 而不是常数的分式二次函数，例如

$$f(x)=\frac{1}{x^2+1}+k$$

如果一个分式二次函数的分母有两个不同的实根，则可以用待定系数法将它分解为两个分式线性函数之差.

98.21. 解法1（补充构造——全等三角形）：

如图6所示，在射线 DC 上位于点 C 一侧取点 F，使得$CF=AB$. 由条件

$$\angle ABD=\angle CAD+\angle ADC=180^\circ-\angle ACD=\angle ACF$$

于是$\triangle DBA$ 与$\triangle ACF$ 有两边对应相等而且其夹角相等，从而$\triangle DBA\cong\triangle ACF$，所以 $AD=AF$. 而且

$$\angle FAC=\angle ADB=\angle BAC$$

因此，点 F 位于直线 AB 上，而且$\angle BAD=\angle AFC$. 由此得 $AD=DF$，于是 $AD=AF=DF$，$\triangle AFD$ 是等边三角形，所以

$$\angle BAD=60^\circ$$

解法2（补充构造—圆）：如图7所示，正如解法1那样得

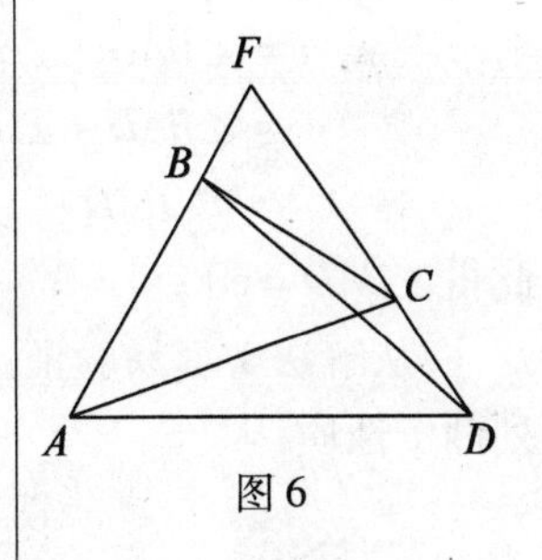

图6

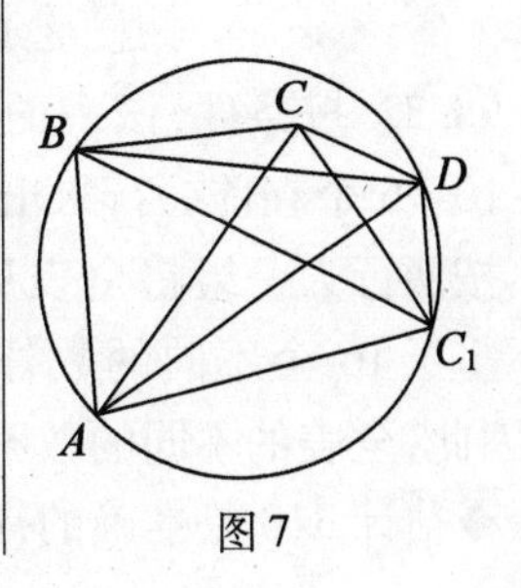

图7

$$\angle ABD=180^\circ-\angle ACD$$

设点 C 关于直线 AD 的对称点是点 C_1，则 $\angle ABD+\angle AC_1D=180^\circ$，而 $BD=AC_1$，这表示 A,B,D,C_1 四点共圆，从对称性得 $\angle BAC=\angle ADB$. 作为立在相等弦上的角有 $\angle BAD=\angle ABC_1$，$\angle DAC_1=DBC_1$，因为$\triangle ABD$ 的各角之和为 180°，于是

$$\begin{aligned}180^\circ&=\angle BAD+\angle ADB+\angle DBC_1+\angle ABC_1\\&=\angle BAD+\angle BAC+\angle CAD+\angle BAD\\&=3\angle BAD\end{aligned}$$

由此得 $\angle BAD=60^\circ$.

解法3(正弦定理)：根据正弦定理，在$\triangle ABD$ 与$\triangle ACD$ 中分别有

$$\frac{\sin\angle BAD}{BD}=\frac{\sin\angle ABD}{AD},\frac{\sin\angle ADC}{AC}=\frac{\sin\angle ACD}{AD}$$

正如前面两个解法那样有

$$\angle ABD+\angle ACD=180^\circ$$

于是 $\sin\angle ABD=\sin\angle ACD$，而且前述两个等式的右端相同，又因为 $AC=BD$，所以 $\sin\angle BAD=\sin\angle ADC$，于是

$$\angle ADC=\angle BAD$$

或

$$\angle ADC=180^\circ-\angle BAD$$

但上列第二个等式是不可能成立的，因为从它得 $AB/\!/CD$，这与 $\angle ABD+\angle ACD=180^\circ$矛盾，于是$\angle ADC=\angle BAD$. 利用这些等式与条件中的关系式得到$\triangle ABD$ 的内角和

$$\begin{aligned}180^\circ&=\angle BAD+\angle ADB+\angle ABD\\&=\angle BAD+\angle ADB+\angle CAD+\angle ADC\\&=\angle BAD+\angle BAC+\angle CAD+\angle BAD\\&=3\angle BAD\end{aligned}$$

由此得 $\angle BAD=60^\circ$.

注：从解法 1 容易验证：本题的条件等价于四边形 $ABCD$ 的下列两个性质

$$AB+CD=AD$$

与

$$\angle A=\angle D=60^\circ$$

98.22. 按条件，该表的任意接连三行的后两行中，至多有 $16-10=6$ 个在前一行未出现的新数.

按两行为一组将全表从上到下划分为 50 个组，除第一组有不多于 16 个不同的数外，其他每组出现的新数都不多于 6 个，因此，全表的不同的数不多于 $16+6\times49=310$ 个.

◆估计 310 是准确的，即存在这样的表，在表里恰好有 310

个不同的数. 请设计出一个这样的表.

98.23. 对于正数 x,已知的不等式等价于不等式 $[x]\{x\}\geqslant 1\ 000$. 由于 $0<\{x\}<1$,所以 $[x]>1\ 000$,即 $[x]\geqslant 1\ 001$.

对于每个 $[x]=n$, $\{x\}\geqslant\dfrac{1\ 000}{n}$,因此不等式的解集中最小的 $x=1\ 001+\dfrac{1\ 000}{1\ 001}>1\ 001.999$.

98.24. 设数列的首项为 d,公差为 d,从条件得:数列至少有一项为 $m!$,其中 $m>d$. 这就是说,对某个正整数 k, $a+kd=m!$. 因为 $m!$ 与 kd 都能被 d 整除,所以 a 也能被 d 整除.

98.25. 因为该 35 位数中只有 8 种非零数码,所以必有一种数码在该数中重复出现,而且出现的次数不小于 5 次,将这个 5 次出现的数码留下得到一个非零的五位数,因为这个五位数的五个数码都相同,所以它一定能被 11 111 整除,注意到 $11\ 111=41\times 271$,所以该五位数能被 41 整除.

98.26. 假设这 25 个数都不是 $f(x)$ 的驻点,从而这 25 个数都不是 $f(x)$ 的极值点. 于是从 $f(x)=10$ 恰有 10 个不同实根可知多项式 $f(x)-10$ 在 $\mathbf{R}$ 上共有 10 次变号,从而无论 $x\to+\infty$ 或 $x\to-\infty$, $f(x)$ 都同号,因此, $f(x)$ 为偶次多项式. 另一方面从 $f(x)=15$ 恰有 15 个不同实根可知 $f(x)-15$ 在 $\mathbf{R}$ 上共有 15 次变号,所以当 $x\to+\infty$ 时 $f(x)$ 的符号与 $x\to-\infty$ 时 $f(x)$ 的符号相反,因此, $f(x)$ 为奇次多项式,矛盾. 因此,这 25 个数中必有一个是方程 $f'(x)=0$ 的根.

98.27. 答案: $2\sqrt{5}$.

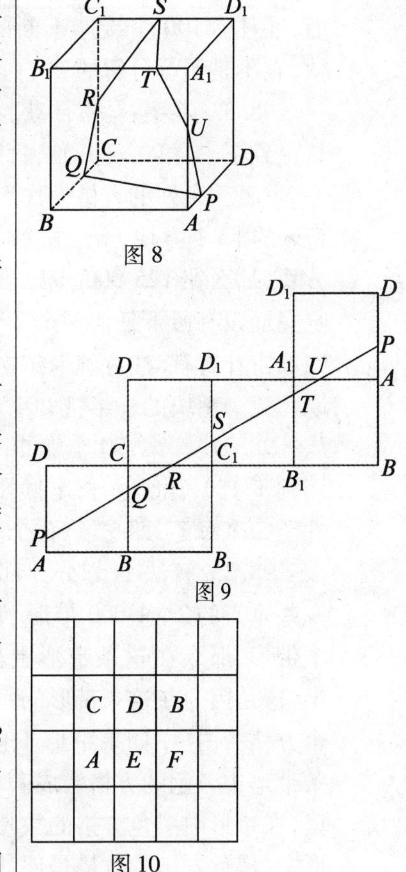

如图 8 所示,注意到所有折线都位于立方体的表面,条件中的各等式表示折线的每一段与立方体对应的棱之间的夹角等于折线的下一段与立方体的这条棱之间的夹角,由此可知,如果将立方体表面沿 AD 棱剪开,然后按折线的转折棱将立方体表面展开为平面,如图 9 所示,从已知的等角关系可知在展开的平面上, $PQRSTUP$ 成一条直线, P 点沿水平方向移过 4 个方格,沿垂直方向上升 2 个方格,因此折线 $PQRSTUP$ 的长度 $L=\sqrt{4^2+2^2}=2\sqrt{5}$.

98.28. 按条件,每一组采集的榛果数应当是 3 的倍数,从而孩子们采集的榛果总数应当是 3 的倍数,因此,这个总数不可能是 1 000 个.

98.29. 如图 10 所示,设在方格 A 中放入数 n,而在方格 B 中放入数 $n+3$,那么在方格 C 与 D 中应当分别放入数 $n+1$ 与 $n+2$,正如在方格 E 与 F 中应当分别放入 $n+1$ 与 $n+2$ 那样. 但是这样一来,在与马的走法相关的方格 C 与 F 中,两数只相差$(n+2)-(n+1)=1$,这与问题的条件矛盾. 因此,所要求的数的放法是不可能实现的.

98.30. 考虑恰好剩下一个未被占据的方格的情形,那时一个棋子可以打胜位于自由方格列的棋子.

98.31. 答案:不可能. 首先应注意到,两个大于 1 的自然数之和不大于它们的积. 因此,在用 n 个数码 2 进行规定的操作时,所得到的数不大于 2^n. 考虑最后进行的操作,因为要从完成这个操作而得到 1 002,由于 1 002 不能被 4 整除,所以最后的操作不能是两个偶数的乘积,也就是说,最后进行的操作是加法,但是要从数码 2 只用加法得到 1 002,相加的数超过 500 个. 现在只有 10 个 2,所以应先计算 $2^9=512$(因为 $2^8=256<500$),但这时只剩下一个数码 2,最后计算它们的和 $2^9+2=512+2=514<1\ 002$. 因此,用 10 个 2 按规定的操作的结果不可能是 1 002.

98.32. 答案:99 个. 例如,从 10 001 到 10 099(包括 10 099 在内)的数. 事实上,所有这些数在从 100×100 到 100×101 的区间内,因此,不可能将它们表示为两个三位数的乘积,这是因为 100×100 与 100×101 是两个最小的三位数的乘积. 另一方面,在任何 100 个接连不断的五位数中,一定会遇到 100 的倍数,它不是不可分解的.

98.33. 答案:马雷什获胜. 如图 11 所示的那样,在巧克力块从上到下,自第二行开始,每隔一行,在每行位于从左至右的第一、三、五、…列的方格上作上标记✕,设马雷什每一步吃掉有标记✕的 1×1 方块,卡尔松每一步也是恰好吃掉有标记✕的 2×2 方块,那么在 125 000 步以后,卡尔松就会将 2×2 块方块全部吃完而没有留下任何一个 2×2 方块,按游戏规则,剩下的糖块归马雷什所有. 注意到卡尔松只吃了 500 000 格巧克力,这少于原巧克力糖块的一半:$1\ 001\times1\ 001=1\ 002\ 001>2\times500\ 000$.

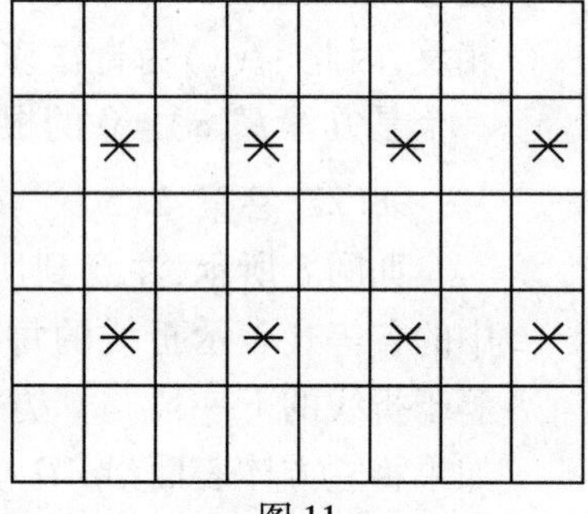
图 11

98.34. 答案:90 个海枣. 所有长尾猴共踢了 50 次树,一共摘到了 150 个海枣. 长尾猴在后来的 30 次新的撞击以前,每只吃了 2 个海枣,即吃了 60 个海枣,因此剩下 90 个海枣.

98.35. 解法 1(划分为部分):将已知的正方形全部划分为一些垂直的 $2\times1\ 000$ 带形. 如果所作的垂直线中有一条通过某个带形,那么在这条带形上黑色的方格与白色的方格各占一半,这是因为在这条带形的每一行中,一个方格为黑色,而另一个方格为白色. 如果带形不包含所作的纵向的直线,那么在这条带形中黑色的方格构成若干个宽度为 2 的矩形. 在两种情况里,在带形中黑色方格的数量都是偶数,这就是说,在整个正方形中,黑色方格的数量是偶数.

注:还有一种利用划分为部分的推理:在已知的正方形内,任何一个 2×2 方块或者全部被染为一种颜色,或者它有两块是黑色,同时有两块是白色. 因为可以将 $1\ 000\times1\ 000$ 的正方形划分为若干个 2×2 方块,而且在每一个方块中黑色的方格的数量是偶数,所以,在整个正方形里,黑色方格的数量是偶数.

解法 2(面积为奇数的矩形):将面积为奇数的矩形称为"奇数矩形". 为了证明问题的结论,只要验证以下的结果便足够了:在已知的正方形内,黑色的奇数矩形的个数是偶数.

所作的直线将正方形的各边划分为线段. 在正方形的一条垂直边上和在一条水平边上标注出所有长度为奇数的线段,因为正方形各边的长是偶数,所以在每一条边上我们标注出偶数条线段. 将通过标注线段的垂直带形和水平带形也称为"奇数带形". 所有奇数矩形(而且仅仅是奇数矩形)位于垂直的与水平的奇数带形的交集上. 下面证明:在奇数矩形中,黑色的矩形的数量是偶数. 对于每一个水平的奇数带形,考虑在这个带形中的奇数矩形被染上什么样的颜色. 如果沿着这条带形从左向右运动,将所得到的颜色序列称为在已知的带形内染色的奇数矩形. 注意到在任何两条水平的带形中,染色的奇数矩形或者重合,或者是"相反的"(指白色矩形代替黑色矩形,黑色矩形代替白色矩形,这可从在黑板上所有矩形都是按国际象棋棋盘格式染色得知). 我们注意到在任何带形内有偶数个奇数矩形,因为用两种颜色将偶数个对象染色时,将黑色的对象染为"相反的"颜色的个数的奇偶性与原来颜色的个数的奇偶性相同. 因此,我们可以得出结论:在各条水平奇数带形中,黑色的奇数矩形的个数的奇偶性是相同的. 又因为所有这些带形的条数是偶数,所以,在其中的黑色奇数矩形的个数是偶数.

解法 3(归纳法):对通过已知的正方形的直线的条数应用归纳法,去证明黑色方格的数量是偶数. 归纳的基础:当没有任何一条直线时,结论是明显的. 假设当直线的条数不大于 n 时,结论成立. 考虑与 $n+1$ 条直线相交的正方形及相应的国际象棋棋盘型的染色,可以在直线中有垂直的直线,将最左边的直线擦去,并且将位于这条直线左面的所有方格的颜色改为相反的颜色,根据归纳假设,所得到的图形包含偶数个黑色的方格. 注意到我们在有 1 000 条边的"垂直的"矩形中改变了所有方格的颜色,它的面积是偶数,因此,其中黑色方格数量的奇偶性与白色方格数量的奇偶性相同. 于是将在这个矩形中的方格重新染色并不改变其中的黑色方格数量的奇偶性. 这就是说,也不改变在整个正方形中黑色方格数量的奇偶性. 因此,在正方形

中与 $n+1$ 条直线相交的黑色方格的数量是偶数.

98.36. 答案:7 个公务员. 当一个公务员 S 将自己的钱分给其他人时,可以认为他每一次都是逐个戈比分给其他的每一个人,直到他没有钱分给所有想要的人. 如果有 k 个公务员,注意到一个公务员与二个公务员的金钱数量之差一定可以被 k 整除. 事实上,开始时,这个差等于零,自然可被 k 整除. 如果 S 第一次对其他公务员每人分给 1 个戈比,那么 S 减少了 $k-1$ 个戈比,而其他每一个公务员多了 1 个戈比,S 与其他每一个公务员金钱之差仍然是 k 个戈比. 如果 S 继续将钱逐个戈比分给其他公务员,那么,一方面,S 与其他每一个公务员金钱之差能被 k 整除;另一方面,又因为其他每一个公务员都增加了同样数量的货币,所以,这两个公务员金钱之差仍然可以被 k 整除. 依条件,在某一时刻,这个差为 $24-17=7$,这就是说,7 能被 k 整除. 因为在条件中提到有 2 个公务员,所以 $k>1$,于是 $k=7$.

98.37. 答案:不可能. 因为黑板上所有的数都是偶数,两个偶数的乘积能被 4 整除. 而 774 不能被 4 整除,所以最后的运算不可能是乘法,而应该是加法. 注意到两个偶的自然数的乘积一定不小于这两个自然数之和. 因为 $2^8=256$,为了得到大于 256 的数,我们需要 2^9,这时,只剩下两个 2. 应用加法得

$$2^9+4=512+4=516<774$$

98.38. 答案:99 个. 本题的解法与问题 98.32 的解法一样.

98.39. 为了不致混乱,我们将基于本题条件的“接连不断的红色线段”(以及接连不断的蓝色线段)称为“长条”. 将所有线段的中点作出标记. 设在已标记的中点里,最左面的一点为 L,最右面的一点为 R,那么红色的长条与蓝色的长条两者都包含线段 LR. 并且 R 是红色带形的右端点,L 是蓝色带形的左端点. 红色的带形从点 L 向左延伸不超过最长的线段的长度的一半,而蓝色的带形从点 R 向右延伸不小于最短的线段的长度的一半. 因此,最长的线段与最短的线段的长度之差的一半不小于长条的长度之差,即不小于 20 cm. 于是,可以找到两条线段,它们的长度之差不小于 40 cm.

98.40. 答案:马雷什获胜. 解法与问题 98.33 的解法类似.

98.41. 答案:如果不考虑排列的次序,则存在唯一解 $m=2$,$n=6$.

解法 1:$[m,n]$ 是数 mn 的一个因子,从方程得 $[m,n]>\frac{mn}{3}$,即 $[m,n]=mn$ 或 $[m,n]=\frac{mn}{2}$. 在前一种情形,m 与 n 互素,即 $(m,n)=1$,将它代入方程得 $mn-1=\frac{mn}{3}$,于是 $mn=\frac{3}{2}$,这是

不可能的. 在后一种情形, $(m,n)=2$. 将方程改写为 $\frac{mn}{2}-2=\frac{mn}{3}$, 由此得 $mn=12$. 以唯一的方式将数 12 表示为有最大公因子的两个数的乘积, 这个最大公因子为 2, 于是 $12=2\times6$.

解法 2: 设 $(m,n)=d$, 则 $m=xd$, $n=yd$, 其中 x 与 y 是互素的自然数, 这时 $[m,n]=xyd$, 因此

$$xyd-d=\frac{xyd^2}{3}$$

交换得 $xy(3-d)=3$, 即 3 可被 $3-d$ 整除, 由此得 $3-d=1$, 即 $d=2$. 再由方程 $xy=3$ 得 $x=1$ 与 $y=3$ (或 $x=3$, $y=1$), 所以 $m=xd=2$, $n=yd=6$ (或 $m=6$, $n=2$).

解法 3: 设 $(m,n)=x$, $[m,n]=y$, 那么 $mn=xy$, 于是原来的方程具有下列形式

$$y-x=\frac{xy}{3}$$

变换得 $(3-x)(y+3)=9$. 因为 $y+3$ 是正数, 所以 $3-x$ 是 9 的小于3的因子, 由此得 $x=2$, $y=6$, 于是容易得 $m=2$, $n=6$ (或调过来).

98.42. 答案: 2:1.

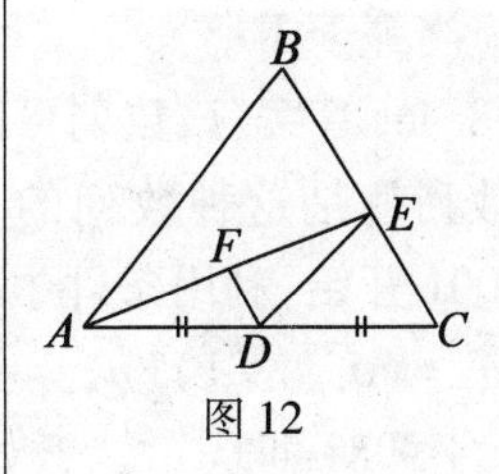

图 12

解法 1: 如图 12 所示, 过点 D 作平行于 BC 的直线交 AE 于点 F. 据泰勒斯定理可知点 F 平分线段 AE, 即 $AE:FE=2:1$. 另一方面, 从内错角相等得 $\angle FDE=\angle CED$, 且 $\angle DFE=\angle BEF$, 又依条件 $\angle CED=\angle BEF$, 所以在 $\triangle DEF$ 中 $\angle DFE=\angle FDE$, 于是 $FE=DE$, 从而 $AE:DE=AE:FE=2:1$.

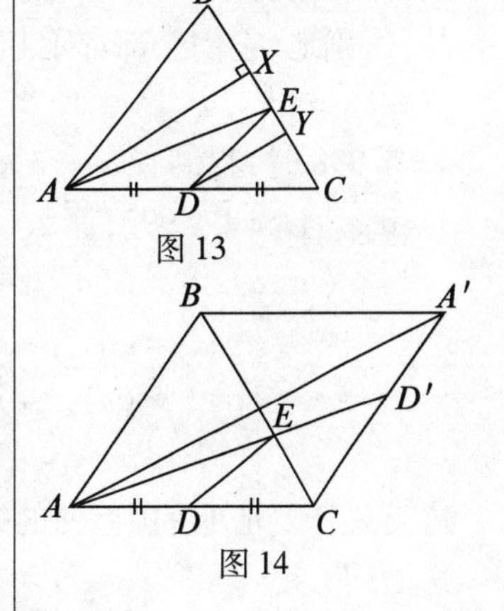

图 13

图 14

解法 2: 如图 13 所示, 从点 A 与 D 分别作 AX 与 DY 垂直于直线 BC. 依条件, Rt$\triangle AXE$ 与 Rt$\triangle DYE$ 在顶点 E 的角相等, 所以 $\triangle AXE\backsim\triangle DYE$, 于是 $AE:DE=AX:DY$, 又因为 Rt$\triangle AXC$ 与 Rt$\triangle DYC$ 有公共的 $\angle C$, 所以 $\triangle AXC\backsim\triangle DYC$, 因此 $AX:DY=AC:DC=2:1$, 于是 $AE:DE=2:1$.

解法 3: 如图 14 所示, 作 $\triangle ABC$ 关于直线 BC 对称的 $\triangle A'BC$, 设线段 $A'C$ 的中点为 D', 作线段 ED', 因为 $\angle AEB=\angle DEC=\angle D'EC$, 所以 A,E,D' 三点共线. 按作法, 直线 CE 是对称轴, 特别地, CE 是 $\triangle AA'C$ 的中线, 因为中线在交点 E 处分线段的比为 2:1, 所以 $AE:DE=AE:D'E=2:1$.

98.43. 同问题 98.32 的解答.

98.44. 同问题 98.40 的解答.

98.45. 将按反时针方向调动到相邻位置的移动数认为是 $+1$, 并将顺时针方向移动数认为是 -1. 因为当每一次互换位置时, 移动数之和为零, 所以所有移动数之和等于零. 如果将全

部位置按反时针方向从0到29编号,那么在任何时刻每一个数的位置等于它的开始的位置与到达这个时刻累积的移动数之和对模30的余数,这就是说,每一个数的总移动数对模30有余数15,这是因为每一个数的最终位置与开始位置恰好相差15.

下面证明:如果数 x 与 $31-x$ 不变换位置,那么它们累计的移动数相等.为此,检查在 x 与 $31-x$ 之间,沿着反时针方向从 x 到 $31-x$ 的距离(将相邻两点之间的距离规定为1),这个距离可以取1到29的值.当数 x 参与互换时,基于距离计算它的移动,当数 $31-x$ 参与互换时,将它的位移添加到距离中,如果参与交换位置的两个数都不是 x 与 $31-x$,那么距离不改变,这表示如果 x 与 $31-x$ 不相互交换位置,那么它们之间的距离的变更是数 $31-x$ 的总移动数与数 x 的总移动数之差.但是在开始时的距离与最后的距离是相等的,即总移动数相等.

因此,如果 x 与 $31-x$ 不交换位置,那么它们的移动数之和等于 x 的移动数的两倍,即形式如 $60k+30$ 的数.将从1到30的正整数分为形式为 $(x,31-x)$ 的15对,如果无论怎样的一对数都不交换位置,那么所有移动数的总和等于十五个形如 $60k+30$ 的数之和,但是这个和对模60有剩余30,所以,所有移动数之和应当等于零.

98.46.答案:该数列可以有多于1 998个不同的数.以下列举的数列就是这种数列的一个例子.设 $a_{2\,000}=3$,$a_{1\,999}=4$,从 $n=2\,001$ 开始,利用条件中所给定的公式,用归纳法确定 a_n,按公式 $a_n=(a_{n+1}-1)(a_{n+2}-1)$,以"逆向的步骤"作出 a_n,其中 $1\leqslant n\leqslant 1\,998$(即从 $a_{1\,998}$ 开始,然后 $a_{1\,997}$ 等,直到 a_1).应用归纳法不难证明:数 $a_{2\,000},a_{1\,999},\cdots,a_1$ 全部都不小于3,而且是递增的,特别地,它们全部都不相等.下面证明所作的数列满足关系式 $a_{n+2}=(a_n,a_{n+1})+1$.当 $n\geqslant 1\,999$ 时,这是自然成立的.当 $n=1\,998$ 时,我们有 $a_n=3\times 2=6$,$(a_n,a_{n+1})+1=(6,4)+1=3=a_{n+2}$,设 $n\leqslant 1\,997$,那么

$$\begin{aligned}(a_n,a_{n+1})&=((a_{n+1}-1)(a_{n+2}-1),a_{n+1})\\&=(a_{n+2}-1,a_{n+1})\\&=(a_{n+2}-1,(a_{n+2}-1)(a_{n+3}-1))\\&=a_{n+2}-1\end{aligned}$$

这就是所要证明的(上列的第二个等式是从 $a_{n+1}-1$ 与 a_{n+1} 互素而得).

98.47.将问题的条件一般化,我们认为,一个中学生可以认识0到30个人,但是要求他所有认识的人不是住在一个房间里,这个要求只适用于他认识的人不少于2个人的情形.

我们用对中学生人数的归纳法去证明问题的一般化的结

论. 归纳的基础(零个中学生)结论是显然的. 假设对于小于 n 的任何数量的中学生,问题的结论已经成立. 现在来了 n 个中学生,如果这 n 个中学生彼此都互不认识,那么可以让他们随意地分别住下来,在相反的情况下,选择两个彼此认识的人(假设他们是瓦夏和佩佳),按归纳假设,可以让所有其余的人与一般化的条件相对应地分别住下来. 如果一个房间至少满足下列各条件中的一个条件,则将该房间称为对瓦夏是“不适宜的”:

①其中住着某个认识瓦夏的人.

②瓦夏有一个熟人(不是佩佳),这个人除了瓦夏之外恰好有一个认识的人,而且这个熟人所认识的人就住在该房间里.

③佩佳除瓦夏外还有一个熟人,而且他们都住在该房间里.

类似地确定对佩佳不适宜的房间. 容易验证:如果将瓦夏和佩佳迁到对他们适宜的不同的房间里,那么将满足条件. 下面考虑有多少个房间可能是对瓦夏不适宜的. 第①个条件与第②个条件(单独地)给出那样一些不适宜的房间的最大数量,这就是瓦夏所认识的人(除佩佳外)的数量,即不超过 29 个房间,只有一个房间可能满足第③个条件. 由此得知,全部不超过 59 个房间,注意到如果它们等于 59,那么所有认识佩佳的人住在一个房间里,那时当对佩佳作类似的计算时,我们得出不超过 $1+29+1=31$ 个房间. 于是,对于他们中每一个人不适宜的房间不多于 59 个,而且,如果他们中有一个人有 59 个不适宜房间,那么另一个人就少一些,这就是说,他们中任何一个人至少有一个适宜的房间,同时,他们中某一个人至少有两个适宜的房间,设对于佩佳有两个适宜的房间,那么,首先将瓦夏迁到对他适宜的房间,然后让佩佳迁往对他适宜的而且不是瓦夏已住入的房间,这样一来,所有中学生得以按相应的(一般化的)条件住下来.

98.48. 解法 1:注意到在条件中的等式左端是关于 a 的二次三项式,如果不存在实数 a 使该等式成立,那么已知的二次三项式的判别式是负数,即

$$(x+y+z+t)^2-8(xy+zt)<0$$

由此得

$$(x+y+z+t)^2<8(xy+zt)\leqslant 4(x^2+y^2+z^2+t^2)$$

这与条件中的不等式相矛盾.

解法 2:在题给的不等式中移项得

$$(x-y)^2+(x-z)^2+(x-t)^2+(y-z)^2+(y-t)^2+(z-t)^2\leqslant 0$$

上式只有当 $x=y=z=t$ 时成立,现在可以取 $a=x$.

98.49. 将除了 100 以外的 99 个数划分为 33 个不相交的相

邻数三元组,因为$1+2+\cdots+99=4\ 950$,所以,可以找到这样的三元组之和P,其中各数之和$P\leqslant\frac{4\ 950}{33}=150$. 现在又将除了1以外的99个数划分为33个不相交的相邻数三元组,因为$2+3+\cdots+99+100=5\ 049$,所以,可以找到这样的三元组之和Q,其中各数之和$Q\geqslant\frac{5\ 049}{33}=153$,于是$Q-P\geqslant153-150=3$.

98.50. 如图15所示,因为AA_1,BB_1,CC_1都是三角形的高,所以A,B,A_1,B_1四点共圆. 而且B,C,B_1,C_1也是四点共圆,所以

$$\angle C_1BM=\angle C_1B_1A=\angle A_1B_1C=\alpha$$

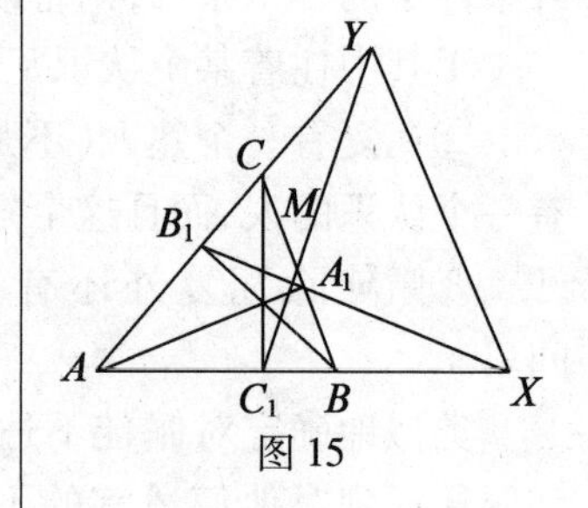

图15

因为C_1M是$\mathrm{Rt}\triangle BC_1C$从直角引出的中线,所以

$$\angle BC_1M=\alpha$$

由此得

$$\angle YC_1X=\angle YB_1X=\alpha$$

而且X,Y,C_1,B_1四点共圆,所以

$$\angle YXC_1=\angle YB_1C_1=\angle C_1BM$$

这表明$XY/\!/BC$.

98.51. 答案:$p=q=r=0$,没有其他解.

解法1(除以3):假设p,q,r中至少有一个不等于零,当方程的各个变量乘以同一个数时,方程仍然成立,因此,约去各变量的最大公因子,我们所得到的解中的p,q,r整体互素. 下面证明,假如方程有非零解,那时p,q,r都能被3整除,这个矛盾表示我们的假设是不成立的. 已知的方程关于p是二次的,因为它具有整数根,所以它的判别式

$$D=q^2-4(q^2-15r^2)=-3q^2+60r^2=3(20r^2-q^2)$$

应当是完全平方数,因为D能被3整除,从而D能被9整除,即$\frac{D}{3}=20r^2-q^2$能被3整除. 如果q与r两个数都不能被3整除,那么它们的平方除以3时余1,因此,$20r^2-q^2$除以3时余2;如果p与q其中一个能被3整除,因为系数20与-1都不能被3整除,所以另一个能被3整除,于是p与q都能被3整除,因此,原来的方程的左端能被9整除,从而r能被3整除,这与p,q,r整体互素矛盾.

解法2(除以5):将方程改写为下列形式

$$(p-2q)^2-3q^2+5pq=15r^2$$

因为$5pq$与$15r^2$都能被5整除,由此可知$(p-2q)^2$与$3q^2$在除以5时的余数相同. 整数除以5的余数可能是0,1或4,而平方的3倍除以5的余数为0,2或3. 因此,只有当各数都能被5整

除时，余数才能相等，这就是说 $p-2q$ 与 q 都能被 5 整除，由此得出 p 能被 5 整除. 原方程左端能被 25 整除，从而 r 能被 5 整除，这与 p,q,r 整体互素矛盾.

98.52. 解法 1：不考虑$\frac{m}{n}$的整数部分，设

$$\left\{\frac{m}{n}\right\}=0.a_1a_2a_3a_4\cdots$$

将$\left\{\frac{m}{n}\right\}$分别乘以 100，乘以 -10，乘以 1，然后将所得乘积相加，考虑到本题的条件

$$a_{i+2}=a_{i+1}-a_i+k\quad(i=1,2,3,\cdots)$$

可知相加所得的和数在小数点后的所有数字都为 k，即

$$100\cdot\left\{\frac{m}{n}\right\}=a_1a_2.a_3a_4a_5\cdots$$

$$-10\cdot\left\{\frac{m}{n}\right\}=-a_1.a_2a_3a_4a_5\cdots$$

$$\left\{\frac{m}{n}\right\}=0.a_1a_2a_3a_4a_5\cdots$$

$$91\cdot\left\{\frac{m}{n}\right\}=\cdots.kkk\cdots$$

（容易验证 $k\leqslant 9$，例如考虑数$\frac{m}{n}$的最大数字）. 因此可以将数 $91\cdot\left\{\frac{m}{n}\right\}$表示为以 9 为分母的分数，从而，可以将数$\left\{\frac{m}{n}\right\}$表示为以 $91\times 9=819$ 为分母的分数，这就是说，n 是 819 的一个因子，因此，$n\leqslant 819$.

解法 2：设$\left\{\frac{m}{n}\right\}=0.a_1a_2a_3a_4a_5a_6\cdots$，则条件为

$$a_{i+2}=a_{i+1}-a_i+k\quad(i=1,2,3,\cdots)$$

记 $a_1=a,a_2=b$，依条件得 $a_3=b+k-a,a_4=2k-a,a_5=2k-b,a_6=k+a-b,a_7=a,a_8=b$，因此，经过 6 位以后数字重复，所以$\frac{m}{n}$的小数部分等于由$\left\{\frac{m}{n}\right\}$的开头六位数字所构成的数再乘以 $0.000\,001=\frac{1}{999\,999}$而得. 而$\left\{\frac{m}{n}\right\}$开头六位数字构成的数是

$$\begin{aligned}&100\,000a+10\,000b+1\,000(b+k-a)+\\&100(2k-a)+10(2k-b)+k-a-b\\=&98\,901a+10\,989b+1\,221k\end{aligned}$$

这就是说

$$\left\{\frac{m}{n}\right\}=\frac{98\ 901a+10\ 989b+1\ 221k}{999\ 999}=\frac{81a+9b+k}{819}$$

(其中以 1 221 约分子分母),所以$\frac{m}{n}$的不可约分母 n 是 819 的一个因数,于是 $n\leqslant 819$.

98.53. 如图 16 所示,设 AB 的中点为 P,从 $PM/\!/BC$ 可知 N 位于 PM 上. 因为 M 是梯形 $ABLK$ 两腰延长线的交点,PM 过底边 AB 的中点,所以,PM 也通过 $ABLM$ 的两对角线的交点,即点 A,N,L 共线,又从平行关系得

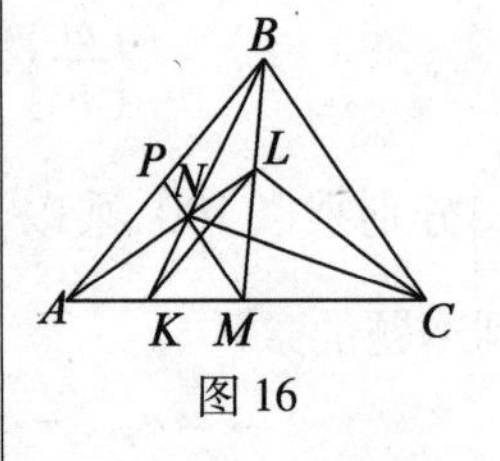

图 16

$$\frac{AN}{NL}=\frac{AB}{KL}=\frac{AM}{MK}=\frac{2AM}{2MK}=\frac{AC}{2MK}=\frac{AC}{CL}$$

因此 CN 是$\angle ACL$ 的平分线.

98.54. 答案:该国最多有 n^2 条航线.

我们对城市的个数应用归纳法证明以下结论:如果一国有 $2n$ 个城市,其中任何 4 个城市之间有不多于 4 条航线,那么该国全部航线不多于 n^2 条;如果一国有 $2n+1$ 个城市,那么该国全部航线不多于 n^2+n 条.

当 $n=2$ 时,由条件直接得出结论,假设结论对有 $k-1$ 个城市的国家成立,但对有 k 个城市的国家结论不成立,我们将从它出发的航线数量最少的城市(或者是这样的城市中的一个)排除以后,将得出结论对有 $n-1$ 个城市的国家也不成立,事实上,如果当 $k=2m+1$ 时所证明的结论不成立,就可以认为该国的航线恰好有 n^2+n+1 条,那时,可以找到这样的城市,从这个城市出发的航线不多于 n 条,否则所有航线不少于$\frac{n(2n+1)}{2}>n^2+n+1$ 条,关闭这个城市的机场,那么在这个国家里剩下 $2m$ 个城市和它们之间的$(2m)^2+1$ 条航线,并且任何 4 个城市之间不多于 4 条航线,这与归纳法的假设矛盾. 当 $k=2m$ 时,类似的推理成立.

◆记

$$f(n)=\begin{cases}\dfrac{n^2}{4} & \text{如果 } n \text{ 为偶数}\\[2ex] \dfrac{n^2-1}{4} & \text{如果 } n \text{ 为奇数}\end{cases}$$

如果在有 n 个顶点的图 G 中,任何有 k 个顶点的子图包含不多于 $f(k)$ 条边,那么图 G 有不多于 $f(n)$ 条边.

98.55. 解法 1:由于

$$\max\{a,b\}\geqslant a\geqslant \min\{a,c\}$$

所以

$$c\leqslant \max\{c,1\ 997\}=\max\{a,c\}-\min\{a,b\}+\min\{b,1\ 998\}$$

$$\leqslant \min\{b, 1\,998\} \leqslant b$$

解法2:将两个显然的不等式

$$\max(a,b) \geqslant b$$

与

$$\max(c, 1\,997) \geqslant c$$

相加,可知在条件中已知方程的左端不小于 $b+c$,又将不等式 $\min(a,c) \leqslant c$ 与 $\min(b,1\,998) \leqslant b$ 相加,可知该方程的右端不大于 $b+c$. 但是现在方程的左端等于右端,因此,所有相加的不等式都成为等式,特别地 $\max(a,b)=b$,由此得 $b \geqslant a$,而且 $\min(a,c)=c$,由此得 $c \leqslant a$. 这就是说 $b \geqslant a \geqslant c$.

注:问题的条件等价于如下不等式组

$$1\,997 \leqslant c \leqslant a \leqslant b \leqslant 1\,998$$

证明如下:由 $\max(a,b) \geqslant b$, $\max(c,1\,997) \geqslant c$, $\min(a,c) \leqslant c$, $\min(b,1\,998) \leqslant b$ 及条件中的等式得 $\max(a,b)=b$, $\max(c,1\,997)=c$, $\min(a,c)=c$, $\min(b,1\,998)=b$,所以 $a \leqslant b$, $c \geqslant 1\,997$, $a \geqslant c$, $b \leqslant 1\,998$,于是 $1\,997 \leqslant c \leqslant a \leqslant b \leqslant 1\,998$.

98.56. 如图17所示,设从 A 向 BC 所作的高的垂足是 H. 因为 BD 是圆的直径,所以 $\angle BCD$ 为直角. 四边形 $BECD$ 由 $\triangle BCD$ 与 $\triangle BCE$ 组成,其中 DC 与 EH 是向 BC 所作的垂线,所以,四边形 $BECD$ 的面积等于 $\frac{1}{2}BC \cdot (EH+CD)$. 因为 $\triangle ABC$ 的面积等于 $\frac{1}{2}BC \cdot AH$,所以只要证明 $EH+CD=AH$,因为直线 AE 与 CD 都垂直于 BC,所以 $AE /\!/ CD$. 于是四边形 $ADCE$ 是等腰梯形,因为它内接于圆,所以数 $EH+CD$ 等于线段 CE 与 CD 在直线 AE 上的投影之和,即线段 ED 在 AE 上的投影. 因为在等腰梯形中对角线相等,而且对角线与底边构成的角相等,所以 ED 在 AE 上的投影的长度等于 AC 在 AE 上的投影长度,它与 AH 重合.

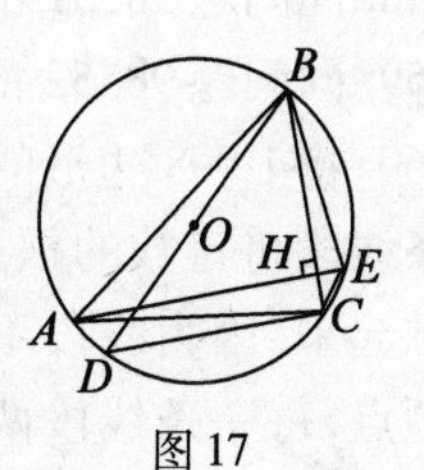

图17

98.57. 设关闭的桥 M 连结岛 A 与 B. 当关闭 M 时,只有在下列情形才可能增加在某些岛之间的距离(桥的最小数):在关闭 M 以前,在这些岛之间的最短路径通过 M. 此外应注意到最短路径的任何一段也是最短路径,而且每一条最短路径不可能两次到达同一个岛.

假设问题的结论不成立,即在每一个岛上都有人居住. 我们首先证明:如图18所示,在关闭桥 M 以后,从岛 A 仍可到达岛 B. 为此考虑居住在岛 A 上的人,设他的朋友住在岛 X 上,与他的距离增加了一道桥,因为从 A 到 X 的最短距离应该是通过桥 M,它由经过 M 与从 B 到 X 的(而且不通过 M 的)某个最短

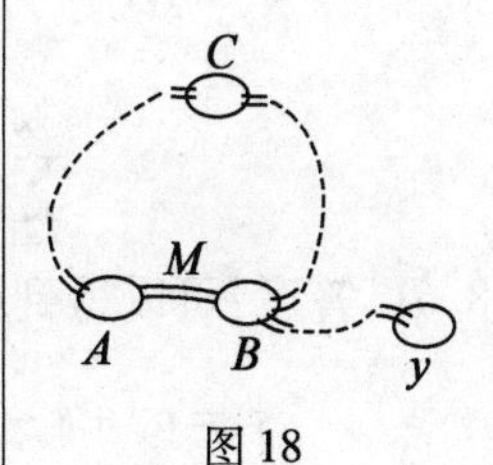

图18

路段组成. 这就是说,在关闭桥 M 以后,可以这样从 A 到 B:首先从 A 到 X,然后再沿从 B 到 X 的最短路径按相反方向行走.

接着考虑在关闭桥 M 以后,在岛 A 与岛 B 之间的最短路径,选择这条路径中间的或"几乎是中间的"岛 C,即那样的岛:C 到 A 的距离与 C 到 B 的距离相差不大于 1. 设$\bar{y}$是那样的岛,从 C 到$\bar{y}$的距离增加一道桥. 考虑在未修理 M 的时候从 C 到$\bar{y}$的最短路径,例如它是先从 C 到 A,然后经过 M 到 B,再从 B 到$\bar{y}$. 考虑替代这条路径:首先从 C 到 B(沿着从 A 到 B 的最短路径地段),然后如第一段路径那样从 B 到$\bar{y}$,这条路径 $CB\bar{y}$并不比原来的路径 $CAB\bar{y}$更长,因为地段 CB 与地段 CA 之差不大于 1,这就是说,存在从 C 到$\bar{y}$的不通过岛 M 的最短路径,这与从 C 到$\bar{y}$的距离增大相矛盾.

◆证明:如果以前在两个岛之间的任一条最短路径都通过现在封闭的桥,那么现在在同样的两个岛之间的任何最短路径都通过一个没有人住的岛.

95.58. 同问题 98.51 的解答.

95.59. 同问题 98.52 的解答.

98.60. 将 1 998 边形的各顶点沿圆周从 1 到 1 998 编号,那么每一条线段将奇数的顶点(指编号为奇数的顶点)与偶数的顶点联结起来. 因为线段不相交,所以任一条线段的两侧各有偶数个顶点,每一条线段两端点的序号一个为奇数,另一个为偶数,在每一条线段上作箭头,使所得向量是从奇数的顶点指向偶数的顶点,即

$$\overrightarrow{A_{2i-1}A_{2i}}\quad (i=1,2,\cdots,999)$$

设多边形的中心为 O,则

$$\sum_{i=1}^{999}\overrightarrow{A_{2i-1}A_{2i}}=\sum_{i=1}^{999}(\overrightarrow{OA}_{2i}-\overrightarrow{OA}_{2i-1})=\sum_{i=1}^{999}\overrightarrow{OA}_{2i}-\sum_{i=1}^{999}\overrightarrow{OA}_{2i-1}$$

因为各顶点 $\{A_{2i-1}\}$ 与 $\{A_{2i}\}$ 分别构成以 O 为中心的正 999 边形,而从正 999 边形的中心 O 走向它的各顶点的向量之和为零(因为当转动$\frac{2\pi}{999}$角时多边形不变),所以

$$\sum_{i=1}^{999}\overrightarrow{OA}_{2i-1}=\sum_{i=1}^{999}\overrightarrow{OA}_{2i}=0$$

即

$$\sum_{i=1}^{999}\overrightarrow{A_{2i-1}A_{2i}}=0$$

98.61. 答案:可以得到$(n+1)!$个不同的数列. 设

$$x_k=a_k+k-\frac{n}{2}\quad (k=1,2,\cdots,n)$$

容易验证,若将 a_k 换为 $-(a_1+a_2+\cdots+a_n)-k$,那么数 x_k 相应地换为 $-(x_1+x_2+\cdots+x_n)$. 对数列 $\{x_n\}$ 补充一项 x_0,并确定 x_0 的值使得 $x_0+x_1+\cdots+x_n=0$,即 $x_0=-(x_1+x_2+\cdots+x_n)$. 在变换数列时,在 x_k 的位置变为原来的值 x_0,因此,为了使和数为零,应当在 x_0 的位置放置原来的值 x_k,换句话说,已知的运算为重新配置数 x_0 与 x_k. 可以利用这种操作得到原来的数 $(x_0,x_1,\cdots,x_n)$ 的所有可能的排列,而且只是得到这些排列. 如果所有数 $x_0,x_1,\cdots,x_n$ 是互不相等的,那么这些排列恰好有 $(n+1)!$ 个. 因为数列 $\{a_k\}$ 与数列 $\{x_k\}$ 是相互单值对应的,所以数列 $\{a_k\}$ 的所有可能的排列也是 $(n+1)!$ 个.

下面验证当 $a_1=a_2=\cdots=a_n=0$ 时,数 $x_0,x_1,\cdots,x_n$ 实际上是互不相等的,当 $1\leqslant k\leqslant n$ 时,数 $x_k=k-\frac{n}{2}$ 取得从 $1-\frac{n}{2}$ 到 $n-\frac{n}{2}$ 的不同的值,即 $\left(1-\frac{n}{2},2-\frac{n}{2},\cdots,n-\frac{n}{2}\right)$,它的各项互不相等,而 x_0 的值为

$$-(1+2+\cdots+n)+\frac{n^2}{2}=-\frac{n(n+1)}{2}+\frac{n^2}{2}=-\frac{n}{2}$$

即 x_0 小于所有其余的数 x_k.

98.62. 从 $\max(a,b)\geqslant b$, $\max(c,1\,998)\geqslant c$, $\min(a,c)\leqslant c$, $\min(b,1\,998)\leqslant b$ 及已知的等式得到 $\max(a,b)=b$, $\max(c,1\,998)=c$, $\min(a,c)=c$, $\min(b,1\,998)=b$,所以 $a\leqslant b$, $c\geqslant 1\,998$, $a\geqslant c$, $b\leqslant 1\,998$,于是

$$1\,998\leqslant c\leqslant a\leqslant b\leqslant 1\,998$$

从而得到该方程的唯一解 $a=b=c=1\,998$.

98.63. 记 $t=[\sqrt{n}]$,那么

$$t^2+1\leqslant n+1\leqslant t^2+2t+1$$

依条件 $n+1$ 能被 $t+1$ 整除,即 $n+1=t^2+t$,或 $n+1=t^2+2t+1$,那么 $(n-1)(n-3)=(t^2+t-2)(t^2+t-4)=(t-1)(t+2)\cdot(t^2+t-4)$ 或 $(n-1)(n-3)=(t^2+2t-1)(t^2+2t-3)=(t^2+2t-1)(t-1)(t+3)$,两个表达式都可以被 $t-1$ 整除,即 $(n-1)(n-3)$ 能被 $[\sqrt{n}]-1$ 整除.

98.64. 同问题 98.57 的解答.

98.65. 根据正方体的中心对称性可知,过正方体中心的任一个平面都平分这个正方体的体积,反之,如果一个平面平分一个正方体的体积,则这个平面必过该正方体的中心,事实上,如果不是这样,那么我们可以将已知平面作平行移动,使这个平面通过正方体的中心,但是当平面作平行移动时,平面一侧的立方体的体积将会增加,而另一侧的体积将会减少,这是矛

盾的,因为在平面通过正方体中心时,它两侧的立方体的体积应该相等.

现在题述的两个平面都平分正方体的体积,所以这两个平面都通过正方体的中心 O,这两个平面分出的每一块都是正方体的四分之一,每一块都是某些锥体的并集,锥体的底是正方体边界的一部分,锥体的顶点位于正方体的中心,任一个这样的锥体的高都等于正方体棱长的一半. 于是,正方体的每一个四分之一的立方体的表面积等于正方体的这部分的体积除以正方体棱长的六分之一,因此,这两个平面将正方体表面分为相等的部分.

98.66. 解法1:依题意有

$$\begin{aligned}&\left(1+\frac{1}{n}\right)\left(2+\frac{1}{n}\right)\cdots\left(n+\frac{1}{n}\right)\\&=n!\cdot\left(1+\frac{1}{1\cdot n}\right)\left(1+\frac{1}{2\cdot n}\right)\cdots\left(1+\frac{1}{n\cdot n}\right)\\&<n!\cdot\left(1+\frac{1}{n}\right)\left(1+\frac{1}{n+1}\right)\cdots\left(1+\frac{1}{2n-1}\right)\\&=n!\cdot\frac{n+1}{n}\cdot\frac{n+2}{n+1}\cdots\frac{2n}{2n-1}=2n!\end{aligned}$$

解法2(归纳法):对 n 应用归纳法证明这个不等式. 当 $n=1$ 时,得到等式. 设当 $n=k$ 时,成立

$$\prod_{i=1}^{k}\left(i+\frac{1}{n}\right)\leqslant 2k!$$

则当 $n=k+1$ 时,依归纳假设有

$$\begin{aligned}\prod_{i=1}^{k+1}\left(i+\frac{1}{n+1}\right)&\leqslant\prod_{i=1}^{k}\left(i+\frac{1}{n}\right)\cdot\frac{1+\frac{1}{k+1}}{1+\frac{1}{k}}\cdot\left(k+1+\frac{1}{k+1}\right)\\&=\prod_{i=1}^{k}\left(i+\frac{1}{n}\right)\cdot\frac{(k+1)^4-1}{(k+1)^3}\\&\leqslant\prod_{i=1}^{k}\left(i+\frac{1}{n}\right)\cdot(k+1)\\&\leqslant 2k!(k+1)\\&=2(k+1)!\end{aligned}$$

因此对任意正整数 n,题述不等式成立.

解法3(应用数 e 的定义):对于所有的自然数 n,有

$$\left(1+\frac{1}{n}\right)^n<\mathrm{e}$$

利用这个不等式得

$$\left(1+\frac{1}{n}\right)\left(2+\frac{1}{n}\right)\cdots\left(n+\frac{1}{n}\right)$$

$$=n!\cdot\left(1+\frac{1}{1\cdot n}\right)\left(1+\frac{1}{2\cdot n}\right)\cdots\left(1+\frac{1}{n\cdot n}\right)$$

$$<n!\cdot\left(1+\frac{1}{n}\right)^{n}<\mathrm{e}n!$$

更准确地可得,当 $n\geqslant 2\sqrt{\mathrm{e}}\cdot\frac{2n+2}{2n+1}\leqslant\frac{6\sqrt{\mathrm{e}}}{5}<1.98$ 时有

$$\left(1+\frac{1}{n}\right)\left(2+\frac{1}{n}\right)\cdots\left(n+\frac{1}{n}\right)$$

$$=n!\left(1+\frac{1}{1\cdot n}\right)\left(1+\frac{1}{2\cdot n}\right)\cdots\left(1+\frac{1}{n\cdot n}\right)$$

$$<n!\cdot\frac{1+\frac{1}{n}}{1+\frac{1}{2n}}\cdot\left(1+\frac{1}{2n}\right)^{n}$$

$$<\sqrt{\mathrm{e}}\,\frac{2n+2}{2n+1}\cdot n!$$

◆对于大的 n,在题目中的不等式右端的常数 2 太粗糙,事实上,因为当 $x\geqslant 0$ 时,$1+x\leqslant\mathrm{e}^{x}$,而 $1+\frac{1}{2}+\cdots+\frac{1}{n}\leqslant\ln n+1$,所以

$$n!<\prod_{k=1}^{n}\left(k+\frac{1}{n}\right)$$

$$=n!\prod_{k=1}^{n}\left(1+\frac{1}{kn}\right)$$

$$\leqslant n!\cdot\mathrm{e}^{\frac{1}{n}\left(1+\frac{1}{2}+\cdots+\frac{1}{n}\right)}$$

$$\leqslant n!\cdot\mathrm{e}^{\frac{\ln n+1}{n}}$$

因为 $\lim\limits_{n\to\infty}\frac{\ln n+1}{n}=0$,所以当 $n\to\infty$ 时,原来的不等式的左端渐近等于 $n!$.

◆证明:若 $a_1,a_2,\cdots,a_n$ 都是正数,而且 $a_1+a_2+\cdots+a_n=1$,则 $\prod\limits_{i=1}^{n}(i+a_i)\leqslant 2n!$.

98.67. 答案:保证可以确定 4 个数. 存在数的这样的排列,使可能确定的数不多于 4 个.

利用国际象棋棋盘的记法,将在方格 $a1$ 所写的数记为 $A1$,将在方格 $e8$ 所写的数记为 $E8$ 等. 用小写的字母表示在卡片上的数,如用 $a5$ 表示位于方格 $a5$ 的卡片上所写的数等. 下面证明总是可以找到数 $c3,c6,F3,F6$. 事实上,不难看出在方格表中所有数之和等于

$$b1+b4+b7+c1+c4+c7+h1+h4+h7$$

(在图 19 上画出与所指的卡片对应的矩形),另一方面,除了 $c3$ 以外,所有数之和等于(参看图 20)

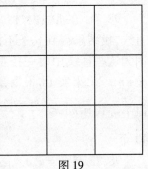
图 19

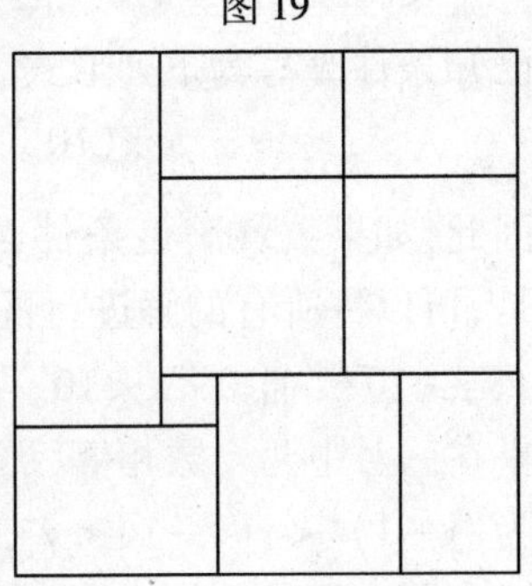
图 20

$$a4+a7+b1+d5+d8+e2+g5+g8+h2$$

由此，$c3$ 等于这两个表达式之差.

还可以更简单地求出数 $c6$，即

$$c6=a8+b7-a7-b8$$

请读者逐步求出所有的数.

下面举出两个在方格表中排列数的例子，如图21，22所示，它们在所有卡片上的数都相等（都等于2），但排列本身只与四个“必要的”方格中的数重合，这证明一般情况下是不可能确定多于四个方格中的数.

0	1	1	0	1	-1	0	1
1	0	-1	1	0	1	1	0
-1	1	0	-1	1	0	-1	1
0	1	1	0	1	-1	0	1
1	0	-1	1	0	1	1	0
1	-1	0	1	-1	0	1	-1
0	1	1	0	1	-1	0	1
1	0	-1	1	0	1	1	0

图21

1	0	-1	1	0	1	1	0
0	1	1	0	1	-1	0	1
1	-1	0	1	-1	0	1	-1
1	0	-1	1	0	1	1	0
0	1	1	0	1	-1	0	1
-1	1	0	1	-1	0	-1	1
1	0	-1	1	0	1	1	0
0	1	1	0	1	-1	0	1

图22

98.68. 同问题98.61的解答.

98.69. 答案：$\{0,1,2\}$.

记 $S(n)=1^n+2^n+3^n+4^n$，则 $S(1)=10$，$S(2)=30$，$S(3)=100$，$S(4)=354$，即当 $n=1,2,3,4$ 时，$S(n)$ 的末尾0的个数为0或1或2.

当 $n>4$ 时，因为 2^n 与 4^n 能被8整除，但 1^n 被8除余1，3^n 被8除余1或3，所以 1^n+3^n 被8除余2或4，从而不能被8整除，因此，$S(n)$ 不能被8整除，更不能被 $10^3=8\cdot125$ 整除，$S(n)$ 的末尾不可能有3个0.

因此，$S(n)$ 末尾数码0的个数只可能有0，1，2三种.

98.70. 如图23所示，由圆内接角的性质得

$$\angle EFD=\angle EOD=\angle BAD=\angle BCD$$

因此，B,F,D,C 四点共圆，于是

$$\angle FCD=\angle FBD=\angle EBO=\angle EAO=\angle BCA$$

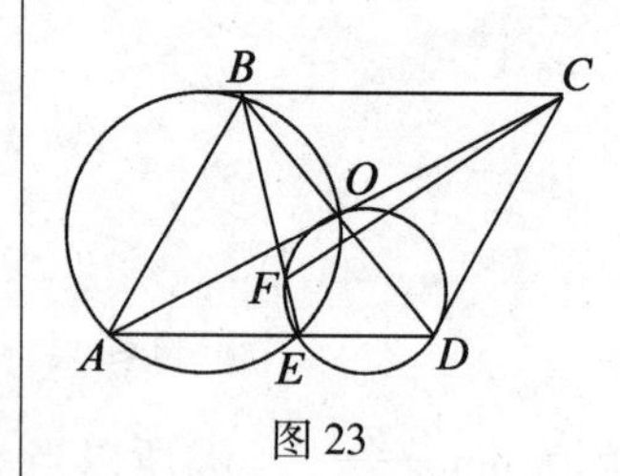

图23

98.71. 在折线内过每一个交叉点作垂直的直线与水平的直线，设结果得到 n 条不同的垂直的直线和 m 条水平的直线. 因为这些直线中每一条都与折线相交于两点，所以只要证明 $m+n\geqslant20$，事实上，根据条件 $mn\geqslant91$，如果 $m+n\leqslant19$，由平均值不等式有 $mn\leqslant\frac{(m+n)^2}{4}\leqslant\frac{19^2}{4}=90\frac{1}{4}$，矛盾. 因此交点不少于40个.

98.72. 记 $x=\overline{a_ma_{m-1}\cdots a_{1999}}$，$y=\overline{a_{1998}a_{1997}\cdots a_1}$，那么可以将已知条件改写为下列形式 $10^{1998}x+y=x^2+y^2$，即

$$x(10^{1998}-x)=y(y-1)$$

因此，如果数 $\overline{xy}$ 满足条件，那么数 $\overline{(10^{1998}-x)y}$ 也满足条件，于是，可以将所有的解进行配对. 剩下的是验证因为 $a_{1998}\neq0$，那么 $y\geqslant10^{1997}$ 且 $0<x<10^{1998}$，即每一个数都是一对中的一个. 如果在一对中两个数相等，那么数 $y(y-1)$ 应是完全平方数. 但因为 $(y-1)^2<y(y-1)<y^2$，所以 $y(y-1)$ 不是完全平方，因此每对中两个解是不同的，即所有解恰好都划分为数对，于是解的

个数为偶数.

98.73. 设各行第三大的数由大到小排序为 $x_{10}>x_9>\cdots>x_1$. 因为 x_i 大于它所在行的 7 个数,对于所有 $j<i$,x_i 大于 x_j 所在行的 8 个数,所以 x_i 至少大于表中 $8i-1$ 个数,由方格表的结构可知 $x_i\geqslant 8i$,而且 $x_i\geqslant x_1+i-1$,于是各行第三大数之和不小于

$$\begin{aligned}x_1+x_2+\cdots+x_{10}&\geqslant x_{10}+x_9+\sum_{i=1}^{8}(x_i+i-1)\\&\geqslant 80+72+8x_1+28\\&=8x_1+180\end{aligned}$$

而 x_1 所在行的各数之和不大于

$$100+99+\sum_{k=1}^{7}(x_1-k)=8x_1+171$$

因此,10 个染色数之和大于 x_1 所在行的各数之和.

98.74. 如图 24 所示,将已知的四边形记为 $ABCD$,它的对角线的交点为 O,点 O 在边 BC 与 AD 的投影分别为点 K 与点 L. AB 的中点为 M,CD 的中点为 N. AO 与 OB 的中点分别为 P 与 Q. 因为直角三角形从直角所作的中线等于斜边的一半,所以

$$MP=\frac{BO}{2}=KQ,LP=\frac{AO}{2}=MQ$$

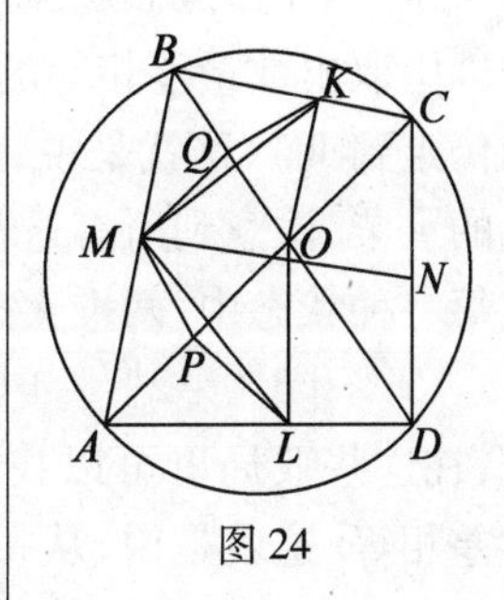

图 24

因为$\triangle AOL\backsim\triangle BOK$,所以$\angle APL=\angle BQK$,同理

$$\angle APM=\angle AOB=\angle BQM$$

即$\angle MPL=\angle MQK$,因此$\triangle MPL\cong\triangle KQM$,而且 $ML=KM$. 同理,$KN=NL$,于是 MN 是 KL 的中垂线,即点 K 与 L 关于直线 MN 对称.

98.75. 所得到的数的全部之和等于"三角形与在该三角形内部的点"配对的数量,每一个这样的配对确定了集合 M 的四个点,而每四个点的组被计算不多于一次. 这是因为四个点中只有一个点可能位于由另外三个点所构成的三角形的内部,也就是说,所得到的数之和不超过四个点的组的个数,即

$$\mathrm{C}_n^4=\frac{n(n-1)(n-2)(n-3)}{24}$$

而所得到的数的个数等于三角形的个数, 即 $\mathrm{C}_n^3=\frac{n(n-1)(n-2)}{6}$. 因此,它的算术平均数不超过$\frac{\mathrm{C}_n^4}{\mathrm{C}_n^3}=\frac{n-3}{4}$.

◆证明:当 $n>4$ 时,这些数的算术平均数不大于$\frac{n}{5}$.

98.76. 答案:先取方可以保证获胜.

以下将先取方称为甲,将后取方称为乙. 在游戏中,每一种

状态由数对(a,b)确定,其中a,b分别是各堆里的火柴数量,如果游戏者面对一种状态(a,b),他对这种状态再操作一步即获胜,就将这种状态(a,b)称为该游戏者的胜局,在相反的情形,就称状态(a,b)为该游戏者的败局,游戏过程所出现的全部状态可以划分为(对某一个游戏者来说的)胜局集W与败局集L,这两个集合有下列性质:

①终止态$(0,0)\in L$;

②对任一个$(a,b)\in W$,存在合乎规则的操作$\langle k,m\rangle$,使得$(a-k,b-m)\in L$(对下一个操作的游戏者而言).

③对任一个非终止态的$(a,b)\in L$和任意合乎规则的操作$\langle k,m\rangle$都有$(a-k,b-m)\in W$(对下一个操作的游戏者而言).

首先证明:对于甲来说,初始态$(a_0,b_0)=(2^{100},3^{100})\in W$.用反证法,假设$(a_0,b_0)\in L$,则当$1\leqslant k\leqslant 10^7$时,由甲操作为$(a_0-k,b_0-k)$都属于$W$,而从每个$(a_0-k,b_0-k)$走到$L$,必须从每堆中取出数量不相等的火柴(即在操作$\langle x,y\rangle$中必须$x\neq y$,否则仍走到$W$),这就是说,从每堆里各取出少于1 000根且不等量的火柴,注意到所有这些10 000种败局都是不同的,而且,在这每一种状态中,两堆火柴数量之差位于下列区间内

$$[3^{100}-2^{100}-1\ 000,3^{100}-2^{100}+1\ 000]$$

因此,在这些败局里可以找到如下的两局:其中两堆里火柴数量之差相等.这就是说,从每堆里各取出同样数量的火柴S,经甲操作$\langle S,S\rangle$后,其中一个败局转为胜局,这与败局的性质相矛盾,因此,对甲来说$(a_0,b_0)\in W$.于是,只要甲采用每步都使乙面临败局的操作,最终到达$(0,0)$的状态而获胜.

99.77.答案:第一个售票员可以卖出全部175张票.以下将第一个售票员称为A,第二个售票员称为B.A可以如下述那样操作,使得在自己的每步以后,没有乘客被叫两次(那时B不可能卖出任何一张票),在A的第一步以后,显然满足这个条件.假设A在轮到的步骤中满足这个条件,下面去证明,在A的以后的步骤中,他都可以保证自己满足这个条件.如果B叫某一个乘客,而A已叫过这个乘客,那么A可以第三次叫这个乘客并将票卖给他,如果B所叫的乘客是A还未叫过的,那么,A还可以找到一个还从来未被叫过一次的乘客.事实上,假如在B的这一步之后没有这样的乘客,那么每一个乘客已被叫一次或三次,又因为乘客数是奇数,那么售票员呼叫乘客的总数是奇数,但是由于A与B是同步的,所以,这个总数应当是偶数.

98.78.设在一页纸上各数之和为N,那么在所有页纸上各数之和为$10N$.设n是满足$2^n\leqslant N$的最大的正整数,则在各页纸上可能写的数只是$2^n,2^{n-1},\cdots,1$.如果其中每一个数至多出现

5 次,那么 $5(2^n+2^{n-1}+\cdots+1)=5(2^{n+1}-1)=10\cdot 2^n-5<10N$. 矛盾.

98.79. 答案:可以,将各城市与这样的数 $c_1,c_2,\cdots,c_{1\,998}$ 相对应,使得数 c_i 的所有两两之和是不相等的(例如,可以设 $c_i=2^i$). 设在两个城市之间的票价等于与这些城市对应的数之和,那么所有的票价是不相同的,但是,任何环形航线的总票价都等于 $2(c_1+c_2+\cdots+c_{1\,998})$,彼此相等.

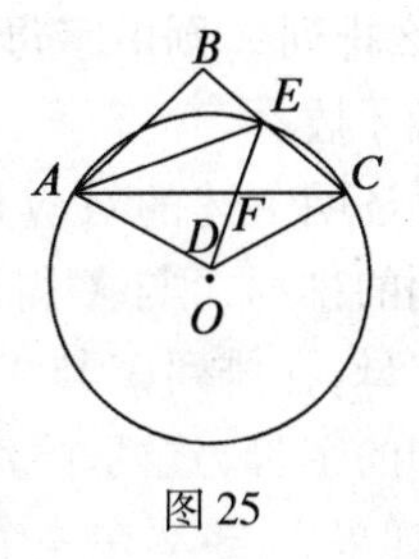

图 25

98.80. 如图 25 所示,设 $\angle ACB=\angle CAB=2\alpha$,则 $\angle ADC=6\alpha$, $\angle CAE=\alpha$,于是 $\angle AEC=180°-\angle CAE-\angle ACE=180°-3\alpha$.

因为 $6\alpha<180°$,所以 $\alpha<30°$,设 $\triangle AEC$ 的外接圆的圆心为 O,因为 $\angle AEC=180°-3\alpha>180°-3\cdot 30°=90°$,所以 $\angle AEC$ 是钝角,于是点 O 与点 E 关于 AC 位于不同的半平面,而且

$$\angle AOC=360°-2\angle AEC=6\alpha$$

因为 $\triangle AOC$ 是以 AC 为底的等腰三角形,而且它在顶点的角为 6α,所以 $\triangle AOC$ 与 $\triangle ADC$ 重合,因此,点 D 是 $\triangle AEC$ 的外接圆的圆心,特别地 $DE=DC$,即

$$\angle DEC=\angle DCE=\angle ACE+\angle DCE=2\alpha+(90°-3\alpha)=90°-\alpha$$

$$\angle EFC=180°-\angle FCE-\angle FEC=180°-2\alpha-(90°-\alpha)=90°-\alpha$$

所以,在 $\triangle CEF$ 中 $\angle EFC=\angle FEC$,从而 $CE=CF$.

98.81. 设 $c=n^2+1,a=n^2+2,b=n^2+n+1$,则当 $n>1$ 时,$c<a<b$. 因为 a 被 c 除时余 1,b 被 c 除余 n,所以 a^2+b^2 被 c 除余 n^2+1,即 a^2+b^2 能被 c 整除.

98.82. 同问题 98.74 的解答.

98.83. 同问题 98.75 的解答.

98.84. 答案:$2^{999}+1$.

在满足条件的排列中,有 3 个平凡的方案,这就是其中所有的点都染同一种颜色.

为了叙述方便,以下分别用字母 P,Q,R 代表用三种颜色之一染色的点. 下面证明,非平凡的排列的个数等于 $2^{999}-2$.

首先,在满足条件的非平凡排列 X 与字母 P,Q,R 的下述任两个相邻的字母都是不同的排列之间建立单值对应. 为了便于说明,将 P,Q,R 的上述形式的字母放置在 999 个标出点之间. 设 X 是无重复的排列,我们将在 X 的每两个相邻字母之间放置与这两个字母不同的字母而得的排列$\bar{y}$作为与 X 对应的排列. 因为在 X 中,相邻的字母是不同的,所以这样确定的排列是单值的,以下证明$\bar{y}$是满足条件的排列. 与字母 P 不同的各字母位于 X 的有字母 P 的点列中,这就是说,可以将这些字母划分为相邻的对,正是这样的字母对使排列 X 的字母 P 位于它们之

间. 于是,在两个字母 P 的任何弧上,它们的个数是偶数. 对于字母 Q 与 R,也有同样的结果,即$\overline{y}$是满足条件的排列,而且$\overline{y}$是非平凡的排列,事实上,如果$\overline{y}$由相同的字母组成,例如都是字母 P,那么排列 X 则由字母 Q 与 R 轮流组成,这与点的数量的奇偶性相矛盾.

下面证明上述的对应是相互单值的对应. 首先,不可能从两个不同的排列 X 与 X'得出同一个排列$\overline{y}$. 在排列$\overline{y}$中找出两个并列的字母,在排列 X 与 X'中,在它们之间应当站着与这两个字母不同的字母,这两个字母单值地确定后面的这个字母,容易验证,如果 X 与 X'在一个字母上重合,那么 X 与 X'应当完全重合.

最后证明:任何满足条件的非平凡的排列$\overline{y}$可以从某个排列 X 得到. 在排列$\overline{y}$的每一对相邻的不同的字母之间放置一个与这两个字母都不相同的字母,对于排列$\overline{y}$的由相同字母组成的区间,为了得到所求的排列 X,我们以下列方式规定在它的端点附近的字母:只要在每一个这样的区间的各字母之间放置两个与它们不同的字母,使得各字母(包括在端点附近已有的字母)互相交替,如果对于某一个区间做不到这一项,那么可能出现下述两种情形之一:

①区间由奇数个相同字母组成,而且被包含在两个相同的字母之间;

②区间由偶数个字母组成,而且被包含在不同的字母之间.

情形①与条件矛盾. 在情形②将标出点进行编号,使得排列$\overline{y}$在被视为区间的各点的编号是从 2 到 $2m+1$,为确定起见,设字母 P 在点 1,字母 Q 在点 2 到 $2m+1$,字母 R 在点 $2m+2$,下面用归纳法证明:对于任何正整数 n,在点 $2n$ 与 $2n+1$ 的字母是相同的,归纳的基础:当 $n\leqslant m$ 时,由上述编号可知结论成立,当 $n>m$ 时,考虑下列的弧:它的最后一点是 $2n+1$,而第一点是 $1,2m+1$ 或 $2m+2$,这决定于在点 $2n+1$ 是 P,Q 或 R. 如果满足归纳的假设,那么在每一对点 2 与 $3,\cdots,2n-2$ 与 $2n-1$ 中的两个字母是相同的. 于是,除了点 $2n$ 外,在所考虑的弧上有偶数个与端点不同的字母. 为了使所有的弧都具有这个性质,应当使在点 $2n$ 的字母与在弧的端点的字母相同,即与在点 $2n+1$ 的字母相同,结论得证. 将它应用到 $n=500$,得到矛盾,这就验证了对应的相互单值性.

剩下的是求出任何两个相邻的字母都是不同的排列的个数,设有 n 个标出点的这种排列的个数是 x_n,由直接验证得$x_2=x_3=6$,从 n 个标出点分出位于点 A,B 和 C 的子列. 有两种形式的排列:一种是在点与 C 的字母是不同的;另一种是在 A 与 C 的字母是相同的.第一种形式的排列是由 $n-1$ 个点(除 B 以外的所有点)的字母,并在点 B 补充(唯一可能的)字母而得的正则排列,第二种排列是由 $n-2$ 个点(除 A 与 B 外的所有点)的字母与在点 A 补充如在 C 那样的字母,以及在 B 补充另外的两个字母中的一个而得的正则排列,由此得出公式 $x_n=x_{n-1}+2x_{n-2}$,据特征根法解得 $x_n=S\cdot 2^n+t\cdot(-1)^n$,据初始条件 $x_2=x_3=6$ 得 $x_n=2^n+2\cdot(-1)^n$,即

$$x_n=\begin{cases}2^n+2 & \text{当 } n \text{ 为偶数时}\\ 2^n-2 & \text{当 } n \text{ 为奇数时}\end{cases}$$

因此,当 n 为大于 1 的奇数时,夹偶数个点的染色方案数为 $x_n+3=2^n+1$.在本题 $n=999$.

◆对于 1 000 个标出点,原来问题的答案是什么?

98.85.答案:先取方 A 可以获胜,A 的获胜策略如下:以下将后取方记为 B,从一开始直到轮到 A 取的时候,如果在 A 面前有多于 16 根火柴,则 A 每次都取 5 根.因为在每一四合 A 与 B 共取不超过 10 根火柴,因此,在某一时刻 A 面前只有 7 到 16 根火柴,这时,A 手中的火柴不少于 B 手中的火柴.

①如果在堆里有 7 到 11 根火柴,那么 A 应取到余下 6 根,若 B 接着取,剩下 1 到 5 根,A 接着就胜出,若 B 停步,因为 A 手中的火柴数不少于 B,因此,A 与 B 总可以同步停步,直到 B 不得不取,因此,A 总可以获胜.

②如果堆里有 12 根火柴,A 取 5 根,堆里余下 7 根,若 B 取到少于 6 根,则下一步 A 即获胜,若 B 停步,A 取到 6;若 B 取到 6,A 停步,这时 A 手中的火柴仍不少于 B,所以总可以让 B 取而 A 获胜.

③如果堆里有 13 到 16 根火柴,A 取到剩下 12 根,下一轮 A 可以取到 6 根(若 B 停步,A 与 B 总可同步停步),A 从而获胜.

98.86.如图 26 所示,因为 $\angle ACE$ 是圆 CEF 的弦切角,所以 $\angle BDE=\angle ACE=\angle CFE$,因此 $AB/\!/CF$.

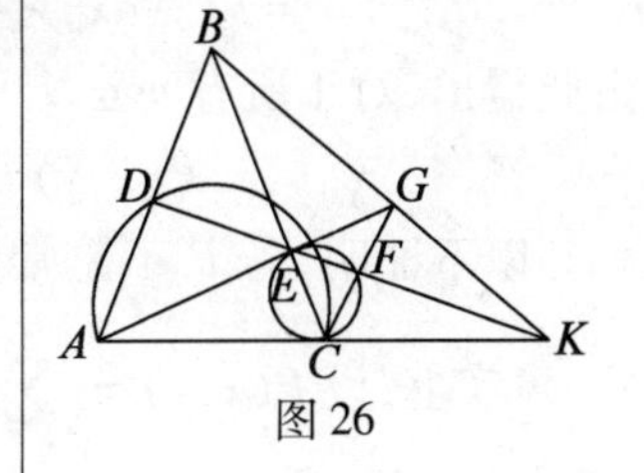

图 26

设直线 AE 交 BK 于点 G,据塞瓦定理 $\frac{AC}{CK}\cdot\frac{BG}{GK}\cdot\frac{BD}{DA}=1$,又因为 $BD=DA$,$\frac{AC}{CK}=\frac{BG}{GK}$,所以 $AB/\!/CG$,所以 CF 与 CG 重合,即 CF,AE,BK 三线共点于 G.

98.87.答案:可以.

解法 1:在每一个水平层以下列方式标出 8 个方块:使得这一层的任何两个标出方块既不在同行上,也不在同一列上,而且使得位于开头 7 层的任一个标出方块并不位于第 8 层的任一

个标出方块的上面. 例如,可以认为在开头 7 层的标出方块分布在对角线上,而在第 8 层的标出方块分布在平移后的对角线上,上述状态如图 27 所示. 如果我们已经在开头 7 个水平层选出 7 个标出方块,使得其中任何两个方块不在同一层上,那么,当在第 8 层的方块不与这一层中已选取的某个标出方块重合时,它的位置是唯一确定的,而且由于在第 8 层所选择的排列,这个方块不是标出方块.

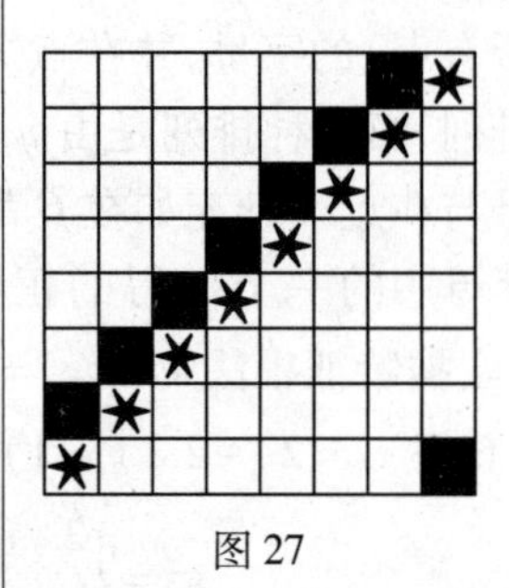

图 27

解法 2:可以认为,方块的中心位于点(x,y,z),各方块的中心构成$8\times8\times8$的点阵$\{(x,y,z)\mid x,y,z=0,1,\cdots,7\}$. 选取方块集

$$S=\{(x,y,z)\mid x+y+z\equiv0(\bmod 8)\}$$

对于 64 组(x,y)的每一组,z有唯一解,所以S的点的个数为 64. 对于每个取定的$x=k$,y的每一个值确定唯一的z,所以在$x=k$的每一层中有S的 8 个方块. 同理,在$y=m$与$z=n$的每一层中各有S的 8 个方块. 对于任意的 8 个方块(x_i,y_i,z_i),若它们都不在同一层中,那么这些方块的中心的坐标之和等于从 0 到 7 的各数之和的 3 倍,但这是不可能的,因为这个数不能被 8 整除,因此,所选的S满足条件要求.

◆在$n\times n$的方格纸上放着若干只棋子,使得在每一条水平线和在每一条垂直线上都有m只棋子,并且,在开始时,在一个方格上可能有几只棋子. 证明:可以将棋子染成m种颜色,使得在任一条垂直线与在任一条水平线上都没有两只颜色相同的棋子.

98.88. 答案:有且只有常数多项式满足所给的方程.

利用给出的等式,将它迭代若干次得

$$\begin{aligned}P(x,y)&=P(x+y,x-y)\\&=P((x+y)+(y-x),(y-x)-(x+y))\\&=P(2y,2x)=P(2(-2x),-2(2y))\\&=P(-4x,-4y)=\cdots=P(16x,16y)\end{aligned}$$

由此得出,对于所有$m\in\mathbf{N}^*$,有

$$P(x,y)=P(16^mx,16^my)$$

以下证明,若P不是常数多项式,则P不能满足这个关系式. 事实上,设$P(x,y)=\sum\limits_{k=0}^{n}q_k(x,y)$,其中$q_k(x,y)$是$k$次齐次多项式,$q_n\neq0$. 选择数$x_0,y_0$使得$q_n(x_0,y_0)\neq0$,那么

$$P(x_0,y_0)=P(16^mx_0,16^my_0)=\sum_{k=0}^{n}16^{km}q_k(x_0,y_0)$$

最后的表达式的右端是16^m的(次数不小于 1 的)多项式,随着$m\to\infty$,$16^m\to\infty$,这是不可能的,因为上式左端是常数.

98.89. 对 n 应用归纳法证明这个不等式. 当 $n=1$ 时,根据正弦定理可知成立等式. 当 $n>1$ 时,设对较小的 n 值不等式成立,记 $\overrightarrow{S}=\sum_{k=1}^{n}\overrightarrow{A_{2k-1}A_{2k}}$,$\overrightarrow{A_{2k-1}A_{2k}}$在$\overrightarrow{S}$上的有向投影记为 a_k($a_k=\frac{\overrightarrow{A_{2k-1}A_{2k}}\cdot\overrightarrow{S}}{|\overrightarrow{S}|}$),则$|\sum_{k=1}^{n}\overrightarrow{A_{2k-1}A_{2k}}|=\sum_{k=1}^{n}a_k$. 如图 28 所示,设各顶点是按逆时针方向编号,并取 O 为原点,$\overrightarrow{S}$ 为正向 X 轴建立坐标系,规定各向量$\overrightarrow{A_{2k-1}A_{2k}}$与 $\overrightarrow{S}$ 夹的有向角 α_k 当从 $\overrightarrow{S}$ 起逆时针为正,顺时针为负,以纵轴 Y 为界,$\alpha_k\in[-180°,0°)$ 或 $[0°,180°)$. 因为$a_k=A_{2k-1}A_{2k}\cos\alpha_k\cdot\cos x$,当 $x\in[-180°,0°)$ 时 a_k 递增,当 $x\in[0°,180°)$ 时 a_k 递减,所以向量$\overrightarrow{A_{2k-1}A_{2k}}$沿圆周逆时针方向旋转且不越过正 Y 轴时,α_k 递增,从而前者的投影递增而后者的投影减小. 又因为在$\overrightarrow{S}$ 中两种向量都有,所以一定有最靠近负 Y 轴的相邻向量$\overrightarrow{A_{2i-1}A_{2i}}$为前者而$\overrightarrow{A_{2i+1}A_{2i+2}}$为后者. 我们可以使它们逆向旋转成为首尾相接的向量$\overrightarrow{BC}$,$\overrightarrow{CD}$,则$\overrightarrow{BC}$,$\overrightarrow{CD}$在$\overrightarrow{S}$ 上的投影分别不小于 a_i,a_{i+1}. 将$\overrightarrow{A_{2i-1}A_{2i}}$与$\overrightarrow{A_{2i+1}A_{2i+2}}$分别换为$\overrightarrow{BC}$,$\overrightarrow{CD}$(其他$\overrightarrow{A_{2k-1}A_{2k}}$不变),所得的和向量 $\overrightarrow{T}$ 在 $\overrightarrow{S}$ 上的有向投影不小于$|\overrightarrow{S}|$,因此$|\overrightarrow{T}|\geqslant|\overrightarrow{S}|$.

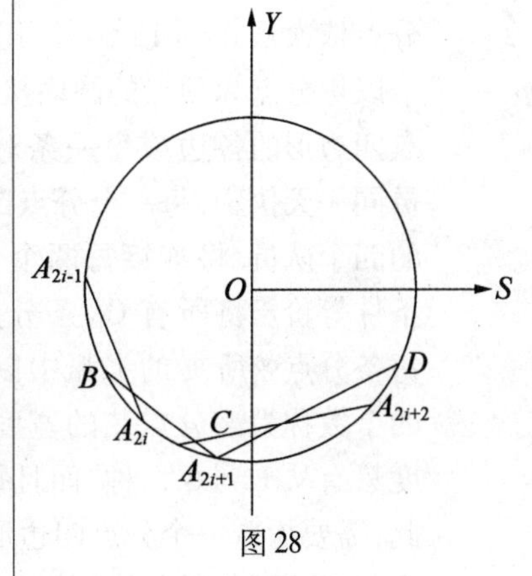

图 28

又因为 $\overrightarrow{BC}+\overrightarrow{CD}=\overrightarrow{BD}$, $\angle BOD=\angle BOC+\angle COD=\angle A_{2i-1}OA_{2i}+\angle A_{2i+1}OA_{2i+2}$. 以$\overrightarrow{BD}$代替$\overrightarrow{BC}+\overrightarrow{CD}$,向量的个数减少 1 个,但向量所张圆心角之和不变,所以据归纳假设有

$$|\overrightarrow{T}|\leqslant 2\sin\left(\frac{1}{2}\sum_{k=1}^{n}\angle A_{2k-1}OA_{2k}\right)$$

于是

$$\left|\sum_{k=1}^{n}\overrightarrow{A_{2k-1}A_{2k}}\right|=|\overrightarrow{S}|\leqslant|\overrightarrow{T}|\leqslant 2\sin\left(\frac{1}{2}\sum_{k=1}^{n}\angle A_{2k-1}OA_{2k}\right)$$

98.90. 因为数 n^2+1 不是完全平方数,所以它的因子可以配对为$\left(d,\frac{n^2+1}{d}\right)$,其中 $d\leqslant n$,当 n 为偶数时,d 为奇数,这些对的个数不大于$\frac{n}{2}$,所以 $d(n^2+1)\leqslant n$.

假设当 $n\geqslant N$ 时,数列 $d(n^2+1)$ 严格递增,记 $\delta=d(N^2+1)$. 因为 $d(n^2+1)$总是偶数,那么对所有的 $n\in\mathbf{N}^*$ 有

$$d((n+1)^2+1)\geqslant d(n^2+1)+2$$

由此递推得

$$d((n+k)^2+1)\geqslant d(n^2+1)+2k$$

取使得 $N+S$ 为偶数的任何的 $S>N-\delta$,则

$$d((N+S)^2+1)\geqslant d(N^2+1)+2S=\delta+2S>N+S$$

这与不等式 $d(n^2+1)<n$ 相矛盾.

98.91. 答案:可以. 注意到 $169=13^2$,我们将169个队员分为13组,每组13人,将一个圆周等分为13段弧,并将13个等分点依次从0到12编号. 用一个等分点代表一个队员,将每一个以等分点为顶点的圆内接四边形称为分点四边形,每一个分点四边形的各边或每一条对角线的两个端点所代表的两个队员同一天执勤,每一个分点四边形的四个顶点表示同一天执勤的四个队员. 将连接每两个分点所成的弦称为分点弦. 题目的条件等价于将所有 C_{13}^2 条分点弦划分为若干个分点四边形,将每条分点弦所夹的劣弧中以相邻的两个分点为端点的小弧段的个数称为该分点弦的宽度. 从上述可知,每一条分点弦的宽度只有从1到6六种,而且每一种宽度的分点弦各有13条. 因此,需要构造一个分点四边形,使得该四边形中六条线段(四条边与它的两条对角线)恰好含有宽度为1到6的弦各一条,将依次以编号为 a,b,c,d 的分点为顶点的四边形记为 (a,b,c,d),则四边形 $(0,2,3,7)$ 为合乎上述要求的一个四边形,再将这个四边形按顺时针方向旋转,每次转过 $\frac{2\pi}{13}$,依次旋转12次,就得到13个符合要求的四边形

$$(S,S+2,S+3,S+7)\quad (S=0,1,2,\cdots,12)$$

这样作出 13^2 个分点四边形,它们所表示的安排可以使同组的任何两个队员恰好一同执勤一次.

按上述划分得到13个组,然后以这13个组中的4个组构成一个组群(以大写字母表示一个组) (A,B,C,D),使得每两个组恰好有一次在同一个组群内,记 $A=\{a(0),a(1),\cdots,a(12)\}$. 类似地表示组 B,C,D. 对于每个 $a(S)$,要安排13次,使 $a(S)$ 与组 B,C,D 中每一个队员各同执勤一次,为此,每次执勤时,从 B,C,D 组各派一个人,采用模13循环轮换方式,$a(S)$ 分别与 $b(t),c(t+S),d(t+2S)$ $(t=0,1,2,\cdots,12)$. 一同执勤13次. 因为对于每个 S,$\{t\}$,$\{t+S\}$,$\{t+2S\}$ 分别是模13的完全剩余系,所以,每一个 $a(S)$ 与 B,C,D 组中每一个人各一同执勤一次. 对于每个 t,$\{S+t\}$,$\{2S+t\}$ 是模13的完全剩余系,所以每个 $b(t)$ 与 C,D 组中每一个人各一同执勤一次. 对于每一个 r,$\{r+s\}$ 是模13的完全剩余系,所以每个 $c(r)$ 与 D 组的每一个人各一同执勤一次. 经过这样的安排,在 13×13^2 天里,可以使不同组的任两个人共同执勤一次.

因此,总共在 $13^2+13\times13^2=14\times13^2=2\ 366$ 天中,这169人中任何两个人恰好共同执勤一次.

◆如果队员是 40 人,请解同样的问题.

◆如图 29 所示,上列对 13 人组所作出的构造是一个 3 阶有限射影平面,而对于 169 人的构造是不完全区组设计的一个例子.

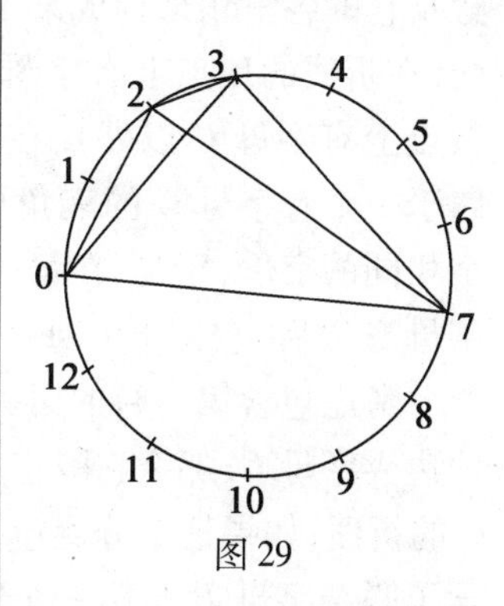

图 29

98.92. 答案:不可能,假设我们能够作出所要求的排列,字母位于方格的中心. 沿着垂直线或水平线联结相邻的方格中心,并且联结左上——右下的对角线方向的相邻方格的中心,将联结相邻的方格中心的线段称为联线,我们得到三角形网络. 其中每一个小三角形对应于条件中的形或形.

解法 1(奇偶性):如果每个小三角形有相同的字母,那么其中 $A-C$ 形的联线的条数为偶数(当三个顶点为 $1A2C$ 或 $2A1C$ 时有 2 条,其他情形为 0 条),所以,所有小三角形的 $A-C$ 形联线的总和也是偶数. 另一方面,我们正好将位于正方形内的每一条联线都计算 2 次,在边界上的联线计算 1 次. 由已知条件,在边界上只可能在上面一行有 $A-C$ 形联线,因此,边界线段中恰好有 3 条 $A-C$ 形联线,矛盾.

解法 2(路线的变形):将每一条联结两个方格中心且沿网络线通过的定向路线按下列规则与一个整数相对应,将我们的路线所经过的每一条定向连线对应于一个"重量":如果这条连线是从 B 到 A,或从 A 到 C,或从 C 到 B,那么规定它的重量为 $+1$;如果这条连线是从 A 到 B,或从 C 到 A,或从 B 到 C,那么规定它的重量为 -1;如果这条连线是联结同一个字母,那么规定它的重量为 0,一条路线的各连线之和就是与这条路线对应的整数,将这个整数称为该路线的重量.

将下列变换称为路线的变形:将我们的路线的任意的连线替换为下列两条连线:它通过三角形网络的边并连接这些边,或者反过来,用一条连线替换两条边. 下面证明,当路线变形时,它的重量是不变的. 事实上,在任何三角形网络的顶点,有不多于两个不同的字母. 如果所有字母是相同的,那么所有参与变换的连线的重量为 0. 如果有两个不同的字母,那么或者被除去的连线的重量为 0,而添上的连线的重量为 $+1$ 与 -1,或者被除去的连线的重量为 ± 1,而添上的连线的重量为 ± 1 与 0.

考虑下列路线:从正方形的左上角沿着正方形上面的边到右上角,它的重量等于 4. 不难将这条路线作下列变形,使它通过正方形的另外的三条边,因为在这些边上没有字母 C,所以变形的路线的重量等于 1,矛盾.

解法 3(连通性的分支):将所有字母 C 分为连通性的分支. 在分支内可以沿着三角形网络的边转移. 对于每一个分支,

触及它的各三角形构成某个区域,区域的边界是一条或几条折线,在折线的顶点上有字母 A 和 B(可能除了在正方形的边的顶点上有字母 C 以外).在这条折线上任何两个相邻的顶点都属于一个有字母 C 的三角形.因此,在这两个顶点上应当有两个相同的字母,于是,在每一条边界折线上(准确地说是在删去字母 C 以后,它留下的每一段上)所有字母都是相同的.

考虑包含第一行的第一个字母 C 的分支.如果其中没有其他边界字母 C,那么它限定为联结 A 与在右边的 B 及在左边的 C 的折线;如果这个分支包含了第二个字母 C,那么它的边界包含了联结字母 B 与第一个字母 C 的右面的 A 和第二个字母 C 左面的 A 的折线;如果它不包含第二个字母 C,但包含第三个字母 C,那么第二个字母 C 位于不包含其他边界字母 C 的分支中,而且这第二个分支的边界包含联结位于第二个字母 C 的左面的 A 和右面的 B 的折线.在所有情形,我们都得到具有不同字母的边界折线,这与上面已证明的结果相矛盾.

♦作一个圆,并在圆上标注三点 A,B,C 作为正三角形的三个顶点,又作连续映射,将三角形网格映为圆周,将角映为与字母对应的标注点,将边映为在这些点之间的圆弧.如果没有带三个不同字母的三角形,那么可以将这个映射延拓为将正方形映为圆的连续映射.容易验证,在这种情况下正方形边界的映射指标(或映射度)等于1(试与解法2比较).但是不能将具有非零指标的映射延拓为将正方形映为圆的映射.这个结论是著名的布鲁威尔与伯尔舒克拓扑定理的一种表述.

以上列出的解法与拓扑的经典方法有许多共同点.解法1与施佩尔引理类似,解法2利用同伦论的观念,解法3与丁.米尔诺所给出的伯尔舒克定理的证明相似.

98.93.答案:180.

将圆周上50个数依次记为 $a_1,a_2,\cdots,a_{50}$.设 a_i 模2的非负最小余数为 r_i,记 $A_i=a_i+a_{i+1}+a_{i+2}$,$R_i=r_i+r_{i+1}+r_{i+2}$,据已知条件,三个相继数 a_i,a_{i+1},a_{i+2} 中或者有2个2与1个1,或者有1个2与2个1.

当 $a_ia_{i+1}a_{i+2}$ 中有2个2与1个1时,$a_ia_{i+1}a_{i+2}=4$,而 $A_i=2+2+1=5$,$R_i=0+0+1=1$,所以 $a_ia_{i+1}a_{i+2}=A_i-R_i$;当 $a_ia_{i+1}a_{i+2}$ 中有1个2与2个1时,$a_ia_{i+1}a_{i+2}=2$,$A_i=2+1+1=4$,$R_i=0+1+1=2$,所以仍有 $a_ia_{i+1}a_{i+2}=A_i-R_i$.因此,所求的总和 $S=\sum\limits_{i=1}^{50}a_ia_{i+1}a_{i+2}=\sum\limits_{i=1}^{50}(A_i-R_i)=3\sum\limits_{i=1}^{50}(a_i-r_i)$.因为当 $a_i=1$ 时 $a_i-r_i=0$;当 $a_i=2$ 时,$a_i-r_i=2$,所以

$$S=3\times30\times2=180$$

98.94. 如图 30 所示，从点 M,K 分别作 AC,AB 的垂线交于点 S，当 $\angle BKM=\angle BNM\geqslant 90°$ 时，点 S 位于 AC 的上方，因为 A,K,S,M 四点共圆，$\angle SAM=\angle SKM=\angle BKM-90°$，所以 $MS=AM\cdot\tan\angle SAM=AM\cdot\tan(\angle BKM-90°)$.

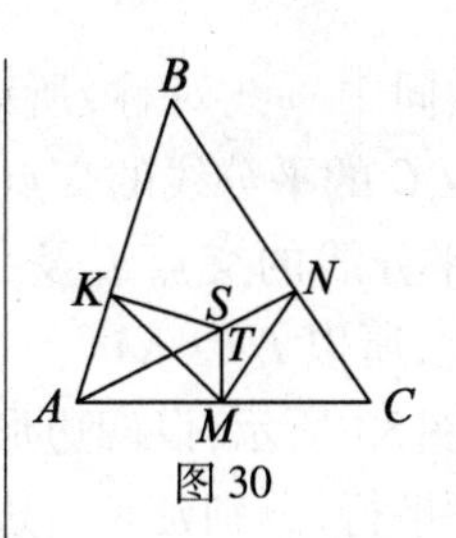

图 30

设从点 N 作 BC 的垂线与 MS 交于点 T（T 也位于 AC 的上方），同理得 $MT=CM\cdot\tan(\angle BNM-90°)$. 从 $AM=CM$，$\angle BKM=\angle BNM$ 得 $MS=MT$，即点 S 与 T 重合，因此三垂线共点.

如图 31 所示，当 $\angle BKM=\angle BNM<90°$ 时，上述所作的点 S 与 T 同位于 AC 的下方，$MS=AM\cdot\tan(90°-\angle BKM)$，$MT=CM\cdot\tan(90°-\angle BNM)$，与上述同理可得三垂线共点.

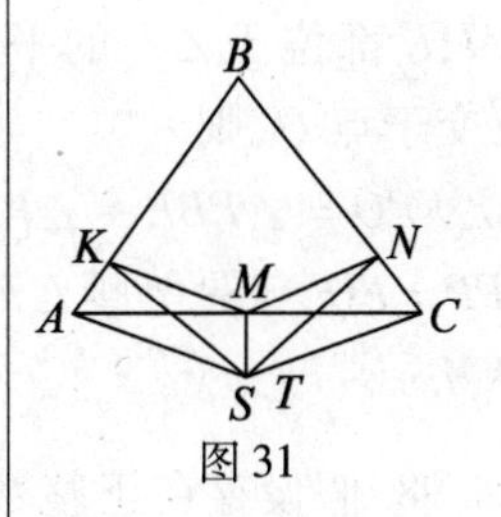

图 31

98.95. 将原图记为 G. 设从顶点 V 删去从它出发的第一种颜色的两条边. 考虑删去这两条边以后 V 所在的连通分支 T. 分别以 A_1,A_2,A_3,A_4 表示在这个连通分支 T 中第一种，第二种，第三种，第四种颜色的顶点的集合. 由于删去这两条边不影响 V 以外联结的边，所以在 G 中 A_2,A_3,A_4 与 $G\backslash T$ 没有联结的边. 由条件知连接 A_2 与 A_3，A_3 与 A_4，A_4 与 A_2 之间的边的条数是相等的，将这个条数记为 k，于是在 G 中联结 A_2 与 A_1，A_3 与 A_1，A_4 与 A_1 的边的条数也是 k. 因此，联结 A_1 与 $G\backslash T$ 的边的条数为 3 的倍数，而删去两条边不可能使分支 T 弧立起来，即 T 与 G 是重合的，所以，余下的图仍是连通的.

98.96. 证明更强的结论：如果平面上平行放置的正方形集合中，两两无公共点的正方形的个数不大于 k，那么，可以将所有正方形的集合划分为 $2k-1$ 个子集，使每一个子集中所有的正方形都有公共点. 将这样的子集称为完全子集.

对 k 用归纳法证明. 当 $k=1$ 时结论是显然的，假设当 $k=l-1$时结论成立，即可以将符合条件的 $l-1$ 个正方形的集合划分为 $2(l-1)-1=2l-3$ 个完全子集. 考虑到正方形的边是水平的或垂直的线段，我们选择位于最下面的正方形（或者是某几个位于最下面的正方形中的一个），将它记为 Q. 当 $k=l$ 时，在上述 $2l-3$ 个完全子集中补充下列 2 个子集：一个是包含正方形 Q 的右上顶点的正方形所组成的子集，另一个是由包含 Q 的左上顶点的正方形组成的子集. 因为与 Q 无公共点的所有正方形中，两两无公共点的正方形不多于 $l-1$ 个，据归纳假设，可以将它们分为符合条件的 $2l-3$ 个完全子集，这就得到所求的划分，共得 $(2l-3)+2=2l-1$ 个完全子集，即当 $k=l$ 时结论成立.

98.97. 如图 32 所示，若圆内接四边形 $ABCD$ 有一对对边平行，例如 $AD/\!/BC$，则四边形 $ABCD$ 为等腰梯形，它关于边 AD 与

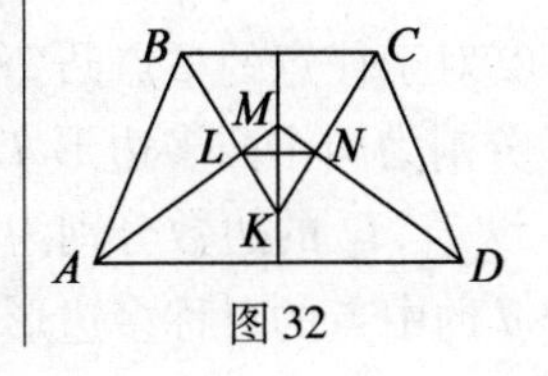

图 32

BC 的共同中垂线对称,所以$\angle A$ 与$\angle D$ 的平分线的交点 K 及$\angle B$ 与$\angle C$ 的平分线的交点 M 都位于对称轴上. 又因为$\angle A$ 与$\angle B$ 的平分线的交点 L 及$\angle B$ 与$\angle C$ 的平分线的交点 N 关于 KM 对称,所以 $LN\perp KM$.

如图 33 所示,设四边形 $ABCD$ 的两对对边 AB 与 DC,DA 与 CB 都不平行,分别延长对边交于 E,F. 因为 LA 与 LB 分别平分$\triangle FAB$ 的两个外角,所以点 L 是$\triangle FAB$ 的旁心,同理,点 N 是$\triangle FCD$ 的内心,因此,点 F,L,N 都位于$\angle F$ 的平分线上. 同理,点 E,M,K 都位于$\angle E$ 的平分线上. 设 EK 与 BC 交于点 P,EK 与 AD 交于点 Q,则

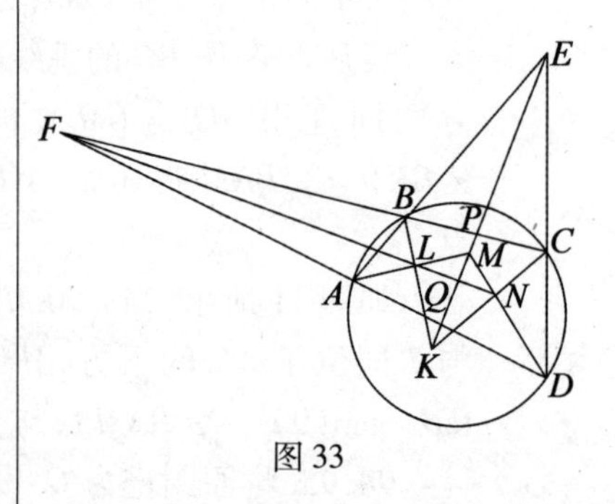

图 33

$$\angle FPQ=\angle PBE+\angle PEB=\angle EDQ+\angle PEC=\angle FQP$$

因此 $FP=FQ$,于是等腰$\triangle FPQ$ 的顶角 F 的平分线 $FN\perp PQ$,即 $LN\perp KM$.

98.98. 假设存在正整数 $a>c\geqslant d>b$,使得 $ab=cd>\frac{n^4}{16}$且 $a-b\leqslant n$.

记 $p=a+b$,$q=a-b$,$r=c+d$,$s=c-d$,则

$$q\leqslant n,p>r$$

因为

$$p^2-q^2=2a\cdot 2b=2c\cdot 2d=r^2-s^2>\frac{n^4}{4}$$

所以

$$r>\frac{n^2}{2}$$

于是,一方面

$$p^2-r^2=q^2-s^2\leqslant q^2\leqslant n^2$$

而另一方面

$$p^2-r^2\geqslant(r+1)^2-r^2=2r+1>n^2+1$$

矛盾.

98.99. ①若平面上的凸 $2n$ 边形 T 为中心对称多边形 T,即可以将 T 的边配成 n 组对边,每组的对边平行且相等. 对 n 应用归纳法可证明可以将 T 分割为$\frac{n(n-1)}{2}$个整点平行四边形,根据皮卡定理,每一个整点平行四边形的面积不小于 1,因此 T 的面积不小于$\frac{n(n-1)}{2}$,结论成立.

②对于任意的整点凸 $2n$ 边形 T,考虑 T 的一条直径 d. 设 d 将 T 分割为两个凸多边形 T_1 与 T_2(其中一个可能退化为一条边). 设 T_1,T_2 的边数分别为 $k+1$,$l+1$($k+l=2n$),又设 T_1,T_2 关于 d 的中点的对称多边形分别为 T_1^*,T_2^*,因为 d 为 T 的对角

线或边,所以 T_1,T_2,T_1^*,T_2^* 都是整点多边形,又因为 d 是直径,所以 d 与邻边的夹角是锐角,所以 $T_1\cup T_1^*$ 与 $T_2\cup T_2^*$ 都是凸多边形,以下记 $f(x)=\frac{x(x-1)}{2}$,据①的结果有

$$S(T_1\cup T_1^*)\geqslant f(k),S(T_2\cup T_2^*)\geqslant f(l)$$

于是据对称性及函数 f 的下凸性得

$$\begin{aligned}S(T)&=S(T_1)+S(T_2)\\&=\frac{1}{2}(S(T_1\cup T_1^*)+S(T_2\cup T_2^*))\\&\geqslant\frac{1}{2}(f(k)+f(l))\\&\geqslant f\left(\frac{k+l}{2}\right)\\&=f(n)\\&=\frac{n(n-1)}{2}\end{aligned}$$

98.100. 对已知的 n 个向量再补充 $2n$ 个向量,这 $2n$ 个向量来自将已知的向量组顺时针方向旋转 $120°$而得 n 个向量,再将已知的向量组逆时针方向旋转 $120°$又得 n 个向量,于是所得的全部向量之和等于零,因此,由这些向量可以组成凸多边形. 当这个凸多边形绕某点 O 旋转 $120°$时,它转为自身. 考虑以点 O 为中心,周长等于 3 的圆周. 因为我们的凸多边形的周长为 3,因此可以在圆外找到它的一个顶点 X,设 X 旋转 $120°$所得的顶点为 Y,那么 $XY=\sqrt{3}0X\geqslant\frac{3\sqrt{3}}{2\pi}$,在 $\angle XOY$ 内有该多边形的 n 条向量边,将这些向量边划分为三个集合:S_1 是属于原来的组的向量,S_2 是由原来的向量顺时针方向旋转所得的向量,S_3 是由原来的向量逆时针方向旋转所得的向量. 设在这三个向量组中各自的向量之和分别为$\overrightarrow{S_1},\overrightarrow{S_2},\overrightarrow{S_3}$. 因为 $|\overrightarrow{S_1}+\overrightarrow{S_2}+\overrightarrow{S_3}|>\frac{3\sqrt{3}}{2\pi}$,所以 $|\overrightarrow{S_1}|+|\overrightarrow{S_2}|+|\overrightarrow{S_3}|>\frac{3\sqrt{3}}{2\pi}$. 剩下的是注意到,原来的向量组也可以分为三个子集:S_1 是在旋转 $120°$后进入 S_2 的向量,S_2 是在同样旋转后进入 S_3 的向量,这就是所求的划分.

98.101. 同问题 98.94 的解答.

98.102. 同问题 98.95 的解答.

98.103. 答案:不存在. 假设存在条件所述的多项式 $P(x)$ 和整数 $k>1$ 及自然数 s,使得 $|P(k^s)|>1$,设 q 是 $P(k^s)$的一个素因子,据费马小定理可知 $P(k^{qs})$ 能被 q 整除,即 $P(k^s)$ 与 $P(k^{qs})$有公因子 q,这与 $P(x)$ 及 k 的性质矛盾.

98.104. 同问题98.104的解答.

98.105. 如图34所示,九个点 $A_1,A_3,A_2,B_1,B_3,B_2,C_1,C_3,C_2$ 都在以 I 为圆心的同一个圆周上,因为 I 到弦 A_1A_2,B_1B_2,C_1C_2 的距离都等于 $\triangle ABC$ 的内接圆半径,所以 $A_1A_2=B_1B_2=C_1C_2$. 劣弧 $A_1A_2=B_1B_2=C_1C_2$. 它们的一半所夹的弦也相等 $A_1A_3=A_3A_2=B_1B_3=B_3B_2=C_1C_3=C_3C_2$,因此点 I 到这些线段的距离都相等,即六边形 $A_4C_3B_4A_3C_4B_3$ 有内切圆(圆心为 I). 据布利安香定理(圆外切六边形的三条主对角线共点)可知线段 A_3A_4,B_3B_4,C_3C_4 共点.

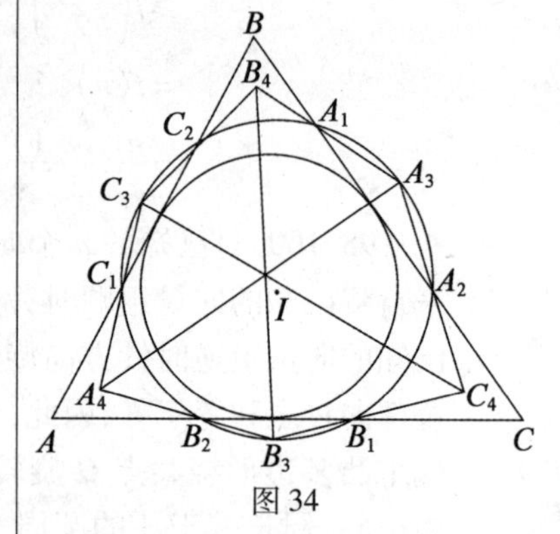

图34

◆有关材料可参看沈文选,杨清桃编著的书《几何瑰宝》(下),哈尔滨工业大学出版社,2010.7.

98.106. 首先对中心对称的凸 $2n$ 边形证明问题的结论,设多边形各边向量为

$$\overrightarrow{a_1},\overrightarrow{a_2},\cdots,\overrightarrow{a_n},-\overrightarrow{a_1},-\overrightarrow{a_2},\cdots,-\overrightarrow{a_n}$$

因为各边的次序并不重要,不妨设

$$|\overrightarrow{a_1}|\geqslant|\overrightarrow{a_2}|\geqslant\cdots\geqslant|\overrightarrow{a_n}|$$

利用边 $\overrightarrow{a_i}$ 与 $\overrightarrow{a_j}$, $1\leqslant i\leqslant j\leqslant n$,容易将该 $2n$ 边形划分为若干个平行四边形,于是 $2n$ 边形的面积

$$S=\sum_{1\leqslant i<j\leqslant n}|\overrightarrow{a_i}\times\overrightarrow{a_j}|$$

固定 i, $1\leqslant i\leqslant n$,设

$$g_i(j)=2|\overrightarrow{a_i}\times\overrightarrow{a_j}|$$

从原点作向量 $\overrightarrow{OA}=\overrightarrow{a_i}$, $i\leqslant j<n$. 设在向量 $\overrightarrow{a_i}$ 上共有 $k+1$ 个整点(包括它的两个端点),那么向量 $\overrightarrow{a_i}$ 的长度等于 kq,其中 q 为直线 OA 上相邻整点间的距离,对于所有 $j\neq i$, $g_i(j)$ 为自然数,而且是 k 的整数倍.

首先证明:当 $j>i$ 时,函数 g_i 的每一个值至多取到 $4k$ 次.

假设有 g_i 的值取到 $4k+1$ 次 $g_i(j_1)=g_i(j_2)=\cdots=g_i(j_{4k+1})$,那么向量 $\overrightarrow{a_{j_1}},\overrightarrow{a_{j_2}},\cdots,\overrightarrow{a_{j_{4k+1}}}$ 的端点位于与包含向量 $\overrightarrow{a_i}$ 的直线平行的两条直线上,这些端点中至少有 $2k+1$ 个点位于一条直线 L_1 上,设依次为 $B_1,B_2,\cdots,B_{2k+1}$. 因为 $L_1/\!/OA$ 且在 L_1 上相邻的整点的距离也等于 q,因此可以找到两个向量(例如 B_1,B_{2k+1}),它们之差不小于 $2kq$,但由 $\overrightarrow{a_j}$ 的长度的排序和三角形不等式有 $B_1B_{2k+1}\geqslant 2kq=2OA\geqslant OB_1+OB_{2k+1}$,矛盾.

现在设 $n-i=4ks+r(r,s\in\mathbf{N},r<4k)$. 我们已证明当 $j>i$ 时,函数 g_i 取值 $k,2k,\cdots,5k$ 至多 $4k$ 次,即 g_i 取更大的值不少于 r 次,那么

$$\sum_{j=i+1}^{n} g_i(j) \geqslant 4k(k+2k+\cdots+sk)+rk(s-1)$$
$$=2k^2s(s+1)+rk(s+1)$$
$$=k(2ks+r)(s+1)$$

从数 s 与 r 的定义得

$$2ks+r \geqslant 2ks+\frac{r}{2}=\frac{n-i}{2}$$

而且 $s+1>\frac{n-i}{4k}$,因此 $\sum_{j=i+1}^{n} g_i(j)>\frac{(n-i)^2}{8}$. 现在容易估计多边形的面积

$$S=\sum_{1 \leqslant i<j \leqslant n}|\overrightarrow{a_i} \times \overrightarrow{a_j}|$$
$$=\frac{1}{2} \sum_{i=1}^{n} \sum_{j=i+1}^{n} g_i(j)$$
$$>\frac{1}{2} \sum_{i=1}^{n} \frac{(n-i)^2}{8}$$
$$=\frac{1}{16} \sum_{i=1}^{n} i^2$$
$$=\frac{n(n+1)(2n+1)}{96}$$
$$>\frac{n^3}{48}>\frac{n^3}{100}$$

最后对任意的 $2n$ 边整点凸多边形证明问题的结论,记 $f(n)=\frac{n^3}{100}$,重复问题98.99的解答的第二段推导就可以完成证明.

◆本问题的以估值$\frac{n^3}{2^{384}}$代替$\frac{n^3}{100}$的解答刊登在下列论文中:B·N·阿诺尔德,整数多边形的统计学,泛函分析及其应用等14卷(1980)第二期第1-3页. 该文中同样对已知的不同的整点多边形的面积作出估值.

◆按数量的阶来说,形式为 cn^3 的估值是准确的,证明:对于任何的 $n \geqslant 2$,存在整点凸 $2n$ 边形,它的面积不大于$\frac{n^3}{6}$.

98.107. 证明更一般的结论. 补充一个量词

$$\forall n \in \mathbf{N}^*, \forall k \in \mathbf{N}^*, \exists \varepsilon>0,$$
$$\forall a_1, \cdots, a_n>0, \exists t>0,$$
$$\{ta_1\}, \cdots, \{ta_n\} \in\left(\varepsilon, \frac{1}{k}\right)$$

对 n 应用归纳法证明. 当 $n=1$ 时,取 $\varepsilon \in\left(0, \frac{1}{k}\right)$即可.

当 $n>1$ 时,考虑任意的 n 个数 $a_1,\cdots,a_n$,设其中最大的为 a_n. 根据归纳假设,可以找到这样的 $t>0$,使得

$$\{ta_1\},\cdots,\{ta_{n-1}\}\in(\varepsilon,\frac{1}{27k^3}),\varepsilon=\varepsilon(n-1,27k^3)$$

应用抽屉原理可知:在数 $t,2t,\cdots,9k^2t$ 中可以找到这样的数,比如 st,使得 $\{sta_n\}\in\left(-\frac{1}{qk^2},\frac{1}{qk^2}\right)$,同时,显然有

$$\{sta_1\},\cdots,\{sta_{n-1}\}\in\left(\varepsilon,\frac{1}{3k}\right)$$

取不大的 $\alpha>0$,使得对于数 $T=st+\alpha$,数 $\{Ta_n\}$ 在区间 $\left(\varepsilon,\frac{1}{3k}\right)$ 中,考虑在区间 (st,T) 中移动的变量 x,当 x 从 st 移动到 T 时,点 xa_n 在不大于 $\frac{1}{qk^2}+\frac{1}{3k}<\frac{2}{3k}$ 的距离内移动. 因为 a_n 是已知的几个数中的最大数,所以其余的所有点 $xa_1,\cdots,xa_{n-1}$ 同样在不大于 $\frac{2}{3k}$ 的距离内移动,即我们找到数 T,它使得所有分数部分 $\{Ta_1\},\cdots,\{Ta_n\}$ 位于区间 $\left(\varepsilon,\frac{1}{k}\right)$ 内,当 $n>1$ 时. 结论得证.

98.108. 作正方形相关关系图 G,G 的顶点表示已知的正方形,当且仅当两个正方形有公共点时对应的顶点间有连线,下面证明,可以将图 G 划分为不多于 $n-3$ 个完全子图(我们将图的划分理解为划分它的顶点集合).

依条件,图 G 的顶点的任何集合包含完全的四边形子图. 从问题 98.96 的结论可知:图 G 的任何子图,它的极大独立集(指不含任何一边的子图)包含 K 个顶点,可以将它划分为 $2k-1$ 个完全子图,我们将这种性质称为可分性.

设 G 所包含的极大独立集 G_1 有 l_1 个顶点,在 $G\backslash G_1$ 内包含的极大独立集 G_2 有 l_2 个顶点,在 $G\backslash G_1\backslash G_2$ 内包含的极大独立集有 l_3 个顶点. 显然有

$$l_1+l_2+l_3\leqslant n-1 \qquad (*)$$

我们需要下列引理:

引理:设 H 是二部图,它的各部分别包含 S_1 个与 S_2 个顶点 $(S_1\geqslant S_2)$,而极大独立集包含 S_1 个顶点,那么可以将 H 划分为 S_1 个完全子图,其中每一个子图包含一个或两个顶点.

证明:第一部的每一个顶点恰好进入一个子图,从关于二部图的引理得到划分的可能性(即霍尔匹配定理),注意其中利用了关于极大集的条件.

由引理,可以将图 $G_1\cup G_2$ 划分为 l_1 个完全子图,又由于可分性,可以将图 $G\backslash(G_1\cup G_2)$ 划分为 $2l_3-1$ 个完全子图,即

$$l_1+2l_3-1>n-1 \qquad (**)$$

(否则,我们立即得到所要的划分),比较不等式(*)与(**)并利用 $l_2 \geqslant l_3$ 即得 $l_2=l_3$.

注意到由于可分性,仍然可以将图 $G \backslash G_1$ 划分为 $2l_2-1$ 个完全子图. 下面证明,可以将图 G 划分为 l_1+2l_2-2 个完全子图. 考虑划分 $G \backslash G_1$ 为 $2l_2-1$ 个完全子图中的一个分支,记它为 Ω,设 α_1 是图 G_1 的 l_1 个顶点中的任一个. 选定由 α_1 及 Ω 中与 α_1 联结的所有顶点组成的分支. 然后考虑任何其他顶点 $\alpha_2 \in G_1$,并选定由 α_2 及 Ω 中与 α_2 联结的所有还未被选出的顶点,实行与 G_1 的所有顶点的相似的运算. 因为 Ω 的每一个顶点都是被选定的,所以 Ω 中存在这样的顶点 u,它与 G_1 的任一个顶点都不联结,这与图 G_1 的极大性矛盾,因此,我们可以将图 G 划分为不多于 l_1+2l_2-2 个完全子图. 注意到 $l_2=l_3$,我们得到所求的划分,再一次利用不等式(*),得到它所包含的分支的个数为

$$l_1+2l_2-2=l_1+l_2+l_3-2 \leqslant n-3$$

1999 年奥林匹克试题解答

99.01. 答案:可以,例如可将正方形方格纸按国际象棋棋盘那样染色,然后在黑色的方格上以任意的方式填入从 1 到 8 的正整数,而在白色的方格上填入从 9 到 16 的正整数.

99.02. 答案:秒数大于时数的时间较多. 事实上,因为一昼夜有 24 小时,于是在每一分钟里,从这一分钟的第 25 s 起,秒数明显大于小时数. 因此,在一昼夜里每一分钟内有超过一半的时间里秒数大于小时数,从而在商店的营业时间内,电子屏上显示秒数大于时数的时间较多.

99.03. 假设谁都没有错,按照维尼熊的发言,从第 1 棵松树到第 4 棵松树的距离等于从第 3 棵松树到第 6 棵松树的距离. 用这两个距离计算从第 3 棵松树到第 4 棵松树的距离,我们得知,如图 1 所示,从第 1 棵松树到第 3 棵松树的距离等于从第 4 棵松树到第 6 棵松树的距离. 为了简单起见,将这个距离记为 x,从兔子的发言可以断定,第 1 棵松树与第 2 棵松树之间的距离等于$\frac{1}{3}x$,而从小猪的发言可知第 5 棵松树与第 6 棵松树之间的距离也是$\frac{1}{3}x$,这与小驴所讲的这些距离相矛盾,因此,它们之中某一个错了(顺便指出,未必是小驴错了).

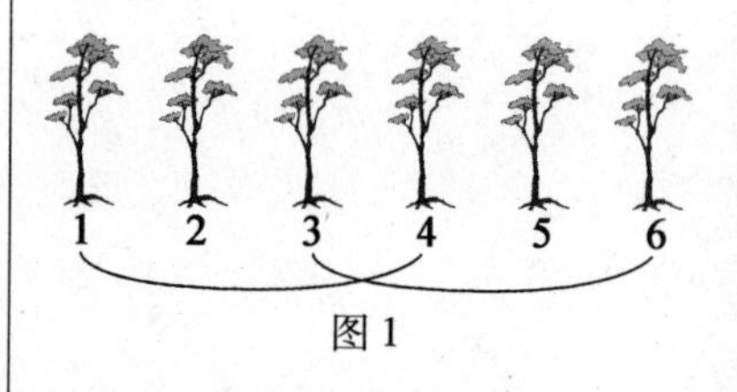

图 1

99.04. 答案:不可能.

解法 1(从结果分析):假设我们能够得出这个数 $N=19\ 991\ 999\cdots1\ 999$. 因为 $N-1$ 以 98 结尾,所以 $N-1$ 不能被 8 整除,即最后的操作是 $x\to3x+1$,数$\frac{N-1}{3}$为整数,它的末位数字显然是 6,所以$\frac{N-1}{3}-1$ 不能被 8 整除,而且最后的操作仍然是 $x\to3x+1$,但这是不可能的,因为数$\frac{\frac{N-1}{3}-1}{3}$不是整数,事实上

$$\frac{\frac{N-1}{3}-1}{3}=\frac{N-4}{9}$$

应用一个数被 9 整除的准则不难验证,数 $N-4$ 不能被 9 整除,这是因为 $N-4$ 的各位数字之和等于

$$100\times(1+9+9+9)-4=2\ 796$$

不能被9整除.

解法2(不变性):考虑从原来的数经若干次操作后可以得到什么数,即

$$2 \xrightarrow{3} 7 \xrightarrow{8} 57 \xrightarrow{3} 172 \longrightarrow \cdots$$

正如所看到的那样,所得的数的末位为2或7.对于所规定的任何操作,结果都是这样.事实上,原来的数的末位为2,在乘以3或8以后再加1得到的数的末位为7.对任何末位为7的数,在乘以8并加1以后所得的数的末位也是7;而乘以3并加1后所得的数的末位为2.因此,不可能得到数19 991 999…1 999.

99.05.例如12 357 468.从这个数中删去任何两个数码以后所得数字的末位一定是偶数,因此,留下的数为偶数.

99.06.答案:小兔子吃掉了17株礼品花.除小兔子外的其他动物带去的礼物共有至多为51株礼品花,因此,它们送给斑马的礼品花至多是25株.因为斑马原有不少于2株礼品花,而且它得到的礼物是它原有的9倍.因为礼物不多于25株礼品花,所以,斑马得到的礼物是18株礼品花,由此可知,斑马原有2株礼品花.而且,动物们为了祝贺它的生日而带去了36株礼品花,于是有$55-2-36=17$株礼品花被小兔子吃掉了.

99.07.如图2所示,作为对顶角$\angle AED=\angle BEC$,于是在$\triangle ABD$与$\triangle ECB$中有两边和它们的夹角对应相等,因此$\triangle ABD \cong \triangle ECB$,所以$BC>BE=AD$.

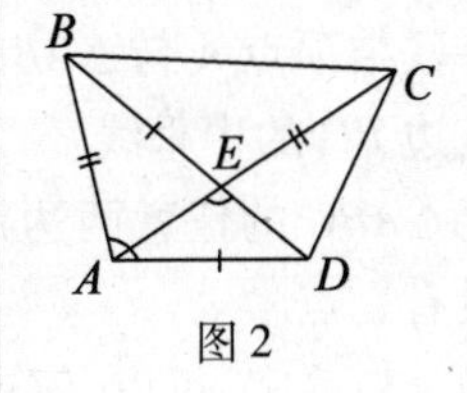

图2

99.08.答案:第二十六张卡片是红色的.

在放置第11张卡片后两叠的最上面一张都是红色的卡片.考虑后继的14张卡片,设将其中几张放在左面一叠,而将其余的$14-n$张放在右面一叠,因为数n与$14-n$的奇偶性相同.所以在放置第25张卡片以后,在每一叠的最上面一张仍然应该是同一种颜色.既然第25张是黑色的,那么这两叠卡片最上面一张都是黑色的,所以下一张,即第26张卡片应是红色的.

99.09.答案:10 000,10 001,10 010,10 100,11 000.

具有下列性质的所有五位数都满足问题的条件:其中每一个数的五个数码之和不大于2.如果开始的数各数码之和不小于3,那么在第一次乘法以后得到这样的数,它的第一个数码或者等于3,或者不小于4,甚至还有一个非零的数码(因为可以从一个五位数10 000乘以3得到30 000,或乘以更大的数,但这个数的各数码之和等于1).从而使得第二次乘法至少乘以4,导致大于五位数的结果,因此,没有其他的答案.

99.10.答案:不可能.因为每一个硬币的质量的克数与它

代表的卢布面值数之差都是 5 的倍数,所以,任何一组硬币的总质量的克数与它们所代表的卢布价值数之差也是 5 的倍数.换句话说,质量数与价值数在除以 5 时的余数是相等的,因为在交易时,硬币的总质量不改变,总质量数与总价值数在除以 5 时的余数也保持相等,但是 1 998 与 2 005 各除以 5 时所得的余数是不相等的,即不能通过兑换将 1 998 ₽变为 2 009 ₽.

99.11. 答案:白色的. 解法与问题 99.08 的解法相似.

99.12. 设 AB,BC,CA 边的中点分别为 E,F,D. 联结 DF,EF,则 $\angle BEF$ 与 $\angle FDC$ 都是钝角,于是,边 AB 的中垂线与 AC 的中垂线的交点在 $\triangle ABC$ 外(不难证明:钝角三角形的外接圆的圆心位于三角形外). 满足 $|XA|<|XB|$ 的点 X 的几何位置是边 AB 的中垂线"上方"的半平面(参看图 3),类似地,满足 $|XA|<|XC|$ 的点的几何位置在边 AC 的中垂线上方的半平面.在图 3 中涂出 $\triangle ABC$ 中满足 $XA<XB$ 与 $XA<XC$ 的点 X 的集合. 显然,始点在 AB 上,而且终点在 CD 上的线段与这个集合有公共点,从这里得出问题的结论.

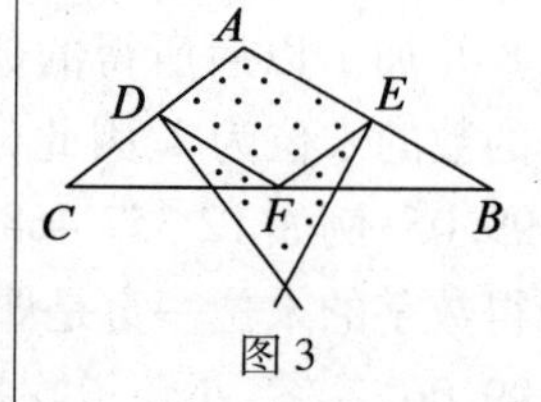

图 3

注:从上述解答可知满足条件的点 O 可以是线段 KL 与下列线段的交点:

①从顶点 A 所作的中线.

②联结顶点 A 与 $\triangle ABC$ 的外接圆的圆心的线段.

③边 BC 的中垂线.

④$\triangle ABC$ 的任意两边中点的连线,注意,在最后两种情形可能没有交点.

99.13. 答案:可以. 解法与问题 99.01 的解法类似.

99.14. 从对所有 x,二次三项式 $ax^2+2bx+c$ 的值恒为负可知 $a<0$ 且它的判别式 $4b^2-4ac<0$,因此 $ac>b^2\geqslant 0$,于是二次三项式 $a^2x^2+2b^2x+c$ 的判别式 $4b^4-4a^2c^2=4(b^2-ac)(b^2+ac)<0$,它没有实根,又因为 $a^2>0$,所以 $a^2x^2+2b^2x+c$ 恒大于零.

99.15. 从条件得 $a=11u+r=13p+s,b=13q+r=11v+s$,其中 r 与 s 是相应的余数,因为它们都是某个数除以 11 的余数,所以 r 与 s 都是非负数,而且都不大于 10. 注意到

$$a+b=11(u+v)+r+s=13(p+q)r+s$$

于是 $a+b-(r+s)$ 能被 11 整除,也能被 13 整除,即能被 $11\times 13=143$ 整除,而且 $a+b$ 除以 143 的余数就是 $r+s\leqslant 20$.

99.16. 设电车上司机,乘务员,电工,修理人员的人数分别为 a,b,c,d. 据已知条件有 $a+b=4(c+d)$,$a+c=7(b+d)$,所以

$$s=a+b+c+d=5(c+d)=8(b+d)$$

即 s 能被 5 整除,也能被 8 整除,由于 5 与 8 互素,所以 s 能被 $5\times8=40$ 整除.因为电车上共有 60 人,即 $s\leqslant60$,所以 $s=40$,于是普通乘客人数是 $60-40=20$.

99.17. 同问题 99.08 的解答.

99.18. 如图 4 所示,设 AN 的中点为 D,则 $MD/\!/BN$,由条件得

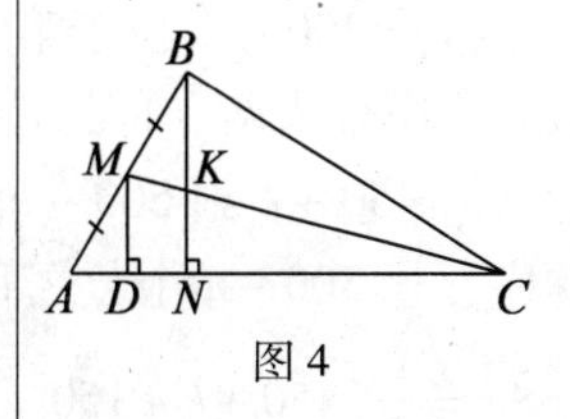

图 4

$$\frac{CN}{ND}=\frac{CK}{KM}=6$$

所以 $CN=6ND=3AN$. 在 $\mathrm{Rt}\triangle ABN$ 中 $\angle BAC=60°$,所以 $AB=2AN$,因此 $AC=AN+NC=4AN=2AB$. 又因为 $AB=\frac{1}{2}AC=AC\cos\angle BAC$,所以点 C 到 AB 的垂线的垂足就是点 B,于是 $\angle ABC=90°$, $\angle ACB=30°$.

99.19. 同问题 99.14 的解答.

99.20. 答案:不可能.任意两个两位数的乘积在 1 与 $100\times100=10\ 000$ 之间.因为 $4\times2\ 520>10\ 000$,所以,在这个区间内只有三个数可被 2 520 整除:2 520,5 040,7 560,考虑表的中心方格,它有 4 个相邻的方格.而且因为其中的数互不相等,所以,它们与中心方格的数的乘积也应该是互不相等的.但是如果这四个乘积都能被 2 520 整除,那么这四个数中每一个等于上述三个数中的一个,于是,它们不可能是都不相等的.

99.21. 如图 5 所示,设 $\triangle ACL$ 的外接圆与边 AB 相交于点 K,则 $\angle BAL=\angle LAC=\alpha$, $\angle ABM=\angle MBC=\beta$,那么 $\angle MCK=\angle MBK=\beta$, $\angle LCK=\angle LAK=\alpha$,因为它们都立在相等的弧上,于是 $\angle ACB=\alpha+\beta$,而 $\triangle ABC$ 的各角之和等于 $3(\alpha+\beta)$,即 $3(\alpha+\beta)=180°$,所以 $\angle ACB=60°$.

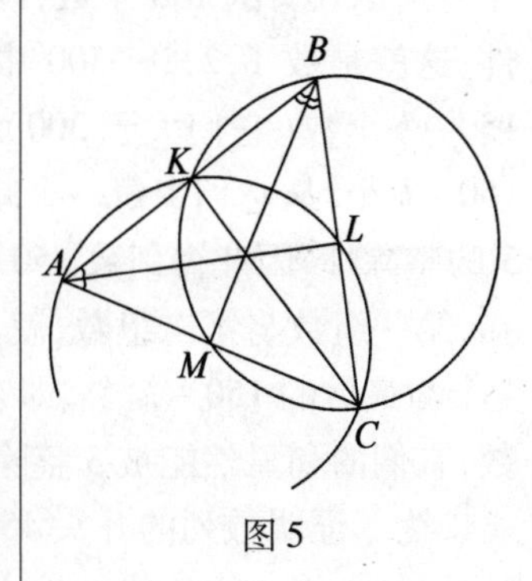

图 5

99.22. 答案: $x=0,y=1,z=0$ 或 $x=1,y=0,z=1$.

已知的方程的平方根是有意义的,即 x,y,z 都应当在区间 $[0,1]$ 中.因为 $0\leqslant\sqrt{1-y}\leqslant1$,所以从第一个方程得 $z^4\leqslant x^4$. 由此得 $z\leqslant x$. 因为 $0\leqslant y^4\leqslant1$,所以从第二个方程得 $\sqrt{1-z}\leqslant\sqrt{1-x}$,由此得 $z\geqslant x$,于是 $z=x$. 在第一个方程中以 x 代替 z 得方程 $x^4\sqrt{1-y}=x^4$,当 $x=0$ 或 $\sqrt{1-y}=1$(即 $y=0$)时成立.将这些值代入第二个方程得到两个解 $x=z=0,y=1$ 或 $x=z=1$, $y=0$.

99.23. 解法 1(等差数列的各项之和):设在第 1 位至第 150位的不大于 300 的数的个数为 k,那么在第 151 位至第 450 位的不大于 300 的数是 $k+1,k+2,\cdots,k+n$,其中 n 是这些数的个数.这些数之和等于

$$S_1=\frac{1}{2}(2k+n+1)n$$

设在第1位到第150位的大于300的数的个数为k_1，在第151位到第450位的大于300的数的个数为n_1，显然有$k_1=150-k, n_1=300-n$. 位于第151位到第450位的大于300的数是数列中序号为k_1+1到k_1+n的项：600,599,…,301，即从数$600-k_1=450+k$到$600-k_1-n_1+1=150+k+n+1$（按递减的顺序）. 这$300-n$个数之和等于

$$\begin{aligned}S_2&=\frac{1}{2}(450+k+150+k+n+1)(300-n)\\&=\frac{1}{2}(600+2k+n+1)(300-n)\\&=\frac{1}{2}(600(300-n)+300(2k+n+1)-(2k+n+1)n)\\&=300(300-n)+150(2k+n+1)-\frac{1}{2}(2k+n+1)n\end{aligned}$$

将它们相加得$S_1+S_2=300(300-n)+150(2k+n+1)$. 这个表达式可被150整除，自然可被3整除.

解法2（考察余数）：首先证明：开头150个数之和与开头450个数之和都可被3整除，那么，在条件中所考虑的和作为这两个和之差将可被3整除.

考虑开头的150个数，设它们之中有k个不大于300，依条件，这就是数1,2,…,300中的开头k个. 所考虑的组以外的$150-k$个数（它们大于300）就是数600,599,…,301中的开头$150-k$个. 从它们中每一个减去450，这并不影响它们的和除以3的整除性，因此得到数150,149,…中的开头的$150-k$个. 现在，第一组数与第二组数，就是数1,2,…,149,150中相应的前k个与最后的$150-k$个，即它们的并集，这正是从1到150的数，它们的和显然能被3整除.

为了证明数列的开头450项之和能被3整除，只要在前面的推导中，以450替代150，并且以150替代450就足够了.

◆设将所考虑的数列依次分为三个子数列，证明其中每一个子数列的所有数对模3有不同的余数. 对于依次任意划分的三个子数列，余数是否一定都是不同的？

99.24. 答案：$x=0, y=\frac{\pi}{2}, z=0$ 或 $x=\frac{\pi}{2}, y=0, z=\frac{\pi}{2}$.

将方程平方相加，并利用不等式$0\leqslant\cos^2y\leqslant1, 0\leqslant\sin^2x\leqslant1$得

$$\begin{aligned}1&=\sin^2z+\cos^2z\\&=\sin^2x+\cos^2y+\cos^2x\sin^2y\end{aligned}$$

$$\leqslant \sin^2 x + \cos^2 x = 1$$

因此，上列不等式实际上是等式，这只有两种可能的情形：$\cos^2 y = 1$（这时 $\sin^2 y = 0$）或 $\cos^2 x = 0$（这时 $\sin^2 x = 1$），将这些值代入原来的方程，在 $\left[0, \frac{\pi}{2}\right]$ 内只有答案所列的两组解.

99.25. 首先注意到 a_1 是很小的数

$$a_1 = \frac{999 \times 2^{1\,999}}{2^{2 \times 1\,999} + 1} \leqslant \frac{2^{10} \times 2^{1\,999}}{2^{2 \times 1\,999}} = 2^{-1\,999}$$

下面证明数列 $\{a_n\}$ 增加得不是很快

$$a_{n+1} = \frac{999 a_n}{a_n^2 + 1} \leqslant \frac{999 a_n}{1} < 2^{10} a_n$$

因此 $a_{198} < 2^{10} a_{197} < 2^{20} a_{196} < \cdots < 2^{1\,970} a_1 < 2^{-19} < 0.1$.

99.26. 答案：存在.

解法 1（高斯法）：设

$$S_n = 5^{99} + 14^{99} + 23^{99} + \cdots + (9n+5)^{99}$$

则

$$S_n = (9n+5)^{99} + (9n-4)^{99} + (9n-13)^{99} + \cdots + 5^{99}$$

因为对所有自然数 a 与 b，$a^{99} + b^{99}$ 可被 $a+b$ 整除，所以互为逆序求和的两个 S_n 之和

$$2S_n = \sum_{k=0}^{n} (9k+5)^{99} + (9(n-k)+5)^{99}$$

可被 $9k+5+9(n-5)+5 = 9n+10$ 整除. 对于任意正整数 m，取 $n = \frac{10^{m+1} - 10}{9}$（这是正整数），则 $9n + 10 = 10^{m+1}$，于是 10^m 整除 S_n，即 S_n 的末尾有不少于 m 个数码为 0，取 $m = 1\,999$ 为所求.

解法 2（余数的周期性）：设 $N = 10^{1\,999}$，考虑各加项除以 N 的余数，显然有

$$5^{99} \equiv (9N+5)^{99} \pmod N$$
$$14^{99} \equiv (9(N+1)+5)^{99} \pmod N$$

等，因此

$$\sum_{k=0}^{N-1} k^{99} \equiv \sum_{k=N}^{2N-1} k^{99} \equiv \sum_{k=2N}^{3N-1} k^{99} \equiv \cdots \pmod N$$

即

$$\sum_{k=0}^{N^2-1} k^{99} \equiv N \sum_{k=0}^{N-1} k^{99} \equiv 0 \pmod N$$

于是，当 $n = 10^{3\,998} - 1$ 时，已知的和的末位将至少有 1 999 个零.

◆估计读者已知恒等式

$$S_1(n) \xlongequal{\text{def}} \sum_{k=0}^{n-1} k = 0+1+2+\cdots+(n-1) = \frac{n(n-1)}{2} \quad (*)$$

于是对自然数 n,序列 S_1 是确定的,我们将它的定义域扩展到所有整数,当 $P\leqslant 0$ 时,设 $\sum\limits_{k=0}^{P} k = -\sum\limits_{k=0}^{-P-1} k$,以这种方式扩展的序列也满足(*)式,例如

$$\begin{aligned} S_1(-3) &= \sum_{k=0}^{-4} k \overset{!}{=} -\sum_{k=0}^{3} k \\ &= (-3)+(-2)+(-1)+0 \\ &= -6 = \frac{(-3)\cdot(-4)}{2} \end{aligned}$$

其中按我们的定义,以感叹号标记的等式是有负的上限的和的扩展.

读者可能认识下列公式

$$S_2(n) = \sum_{k=0}^{n-1} k^2 = 0^2+1^2+2^2+\cdots+(n-1)^2 = \frac{n(n-1)(2n-1)}{6}$$

同样可以将它扩展到所有整数,并保持这个恒等式.在一般情况下,也可以对所有整数 n 给定 $S_m(n) = \sum\limits_{k=0}^{n-1} k^m$,而且它是 n 的 $m+1$ 次多项式.这个多项式满足关系式 $S_m(0)=0$,因而作为多项式可以被 n 整除,即有下列形式 $S_m(n)=nQ(n)$,其中 Q 是某个系数为有理数的多项式.如果多项式 Q 的系数的最小公倍数为 d,那么当 $n=sd$ 时,自然数 $S_m(sd)$ 能被 S 整除,由此可知,本问题还有一种解法.

详细的情形例如可参看书:P·格雷赫姆,Д·克鲁特,O·帕塔仲尼克,具体的数字,莫斯科,世界出版社,1998,§6.5.

99.27. 答案:110 个方格.

每步操作后,在被染成黑色方格所在的行中留下一个白色方格,因此,最后每一行至少有一个白色方格,所以,黑色方格不多于 $11^2-11=110$ 个.

另一方面,可以将主对角线外的所有方格按关于主对角线的方格对称配对,每一对与主对角线上相应的两格构成一个正方形,每步操作取一个这样的正方形,将主对角线外的一对染黑,以这个方法可将主对角线外的全部 110 个方格染黑,因此,最多可以得到 110 个黑色方格.

99.28. 答案:$\frac{-1+\sqrt{5}}{2}$.

如图 6 所示,设棱锥的体积为 v,平面 $ABFE$ 将已知棱锥的体积分割为两个相等的部分.因为按条件,其中一部分 $ABCDEF$ 的体积等于 $\frac{v}{2}$,即多面体 $AEFBS$ 的体积等于 $\frac{v}{2}$.

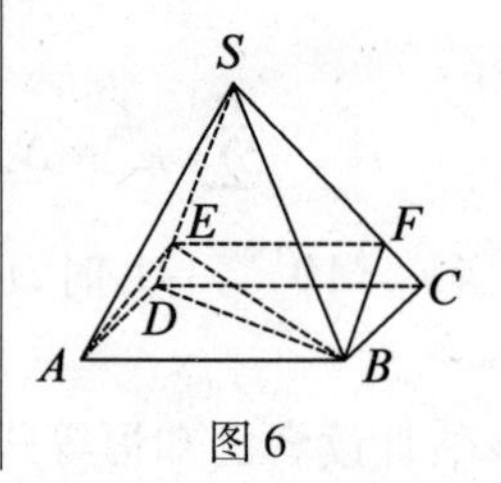

图 6

设 $EF=x$,注意到 $EF/\!/DC$,所以 $\triangle EFS\backsim\triangle DCS$,并且它们的相似系数 $\frac{EF}{DC}=x$. 作截面 DBS,它将多面体 $AEFBS$ 分割为两部分:$B\text{-}AES$ 与 $B\text{-}EFS$,下面计算这两部分的体积.

$B\text{-}AES$ 部分是以 B 为顶点,以 AES 为底的棱锥. 比较它的体积与棱锥 $B\text{-}ADS$ 的一半的体积,后者是以 B 为顶点 ADS 为底的棱锥,因为相比较的两个棱锥有公共的顶点及位于同一平面内的底,所以

$$\frac{V_{B\text{-}AES}}{V_{B\text{-}ADS}}=\frac{S_{AES}}{S_{ADS}}=x$$

因此 $V_{B\text{-}AES}=\frac{vx}{2}$.

为了计算以 B 为顶点,以 EFS 为底的棱锥 $B\text{-}EFS$ 的体积,将它的体积与以 B 为顶点,以 CDS 为底的棱锥 $B\text{-}CDS$ 的一半的体积作比较得

$$\frac{V_{B\text{-}EFS}}{V_{B\text{-}DCS}}=\frac{S_{EFS}}{S_{DCS}}=x^2$$

因此 $V_{B\text{-}EFS}=\frac{vx^2}{2}$,于是有

$$\frac{v}{2}=V_{S\text{-}AEFB}=V_{B\text{-}AES}+V_{B\text{-}EFS}=\frac{v}{2}(x+x^2)$$

即 $x+x^2=1$,由此解得 $x=\frac{-1+\sqrt{5}}{2}$.

99.29. 答案:不可能.

假设题述的放置是可能的,下面去计算全套海战船可能占据的水平行数与垂直列数之和,每只 1×4 小船占据 1 个垂直列与 4 个水平行,或占据 1 个水平行与 4 个垂直列,结果占据 5 个行列,每一只 1×3 小船占据 4 个行列,每一只 1×2 小船占据 3 个行列,而每一只 1×1 小船占据 2 个行列,因此,全部小船在方格板上所占据的行列总数不大于(因为我们可能将某些格重复计算,所以是不大于)$5+2\times4+3\times3+4\times2=30$. 而方格板上共有 32 个行列,即至少有 2 个行列没有被小船占据.

◆在 15×15 的方格板上放置全套海战游戏船,使得在每一条垂直线与每一条水平线上至少有一个方格被小船占据.

99.30. 解法 1(估计乘积):当片状数 a 的最右边的数码为 n 的时候,它满足不等式 $12\cdot10^n\leqslant a\leqslant13\cdot10^n$,因此,两个片状数的乘积 k 满足不等式 $144\cdot10^m\leqslant k\leqslant169\cdot10^m$,由此可知:两个片状数的乘积从左向右数的第二个数码必然是下列三个数中的一个:4,5,6,因此,两个片状数的乘积不可能是片状数.

解法 2(商的分析):下面证明:两个片状数的比不可能是片

状数. 设 a 是由 n 个数码组成的片状数, b 是由 $m(m>n)$ 个数码组成的片状数, 那么 b 的开头 n 个数码就是 a 的数码, 所以数 $b-a\times 10^m$ 小于 10^m. 于是, 商 $\frac{b}{a}$ 从左向右数的第二个数码开始, 必然有 $n-1$ 个数码为 0, 从而 $\frac{b}{a}$ 不可能是片状数, 即 $a\times b$ 不可能是片状数.

99.31. 假设三个人全部是对的, 选择从 $a1$ 到 $h8$ 的两条路线, 这两条路线只差一个方格. 例如 $a1-a2-b2-\cdots$ 与 $a1-b1-b2-\cdots$(其中…表示路线中相同的部分), 按照甲的说法, 在这些路线的方格中各数之和相等. 由此可以判断, 在方格 $a1$ 与 $b1$ 中放着相同的数, 用同样的方法可以验证, 在任何两个相邻的方格中, 如果它们有共同的右下顶点或左上顶点, 那么在这两个方格中的两个数相等. 由此可知, 在沿着与棋盘的主对角线平行的方向上的方格子列中放着相等的数. 类似地考虑从 $a8$ 走到 $h1$ 的路线, 运用乙的观察结果可以判别, 在与棋盘的次对角线平行的方向上的方格子列中所放置的数是相等的, 这样一来, 在棋盘的黑色方格中的所有数与在白色方格中的所有数都相等. 于是, 这些数之和应当可被 32 整除, 这与丙的说法矛盾. 因此, 甲、乙、丙三人中至少有一个人错了.

99.32. 设想自己就是 A 先生. 在该岛上任选一个居民, 称这个居民为甲. 甲称另外两个居民为小偷, 将这两个人分别称为乙与丙. 如果甲是小偷, 那么乙与丙也是小偷, 而且他们会相互揭发, 因此, 如果丙没有说甲或乙是小偷, 或乙没有揭发甲与丙为小偷, 那么, 甲就不可能是小偷. 我们可以请甲为带路人, 如果甲、乙、丙互相揭发, 我们就不再考虑这三个有小偷嫌疑的人, 并选择该岛的其他居民, 比如选丁, 考察丁所揭发的两个人, 如果这两个人没有相互揭发, 也没有揭发丁, 那么丁不可能是小偷. 在相反的情况下, 不再考虑这三个人, 即我们遇到了三个新的相互揭发的人("新的"是因为他们不可能是前面的有小偷嫌疑的甲、乙、丙中的任一个), 因此, 我们将陆续地每次挑选出三个互相揭发的人, 因为数 1 993 不能被 3 整除, 所以, 最后只剩下一个人, 这个人不是小偷, 因为岛上其他人都没有说这个人是小偷.

◆如果在该岛上有 1 998 个居民, 是否总可以选出不是小偷的带路人?

99.33. 答案: 先行者不可能将国王领到 $h8$ 格.

下面说明后行者的操作. 除了移动国王的操作以外, 后行者开始两步是将筹码放在 $h7$ 格和 $g7$ 格(参阅图 7), 以后任何

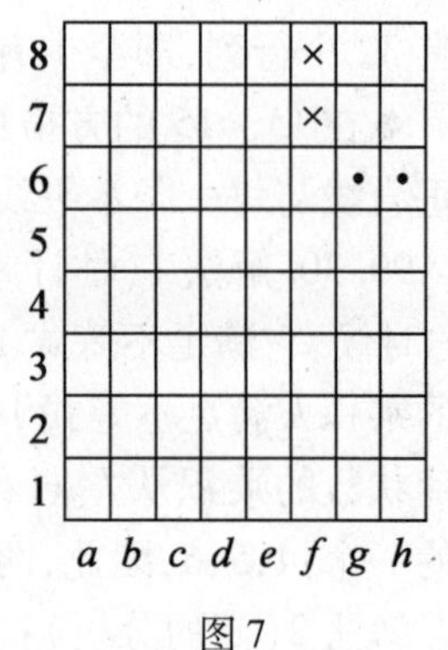

图 7

时候都不再移动在 $g7$ 格的筹码. 后行者以后的操作要点如下：如果国王在有标记点的格中，那么后行者将筹码从 $g8$ 格摆到 $h7$ 格（如果已有筹码在 $h7$ 格，那么就保持原来的状况）. 如果国王在以"×"标记的格中，那么后行者将筹码从 $h7$ 格重新移动到 $g8$ 格中，这样一来，后行者使国王不能落入 $h7$ 格，$g7$ 格和 $g8$ 格，而只能将国王放入 $h8$ 格.

◆如果后行者可以将筹码移动到除 $h7$ 格与 $h8$ 格以外的任何空格内，后行者是否可以留住国王？

99.34. 假设这样的排列存在，如果排列的全部数字都是偶数，那么它们都可被 2 整除. 如果整除后所得的商的排列仍然都是偶数，则继续用 2 去除每一个偶数，直到其中一个商数为奇数，将这个奇数记为 x. 依条件，与 x 相邻的一个数必然是偶数，而另一个与 x 相邻的数一定是奇数（将它记为 y），而与 y 相邻的同样是一个奇数，一个偶数，即数字排列成偶奇奇偶的序列，与底下划线的偶数相邻的已经有一个是奇数，所以另一个相邻的数同样是奇数，依次确定排列在圆周上的各数的奇偶性. 我们得到如下排列：偶奇奇偶奇奇…偶奇奇…. 可以将排列中全部数学按三个数字为一组得到"偶奇奇"型的组. 因为 100 不能被 3 整除，走遍整个圆周，由此确定 x 应当是偶数，导致矛盾，因此，这样的排列不存在.

◆在圆周上是否可以按如下要求排列 300 个自然数：使得其中每一个数或者是两个相邻的数之和，或者是两个相邻的数之差？

99.35. 解法 1（全等三角形）：如图 8 所示，因为 $\angle BLC = 180° - \angle ALB = 180° - \angle BAL = \angle BAK$，所以 $\triangle ABK$ 与 $\triangle LBC$ 有两边相等而且这两边的夹角相等，于是 $BK = BC$.

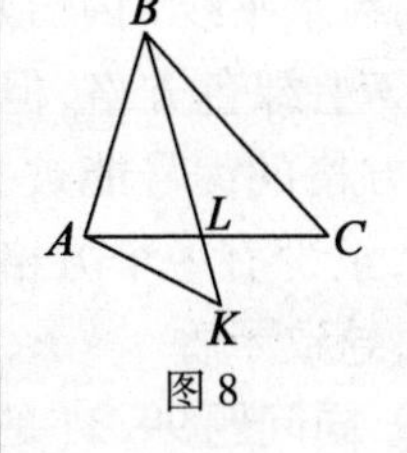

图 8

解法 2（内接角）：记 $\angle BAL = \alpha$，则

$$\angle BLA = \angle BAL = \alpha$$

$$\angle CBL = \angle LBA = 180° - \alpha$$

$$\angle LAK = \angle BAK - \angle BAL = 180° - 2\alpha$$

于是 $\angle CAK = \angle CBK$，A,B,C,K 四点共圆，而 $\angle BAC$ 与 $\angle BKC$ 立在同一弧上，由此得 $\angle BKC = \alpha$，而且

$$\angle BCK = 180° - \angle CBK - \angle CKB = 180° - (180° - 2\alpha) - \alpha = \alpha$$

即 $\triangle BCK$ 为等腰三角形.

99.36. 同问题 99.30 的解答.

99.37. 设 A 用了 n 张画页，则 C 至少用了 $n+1$ 张，而 B 至少用了 $2n+2$ 张，所以 B 至少画了 $2n+2$ 个娃娃，而 C 至少画了 $2n+3$ 个娃娃，于是 A 至少画了 $4n+6$ 个娃娃. 因为 A 只有 n 张画页，所以 A 至多画了 $5n$ 个娃娃，即 $4n+6 \leqslant 5n$，由此得

$n\geqslant 6$.

99.38. 答案:不能.

考虑方格纸中 12×12 正方形部分,可以将这个正方形分为 1×3 矩形,依条件,在每一个 1×3 矩形中至少有一个红色方格,所以在全部 1×3 矩形中至少有 $\frac{1}{3}\times 12^2$ 个红色方格. 类似地,在这些矩形中至少有 $\frac{1}{4}\times 12^2$ 个蓝色方格,至少有 $\frac{1}{4}\times 12^2$ 个黄色方格和至少有 $\frac{1}{6}\times 12^2$ 个绿色方格,于是,其中至少有

$$\frac{1}{3}\times 12^2+\frac{1}{4}\times 12^2+\frac{1}{4}\times 12^2+\frac{1}{6}\times 12^2=12^2$$

个方格. 但是该正方形恰好有 12^2 个方格,即上述全部估计"至少"实际上是等式,因此,在方格纸范围内的任何 12×12 正方形中恰好有三个红色方格,四个蓝色方格等.

对于每一个 3 方格的矩形 A,考虑一个 12×12 正方形. 矩形 A 在正方形中是有棱角的,它将正方形划分为若干个"互相平行"的矩形,在每一个这样的矩形(包括矩形 A)中,恰好有一个红色方格,于是,每一个 1×3 矩形恰好包含一个红色方格.

类似地,在任一个 1×4 矩形中恰好包含一个绿色方格. 下面考虑正方形中任一条水平线 l,将在 l 上的方格编号,设方格 x 是红色的,在由方格 $x,x+1,x+2$ 所组成的 1×3 矩形中没有其他红色方格,因此,方格 $x+1$ 与 $x+2$ 都不是红色的. 于是,在由方格 $x+1,x+2,x+3$ 组成的矩形中,方格 $x+3$ 一定是红色的. 由此得出,在水平线 l 内恰好有 2 个红色方格. 类似地可知,在 l 内恰好有 3 上绿色方格,但这是不可能的! 事实上,我们可以认为红色方格的编号能被 3 整除. 于是,在任何三个串联的绿色方格中,至少有一个方格的编号应当能被 3 整除,即它应当是红色的,导致矛盾.

99.39. 同问题 99.34 的解答.

99.40. 答案:萨沙胜出.

首先注意这个游戏共有 3 999 种可能的情形(每一种情形由第一堆里硬币的数量所单值地确定),因此,会遇到两个人都不能操作下去的情况,下面证明,萨沙一定能够完成按次序轮到她的操作. 除了开始取的一对依赖于在第一堆的硬币数量以外,可以将所有可能的情形划分为 0 - 1,2 - 3,…,1 996 - 1 997,1 998 - 2 000,2 001 - 2 002,…,3 997 - 3 998. 如果季马在第一堆里所取的硬币数等于任一对的数字之一,那么萨沙在补充一个硬币(在 1 998 - 2 000 这一对中补充两个硬币)以后,将个数等于该对中第二个数字的硬币放在第一堆上,于是,在

萨沙操作一步以后,对于任一对,或者其中的两个数都曾经遇到过,或者两个数都未遇到过. 因此,在任何时刻,在季马操作一步以后,一对中的第二个数还未遇到过,而萨沙总可以完成按次序轮到她的一步操作,从而萨沙胜出.

99.41. 经理可以按以下方式操作:将信件分成几包,把所有谈及同组同事的信集中为一包,然后将其数量不能被 200 整除的信作为一包,所有这些信来自亚健康的同事,因为所有健康的同事的信已经放在一包里,并且这一包里没有任何一封信来自亚健康的同事(因为在这些信中列举了所有亚健康者),即在这一包中恰好有 200 封信. 因为被选在包内的信的总数1 999在除以 200 时余数为 199,所以其中包含不少于 199 封信.

99.42. 首先补充一个由众多数码 9 组成的十位数,然后考虑这五个十位数的 10 个数码之和. 在所得的和中找出奇数所在的位置,并且在补充的数的相应位置上以 8 代替 9,这就使得和的对应的数码减少 1 而成偶数(而不是进位,因为这些数码是奇数,特别地,不是零). 于是,我们得到一个由众多数码 8 与 9 组成的数,补充这个数使得和的最后 10 个数码都是偶数,最后注意到和是 11 位数,而且它的第一个数码为 4. 事实上,相加的五个数中每一个都大于 8×10^9,而且都小于 10^{10},因此,这五个数之和在 $5\times8\times10^9=4\times10^{10}$ 与 5×10^{10} 之间,即和是 11 位数,它的第一位数码为 4.

99.43. 如图 9 所示,设$\triangle ABC$ 的$\angle C$ 的平分线为 CF,因为

$$\angle DEB=\frac{1}{2}\angle ACB=\angle FCB$$

所以直线 $ED/\!/CF$,据泰勒斯定理得

$$\frac{BF}{AB}=\frac{BF}{BD}\cdot\frac{BD}{AB}=\frac{3}{2}\cdot\frac{1}{3}=\frac{1}{2}$$

即 CF 是$\triangle ABC$ 的中线,于是$\triangle ABC$ 是等腰三角形($AC=BC$).

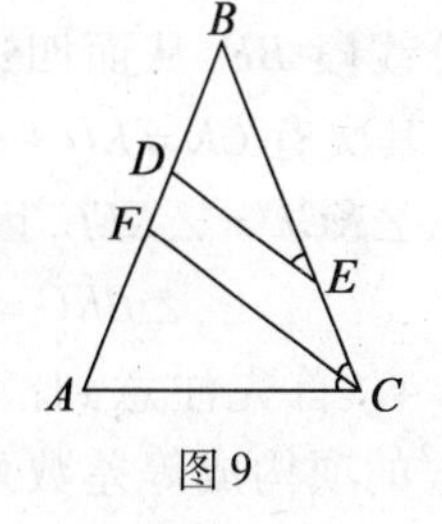

图 9

99.44. 同问题 99.33 的解答.

99.45. 答案:不能.

解法 1:假设能够按条件将所有数划分为几组. 如果一个数是它所在的组中最大的两个数之一,则将这个数称为“大数”,如果一个数不是大数,则将它称为“小数”. 在每一组中,最大的两个数之和不大于 $1\,998+1\,999=3\,997$,因此,组中其余小数之和不大于 $\frac{3\,997}{9}=444\frac{1}{9}$. 于是,任何一个小数都不可能大于 444. 因为在每一组中应当至少有一个小数,所以我们所得的划分由不多于 444 个组所组成. 就是说,大数的个数不超过 888 个,于是,全部数不超过 $888+444=1\,332$ 个,这与原有 1 999 个

数矛盾.

解法 2:记 $n=1\ 999$. 从条件知,每一个组中包含不少于三个数,因此,全部有不多于$\frac{n}{3}$个组,于是有不多于$\frac{2n}{3}$个数(在所在组中最大的数),它们之和等于全部数之和的$\frac{9}{10}$.但这是不可能的,因为从 1 到 n 的$\left[\frac{2n}{3}\right]$个最大的数有较小的和

$$n+(n-1)+(n-2)+\cdots+\left(n-\left[\frac{2n}{3}\right]+1\right)$$

$$=\frac{n+n-\left[\frac{2n}{3}\right]+1}{2}\cdot\left[\frac{2n}{3}\right]$$

$$<\frac{\frac{4n}{3}+2}{2}\cdot\frac{2n}{3}=\frac{n(4n+6)}{9}$$

$$<\frac{9}{10}\cdot\frac{n(n+1)}{2}=\frac{9}{10}\quad(1+2+\cdots+n)$$

(当 $n>39$ 时,最后的不等式成立).

99.46. 如图 10 所示,将线段 BD 向点 D 延长到 DE,使 $DE=AD$,则 $\angle ADB$ 是 $\triangle ADE$ 在等腰顶点的外角,因此

$$\angle AED=\frac{1}{2}\angle ADE=\angle CBD$$

因为 $\angle CBD=\angle AEB$,所以直线 $AE /\!/ BC$,于是从条件得:对角线 AC 平分线段 BE,从而四边形 $ABCE$ 是平行四边形,$\angle ABD=\angle KEC$. 其次有 $CK=KD+AD=KD+DE=KE$,即 $\triangle CKE$ 是等腰三角形,$\angle KCE=\angle KEC$. 因为 $\angle BKC$ 是 $\triangle CKE$ 的外角,所以

$$\angle BKC=2\angle KEC=2\angle ABD$$

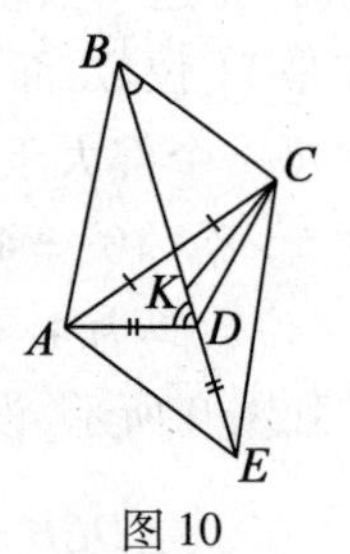

图 10

99.47. 首先注意到:对于任何的 n,数列的序号从 n^2 到 $(n+1)^2$的项构成等差数列,公差为 x_n,特别地 $x_{(n+1)^2}=x_{n^2}+(2n+1)x_n$. 选择这样的 $n>1\ 000$,使得 x_n 不能被 3 整除(如果没有这样的 x_n,那么结论已成立),x_n 除以 3 的余数等于 1 或 2.

考虑第一种情形:$x_n\equiv1$(这里及以后,所有同余式都是对模 3),那么 $x_{n^2},\cdots,x_{(n+1)^2}$的余数构成下列形式的数列…0,1,2,0,1,2,…. 在 n^2 与$(n+1)^2-6$ 之间选择 m,使得 $x_m\equiv0$. 如果 x_{m^2} 能被 3 整除,那么数列的序号从 m^2 到$(m+1)^2$ 的所有项都能被 3 整除,而且其中前 1 000 项构成所求的组. 如果不是这样,利用 $x_{m+1}\equiv1$ 与 $x_{m+2}\equiv2$ 进一步考察

$$x_{(m+1)^2}=x_{m^2}+(2m+1)x_m\equiv x_{m^2}$$

$$x_{(m+2)^2}=x_{(m+1)^2}+(2m+3)x_{m+1}\equiv x_{m^2}+2m$$

$$x_{(m+3)^2}=x_{(m+2)^2}+(2m+5)x_{m+2}\equiv x_{m^2}+2m+2(2m+5)\equiv x_{m^2}+1$$

因为 $x_{m+3}\equiv 0$,我们可以用 $m+3$ 代替 m 进行同样的推理,即如果 $x_{(m+3)^2}$ 能被 3 整除,那么我们立即得到所要求的 1 000 项,否则考虑 $m+6$,这时 $x_{(m+6)^2}\equiv x_{(m+3)^2}+1\equiv x_{m^2}+2$. 因此,数 $x_{m^2},x_{(m+3)^2}$ 与 $x_{(m+6)^2}$ 中有一个可被 3 整除,这就完成了在 $x_n\equiv 1$ 情形下的证明.

可以用类似的方法研究 $x_n\equiv 2$ 的情形或者注意到在 x_{n^2} 与 $x_{(n+1)^2}$ 之间(其中余数构成如下形式的数列…0,2,1,0,2,1…)可以找到数列的余数为 1 的项,然后用这个项代替开始的 x_n.

99.48. 答案:对于所有的不能被 200 整除的 k.

设 k 不能被 200 整除,市长可以用下列方法找出贪污者:

①如果在众多的信中都检举同一批人,则称这些信是同样的,将同样的信分为一组.

②抛弃其中少于 200 封信的组.

③找出在所有其余的信中提到的人,这个人就是贪污者.

下面证明,上述方法是切实可行的. 注意到廉洁的职员们所写的 200 封信全部在一个组里,因此,没有抛弃这些信. 如果在所有信里都检举某个人,特别地,在廉洁员的这些信中都检举的那个人显然是贪污者,现在要证明一定可以找出这个人. 设 $k=200n+m$,其中 m 与 n 为正整数,$0<m<200$. 于是有 $k+200=200(n+1)+m$ 封信,即有 200 封信的组与有更多信的组共计至多是 $n+1$ 个. 对于每一个至少有 200 人的组(在信中没有提及这些人)来说,在这些组中共计至多有 $200(n+1)$ 个职员,这些人起码在一个组里没有被提及. 因此,至少剩下 m 个职员被处处检举.

现在设 k 能被 200 整除($k=200n$),下面证明:市长不能可靠地确定谁是贪污者. 设按 200 人一组将贪污者分为 n 组,而且每一个贪污者在自己的信中检举了除自己组外的所有职员,廉洁的职员也由 200 人组成一组. 依条件,他们正是这样做的.

有了这样一组信,所有的组看来都是一样的,显然没有任何合乎情理的方法指出贪污者. 而这正如下列类型的任何论证那样:"因为我什么也没有得到,所以不可能". 这更不是严格的证明. 首先应更详细地说明这是根据信件确定贪污者,确定已知的人员和他们的信件的组别,并且研究"认定"200 人是廉洁的而其余的人是贪污者的所有可能的方法,使得所研究的信的分组同时满足题目的条件(在廉洁的人们的信中只检举贪污者). 只有在下列情况下市长才可以判定职员 X 为贪污者:如果在全部研究的"认定"方法中,职员 X 都是贪污者. 在现在讨论的情形中,任一个 X 都不符合这个条件. 因为可能有那样的变异:X 和他所在的整个组的职员都是廉洁的. 所有其余的人都是贪污者,而所有信件都是一样的.

99.49. 假设存在这样的正整数 x 与 y 及素数 p,将原式两边立方得

$$p=x+3\sqrt[3]{xy}\cdot\sqrt[3]{x}+3\sqrt[3]{xy}\cdot\sqrt[3]{y}+y=x+y+3\sqrt[3]{xy}\cdot\sqrt[3]{p}$$

将 $x+y$ 移到左边并再一次将等式两边立方得

$$(p-x-y)^3=27pxy$$

注意到上式右边是正数,由此得 $0<p-x-y<p$. 因此 $p-x-y$ 不能被素数 p 整除,从而 $(p-x-y)^3$,即 $27pxy$ 也不能被 p 整除,矛盾.

99.50. 对于岛上任意两个居民 A 与 B,考虑可以使他们彼此沟通的最短的传译链(A 可以与第一个翻译交谈,第一个翻译与第二个翻译交谈等,最后一个翻译可以与 B 交谈). 假设该传译链由不少于 16 个翻译组成. 在链的开头补充 A,在链的结尾补充 B 就得到由不少于 18 人组成的传译链. 在传译链中各人熟悉的语言集合中,不相邻的任意两人的语言集合不相交,否则这两个人可以互相交谈,从而可以缩短传译链,因此,在该链中第 1 个,第 3 个,第 5 个,……,第 13 个,第 15 个各人认识的语言集合互不相交,因此,这 8 个人至少认识 $5\times8=40$ 种不同语言,而第 17 人与第 18 人并不认识这 40 种语言. 因为岛上总共只有 45 种语言,所以这两个人至多只认识 5 种语言,这只有当第 17 人与第 18 人都认识这 5 种语言中同一种语言才有可能,这就是说,第 16 个人可以代替第 17 人直接与第 18 人交谈,这与上述传译链条是最短的矛盾. 所以,前面的假设是错误的,因此在最短传译链中至多只有 15 个翻译.

99.51. 如图 11 所示,设边 AC 的中点是点 M,则 PM 是 Rt$\triangle APC$的斜边 AC 上的中线,所以 $PM=MC$,而且 $\angle PMA=2\angle PCA=\angle BCA$,于是 $MP/\!/BC$. 从而 MP 过 AB 的中点 K,同理可得 MQ 过 BC 的中点 L,于是 KP 与 LQ 相交于 AC 的中点 M.

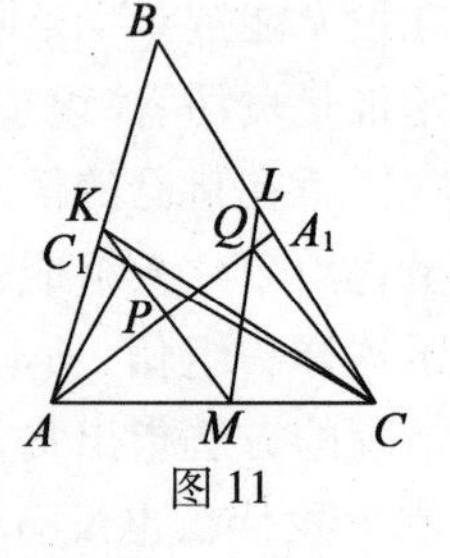

图 11

99.52. 答案:B 可保证获胜.

解法 1(B 操作为奇数堆的策略):首先注意到在游戏开始时,该堆石子的粒数是奇数,而且只有石子的粒数为合数的堆才可以继续进行分堆. 下面证明:只要 B 采用使自己的每一步操作以后各堆的石子都是奇数的策略,并保证 A 的每一步操作以后石子都可以分堆,那么,由于游戏操作步数的有限性,B 一定获胜.

若 B 的若干操作以后各堆石子的粒数都是奇数,而且都是素数,则 B 已获胜. 若这些奇数并不都是素数,则 A 选石子数为奇合数 $c=st$(s 与 t 都是大于 1 的奇数)的一堆,将它分为石子数是 t,$(s-1)t$ 的两堆. 因为 s 为奇数,$s\geqslant3$,所以 B 可接着将石

子数为$(s-1)t$的堆分为两堆:$t,(s-2)t$. 这时,三堆的石子数$t,t,(s-2)t$都是奇数. B这样操作下去,如上分析. B最终一定获胜.

解法 2(B对称取石策略):设有一堆石的石子数为奇数,还有偶数个石子堆. 可以将这偶数个石子堆配对,使每一对的石子数与其他对的石子数都不相等. 下面说明,在这种情况下,B如何取胜.

如果A从任何一对有偶数粒石子的一堆里取出奇数粒石子放成一堆,那么B就从与这一堆配对的另一堆里取出与A所取同样数量的石子放成一堆.

如果A从唯一的一堆里取出奇数粒石子放成一堆,那么B将有偶数粒石子的一堆平分为 2 堆,使平分而成的每一堆有奇数粒石子.

99.53. 注意到$\angle LBK=\angle LAC=\angle LAK$. 设$AL$与$BC$的交点为$M$,$K$在$AB$上的投影为$H$.

解法 1:设点B关于H的对称点为B_1,如果B_1与A重合,则LH是AB的中垂线,所以$AK=KB$. 如图 12 所示,如果B_1与A不重合,由对称性,有$\angle LAK=\angle LAC=\angle LBC=\angle LB_1K$,所以$A,L,K,B_1$四点共圆. 于是$\angle ALC=\angle ABC=\angle BB_1K=\angle ALK$,从而$\triangle ALC\cong\triangle ALK$,由此得$AK=AC$.

解法 2:设点K在AL上的投影为P. 直线KP与AB相交于点Q,如果P与M重合,则$\angle AMK=90°$且$AK=AC$. 如果P与M不重合,如图 13 所示,因为点K是$\triangle ALQ$的重心,而且$\angle KBL=\angle KAL=\angle KQL$,所以$L,K,B,Q$四点共圆,于是$\angle KAB=\angle KLQ=\angle KBA$,而且$AK=KB$.

解法 3:引理:如图 14 所示,设$\triangle ABC$的三边上的高为AA_1,BB_1,CC_1,直线AP及BQ与三角形的高不重合,且与CC_1相交. 若A,Q,P,B四点共圆,则$AC=BC$.

引理的证明:从A,Q,P,B及A,B_1,A_1,B各四点共圆可知$\angle CA_1B_1=\angle CAB=\angle CPQ$,由此得$A_1B_1\parallel PQ$,$\triangle CPQ\backsim\triangle CA_1B_1$且$\frac{CA_1}{CB_1}=\frac{CP}{CQ}$. 从塞瓦定理得

$$\frac{AB_1}{B_1C}\cdot\frac{CA_1}{A_1B}=\frac{AC_1}{C_1B}=\frac{AQ}{QC}\cdot\frac{CP}{PB}=\frac{AQ}{B_1C}\cdot\frac{CA_1}{PB}$$

即$AB_1\cdot PB=A_1B\cdot AQ$,经变换得$CA\cdot CA_1=CB\cdot CB_1$,于是$\triangle ABC\backsim\triangle A_1B_1C$且线段$A_1B_1\parallel AB$,那么$\angle CAB=\angle B_1A_1C=\angle ABC$,因此,$AC=BC$.

如图 15 所示,设线段AK的延长线与线段BL相交于点P,线段AL与BC相交于点Q,则$\angle CAL=\angle CBL$,而且A,Q,P,B四

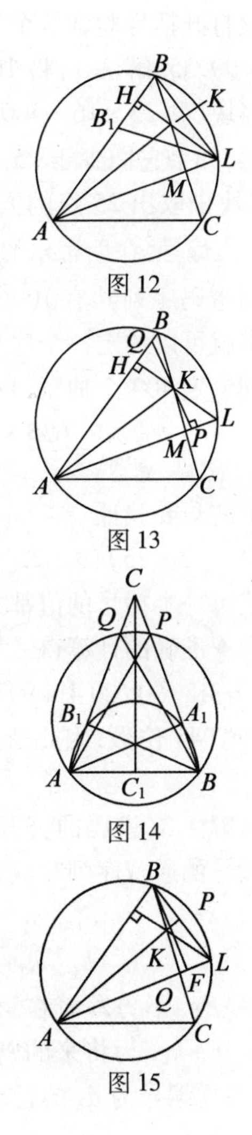

点共圆. 如果从顶点 B 向边 AL 所作的高的垂足是点 F,则 $\angle KAC$ 的角平分线 AF 为高,由此得 $AK=KC$. 否则,应用引理可以断定 $AK=KB$.

99.54. 记 $p=a+b+c+d$,则 $d\equiv-(a+b+c)(\bmod p)$,由条件得

$$a^2+b^2+ab\equiv c^2+(a+b+c)^2-c(a+b+c)(\bmod p)$$

解开括号与合并同类项后得到 $ab+ac+bc+c^2\equiv0(\bmod p)$,即 $(a+c)(b+c)\equiv0(\bmod p)$,所以 p 整除 $a+c$ 或 p 整除 $b+c$. 但是这两个因子 $a+c$ 与 $b+c$ 都是大于1且小于 p 的正整数,因此 p 不可能是素数.

◆利用以下等式及条件可直接证明 $(a+c)(b+c)$ 能被 $a+b+c+d$ 整除

$$(a+c)(b+c)=(a+b+c+d)(a+b-d)+(c^2+d^2-cd)-(a^2+b^2+ab)$$

可以打开括号验证这个等式对任何正整数 a,b,c,d 都成立.

99.55. 解法1:将 100×100 的抽屉阵分割成 $25^2=625$ 个 4×4 块(共 $25\times16=400$ 个抽屉). 取出装有绝密文件的所有正方形,如果它们少于25个,就用若干个空抽屉补充进去. 而从625块中取出25块的方法的个数是 C_{625}^{25},将所有这些位置从1到 C_{625}^{25} 编号,在斯蒂尔的密码中传输了从1到100的25个数构成的密码序列共有 100^{25} 个,因此,只要证明 $C_{625}^{25}\leqslant10^{25}$. 那么斯蒂尔就可以约定一个序列代表一种取法,从而根据收到的密码序列锁定400个抽屉,我们有

$$C_{625}^{25}=\frac{625\cdot624\cdot\cdots\cdot601}{25!}<\frac{7^{25}\cdot100^{25}}{25!}$$

剩下的只要验证

$$25!=(2\cdot25)(3\cdot22)(4\cdot21)\cdots\cdots(12\cdot13)(24\cdot23)>7^{25}$$

上式每一个括号的值都大于 7^2,最后一个括号的值大于 7^3.

◆准确的计算得

$C_{625}^{25}=312\ 690\ 620\ 414\ 907\ 617\ 326\ 451\ 186\ 807\ 195\ 415\ 244\ 296\ 900$

是一个45位数,因此斯蒂尔为了传输信息只需用到23个自然数.

解法3(密码的公开算法)[①]:首先将放置所需的单元的行的编号的递减序列写成一行

$$\begin{matrix}a_1 & a_2 & a_3 & a_4 & \cdots & a_{n-1} & a_n\\ k_1 & k_2 & k_3 & k_4 & \cdots & k_{n-1} & k_n\end{matrix}$$

在序号 a_i 下方写着在第 a_i 行中所需要的单元数. 设 $S_m=k_1+k_2+\cdots+k_m$. 为将来的密码数划出25个空位,并逐步将它们填满. 考虑编号为 a_1 的行,将它划分为25小块,每小块有流动子

① 在本解法中符号 $[r]$ 表示大于 r 的最小整数,即当 r 为整数时,$[r]=r+1$;当 r 不是整数时,$[r]$ 等于 r 的整数部分.

列的四个单元. 设包含必要的单元的小块的序号是 $i_1,i_2,\cdots,i_{k_1}$,那么以密码中的数填满编号为 $i_1,i_2,\cdots,i_{k_1}$ 的位置. 密码中的其他位置以从 1 到 $25-S_1$ 的数编号. 考虑编号为 a_2 的下一行,把它划分为小块,每一小块有流动子列的 $\left[\frac{100}{25-S_1}\right]$ 个单元,设包含所需要的单元的小块的编号为 $j_1,j_2,\cdots,j_{k_2}$,以 a_2 的数字填满密码中序号为 $j_1,j_2,\cdots,j_{k_2}$ 的空着的位置等. 在第 m 步,我们考虑第 a_m 行,把它划分为小块,每一小块有流动子列的 $\left[\frac{100}{25-S_{m-1}}\right]$ 个单元. 以 $l_1,l_2,\cdots,l_{k_m}$ 表示有所需单元的小块的序号,并记下在密码中位于序号为 $l_1,l_2,\cdots,l_{k_m}$ 的数 a_m(这是我们在第 $m-1$ 步赋予它们的序号). 其次,对余下的位置重新编号等. 下面计算在这个密码中,单元的最大可能的数量,即估计下列的和

$$S=k_1\cdot 4+k_2\cdot\left[\frac{100}{25-S_1}\right]+k_3\cdot\left[\frac{100}{25-S_2}\right]+\cdots+k_n\cdot\left[\frac{100}{25-S_{n-1}}\right]$$

单独估计第 m 项

$$\begin{aligned}k_m\left[\frac{100}{25-S_{m-1}}\right]&=\left[\frac{100}{25-S_{m-1}}\right]+\left[\frac{100}{25-S_{m-1}}\right]+\cdots+\left[\frac{100}{25-S_{m-1}}\right]\\&\leqslant\left[\frac{100}{25-S_{m-1}}\right]+\left[\frac{100}{24-S_{m-1}}\right]+\cdots+\left[\frac{100}{26-S_m}\right]\end{aligned}$$

其中,右边每下一项的分母比前一项的分母小 1,最后一个分式的分母比第一个分式的分母小 k_m-1,所以,可以用以下表达式估计 S 的上界

$$\begin{aligned}&\left[\frac{100}{25}\right]+\left[\frac{100}{24}\right]+\left[\frac{100}{23}\right]+\cdots+\left[\frac{100}{1}\right]\\&=4+5\cdot 5+3\cdot 6+2\cdot 7+2\cdot 8+9+2\cdot 10+12+13+15+\\&\quad 17+20+25+34+50+100\\&=392<400\end{aligned}$$

按以下方式进行译码,注意在密码中的最大数 a_1 所在的位置 $i_1,i_2,\cdots,i_{k_1}$. 将序号为 a_1 的行划分为单元的四个流动子列,拆开序号与数 $i_1,i_2,\cdots,i_{k_1}$ 重合的四块,随后,将在密码中的所有数 a_1 擦去,再挑选最大的数 a_2,记下它们所占据的位置的序号 $j_1,j_2,\cdots,j_{k_2}$,然后,可能的话,除最后一小块外,将序号为 a_2 的行分为小块,每一个小块有 $\left[\frac{100}{25-S_1}\right]$ 个单元,并将序号为 $j_1,j_2,\cdots,j_{k_2}$ 的小块拆开. 然后擦去密码中所有数 a_2,等等. 于是,我们至多拆开 392 个单元,从中发现所需的全部单元.

◆证明:如果施蒂尔只传输 17 个数,那么中心不可能拟定操作计划.

◆◆一般问题. 已知 $l<k<n$, 要使 n 元集 S 的 k 元子集族 F 满足: S 的任一个 l 元子集都被包含在 F 的某个子集中, 求 k 的最小值, 这是一个还未解决的问题, 除了已知某些估值外, 只是当 l 与 k 不大时这个问题才有答案. 可参看: P·埃尔坚, J·斯彭谢尔. 组合中的概率方法[M]. 莫斯科: 世界出版社, 1976.

99.56. 如图 16 所示, 将正方形的边长记为 a, 不难验证, 如果一个矩形有一边平行于正方形的边, 矩形的一个顶点与 B 点重合, 且与 B 相对的顶点位于 AC 上, 那么该矩形的周长等于 $2a$ (将这样的矩形称为内接于 $\triangle ABC$). 考虑有一个顶点在 B 点的分割矩形, 因为它与对角线 AC 相交, 所以它的与 B 相对的顶点位于 $\triangle ACD$ 内. 因为这个矩形可以缩小到内接于 $\triangle ABC$, 所以它的周长大于 $2a$, 即任何分割矩形的周长都大于 $2a$. 现在注意到任何周长大于 $2a$ 的矩形都与对角线 BD 相交. 事实上, 若某个矩形被包含在 $\triangle BCD$ 内, 那么它做包含在一个内接于 $\triangle BCD$ 的矩形内, 即它的周长不大于 $2a$, 从而这个矩形不是分割矩形.

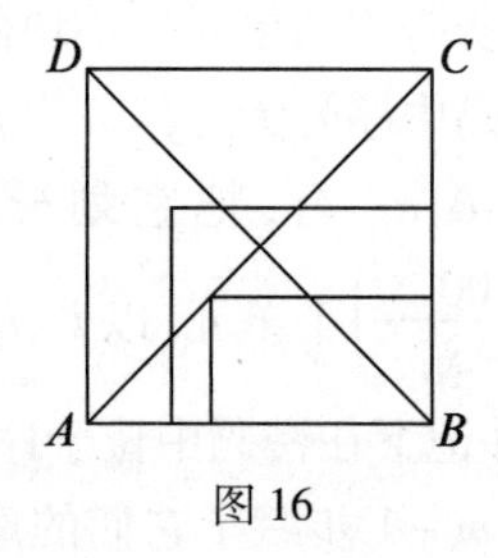

图 16

99.57. 同问题 99.50 的解答.

99.58. 同问题 99.53 的解答.

99.59. 答案: 12 步.

首先指出, 怎样通过 12 步操作得到 683 的倍数. 注意到 $2^{11}+1=2\ 049=3\cdot 683$. 设初始数等于 a, 将它翻番 11 次, 即每一步自身相加 11 次, 得到数 $2^{11}a$. 现在再将它加上 a 得 $(2^{11}+1)\cdot a=683\cdot 3a$, 它能被 683 整除, 即对任意的初始数 a 都可经 12 步操作得到 683 的倍数.

以下证明, 少于 12 步操作, 从数 1 不可能得到 683 的倍数. 假设以 11 步或更少步数的操作已经得到 683 的倍数. 因为经过每一步操作使得数的增大不超过 2 倍, 因此, 所得的数不大于 2^{11}, 于是所得的数为 683 或 $2\cdot 683$.

考虑所得的数为 683 的情形. 在最后一步增加的因素应当是素数 683 的真因数(因为各数之和及其因数都是这个因数的倍数), 所以这个真因数等于 1, 于是, 在最后一步(即在不多于 10 步以后的一步)得到数 682. 直到这一步所得的数不超过 $2^9=512$, 因此, 对它所增加的因数不小于 $682-512=170>\frac{682}{6}$, 但 682 只有一个大于 $\frac{682}{6}$ 的真因数, 这就是 $\frac{682}{2}=341$. 因为 $\frac{682}{3}$, $\frac{682}{4}$, $\frac{682}{5}$ 都不是整数, 于是在 682 以前(不超过 9 步)所得的数等于 $682-341=341$. 对数 682 重复以上的推理可知: 添加到前一步的因数不小于 $341-256=85>\frac{341}{6}$. 但是数 341 没有这个真因数,因为它不是 2,3,4,5 的倍数,导致矛盾. 所以,11 步操作不可能从数 1 得到数 683.

现在考虑所得的数为 2 · 683 的情形. 数 2 · 683 有三个真因数:1,2,683. 减去 1 或 2 所得的数大于 $2^{10}=1\ 024$. 不可能从 10 步操作得到 2 · 683,将 2 · 683 减去 683 得 683. 从上一段分析可知不可能以 11 步操作得到 683. 因此,不可能以 11 步操作得到数 2 · 683.

综合上述可得:对于任意初始数,运用题述操作都可得到 683 的倍数的最少操作步数是 12 步.

99.60. 解法 1:如图 17 所示,将点 A 关于 CB 的对称点记为 A_1,点 B 关于 CA 的对称点记为 B_1,则折线 $AXYB$ 的长度等于折线 A_1XYB_1 的长度,而且不小于线段 A_1B_1 的长度. 设 $AB=1$,并设在 $\triangle ACB$ 中最大的角是 $\angle CAB$,则 $\angle BAB_1\geqslant 120°$,且 $BB_1\geqslant\sqrt{3}$. 注意到

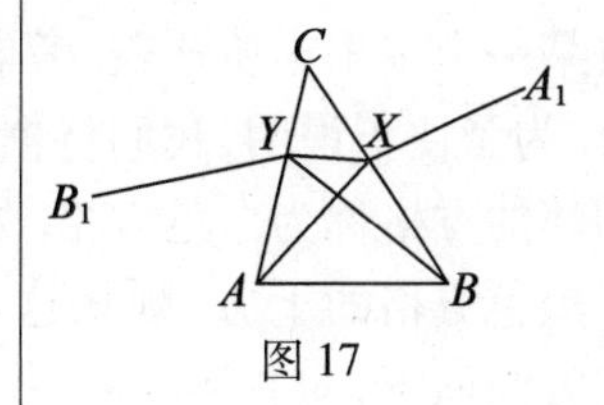

图 17

$$\angle A_1BB_1=2\angle CBA-\angle B_1BA=2\angle CBA+\angle CAB-90°$$
$$\geqslant\angle CBA+\angle ACB+\angle CAB-90°=90°$$

所以 $A_1B_1\geqslant\sqrt{B_1B^2+A_1B^2}=2$(因为在 $\triangle A_1B_1B$ 中 A_1B_1 是钝角的对边).

解法 2:如图 18 所示,将 $\triangle ABC$ 的 $\angle A,\angle B,\angle C$ 分别记为 α,β,γ. 设其中最小角为 γ,又设 A 关于直线 BC 的对称点为 A_1,B 关于 AC 的对称点为 B_1,直线 B_1A 与 A_1B 相交于点 D. 从显然的不等式 $2\alpha+2\beta>180°$可知:点 D 确实存在而且位于射线 B_1A 与 A_1B 上. 考虑 $\triangle ABD$,它的 $\angle DAB=180°-2\alpha$,$\angle DBA=180°-2\beta$,因此,$\angle D=180°-2\gamma$. 特别地,$\angle D$ 是 $\triangle ABD$ 的最大角,所以 AB 是 $\triangle ABD$ 的最大边. 设线段 DA_1 的中点为 A_2,线段 DB_1 的中点为 B_2,则 $A_2B_2=\dfrac{A_1B_1}{2}$,因此,只要证明 $A_2B_2\geqslant AB$ 就足够了,因为 $AB_1=AB\geqslant AD$,所以点 B_2 位于射线 AB_1 上(即 $\triangle ABD$ 的边 DA 的延长线上). 类似地,点 A_2 位于射线 BA_1 上. 考虑线段 A_2B_2 在直线 AB 上的投影,从 $\angle D$ 为 $\triangle ABD$ 的最大角直接得出 $\angle DBA$ 与 $\angle DAB$ 都是锐角. 因此,线段 A_2B_2 的投影包含线段 AB. 于是 A_2B_2 的投影长度不小于 AB,而且线段 A_2B_2 本身的长度也不小于 AB,这就是所要证明的

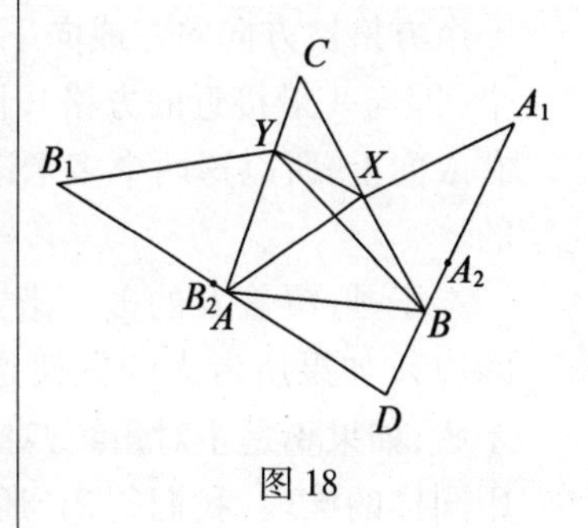

图 18

$$AX+XY+YB=A_1X+XY+YB_1\geqslant A_1B_1\geqslant 2AB$$

99.61. 同问题 99.54 的解答.

99.62. 将 1×2 矩形称为多米诺. 将连接成正方形的边的方格称为边界方格. 将边界方格以外的方格称为内部方格. 设 A,B,C,D 都是边界方格,它们的中心都是其边平行于正方形的对角线的矩形的顶点,考虑正方形的下列所有方格的集合(包括

A,B,C,D):这些方格的中心都位于上述矩形的边上,将这些方格的集合称为"框架",此外,将正方形的主对角线认为是一个框架. 显然,每一条对角线(主对角线或非主对角线)都恰好属于一个框架.

引理:每一个框架都至少要剪去一个方格.

引理的证明:考虑正方形的(唯一的)没有用多米诺剪下方格的分割. 显然,任何两个多米诺不构成 2×2 正方形,否则,改变多米诺在这个正方形内的布局,可以得到另一种分割. 假设在某一个框架中没有被剪出的方格,那么框架的每一个方格都被某一个多米诺所覆盖. 考虑被这些多米诺所覆盖的方格的集合. 为了便于说明,我们将框架的方格称为黑色方格,而将与它相邻的方格称为白色方格. 如果一个多米诺的白色方格位于它的黑色方格的上方,则将这个多米诺称为方向向上,类似地规定方向向下,向右和向左.

如图 19 所示,设 A 为所考虑的框架下面的方格,可以认为覆盖 A 的多米诺的方向向右或向上(在相反的情形,将整个图形关于垂直线作对称反射). 那么从 A 的右上方所作的对角线 AB 的所有方格被向右或向上的多米诺所覆盖. 事实上,如果某一个方格被方向向左或向下的多米诺所覆盖,考虑其中的第一个(即与 A 最接近的方格). 因为覆盖上述方格的多米诺方向向右或向上,所以这两个多米诺构成 2×2 正方形,但这是不可能的.

于是,覆盖 B 的多米诺方向向上(因为 B 的右面是正方形的边). 如果所考虑的框架是主对角线,即 B 的右上角,则导致矛盾;如果不是主对角线,对从 A 的左上方所作的对角线 BC 应用同样的推理,我们得出:所有覆盖它的多米诺方向向左或向上. 类似地,覆盖对角线 CD 的多米诺方向向左或向下,而覆盖对角线 DA 的多米诺方向向右或向下.

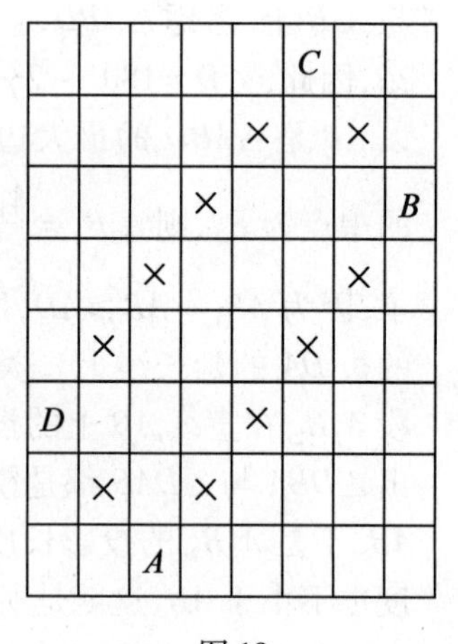

图 19

这样一来,如果将框架的方格按反时针方向循环地编序,那么每一个多米诺覆盖一个黑色的方格和一个与框架的下一个黑色方格相邻的白色方格. 于是,可以将所有这些对角线的并集表示为环状的形式,其中相邻的方格有公共边. 而且从每一个黑色方格得到同一个多米诺的白色方格. 现在将所有多米诺沿着这个环移动一步,即在覆盖的多米诺中将每一个白色方格换为在它下面的黑色方格,我们得到用多米诺对同一个方格集合的另一种分割,这与分割方式的唯一性条件矛盾,引理得证.

结论的证明:假设剪去的方格不多于 1 000 个,显然这个数不可能恰好是 1 000 个,否则,剩下奇数个方格是不可能用多米诺来分割的. 因此,剪去的方格不多于999 个. 注意到正方形的每一个方格至多属于2 个框架,因此,有不多于 $2\cdot 999=1\ 998$ 个框架,其中有被剪去的方格. 但是,全部有 1 999 个框架(1 997个矩形各含4 条45°线,还有2 条主对角线各自成一个框架),所以,其中有一个框架的方格一个都没有被剪出,这与引理的结论相矛盾.

◆已知某个方格图形被多米诺以唯一方式分割,证明在这个图形中至少有一个"突出的"方格(一个方格称为突出的是指这个方格在已知的图形中只有一个相邻的方格,换句话说,这个方格被多米诺以唯一方式所覆盖).

◆证明在上述那种方格图形中,至少2 个突出的方格.

◆设某个方格图形被用多米诺分割,将这个图形按国际象棋棋盘格式染色. 证明,已知的分割是唯一的充分必要条件是:不存在由不同的方格所组成的定向的环,其中相邻的方格有公共的边,而且从每一个黑色方格转移到下一个白色方格是在多米诺内进行的.

◆◆$n\times n$ 方格表最少要剪去多少个方格才能使余下的图形被多米诺以唯一的方式分割? 请尝试猜出更接近的上、下界估值(作者的猜想,答案为 n).

99.63. 答案:2.

所给的表达式的定义域是 $0\leqslant a\leqslant 1$. 因为该表达式中 $\sqrt[4]{1-a}$ 与 $\sqrt[4]{a+1}-\sqrt[4]{a}$ 都是递减函数. 事实上

$$\sqrt[4]{a+1}-\sqrt[4]{a}=\frac{1}{(\sqrt[4]{a+1}+\sqrt[4]{a})(\sqrt{a+1}+\sqrt{a})}$$

因此,当 $a=0$ 时,表达式达到最大值2(而且当 $a=1$ 时达到最小值 $\sqrt[4]{2}-1$).

99.64. 将已知的数列记为 $\{a_1,a_2,\cdots,a_{1\,999}\}$.

解法1(逆推法):注意到如果在数列中出现由数 a,b,c 组成的子列. 按递推规则延续这个数列,可以取下一个数为 a,再下一个数取为 b. 事实上,若 $c=a+b$ 或 $c=b-a$,则 $a=|c-b|$;若 $c=a-b$,则 $a=c+b$. 因此,事实上可以将下一个数取为 a,这就作出片断 b,c,a,而且,基于已证明的结果,可以用 b 延续这个子列.

由此得出,如果在数列某处出现由数 a,b,c 组成的子列,就可以用下列方式延续数列:使得我们遇到由数 b 与 c 组成的子列. 而且可以使数列这样继续下去,使得我们遇到由数 a 与 b 组成的子列.

利用这些想法,我们从三个数 $a_{1\,997},a_{1\,998},a_{1\,999}$ 开始,以下

列方式延续数列：以便重新遇到片断 $a_{1\,997}$，$a_{1\,998}$. 因为在我们的数列中出现片断 $a_{1\,996}$，$a_{1\,997}$，$a_{1\,998}$，于是可以这样延续数列，使得我们遇到片断 $a_{1\,996}$，$a_{1\,997}$，以同样的特性延续下去，我们可以到达数对 a_1，a_2，然后复制出起初的整个数列.

解法 2（欧几里得算法）：记 $(a_1,a_2)=d$.

①首先证明，对于每一个 k，有 $(a_k,a_{k+1})=d$. 事实上，从条件 $a_{i+2}=a_i+a_{i+1}$ 或 $a_{i+2}=|a_i-a_{i+1}|$ 可知 a_{i+1} 与 a_{i+2} 的公因数集合和 a_i 与 a_{i+1} 的公因数集合相等. 因此，它们的最大公因数也相等 $(a_{i+1},a_{i+2})=(a_i,a_{i+1})$，依次递推得 $(a_k,a_{k+1})=(a_1,a_2)=d$.

②下面证明从任意的 a_k，a_{k+1} 出发，只按 $a_{i+2}=|a_i-a_{i+1}|$ 递推，最后一定得到循环数列 $d,0,d,0,\cdots$.

去证必有一项 $a_i=0$. 假设每项 a_i 都是正整数，则由 $a_{i+2}=|a_i-a_{i+1}|<\max\{a_i,a_{i+1}\}$ 及 $a_{i+3}<\max\{a_{i+1},a_{i+2}\}$ 可知 $\max\{a_{i+2},a_{i+3}\}<\max\{a_i,a_{i+1}\}$. 因此，数列 $\{m_i\}=\max\{a_{k+2i},a_{k+2i+1}\}(i\in\mathbf{N}^*)$ 是严格递减的正整数数列，这与条件矛盾. 于是必有一项 $a_i=0$，从①的结果得 $d=(a_{i-1},a_i)=(a_{i-1},0)=a_{i-1}$. 以后一定是循环数列 $d,0,d,0,\cdots$.

③若 $a_{i-2}=a_{i-1}-a_i$，则依题述规则可从 a_{i-2} 与 a_{i-1} 得出 a_i.

事实上，由 $a_{i-2}=a_{i-1}-a_i$ 得 $a_i=a_{i-1}-a_{i-2}$；由 $a_{i-2}=a_i-a_{i-1}$ 得 $a_i=a_{i-1}+a_i$.

④由 $a_{1\,998}$，$a_{1\,999}$ 按 $a_{i+2}=|a_i-a_{i+1}|$ 递推，据②得 $a_{1\,999+i}=d$，$a_{2\,000+i}=0$，再从 a_2 与 a_1 反向递推，据②一定有 $a_{-j-1}=d$，$a_{-j}=0$. 又据③，从 d 与 0 按题述规则递推得到 $a_1,a_2,\cdots,a_{1\,999}$. 依此对 $a_{1\,999+i}=d$，$a_{2\,000+i}=0$，进行操作就得到后续的段 $a_{2\,001+i+j}=a_1$，$a_{2\,002+i+j}=a_2$，$\cdots$，$a_{3\,999+i+j}=a_{1\,999}$.

99.65. 首先证明：一个立方体的六边形截面的三对对边是分别平行的.

如图 20 所示，因为截面与立方体的界面至多有一条公共的线段，所以截面六边形 $K_1K_2K_3K_4K_5K_6$ 的各边在立方体的不同界面上，又因为截面与两个平行界面的交线相平行，所以截面六边形的各边构成三对平行线，其中两对构成平行四边形，第三对为同向旋转，不可能与四边形的邻角相交，因此一定与对角相交，即截面六边形的三对对边分别平行.

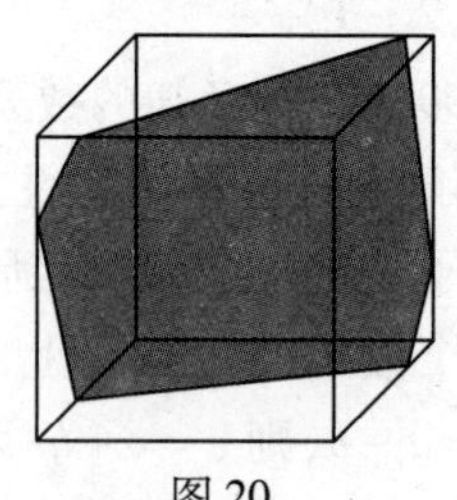

图 20

一般情况下，如果将凸 $2n$ 边形的各边划分为平行的对边，则平行的对边一定是逆向的.

解法 1：如图 21 所示，考虑立方体的截面六角形. 对角线 K_1K_4 位于平面 ABC_1D_1 内，对角线 K_2K_5 位于平面 ACC_1A_1 内，对角线 K_3K_6 位于平面 A_1BCD_1 内，因此，K_1K_4 与 K_2K_5 的交点在两

平面的交线上，即在立方体的主对角线 AC_1 上. 同理，K_1K_4 与 K_3K_6 的交点在立方体的主对角线 BD_1 上，而 AC_1 与 BD_1 有唯一的交点 O，这就是立方体的中心，因此 K_1K_4，K_2K_5，K_3K_6 的交点就是立方体的中心 O，即截面过立方体的中心 O.

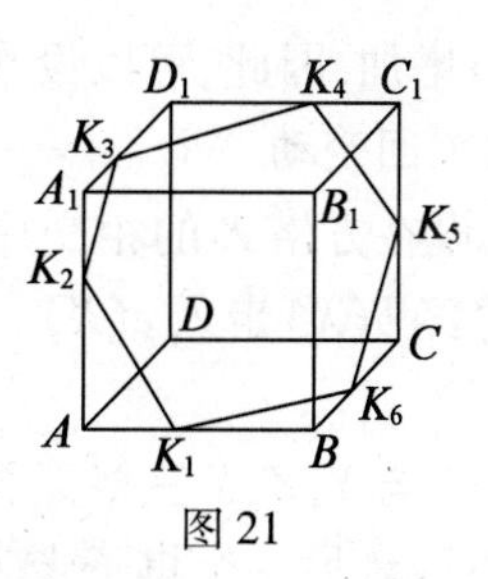

图 21

解法 2：在有平行边的六边形中，如果各主对角线相交于一点，那么这个六边形是中心对称的图形，而且各对角线的交点就是六边形的对称中心. 读者只要研究相似三角形就容易解决这个简单的面积问题. 同样注意到在中心对称的条件下，如果点 K_1 转到点 K_4，那么通过 K_1 的直线 AB 转到通过 K_4 且与它平行的直线 C_1D_1. 由此得出：截面六边形的各对角线的交点应当与立方体的对称中心重合.

99.66. 设前一部车 A 的出发地点为 P，后一部车 B 的出发地点为 $P-S(S>2\ \text{km})$，因为 B 每分钟至多走 1 km，所以 A，B 两车出发 2 min 后 B 仍未到达 P. 设想两车出发 2 min 后有第三部车 C 从 P 出发，C 与 A，B 同方向且以同样的速度行驶，因为每盏信号灯的红绿状态都是以 2 min 为周期交替交换，所以在 C 出发后的任何时刻 C 的状态就是 2 min 前的 A 的状态，因此，C 总是比 A 滞后 2 min 作同步运动. 由于 A 在出发后任何 2 min 区间内至少遇到一次绿灯，所以 A 在任何 2 分钟内走过的距离不小于各信号灯的最小间距. 因此 C 永远不会追上 A，又因为 B 的速度与 C 相同，而且在 B 出发后 2 min 时 B 在 C 后面，所以 B 永远不会超过 C（B 至多追上 C 而后始终与 C 并行），于是 B 永远不会追上 A.

99.67. 同问题 99.60 的解答.

99.68. 以下将两个或更多的棋子占据一个方格称为相交，将出现过相交的方格 X 称为交点.

因为题述的操作是可逆的，而且全部棋子在一直线上的状态经一步操作后仍然在一直线上，所以，不在一直线上的初始状态经操作所得的状态仍然是不在一直线上.

考虑从 A 变到 B 的过程. 设经第 k 步操作后在格 X 中的棋子共有 $x(k)$ 个，将序号集 $N(X)=\{k|x(k)>1\}$ 称为格 X 的相交序集. 记 $g(x)=\sum\limits_{k\in N(x)}3^{x(k)}$，将 $g(x)$ 称为格 X 的相交程度. 对任一个取定的交点 X，以下说明如何调整操作过程，使得每一步操作既不产生新的交点，又使 $g(X)$ 逐步减少，从而逐步消除在 X 的相交，然后再逐个调整其他交点，最后完成从 A 变到 B，而且不同棋子不在同一格.

如果在操作过程中出现棋子 a 从方格 Y 走入方格 X，接着 a 又从 X 走回 Y，那么取消这两步既不产生新的交点，也不会使

$g(X)$增加,因此,可以设在从A变到B的过程中没有这样的接连的来回变动.

设在方格X的相交序集中最后一次走入棋子是在第k步$a(Y)$经$b(X)$走入$c(X)$,$x(k)=n\geqslant 2$,则第$k+1$步只有三种可能:

①与Y,Z,X三格无关,或者是从Y走出另一个棋子,它不到X;或者另一个棋子走入Z;或者从X走出一个棋子,它不到Y.这时将第k步与第$k+1$步对调,这样既不产生新的交点,又使所得的X中的棋子数$\tilde{x}(k)\leqslant n-1$,而操作步数及第$k+1$步以后的状态不变,所以$\tilde{g}(X)<g(X)$.

②棋子d经w走入Y,如果这时w不在直线XYZ上,设在射线Xw上离X最远的有棋子的方格是v,将第k与$k+1$步改为下列4步:c经v走出;a走入X;d走入Y;c走回X.这就不产生新的交点,而且经4步后状态不变,而$\tilde{x}(k)=m-2$,$\tilde{x}(k+1)=\tilde{x}(k+2)=m-1$,所以$\tilde{g}(X)-g(X)\leqslant 3^{m-2}+2\cdot 3^{m-1}-3^{m}<0$;如果这时$w$在直线$XYZ$上,因为全体棋子不位于同一直线上,设直线$XYZ$外离$w$最远的有棋子的方格为$v$,也可以如上述那样将第$k$与$k+1$步改为4步,既不产生新的交点,而且使所得的$\tilde{g}(X)<g(X)$.

③b经w走出Z,但不是到X,可接b当作②中的d,得到同样的结果.

于是可以从A变到B,使得每个中间状态也都是不同棋子位于不同的方格中,如图22所示.

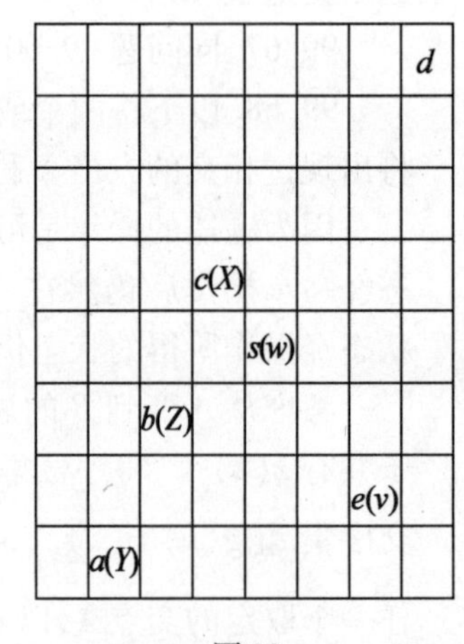

图22

◆以上调整法适用于二维及二维以上的跳步,请解答一维的情形(即全部棋子位于一条水平线上)的问题.

99.69. 设$a_k=2^{2^k-1}-2^k-1$. 当k为偶数时,因为$2^k\equiv 1\pmod 3$且$2^{2^k-1}\equiv -1\pmod 3$,所以$a_k$可被3整除,将所有奇数划分为下列不相交的数集:

形式为$4m+1$的数集;

形式为$8m+3$的数集;

形式为$16m+7$的数集,等等.

设k是形式为$2^{n+1}m+2^n-1$的数,去证a_k可被$q=2^{2^n}+1$整除. 以下出现的同余都是对于模q的. 首先注意到$2^{2^n}+1\equiv -1$,于是

$$-2^k=-2^{2^{n+1}m+2^n-1}=-2^{2^{n+1}m}\cdot 2^{2^n-1}\equiv(-1)^{2m}\cdot 2^{2^n-1}$$

$$\begin{aligned}2^{2^k-1}&=2^{2(2^{n+1}m+2^n-1)-1}\\&=2^{2^n-1}\cdot 2^{2(2^{n+1}m+2^n-1)-2^n}\end{aligned}$$

$$=2^{2^n-1}\cdot(2^{2^n})^{2^{(2^{n+1}m+2^{n-1}-n)}-1}$$
$$\equiv -2^{2^n-1}$$

因此 $a_k\equiv -2^{2^n-1}-2^{2^n-1}-1=-q\equiv 0$.

99.70. 设 $a_k=x_k-x_{k+1}$,则 $a_k>0$,而且

$$x_0-x_k=a_0+a_1+a_2+\cdots+a_{n-1}$$

于是,可以将要证有不等式化为

$$a_0+\frac{1}{a_0}+a_1+\frac{1}{a_1}+\cdots+a_{n-1}+\frac{1}{a_{n-1}}\geqslant 2n$$

只要将熟知的不等式 $a_k+\frac{1}{a_k}\geqslant 2$($k$ 从 0 到 $n-1$)相加便得到以上的不等式.

99.71. 假设三项式 f 有一个整数根 x_1,设 f 的另一个根为 x_2,因为 $x_1+x_2=-a$,所以 x_2 也是整数,因此,可将素数 $f(120)$ 表示为两个整数的乘积 $f(120)=(120-x_1)(120-x_2)$. 于是其中一个因数,例如第一个因数为 ± 1,而另一个因数为素数,从等式 $120-x_1=\pm 1$ 得 $x_1\geqslant 119$. 因为接近于 120 的素数是 113 与 127,所以从 $120-x_2$ 为素数判断 $|x_2|\geqslant 7$,于是

$$|f(0)|=|x_1x_2|\geqslant 7\cdot 119>800$$

与条件矛盾.

99.72. 答案:所有的 n 都是 2 的幂.

问题的解答由两部分组成:首先应证明如果 n 为 2 的幂,那么所要求的排列存在,其次要证明,在其他情形,所要求的排列不存在.

对于 $n=2^k(k\geqslant 2)$,用归纳法作出所需要的排列. 当 $k=2$ 时,排列(1,3,2,4)符合要求. 假设对于 2^k 边形已经作出所要求的排列,下面证明,怎样从它得出对 2^{k+1} 边形的排列,将正 2^k 边形的各顶点及正 2^{k+1} 边形的各顶点编号. 将 2^k 边形的在编号为 m 的顶点上的数放在 2^{k+1} 边形的编号为 $2m$ 的顶点上,将在 2^k 边形的编号为 m 的顶点上的数加上 2^k 放在 2^{k+1} 边形的编号为 $2m-1$ 的顶点上,因此,2^{k+1} 边形的偶数个(奇数个也一样)顶点构成有满足条件排列的 2^k 边形. 下面证明,在 2^{k+1} 边形的顶点所作的数的排列也满足条件. 考虑任意的等腰三角形,如果它的所有顶点属于偶数的 2^k 边形(或者属于奇数的 2^k 边形),按归纳假设,它满足条件. 在相反的情形,底边的两个顶点属于一个 2^k 边形,而第三个顶点属于另一个 2^k 边形,按照构造,它也满足条件.

接着证明,如果 n 不是 2 的幂,那么不存在满足条件的排列.

解法 1(选择较小的多边形):设 n 为奇数,去证在 n 边形的

各顶点不存在满足条件的不同的自然数的排列. 假设存在这种排列. 考虑在多边形的字母 B 与 M 所在的顶点,如果在顶点 B 的数大于与它相邻的两个数,而在顶点 M 的数小于与它相邻的两个数,注意到排列的各字母应当是交错的,所以 n 应为偶数,而现在 n 为奇数,矛盾.

如果 n 为任何不是2 的幂的数,而存在所要求的排列. 选择数 n 的奇因数 k,并考虑由正 n 边形的编号为

$$1,\frac{n}{k}+1,\frac{2n}{k}+1,\cdots$$

各顶点所构成的正 k 边形,注意到在这个 k 边形的顶点的数满足条件,但因为 k 为奇数,所以这是不可能的.

解法 2(因数分解):注意到数 1 与数 2 应当在彼此相对的位置上(即在同一直径的两个端点上). 假设不是这样,那么可以找到一个以 2 为顶点的等腰三角形,它的底边的一个顶点在 1,由此得出,底边的另一个顶点上的数小于 2,这是不可能的. 去证,对于所有 $k<\frac{n}{2}$,数 $2k-1$ 与 $2k$ 同样在彼此相对的位置上. 否则,考虑顶点在 $2k$ 的所有等腰三角形,在它们的底边会遇到从 1 到 $2k-1$ 的数,因为在这些底边上不可能有任何大于 $2k-1$ 的数,所以不可能将从 1 到 $2k-1$ 各数划分为数对.

于是我们证明了所有数对 $2k-1$ 与 $2k$ 彼此相对,且 n 为偶数. 作出有 $\frac{n}{2}$ 个顶点的新的多边形,将每一对顶点 $2k-1,2k$ 与具有数 k 的顶点作如下对应:使得相邻的一对对应于相邻的顶点. 注意到新的 $\frac{n}{2}$ 边形满足问题的条件,可以将粘合顶点的程序延续到不留下任何一个顶点为止. 由此得出,只有当多边形的顶点数是 2 的幂时,所要求的排列才可能存在.

◆设 $n=2^k$,有多少种符合要求的排列法?

99.73. 如图 23 所示,设 $\beta=\angle ABB_1$ 且 $\alpha=\angle A$,从 $\angle B_1A_1C=\angle A$ 得 A,B,A_1,B_1 四点共圆,于是 $\angle AA_1B=\beta$. 从条件得 $\triangle A_1BC_1$ 是等腰三角形,且 $AC/\!/A_1C_1$,所以 A,C,A_1,C_1 是等腰梯形,由此得

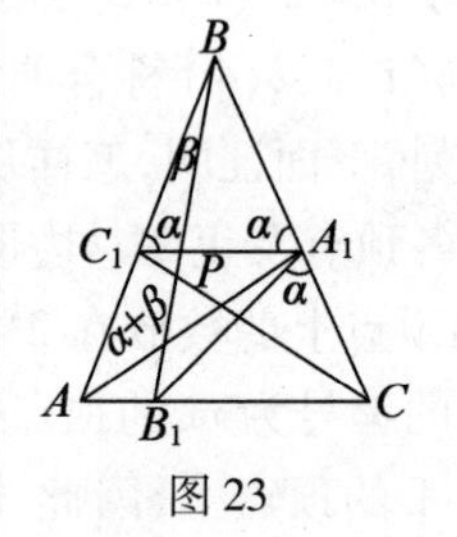

图 23

$$\angle AC_1C=\angle AA_1C=\alpha+\beta$$

注意到 $\angle BB_1A=180°-\alpha-\beta$,所以 $\angle BB_1A+\angle AC_1P=180°$,于是 A,B_1,P,C_1 四点共圆.

99.74. 答案:$f(x,y,z)$ 可以取遍 $[0,1)$ 中的所有有理数.

对任意的正整数 n,令 $x=2,y=2,z=n$ 得

$$f(2,2,n)=\left\{\frac{4n}{4+4n}\right\}=\frac{n}{n+1}$$

又令 $x=2k,y=2k,z=nk$ 得

$$f(2k,2k,nk)=\left\{\frac{kn}{n+1}\right\}=\frac{a_k}{n+1}$$

其中 a_k 是 kn 除以 $n+1$ 的余数. 因为 n 与 $n+1$ 互素,所以 a_k 可以取遍 1 到 n 的整数,即 f 可取遍 $[0,1)$ 中分母为 $n+1$ 的所有分数. 又根据 n 的任意性可知,f 可取遍 $[0,1)$ 中所有有理数. 因此,$f(x,y,z)$ 的值集是 $[0,1)$ 中所有有理数.

99.75. 引理:如图 24 所示,在 $\triangle ABC$ 中,边 BC 的中点为 M,点 B_1 在 AC 上,点 C_1 在 AB 上,线段 AM 与 B_1C_1 交于点 P. 若 $B_1P=C_1P$,则 $BC /\!/ B_1C_1$.

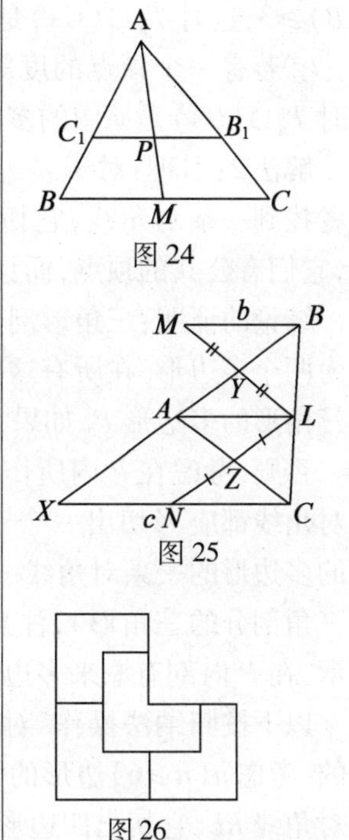

图 24

图 25

图 26

引理的证明:因为 $BM=CM$,所以 $S_{\triangle ABM}=S_{\triangle ACM}$,即

$$AB\cdot\sin\angle BAM=AC\cdot\sin\angle CAM$$

又因 $B_1P=C_1P$,所以 $S_{\triangle APB_1}=S_{\triangle APC_1}$,即

$$AB\cdot\sin\angle CAM=AC_1\cdot\sin\angle BAM$$

于是 $\frac{AB}{AC_1}=\frac{AC}{AB_1}$,从而 $B_1C_1 /\!/ BC$.

结论的证明:如图 25 所示,设 AB 与 LM 相交于点 Y,AC 与 LN 相交于点 Z. 延长 BA 交直线 c 于点 X. 因为 $b /\!/ c$ 且 A 与平行线 b,c 等距,所以 $AB=AX$,在 $\triangle XBC$ 中,应用引理得 $LN /\!/ AB$. 同理 $LM /\!/ AC$. 因此四边形 $AYLZ$ 是平行四边形. 又因为 AL 平分 $\angle YAZ$,所以四边形 $AYLZ$ 是菱形,于是 $LY=LZ$. 由于 Y 是 LM 的中点,Z 是 LN 的中点,所以 $LM=LN$.

99.76. 将矩形分割为角形. 如果任何两个角形不构成 2×3 矩形,就将这种分割称为好分割. 对于 998×999 矩形的每一种分割,将其中每个角形如图 26 那样分割为 4 个角形,再将分割数放大 2 倍便得到 $1\ 996\times1\ 998$ 矩形的一种好分割. 在 $1\ 996\times2\ 000$ 矩形中还剩下一块 $4\times1\ 998$ 矩形,可以将这块矩形分为 333 个 4×6 矩形,再按图 26 得到它的好分割. 考虑到角形的轴对称图形仍然是角形,所以每个 4×6 矩形有 2 种分割分式. 因此,998×999 的每一种分割至少对应于 $1\ 998\times2\ 000$ 矩形的 2^{333} 种好分割,即 $1\ 998\times2\ 000$ 矩形的好分割方法数至少是 998×999 矩形的任意分割的方法数的 2^{333} 倍.

99.77. 解法 1:所选出的 $n-1$ 条棱不构成回路且顶点数不大于 n,所以这 $n-1$ 条棱构成 n 点树. 将这种每点的度都不等于 2 的树称为多枝树. 下面对 n 用归纳法证明任一剖分图都有多枝生成树.

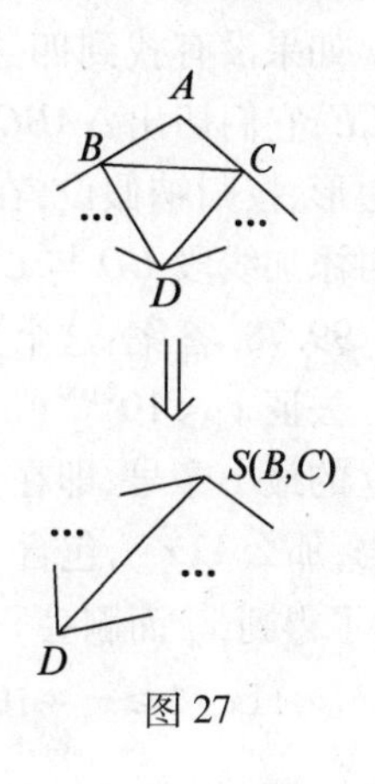

图 27

当 $n=4,5$ 时,部分对角线是从同一个顶点引出的,所以该顶点处的 $n-1$ 条线为所求.

如图 27 所示,当 $n>5$ 时,因为边数 n 大于三角形的个数

$n-2$,所以至少有一个三角形的两边都是 n 边形的边,将该三角形记为 $\triangle ABC$. 这时对角线 BC 属于另一个 $\triangle BCD$, 割去 $\triangle ABC$,并将棱 BC 收缩为一点 S(这时将棱 DB 与 DC 合并为一条边),得到一个为 $n-2$ 边形的剖分图. 据归纳假设,它有多枝生成树 T,再将 B 与 C 分开,得到原图中的树 $T_n=T\cup(BC)$(如果 $DS\in T$,只取 $DB\in T_n$).

设在 T 中 S 在 SD 的左侧(含 SD)的度为 l,S 在 SD 右侧的度为 r,则 $l+r=1$,或 $l+r\geqslant 3$. 在 T_n 中 $d(B)=l+1$,$d(c)=r+1$,它们不同时等于2,也不同时等于1.

①若有一个顶点的度等于2,比如 $d(c)=2$,则 $d(B)=1$ 或 $d(B)\geqslant 3$,这时 $T_n\cup(CA)$ 是原图的多枝生成树;

②若有一个顶点的度等于1,比如 $d(c)=1$,则 $d(B)\geqslant 2$,这时 $T_n\cup(BA)$ 是原图的多枝生成树.

解法2:引理:对于 n 边形($n\geqslant 6$)的所有三角剖分,总可以或者找到一条对角线,它切出一个四边形;或者找到两条对角线,它们有公共的顶点,而且切出两个三角形.

结论的证明:三角形剖分的每一条对角线将原来的 n 边形分为两个多边形. 在所有这些多边形中选一个边数最少而又不是三角形的多边形 P. 如果 P 是四边形,就不再需要证明.

否则,考虑在 P 内所作的对角线. 按照 P 的选择,其中每一条对角线都应当切出一个三角形. 这时,其中两条与它们所切割的多边形的一条对角线一起应当构成一个三角形(其中一个是三角剖分的三角形),注意到 P 是"大耳朵"五边形,如图28所示,在 P 内剖有原来多边形的2条对角线.

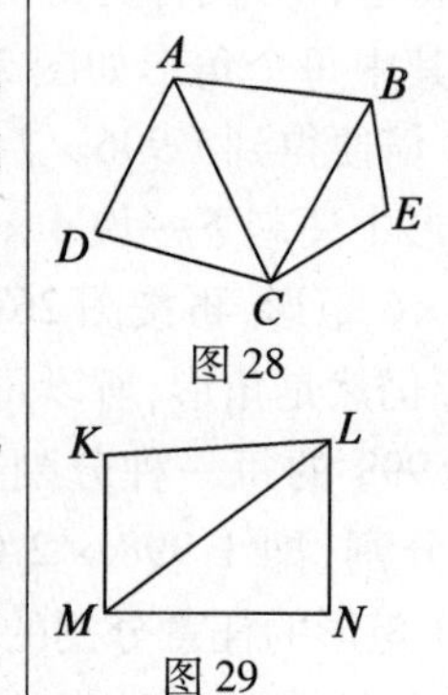

图28

图29

以下按归纳法操作. 对于四边形与五边形,结论是明显成立的. 考虑 $n(n\geqslant 6)$ 边形的任意的三角剖分,如图29所示,设找到对角线 KL,它切出四边形 $KLMN$,选择除了顶点 M 与 N 以外的多边形. 按归纳假设,在其中可以找到所要求的一组线段. 将它们再添加线段 LM 与 LN,就得到满足各项条件要求的线段.

如果没有找到四边形,那么根据引理可以找到对角线 AC 与 CE,它们切出 $\triangle ABC$ 与 $\triangle CDE$. 考虑除了顶点 D 与 E 以外的多边形,按归纳假设,在其中可以找到所要求的一组线段,将它们再添加线段 CD 与 CE 即为所求.

99.78. 答案:这个数列有界.

去证 $x_n<10^{2\,000}(n\in\mathbf{N}^*)$. 假设相反,设 n 为使 $x_n\geqslant 10^{2\,000}$ 成立的最小序号,即在十进制记数法中 x_n 包含不少于2 001个数码,那么 $11x_{n-1}$ 包含不少于2 002个数码,即它的第一个数码(为了得到 x_n 而删去)位于加权值不少于 $10^{2\,001}$ 的位置上,于是

$$11x_{n-1}\geqslant x_n+10^{2\,001}\geqslant 10^{2\,000}+10^{2\,001}=11\cdot 10^{2\,000}$$

由此得 $x_{n-1} \geqslant 10^{2\,000}$,这与 x_n 的选择矛盾.

99.79. 对 n 应用归纳法证明问题的结论. 基础:$n=1$ 结论是平凡的. 假设对所有小于已知的 n 结论成立,设 $k<n!$,r 为 k 除以 n 的余数,则 $0 \leqslant r \leqslant n$,而且 $k=nd+r$,其中 d 为非负整数. 因为$d<\frac{n!}{n}=(n-1)!$,按归纳假设,可以将 d 表示为下列形式:$d=d_1+\cdots+d_m$,其中 $d_1,\cdots,d_m$ 是数$(n-1)!$的因数,而且 $m \leqslant n-1$,注意到数 $nd_1,\cdots,nd_m$ 是数 $n(n-1)!=n!$ 的因数,因此,数 nd 可以表示为 $n!$ 的不多于 $n-1$ 个因数之和的形式,这就是 $nd=nd_1+\cdots+nd_m$(如果 $d=0$,那么这个和为 0). 如果 $r=0$,那么这就是数 k 的所要求的表达式. 若 $r>0$,加上 r:$k=nd+r=nd_1+\cdots+nd_m+r$. 因为 $r<n$,且 r 是 $n!$ 的因数,所以,在这种情形我们有所要求的表达式.

99.80. 同问题 99.72 的解答.

99.81. 同问题 99.73 的解答.

99.82. 答案:33 个.

首先指出 $66\,667 \cdot 3=200\,001=2 \cdot 10^5+1$. 考虑十位数 N,设它的前五位数码为 A,后五位数码为 B.

引理:当且仅当 $2B-A$ 能被 66 667 整除时,N 能够被 66 667整除.

引理的证明:因为 66 667 为奇数,N 与 $2N$ 同时能被 66 667 整除. 由于 $2 \cdot 10^5+1$ 能被 66 667 整除,所以数 $2A \cdot 10^5+A$ 也能被 66 667 整除,从 $2N=2A \cdot 10^5+2B$ 减去这个数得 $2B-A$. 引理得证.

因此应当求出下列的五位数对(A,B)的个数:它的数码 3,4,5,6 组成,而且使 $2B-A$ 能被 66 667 整除. 因为 $B \geqslant 33\,333$,而 $A \leqslant 66\,666$,所以有 $2B-A \geqslant 0$,并且仅当 $A=66\,666$ 与 $B=33\,333$时成立等号. 这就给出满足条件的一个例子.

下面去求使 $2B-A \neq 0$ 的数对的个数. 因为 $B \leqslant 66\,666$ 且 $A \geqslant 33\,333$,所以有 $2B-A \leqslant 99\,999<2 \cdot 66\,667$. 因此,数 $2B-A$ 应当等于 66 667. 设 A 的写法为 $\overline{a_4a_3a_2a_1a_0}$,$B$ 的写法为 $\overline{b_4b_3b_2b_1b_0}$,则

$$2B-A=(2b_4-a_4) \cdot 10^4+(2b_3-a_3) \cdot 10^3+\cdots+(2b_0-a_0)$$

从 a_i 与 b_i 都是从 3 到 6 的数码可知,上式中所有形式为 $2b_i-a_i$ 的系数都是非负的,而且都不大于 9. 因此,这些系数都是数 $2B-A$ 的十进制记法中的数码,所以,条件 $2B-A=66\,667$ 等价于 $2b_0-a_0=7$,而且当 $i=1,2,3,4$ 时 $2b_i-a_i=6$. 下面检查有多少种方法可以将数码 6 与 7 表示为 $2b-a$ 的形式,其中 a 与 b 是从 3 到 6 的数码. 通过简单的穷举搜索可知,对每一个数码都

有 2 种方法:$6=2\cdot5-4=2\cdot6-7$,$7=2\cdot5-3=2\cdot6-5$. 在五个位中每一个位可以有两个对应方案中的任一个,因此,共有 $2^5=32$ 个方案,再补充一个方案 $2B-A=0$,最后共有 33 个.

99.83. 解法 1(巧妙的不变量):将黑板上的方格从 1 到 100 编号,使得每一个方格的序号等于在最初的排列中位于该方格的数. 不难看出,对其可以进行条件规定操作的任意三个方格的序号构成三项的等差数列(其差为 1,9,10 或 11). 由此得出,在操作中,数量 $S=\sum_{k=1}^{100}kn_k$ 是不变的,其中 n_k 为在序号等于 k 的方格中的数. 事实上,如果对序号各为 $k-d,k,k+d$ 的方格进行操作,那么,S 的变化等于

$$\pm((k-d)+(k+d)-2k)=0$$

在开始时,$S=\sum_{k=1}^{100}k^2$,将这个数记为 S^*,依条件,在结束操作时,数列 $\{n_k\}$ 构成集合 $\{1,2,\cdots,100\}$ 的排列. 下面证明,在这种情况下,只有在对所有的 k 有 $n_k=k$ 时,才成立等式 $S=S^*$.

显然 $S=S_1+S_2+\cdots+S_{100}$,其中 $S_k=\sum_{i=k}^{100}n_i$(即 S_k 为排列的最后的 $101-k$ 个数之和). 以 S_k^* 表示数量 S_k 对于初始排列的值,因为 S_k^* 是组中 $101-k$ 个最大的数之和,所以显然有 $S_k\leqslant S_k^*$. 对所有 k 相加这些不等式得 $S\leqslant S^*$,而且只有对所有 k 有 $S_k=S_k^*$ 时才成立等式,于是对任何的 k 有

$$n_k=S_k-S_{k+1}=S_{k+1}^*-S_k^*=k$$

(当 $k=100$ 时,设 $S_{101}=0$).

解法 2(质量中心):这种解法与解法 1 的想法接近,下面说明解题的步骤,请读者补充细节.

在每一个方格的中心放置等于该方格的数的质量(允许质量为负值). 容易验证,当进行操作时,这个系统的重心的位置是不变的. 建立直角坐标系,将坐标原点设置在表的左下角的方格的中心,使得各个方格的中心成为 $[0,9]\times[0,9]$ 格点阵. 考虑重心的第二个坐标 y_0,与解法 1 类似地证明,初始排列使 y_0 达到最大值. 而且当同样的数的其他排列使 y_0 达到最大值时,该排列与初始排列的区别仅在于排列所在的行. 现在对每一个这样的排列考虑重心的第一个坐标 x_0,当且仅当在每一行中各数按递增顺序排列时,即当且仅当该排列与最初的排列重合时,x_0 才达到最大值. 因此,如果将数 $1,2,\cdots,100$ 排列在表中,而且重心与初始的重心重合,那么这个排列就一定与初始排列重合.

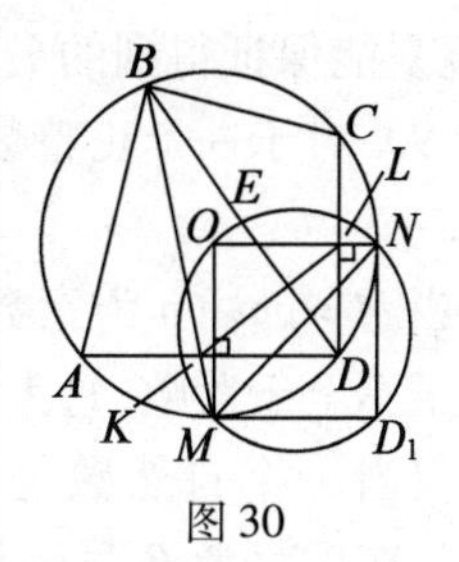

图 30

99.84. 如图 30 所示，因为 $KL // MN$，所以 $\frac{BK}{BM}=\frac{BL}{BN}$. 延长 BD 到 D_1，使得 $\frac{BD}{BD_1}=\frac{BK}{BM}=\frac{BL}{BN}$，则 $D_1M // AD, D_1N // CD$. 因为 $OM \perp AD, ON \perp CD$，所以 $OM \perp D_1M, ON \perp D_1N, O, M, D_1, N$ 四点共圆（即 $\triangle MON$ 的对接圆），OD_1 为该圆的一条直径，设这个圆与 BD 相交于点 E，则 $OE \perp BD_1$，所以 E 为 BD 的中点.

99.85. 同问题 99.77 的解答.

99.86. 考虑所有没有被装在任何其他球内的球，假设这样的球中有 k 个是蓝色的，有 n 个是红色的，而且没有一个是绿色的，于是在所有这些球中装有 $13k+19n$ 个绿色的球. 依题意有 $13k+19n=150$. 用穷举搜索法不难验证这个不定方程无自然数解. 因此，至少有一个绿色气球不装在别的气球内.

99.87. 同问题 99.71 的解答.

99.88. 解法 1：设条件中已知的数列的形色为 a_0+nd，其中 a_0 是数列的首项，d 为它的公差. 记 $b_k=\frac{a_0+kd}{p_k}$. 假设对所有 k，$b_k \leqslant c$（c 为某一正数），可以认为 $c>a_0+d$. 设 p 为大于 c 且与 d 互素的素数，由于同余式 $a_0+p^2x \equiv 0 \pmod d$ 有正整数解，所以可找到这样的正整数 m，使得 a_0+md 能被 p^2 整除. 但那时 b_m 将被 p 整除，因而 $b_m \geqslant p>c$，矛盾. 因此数列 $\{b_k\}$ 无界.

解法 2：从下列引理立即得到问题的结论.

引理：设 $a_n=a_0+nd$，$(a_0,d)=1$ 为由自然数组成的等差数列，那么对于任何正整数 l，这个数列包含无穷多的形式为 a_l^m $(m \in \mathbf{N}^*)$ 的项，特别地，这个数列包含无穷多那样的项，这些项的素因子分解式中有且只有 a_l 的分解式中的素因子.

引理的证明：按条件，因为 a_0 与 d 互素，因此可以找到这样的自然数 b，使 $a_0^b \equiv 1 \pmod d$，于是对于形式为 $m=kb+1$ 的 m，据欧拉定理

$$a_l^m=(a_0+ld)^{(kb+1)} \equiv a_0^{(kb+1)} \equiv a_0 \pmod d$$

即数 a_l^m 属于数列 $\{a_n\}$.

99.89. 答案：瓦夏能保证得到的最大和数是 2 525.

因为 $1+2+3+\cdots+100=5\ 050$，所以，卡片朝上的 50 个数之和小于 2 525，如果翻转全部卡片，可以使和数大于 2 525.

设开始时卡片朝上的 50 个数为 26，27，28，…，75. 这些数之和为 2 525. 若瓦夏翻转的卡片张数不大于 25 张，那么可能翻出朝上的数都属于 1 到 25 范围，反而使和数减小；若瓦夏翻转卡片张数多于 25 张，那么卡片朝上各数之和也不大于

$$1+2+\cdots+25+76+77+\cdots+100=2\ 525$$

因此,瓦夏能保证得到的最大和数为 2 525.

99.90. 对于一个正整数 M,两人轮流按题目要求写出 M 的正因数.

①当 $M=pm^2$(p 为素数,$m\in\mathbf{N}^*$)时,先行者 A 第一步写 p,以后为了不至于落败,每人每步都应写 pd(其中 d 整除 m^2). 因为当且仅当一个自然数是完全平方时,它的正因数个数为奇数,所以,在后写者 B 写后共写出偶数个因数,A 总有因数可写,因此,在这种情况下 A 可保证获胜.

②当 $M\neq pm^2$ 时,若轮到 A 写之后 B 仍未获胜,因为所有已写的数有公共的素因子 q,而且都可以表示为 qd(其中 d 整除 $\frac{M}{q}$)的形式. 又因为$\frac{M}{q}$不是完全平方数,所以它的正因数的个数为偶数,在 A 写后共写出奇数个因数,因此 B 总有因数可写,于是 B 可保证获胜.

在本题中 100! 能被 89 与 97 整除,但是不能被 89^2 或 97^2 整除,所以 100! 不能表示为 $p\cdot m^2$ 的形式,于是 B 可保证获胜.

99.91. 同问题 99.84 的解答.

99.92. 引理:除了可能有一个点外,可以将图 G 的所有顶点划分为若干个构成连通图的 2 点组或 3 点组.

引理的证明:因为图 G 是连通图,所以可从 G 挑出 499 条边构成一棵树 T. 将它的一个顶点 A 称为树 T 的根. 将 A 的邻点称为 1 阶点,将 1 阶点的邻点(除了 A 以外)称为 2 阶点,…,于是将每一个顶点赋予某个阶. 设最大的阶为 N,且 $N\geqslant 2$. 不难证明,所有 N 阶点都是悬挂点,考虑任一个与某个 N 阶点相邻的 $N-1$ 阶点 B,B 与一个 $N-2$ 阶点相邻. 而且 B 至多与 2 个 N 阶悬挂点相邻. 去掉从 B 引到阶数较小的顶点的边,我们分出一个由 2 个或 3 个顶点构成的连通图,并且保留有较少顶点的树. 可以将这一过程继续下去,最后剩下最大的阶不大于 1 的树. 其中至多有 4 个顶点. 如果有 4 个顶点,将其中一个顶点分离出去,引理得证.

问题的解:设我们有若干个由顶点的 2 条相连接的边构成的组,对于任何有趣的染色,每一个这样的组包含不少于一个黑点,即在所有组中总共至少有一半是黑点. 在这些组中顶点的总数显然是偶数.

考虑选定的 3 点组,其中每一个都是连通图. 因此,从中可以选出 2 阶点(即使是 1 个). 将这个 2 阶点称为该组的中心. 不难看出,组的另外两个顶点应当是该组中心的邻点. 将所有的这样的组的中心选为所求的集合 k. 假设在某种有趣的染色中,所有这些中心至少有一半是白点. 设有 s 个黑中心和 t 个白中心. 在中心为白点的组中另外两个顶点一定是黑点,在中心为黑点的组中至多有两个白点,于是,至少有 $s+2(s+t)$ 个黑点,至多有 $(s+t)+2s$ 个白点,即黑点的个数不小于白点的个数,并且只有当 $t=0$ 时两者的个数才相等. 但是,在没有进入这些顶点组的点至多只有 1 个,而且这个点是白点的条件下,白点应当严格地多于黑点. 这样一来,图 G 的顶点的个数将是奇数,而已知 G 有 500 个顶点(由此恰好得出 3 点组是不空的). 因此,假设不成立,从而上述的顶点集 k 合乎题目的要求.

99.93. 设观众取走的卡片编号为 x,甲、乙各持 n 张卡片上所有数之和分别为 a,b. 因为 $1\leqslant x\leqslant 2n+1$,而且

$$x+a+b=1+2+\cdots+(2n+1)=(n+1)(2n+1)\equiv 0(\bmod 2n+1)$$

所以,只要甲、乙分别用手上卡片中两个数表示 a, $b(\bmod 2n+1)$,则丙据此即可确定 x.

将模 $2n+1$ 的完全剩余系 $\{a,a\pm 1,a\pm 2,\cdots,a\pm n\}$ 划分为 $n-1$ 组:其中 3 个 3 元组 $(a,a\pm 2)$,$(a-1,a\pm 4)$,$(a+1,a\pm 5)$ 和 $n-4$ 个 2 元组 $(a\pm i)(i=3,6,7,\cdots,n)$. 甲手上的 n 个数一定有两个属于同一组(可用反证法证明). 设为 $s,t(s<t)$,它们的距离 $d(s,t)=t-s$ 或 $d(s,t)$ 为 $2n+1+t-s$ 中的偶数.

①当 $\{s,t\}\equiv\{a,a+2\}$ 或 $\{a\pm i\}(\bmod 2n+1)$,$i=2,3,4,\cdots,n$ 时,甲以卡片给出有序数组 (s,t),它们的距离分别为 $2,4,6,\cdots,2n$. 根据这样的有序数组 (s,t),丙可以唯一地确定 $a(\bmod 2n+1)$:

若 $d=2$,则 $a\equiv\dfrac{s+t}{2}-1(\bmod 2n+1)$;若 $d>2$,则 $a\equiv\dfrac{s+t}{2}(\bmod 2n+1)$.

②当 $\{s,t\}\equiv\{a+1,a-5\}$,$\{a+1,a+5\}$,$\{a-1,a-4\}$,$\{a-1,a+4\}$,$\{a,a-2\}(\bmod 2n+1)$ 时,甲以卡片给出有序数组 (t,s). 按下表也可以唯一地确定 $a(\bmod 2n+1)$:

$\{s,t\}$	$a+1,a-5$	$a+1,a+5$	$a-1,a-4$	$a-1,a+4$	$a,a-2$
$d(s,t)$	6	4	$2n-2$	$2n-4$	2
a	$\dfrac{s+t}{2}+2$	$\dfrac{s+t}{2}-3$	$\dfrac{s+t+5}{2}$	$\dfrac{s+t-3}{2}$	$\dfrac{s+t}{2}+1$

乙也可按上述办法使丙确定 b,于是 $x=2n+1-(a+b)$.

99.94. 设 a 是写在黑板上的一个数. 考虑已知数中所有形式为 $\dfrac{3^n a}{2^m}$ 的数,其中 m,n 是非负整数,这样的数只有有限多个,其中一定有一个使 $m+n$ 为最大的数 k,则 k 既不是黑板上任一个数的三倍,也不是黑板上任一个数的一半,于是 k 为所求的数.

99.95. 如图31所示,因为点 O 与 O' 关于 AD 对称,所以

$$\angle O'BD=\angle O'AD=\angle DAO=\angle DBC$$

即 BD 平分 $\angle O'BC$. 同理,AC 平分 $\angle O'CB$,所以 BD 与 AC 的交点 O 为 $\triangle BO'C$ 的外接圆的中心,因此 OO' 是 $\angle BO'C$ 的平分线.

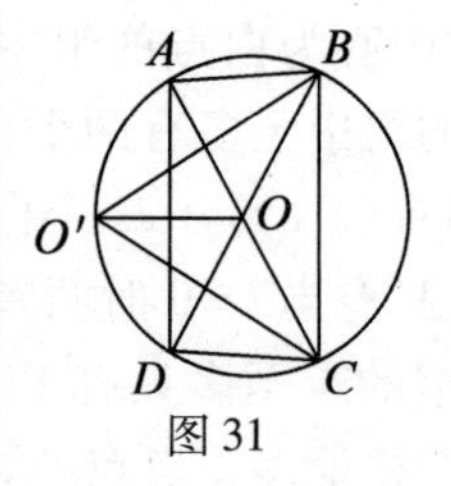

图31

99.96. b 为方程

$$cx^2-2a^2x+a^2c=0$$

的实根,因此这个方程的判别式 $4a^2(a^2-c^2)\geqslant 0$,由于 a,b,c 互不相等,所以 $a\geqslant c+1\geqslant 2$. 而且 $b=\frac{a^2\pm a\sqrt{a^2-c^2}}{c}$,所以

$$bc-a^2=\pm a\sqrt{(a-c)(a+c)}$$

而且

$$(bc-a^2)^2=a^2(a-c)(a+c)\geqslant 2a(a+c)\geqslant (a+c)^2$$

(在最后的不等式中应用了 $a>c\geqslant 1$).

99.97. 在有 $2n$ 个顶点,每点的度为3的齐次图 G 中,恰好有 $3n$ 条边. 因为 G 是连通图,因此可以从 G 中分出生成树 H,而且 H 恰好有 $2n-1$ 条边,G 有 $n+1$ 条边不在 H 中,我们就选这 $n+1$ 条边的集合 T. 以下证明,根据 T 的边的染色唯一地确定 H 的所有边的正则染色,即将 T 的边染完以后,可以不用其他方法就将 T 的3色正则染色拓展为 G 的所有边的3色正则染色.

考虑树 H 的任一个悬挂点 u,u 在 G 的三条边中有2条属于 T,这2条边已经被染为不同的颜色,这就唯一确定了第3边的颜色(因为边的染色是正则的,所以这条边的颜色应当与另外2条不同).

因为 $H\backslash\{u\}$ 也是树,而且除它以外的边已被3色正则染色,所以又可如上述那样确定 $H\backslash\{u\}$ 的一个悬挂点 v 处一边的颜色. 依此类推,就可以唯一确定 H 的每一边的颜色,从而确定 G 的每一边的颜色,而且满足题目要求.

99.98. 考虑一般的问题:两人按题目要求轮流往 $m\times n$ 表填数($m,n>1$),谁可保证获胜?

按要求,每行、每列填入的数按填入的先后顺序排列只能是 $1,2,1,2,\cdots$,即第奇数个填入数应为1,第偶数个填入数应为2. 设在某时刻空格 (i,j) 所在行、列的已填数的方格的个数分别为 a_i,b_j,那么当且仅当 a_i 与 b_j 有相同奇偶性时,即当且仅当 a_i+b_j 为偶数时这个空格可以填数. 对全部已填的方格的填入数求和,因为每个 a_i 用到 $n-a_i$ 次,每个 b_j 用到 $m-b_j$ 次,所以,已填入的数的总和

$$U=\sum_{i=1}^{m}(n-a_i)a_i+\sum_{j=1}^{n}(m-b_j)b_j$$

因为 $\sum\limits_{i=1}^{m}a_i=\sum\limits_{j=1}^{n}b_j=S.\ x^2\equiv x(\bmod 2)$,所以 $U\equiv(m+n)\cdot S(\bmod 2)$. 当 m 与 n 有相同奇偶性时,U 一定是偶数.

①如果 m 与 n 都是奇数,则 $m\times n$ 表中方格总数为奇数,后填者 B 每步以后已写数的个数 S 为偶数,所以空格数为奇数,奇数个 a_i+b_j 之和为偶数,其中一定有一个 a_i+b_j 为偶数,因此,先填者 A 总可以填入而获胜.

②如果 m 与 n 都是偶数,则 $m\times n$ 表中方格总数为偶数. 先填者 A 每步以后已写数的个数 S 为奇数,所以空格数为奇数,其中必有一个 a_i+b_j 为偶数,因此后填者 B 总可以写入而获胜.

99.99. 设 AX,DZ 垂直于 BE,AY,DT 垂直于 CE. 因为 $\angle AEB=\angle CED$,而且这两个角都是锐角,所以点 X 与 Y 分别位于 EB 与 EC 上. 当 $\angle AEC$(或 $\angle BED$)为锐角时,点 Y 与 X 位于射线 EB,EC 上. 在相反的情形,这些点位于 EB,EC 的延长线上,在两种情形下都有

$$\begin{aligned}EX\cdot EZ&=AE\cdot\cos\angle AEB\cdot DE\cdot|\cos\angle BED|\\&=AE\cdot|\cos\angle AEC|\cdot DE\cos\angle CED\\&=EY\cdot ET\end{aligned}$$

由此得 X,Y,Z,T 四点共圆.

99.100. 解法 1(拟线性化):根据柯西不等式有

$$\left(\frac{x}{y^2-z}+\frac{y}{z^2-x}+\frac{z}{x^2-y}\right)((y^2-z)+(z^2-x)+(x^2-y))$$
$$\geqslant(\sqrt{x}+\sqrt{y}+\sqrt{z})^2$$

于是

$$\frac{x}{y^2-z}+\frac{y}{z^2-x}+\frac{z}{x^2-y}\geqslant\frac{(\sqrt{x}+\sqrt{y}+\sqrt{z})^2}{x^2+y^2+z^2-z-y-z}$$

以下证明上式右端的分子大于分母.

当 $x,y\in(2,4)$ 时,将下列两个显然的不等式相乘

$$\sqrt{x}-2\leqslant 0$$
$$x\sqrt{x}+2x+2\sqrt{x}-4\geqslant 2x-4\geqslant 0$$

得不等式 $2(2+\sqrt{x})^2\geqslant x^2+16$,于是有

$$2(\sqrt{x}+\sqrt{y})^2\geqslant x^2+y^2$$

其中等号仅当 $x=y=4$ 时成立.

将下列三个不等式相加

$$2(\sqrt{x}+\sqrt{y})^2>x^2+y^2$$

$$2(\sqrt{y}+\sqrt{z})^2>y^2+z^2$$

$$2(\sqrt{z}+\sqrt{x})^2>z^2+x^2$$

得到当 $x,y,z\in(2,4)$ 时

$$(\sqrt{x}+\sqrt{y}+\sqrt{z})^2>x^2+y^2+z^2-(x+y+z)$$

这就是所要证明的.

解法2(变量替换):因为当 $x,y,z\in(2,4)$ 时,$x^2<4x,y^2<4y,z^2<4z$,所以

$$\frac{x}{y^2-z}+\frac{y}{z^2-x}+\frac{z}{x^2-y}>\frac{x}{4y-z}+\frac{y}{4z-x}+\frac{z}{4x-y}$$

记 $a=4x-y,b=4y-z,c=4z-x$,则 $a>0,b>0,c>0$,解出

$$x=\frac{16a+4b+c}{63},y=\frac{16b+4c+a}{63},z=\frac{16c+4a+b}{63}$$

所以

$$\frac{x}{4y-z}+\frac{y}{4z-x}+\frac{z}{4x-y}=\frac{1}{63}\left(\frac{16a+4b+c}{b}+\frac{16b+4c+a}{c}+\frac{16c+4a+b}{a}\right)$$

$$=\frac{1}{63}\left(12+16\left(\frac{a}{b}+\frac{b}{c}+\frac{c}{a}\right)+\left(\frac{a}{c}+\frac{c}{b}+\frac{b}{a}\right)\right)$$

由平均值不等式 $\frac{a}{b}+\frac{b}{c}+\frac{c}{a}\geqslant3$ 及 $\frac{a}{c}+\frac{c}{b}+\frac{b}{a}\geqslant3$ 得

$$\frac{x}{4y-z}+\frac{y}{4z-x}+\frac{z}{4x-y}\geqslant\frac{12+16\times3+3}{63}=1$$

因此最后得

$$\frac{x}{y^2-z}+\frac{y}{z^2-x}+\frac{z}{x^2-y}>1$$

99.101. 因为

$$(a-3b)^3=a^3-9a^2b+27ab^2-27b^3$$

上式两端乘以 a 得 $a(a-3b)^3=a^4-9b((a-b)^3+b^3)$.

设 $a=p^3,b=3q^3$ 得到

$$p^{12}=(p(p^3-9q^3))^3+(3q(p^3-3q^3))^3+(3q^4)^3$$

取 $q=1$,对于 $p>2$ 有

$$p^{12}=(p(p^3-q))^3+(3(p^3-3))^3+q^3$$

99.102. 如图32所示,$\triangle ABC$ 的外角 $\angle ACD=\angle BAC+\angle ABC=\angle OCA$,所以 AC 是 $\triangle BCC_1$ 的外角 $\angle C_1CD$ 的平分线,AC 与 $\angle ABC$ 的平分线的交点 B_1 是 $\triangle BCC_1$ 的旁心,从而 B_1C_1 平分 $\triangle BCC_1$ 的另一个外角 $\angle AC_1C$.

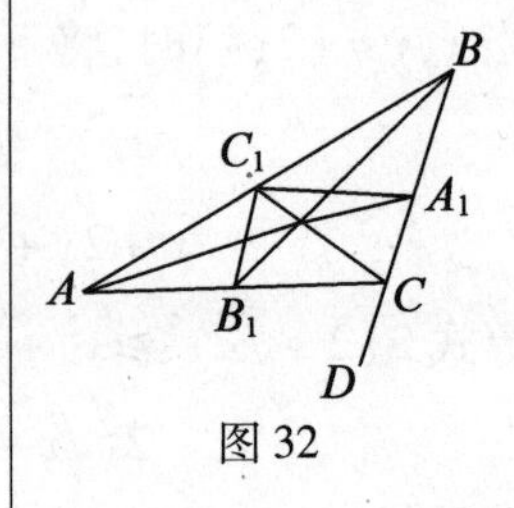

图32

据塞瓦定理有

$$\frac{BA_1}{A_1C}\cdot\frac{CB_1}{B_1A}\cdot\frac{AC_1}{C_1B}=1$$

由角平分线的性质得 $\frac{CB_1}{B_1A}=\frac{CC_1}{AC_1}$,将它代入上式得

$$\frac{BA_1}{A_1C}=\frac{AC_1}{CC_1}\cdot\frac{BC_1}{AC_1}=\frac{BC_1}{CC_1}$$

因此,A_1C_1 平分$\angle BC_1C$,所以$\angle A_1C_1B_1$ 为直角.

99.103. 同问题99.96 的解答.

99.104. 答案:$f(x)\equiv 0(x\in\mathbf{R})$.

解法 1(维尔斯特拉斯定理):因为 f 在 $\mathbf{R}$ 上连续,当 $\cos \pi x\neq 0$(即 $x\neq k+\frac{1}{2},k\in\mathbf{Z}$)时,$f(x+2)=f(x)$,即 f 是周期函数,周期为2. 根据维尔斯特拉斯定理知存在点 $x_0\in[-1,1]$,使 $|f(x_0)|$ 达到最大值 m. 设 $y_0=\frac{1}{\pi}\arcsin x_0$,则

$$m=|f(x_0)|=|f(\sin \pi y_0)|=|f(y_0)|\cdot|\cos \pi y_0|\leqslant m$$

于是 $|f(y_0)|=m$,而且 $\cos \pi y_0=\pm 1$,即 y_0 为整数,但 $y_0\in\left[-\frac{1}{2},\frac{1}{2}\right]$,因此 $y_0=0,m=|f(0)|=0$,因此 f 在$[-1,1]$上恒等于零,由于 f 的周期性与连续性,可知 $f(x)\equiv 0(x\in\mathbf{R})$.

解法 2:正如解法 1 那样证明 f 是周期函数而且周期为 2,$f(0)=0$. 对任意的 $x_0\in[0,1]$,设数列 $x_0,x_1,\cdots,x_n,\cdots$满足$x_n=\sin \pi x_{n+1}(n\geqslant 1)$,而且 $x_n\in\left[0,\frac{1}{2}\right]$. 利用对所有 $y\in\left[0,\frac{\pi}{2}\right]$成立的不等式 $\sin y\geqslant\frac{2}{\pi}y$,用归纳法可以证明 $x_n\leqslant\left(\frac{1}{2}\right)^n x_0$. 事实上

$$2x_n=\frac{2}{\pi}\cdot \pi x_n\leqslant \sin \pi x_n=x_{n-1}\leqslant\left(\frac{1}{2}\right)^{n-1}x_0$$

即当 $n\to\infty$ 时有 $x_n\to 0$,而且

$$\begin{aligned}f(x_0)&=\cos \pi x_1 f(x_1)=\cos \pi x_1\cos \pi x_2 f(x_2)=\cdots\\&=\cos \pi x_1\cos \pi x_2\cdots\cos \pi x_n f(x_n)\end{aligned}$$

由此得 $|f(x_0)|\leqslant|f(x_n)|\Rightarrow|f(0)|=0$. 于是,对于任意 $x_0\in[0,1]$有 $f(x_0)=0$,同理,当 $x\in[-1,0]$时,$f(x)=0$,从而 $f(x)\equiv 0(x\in\mathbf{R})$.

99.105. 假设各数 $a_n=2^n+3^n$ 的第 1 位数码构成周期数列,设它的周期为 T,对于所有的 n,因为分式$\frac{a_{n(T+1)}}{a_{nT}}$的分子与分母的第一个数码相同,所以这个分式的第一个数码可能是 1 或 5,6,7,8. 由于当 $n\to+\infty$ 时,$\frac{a_{n(T+1)}}{a_{nT}}\to 3^T$,由此得出$3^T=\alpha\cdot 10^m$,其中 $\alpha\in(1,2)\cup(5,10),m\in\mathbf{N}^*$.

考虑第一种情形 $\alpha\in(1,2)$. 因为当 $n\to+\infty$ 时,$\alpha^n\to+\infty$,而且$\{\alpha^n\}$的相邻项的比不大于 2,因此可以找到这样的自然数 k,使得 $\alpha^k\in(2,4)$. 由于自乘 k 次方运算的连续性,所以存在

$\varepsilon>0$,使得 $2<(\alpha-\varepsilon)^k<(\alpha+\varepsilon)^k<4$. 现在选择序号 N,使得对所有 $n>N$,有 $\frac{a_{n(T+1)}}{a_{nT}}\in(\alpha-\varepsilon,\alpha+\varepsilon)$. 于是 $\frac{a_{n(T+k)}}{a_{nT}}=\beta\cdot 10^p$,其中 $\beta\in(2,4)$,$p\in\mathbf{N}^*$,但是,如上所述 $\frac{a_{n(T+k)}}{a_{nT}}$ 的首位数码不可能在(2,4)内.

在第二种情形,设 $3^T=\frac{10^m}{\alpha}$,其中 $\alpha\in(1,2)$,$m\in\mathbf{N}^*$,我们可以进行与上述类似的推理.

99.106. 同问题 99.99 的解答.

99.107. 首先指出,我们认为,在整个方格平面上,各棋子车在一条水平线上遇见,或在一条垂直线上遇见,它们就会互相打斗.

不妨设所有标记方格最多可放 n 只互不打斗的棋子车. 因为交换棋盘的两行或两列不改变棋子车之间互不打斗关系,因此可以认为标记方格集 $S=A\cup B$,其中 A 为一条与水平线的夹角等于45°的对角线 D 上的接连的 n 个方格. B 的 n 个方格都位于 A 的方格所在的 n 行 n 列(无限延伸的十字形)中.

可以将在 S 中放置 k 只互不打斗的棋子车分两步实现:对每个 $0\leqslant r\leqslant k$,先在 B 中取 r 个方格放置 r 只互不打斗的棋子车,设这些车可能与 D 上的 m 个方格中的棋子车互相打斗($r+1\leqslant m\leqslant 2r$),然后在 D 的剩余的 $n-m$ 个方格中放置 $k-r$ 只余下的互不打斗的棋子车,放法数为 C_{n-m}^{k-r}. 因此,在 S 中放置 k 只互不打斗棋子车的放法数 $F_k=\sum\limits_{r=1}^{k}\sum \mathrm{C}_{n-m}^{k-r}$(未标示的求和是对集 B 的所有 r 元独立子集进行的求和).

同理可得 $F_{n-k}=\sum\limits_{r=0}^{n-k}\sum \mathrm{C}_{n-m}^{n-k-r}$,因为 $k<\frac{n}{2}$,所以 $n-k>k$,$F_{n-k}\geqslant\sum\limits_{r=0}^{k}\sum \mathrm{C}_{n-m}^{n-k-r}$. 又因为

$$\mathrm{C}_{n-m}^{n-k-r}=\mathrm{C}_{n-m}^{k+r-m},k-r<n-k-r,k-r\leqslant k+r-m$$

所以 $\mathrm{C}_{n-m}^{k-r}\leqslant\mathrm{C}_{n-m}^{n-k-r}$,于是 $F_k\leqslant F_{n-k}$.

99.108. 因为简单图 G 有 $2n$ 个顶点,每点的度都是 3,所以 G 有 $3n$ 条边. 不失一般性可以认为 G 是连通图.

从 G 选出 n 条边后剩下的子图有 $2n$ 个顶点,$2n$ 条边,因此一定有圈 C. 设 C 的各顶点处的另一条边都已经染色,而且其中有两条的颜色不同,则一定有两个相邻点 A,B 处的第三条边的不同颜色. 因此,确定了 AB 边的颜色. 依此递推可知 C 的所有边的颜色都已确定,特别地,如果 C 外一点到 C 有两条边,正属于这种情形.

设 G 的圈 C 的长为 k,将 C 缩为一点所得到的图仍是连通图,它有 $2n-k+1$ 个点,它的生成树有 $2n-k$ 条边,恢复 C 得到 G 的连通子图 H,它有 $2n$ 条边,而且只有一个圈 C,去掉的 n 条边集 T 即为所求.

如果 $H\backslash C$ 不空,则其中一定有悬挂点,其中各边的颜色是确定的(参看 99.97 题解). 因此 C 以外的边的颜色唯一确定. 只要 C 以外一点 P 到 C 有两条边,就唯一确定 C 的边的颜色.

剩下的是证明只要 G 的边可以 3 色正则染色,就存在圈 C 和 C 以外一点 P 到 C 的两条边,设用红蓝黄二色将 G 的边正则染色,则红蓝色边的子图是二色正则染色,它们构成通过 G 的所有顶点的圈,设这些圈是 $Z_1,Z_2,\cdots,Z_k$. 以 $\{Z_1,Z_2,\cdots,Z_k\}$ 为顶点作另一个图 G^*,当且仅当 Z_i 与 Z_j 之间有黄色边作 G^* 的边 Z_i-Z_j 时,G^* 为连通图. 设 G^* 的生成树的一个悬挂点为 Z_1(因为 $G^*\backslash Z_1$ 为连通图,所以 $G\backslash Z_1$ 为连通图). 如果 Z_1 中有两个不相邻的顶点 A,B 在 G 中有黄色边相连,则 Z_1 被它分成以 AB 为公共边的两个圈 Z_{11} 与 Z_{12}. 从 $G\backslash Z_1$ 为连通图可知 $G\backslash Z_{11}$ 与 $G\backslash Z_{12}$ 中一定有一个是连通图. 以此类推最后得到 G 的一个圈 Z_0,Z_0 满足:$G\backslash Z_0$ 为连通图. 而且 Z_0 上每点处的另一条边都引向 Z_0 外.

设 A,B,C 是 Z_0 的相继三个顶点,A,C 处的另一条边为 AA_1,CC_1. 若 A_1 与 C_1 重合,则 Z_0 与 C_1(即 P)为所求;若 A_1 与 C_1 是不同的顶点,则 $G\backslash Z_0$ 中存在一条从 A_1 到 C_1 的简单路 L,添上 $C_1,C,Z_0\backslash\{B\},AA_1$ 得到一个圈,它与 B 点为所求.

99.109. 同问题 99.101 的解答.

备用试题资料

1994

94.01. 在 4×4 的正方格表中放置 6 个偶数和 10 个奇数,使得在每一行的各数之和为偶数,而在每一列的各数之和为奇数[①]

94.02. 5→4[②].

94.03. 解一道难题得 2 分,解一道简单题得 1 分,谢曼解了 12 道题共计得 16 分[③].

94.04. 54→61,75→80,80→82.

94.05. 16,20,35,46,179,256,680,1 234.

94.06. 32→59,另一个图,如图 1.

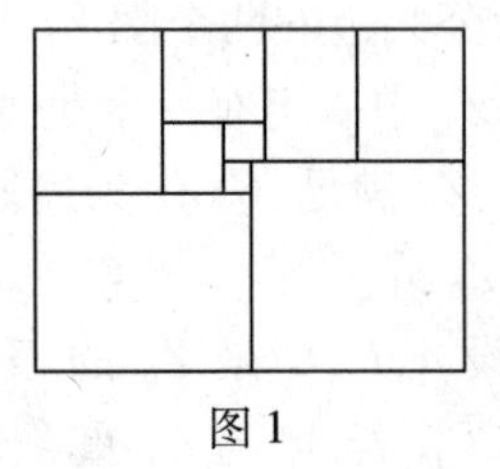

图 1

94.07. 13→12,8→7,23→20,芭芭娅迦将斑点数目最多的蛤蟆菌送给科谢依.

94.08. 10×10→8×8.

94.10. 在凸四边形 $ABCD$ 中,$AB=CD$,$\angle ABD+\angle CDB=180°$,证明:$AD+BC>2BD$.

94.11. 4→6,11→7.

94.12. 512→1 024,30→100. 在循环赛中所有组都是有趣的,证明:获胜的号码大于 20.

94.14. 删去题目中所有的"两倍"这个词.

94.15. 在 $\triangle ABC$ 中,自顶点 B 作中线 BM. 点 D 在 BM 的延长线上,过点 D 作平行于 BC 的直线 l_1,过点 A 作平行于 BM 的直线 l_2,l_1 与 l_2 相交于点 E,证明 $BE=CD$.

94.16. $\sum a_i^3=\sum a_i^4$. $\sum a_i$ 与 $\sum a_i^2$ 哪一个较大?

94.17. 21→18. 证明某个编号最小的选手获胜.

94.19. $(2^k-2^l)^2=2^m-2^n$.

94.21. 在锐角 $\triangle ABC$ 中作高 AE 与 CD. 从点 D 与 E 分别向高 CD 与 AE 作垂线 EG 与 DH. 证明 $GH/\!/AC$.

94.23. A 全部是平局,B 自始至终没有获胜,最后 C 比 B 与 E 都少 1 分,E 获胜 2 盘.

94.26. (在两处的)1→2.

1995

95.01. 5→7.

① 原题替换.——编校注

② 题中数字对应替换,5 变成 4.——编校注

③ 原题中对应的部分替换.——编校注

95.02. 三分之一→十二分之一,六分之一→四分之一,一半→三分之一.

95.03. 五位数 A 的数码仅仅是 1 与 2,五位数 B 的数码仅仅是 2 与 3,试问 AB 的数码是否可能只是 6.

答案:不可能. 这是一个新的问题,为了解答本题,应当考虑余因子与它们的乘积的最后的两个数码的各种可能的情况.

95.04. 74→78. 这是对模 3 的解.

95.05. 1→2,2→3,3→1.

95.06. 811→411.

95.07. 全部人口为 200 人,作肯定回答的人数分别是 110,90,60.

答案:60.

95.08. 如果在蘑菇上有 15 条蠕虫,则称它是坏蘑菇,如果蠕虫吃了不多于$\frac{1}{7}$个蘑菇,就称该蠕虫是瘦弱的. 已知整个森林中有$\frac{1}{5}$蘑菇是坏的. 证明:所有蠕虫中至少有$\frac{1}{4}$是瘦弱的.

95.09. ⊞ → ⊞ ,1 ×3→1 ×5.

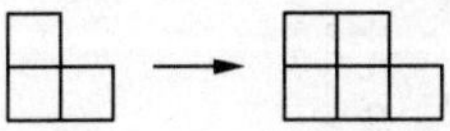

95.10. 数 4,5,6,…,12.

答案:可以,图 2 表示一种填法.

11	12	4
6	7	10
8	5	9

图 2

95.11. 四边形 $ABCD$ 为菱形,点 E,F 分别位于边 AB,BC 上,$BE=7\cdot AE$,$CF=7\cdot BF$. 已知 $\triangle DEF$ 为等边三角形,求 $\angle ABC$.

答案:120°.

95.12. 有下列两类五位数:

①各位数码之和为 37,且为偶数;

②各位数码之和为 37,且为奇数.

试问,哪一类数较多?

答案:奇数类的数较多.

95.14. $\begin{cases}9a^2+4c^2=14ab\\7b^2+3d^2=6cd\end{cases}$.

答案:(0,0,0,0).

95.15. 1 994→1 995.

95.16. 129→130. 答案:66.

95.17. $201^x+403^y=202^z$.

答案:$x=2,y=1,z=2$.

95.18. 一个六位数能被 8 整除但不能被 5 整除,求这样的六位数的各数码之和的最小值.

答案:5. 对应的数为 100 112.

95.19. 得到肯定回答的比例分别为 60%,40%,30%. 请问,Q 党的成员中骑士多还是无赖多?

答案:骑士与无赖各占一半.

95.20. 在菱形 $ABCD$ 中,$\triangle BCD$ 的外接圆与 AB 边交于点 E,$\triangle AED$ 的外接圆与线段 BD 交于点 F. 证明:E,F,C 三点共线.

解:如图 3 所示,验证下列角的等式

$$\angle BEC = \angle BDC = \angle ADF = \angle BEF$$

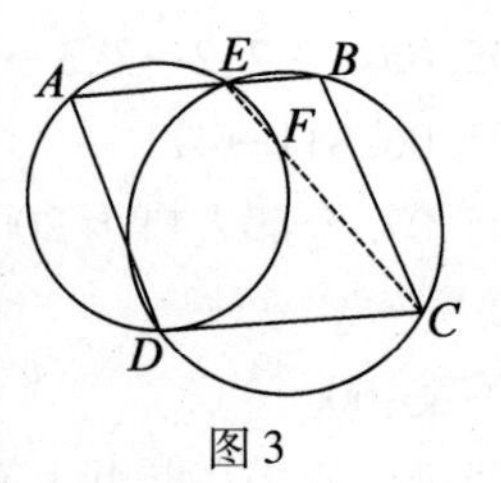

图 3

95.21. [⋯]$0 < x, y, z < 200$. 写出每一个点的坐标的平均值,求所有这些平均值之和.

答案:$100 \cdot \frac{199^3 - 1}{2} + 100$.

95.22. 证明

$$\frac{x}{\sqrt{y^2+2}} + \frac{y}{\sqrt{x^2+2}} \leqslant \frac{2}{\sqrt{3}}$$

95.24. 放置数 lg 3, lg 4, ⋯, lg 11.

答案:下表是一个例子:

lg 11	lg 12	lg 4
lg 6	lg 7	lg 10
lg 8	lg 5	lg 9

95.26. $\left[0, \frac{1}{2}\right] \to [0, 2]$;证明不等式

$$\frac{x}{\sqrt{y^2+4}} + \frac{y}{\sqrt{x^2+4}} \leqslant \sqrt{2}$$

95.27. 已知平面 γ 平分四面体 $ABCD$ 的以 AC 为棱的二面角,γ 与棱 BD 相交于点 K. 点 L 与 M 分别在棱 BC 与 CD 上,使得线段 AL 与 AM 分别为 $\triangle ABC$ 与 $\triangle ACD$ 的高,而且直线 LM 垂直于平面 γ. 证明:CK 为 $\triangle BCD$ 的 $\angle C$ 的平分线.

1996

96.01. $5 \times 5 \to 6 \times 6$, $3 \times 3 \to 4 \times 4$. 8 个减号→1 个减号. 例如,在方格 $d3$ 一个减号. 在其他方格中为加号.

96.02. 6→8, 2 倍→3 倍.

答案:4 与 12.

96.03. 8→6, 225→160.

96.04. 54→81.

答案:89 991.

96.05. 完全立方数→五次方数

96.06. 100→200.

答案:394.

96.07. $BK=2AK$, $BL=2CL$→$2BK=AK$, $2BL=CL$.

96.08. 托玛选定一个正整数,并且求出它被3,4,8除的余数. 已知这三个余数之和为12,试求用24去除该数所得的余数.

答案:23.

96.10. 16→27.

96.11. 96°→95°. 这是不必要的已知数.

96.12. 1与2→2与3;2与1→3与2.

答案:有片断"32"的数较多.

96.13. 6→4,4→3.

答案:$a=3$, $b=1$. 备用的题目比原来的题目简单,因为它的答案都是整数,而且可以用类似的方法得出结果.

96.14. 8→9.

96.15. 点F在$\triangle ABC$的边BC上,使得$AF=AC$. $\triangle ACF$的内切圆的圆心为O,这个内切圆与AF相切于点D. 已知$BD /\!/ OF$,求证$CF=2BF$.

96.16. 100→200,1 995→1 996.

答案:(0,0)或(1 995,199)

96.17. 11→10,10→9.

96.18. sin→tan;cos→cot. 备用的试题比原试题更简单,因为应用公式$\cot x=\dfrac{1}{\tan x}$使解答更容易.

96.19. 99%→96%,1%→4%. 35%→40%.

96.20. 四边形$ABCD$为圆内接四边形,延长边AB与CD相交于点k,而且点B位于点A与k之间,点L位于边AD上,使得

$$\angle LCD=\angle LBA=90°$$

求证$\angle KLA=90°$.

96.21. 多项式$x^3+bx^2+23x+3a$.

96.22. 证明不等式

$$\frac{3}{4}(a^4+b^4+c^4+1)\geqslant ab^2+bc^2+ca^2$$

96.23. 998→996. 答案:1 996.

96.24. 在选举总统时,有10位候选人. 100%的居民都参与选举. 每一个选民需要将选票中的候选人除一个人以外其余的候选人的名字删去. 在选举后的社会调查中,每一个选民都说出他所删去的几个候选人的名字. 调查的结果显示,只有一个候选人被少于90%的选民提及. 证明:这个候选人获得的票数

最多.

96.27. 点 L 与 P 分别位于三棱锥 $ABCD$ 的棱 AD 与 BD 上,使得 $LP/\!/AB$. 棱 BC,AB,CD,AC 的中点分别为 K,M,N,R. 证明:三棱锥 $AMPN$ 的体积与三棱锥 $CKRL$ 的体积相等.

1997

97.01. 三个正号→一个正号.

97.02. $AB=199$ cm,$CD=7$ cm,$AC=BE$.

答案:192.

97.03. 从 5 到 11→从 3 到 9.

答案:4,6,8.

97.04. 尤拉→罗玛,7→8,21→20.

答案:20.

97.05. 在 1897 年,俄罗斯帝国的 13 个部的每一位部长在其他部长生日的那天向他赠送生日礼物,礼物盒的数量等于过生日的部长已任职的年份数. 试问,当年有没有可能共赠送了 1 997盒礼品?

97.06. $11\times15\to9\times17$,(在两处的)大于→小于.

97.07. 10→11,3→5.

97.08. 5→6,10→9,60→68.

答案:11.

97.09. 10→12. 不能用奇偶性作解答.

97.10. $9\times17\to11\times15$.

97.11. 340→380.

97.12. 证明不等式

$$\frac{1-a}{1-2a}+\frac{1-b}{1-2b}+\frac{1-c}{1-2c}>4$$

97.13. $A\to D\to C\to B\to A$.

97.14. 为偶数→能被 3 整除;

为奇数→不能被 3 整除;

在原题的解答中举出例子.

97.15. 在凸四边形 $ABCD$ 中,对角线 $AC=BD$. 边 AB 与 CD 的中垂线的交点 P 位于边 AD 上,证明 $\angle BAD=\angle ADC$.

97.16. 给定三个形式为 x^2+ax+b 的二次三项式. 已知其中任两个三项式之和与这三个三项式之和有共同的根. 证明这三个三项式有共同的根.

97.17. 5→6,10→9,60→68,问题改为:在地下室里找到多少个牛奶瓶?

答案:9 个.

97.18. 已知 a 为自然数,它的 4 个因子的两两的乘积(总共6个)之和为素数. 证明这4个因子的乘积不大于a^2.

97.19. 6个→7个,任何100个→任何50个,600→350.

97.20. 4 242→3 090. 在解答中利用3 090 = 30 · 350.

97.22. 在$\triangle ABC$中,$\angle BAC$为钝角,以BC为直径作圆,该圆与BA及CA的延长线相交于点K及L,过点K与L作该圆的切线,设这两条切线相交于点M,证明:直线$BM \perp AC$.

97.23. 在全体实数$\mathbf{R}$中给定函数$f(x)$,$f(x)$对$x \in \mathbf{R}$满足不等式

$$\sqrt{3f(x)} - \sqrt{3f(x) - f(3x)} \geqslant 3$$

证明:$f(x) \geqslant 4 (x \in \mathbf{R})$.

97.24. 1.7→1.9,330→441.

答案:122.

97.25. 参看上述备用的97.16.

97.26. $f(x)$对$x \in \mathbf{R}$满足

$$\sqrt{3f(x)} - \sqrt{3f(x) - f(3x)} \geqslant 3$$

答案:$45 + 18\sqrt{6}$.

97.27. 科斯佳→米莎,10→11,公比为3→公比为2,完全立方→完全五次方.

1998

98.01. 使得除第一列外,每一列的"×"号比"○"多,而且除最后一行外,每一行的"○"比"×"号多.

98.02. 香蕉→橡实;维尼熊→小猪;70→85;45→55.

答案:1个橡实.

98.03. 23→81;12→15.

答案:19.

98.04. [图] —→ [图];105→155,40→60. 在解答中可以考虑图4的形式.

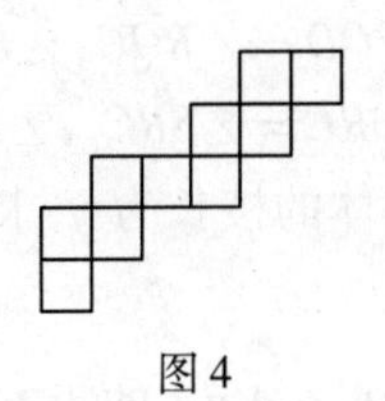

图4

98.05. 4→3;25→19.

98.06. ±7→ ±9.

98.07. 2 500→2 600.

98.08. 六十位数→五十位数;1 001→101. 在解答中利用等式1 111 = 11 · 101.

98.09. 5→3.

98.11. $\triangle ABC$的一条中线为AF,点D位于边AB从B点向外的延长线上. 直线DF与边AC相交于点E,已知$AB = BD = AF$. 证明:$CE = EF$.

98.12. 200→280;1×7→1×5.

98. 13. 3→4.

答案:5. 8.

98. 14. 二次三项式f与g的首项系数相等,各有 2 个根,二次三项式$f+g$的两根之和等于零. 证明:二次三项式f与g的所有四个根之和等于零.

98. 15. 1 000→500;860→430;21→35.

98. 16. $\triangle ABC$是锐角三角形,从顶点A与C分别向边BC与AB作垂线,两垂线相交于点K. 在边AB与BC上各有点L与点M,使得$LM /\!/ AC$. 证明:点B,K与$\triangle BLM$的外接圆的圆心O三点共线.

98. 17. 15→16;505→604.

98. 18. 3→4;4. 75→5. 8.

98. 19. 58→62;14→16.

答案:或者胖子与瘦人各有 31 人;或者有 32 个胖子与 30 个瘦人.

98. 20. $f(x)-g(x)>1\ 997 \to f(x)+g(x)<1\ 997$;$f(x)-g(x) \to f(x)+g(x)$.

98. 21. $A \to B, B \to C, C \to D, D \to A$.

98. 22. 16→15;310→260.

98. 23. 3→2;1 001. 998→101. 98.

98. 24. $(2n)! \to (2n+1)!$.

98. 25. 在十进记数法中,证明:如果一个五十位数的数码都不是零,那么可以删去该数的若干个数码,使余下的不为零的数可被 271 整除.

98. 26. $f(x)$是实系数多项式. 已知方程$f(x)=16$有 11 个不同的实根,而方程$f(x)=11$有 16 个不同的实根. 证明:在这 27 个实数中,至少有一个是方程$f'(x)=0$的根.

98. 27. 在立方体$ABCDA_1B_1C_1D_1$的菱AD,DC,CC_1,BB_1,A_1B_1,A_1D_1上分别取点P,Q,R,S,T,U,已知

$$\angle PQD=\angle RQC, \angle RSB=\angle TSB_1, \angle TUA_1=\angle PUD_1$$
$$\angle QRC=\angle SRC_1, \angle STB_1=\angle UTA_1, \angle UPA=\angle QPD$$

如果立方体的棱长为 1,求闭折线$PQRSTUP$的长.

1999

99. 01. …4 ×4 的正方形→…3 ×5 的矩形. 16→15.

99. 02. 从 11:00:00 到 18:59:59→从 10:00:00 到 17:59:59;大于→小于(两处).

99. 03. 小牛,猴子,小象,小鸟一起散步去“六棵树”处,沿着笔直的小路(按树的编号递增的顺序)向前走. 小牛发现第一棵树到第四棵树的距离等于第三棵树到第六棵树的距离. 猴子

说:从第一棵树到第三棵树的距离比从第二棵树到第三棵树的距离的四倍还要长. 小象发现:从第五棵树到第六棵树的距离比从第四棵树到第五棵树的距离要短. 而小鸟宣称,从第二棵树到第三棵树的距离比从第四棵树到第五棵树的距离只相差小鸟的一个翅膀那么多. 证明它们之中某一个出错了.

99. 04. 2→4;乘以 3 或乘以 8→乘以 2 或乘以 7;19 991 999…1 999→1 000…000(在 1 后面 300 个零).

99. 05. 8 位→7 位.

99. 06. 小猪要过生日了,几只羊与森林的其他动物共准备了 50 瓶果酱. 已知森林的每一个成员都有不少于 2 瓶果酱,一只母羊用自己的果酱让小羊尝试,而所有其他成员保存自己的果酱,并在第二天小猪生日时将自己的果酱的一半送给小猪作礼物. 小猪得到这些礼物以后,使自己的果酱增加到原来的 9 倍. 问小羊尝试了多少瓶果酱?

99. 07. 四边形 $ABCD$ 的两条对角线相交于点 E. 已知 $|DE| = |BC|$, $|CE| = |AB|$, $\angle AEB = \angle ABC$. 证明: $|CD| > |AB|$.

99. 08. 第二十五张→第三十四张;第二十六张→第三十五张.

99. 09. 弗拉季克→卡佳,五位数→六位数.

99. 10. 17 →12 g;30 g→20 g;从 1 998 到 2 099→从 1 999 到 2 098.

99. 11. 第 13 张与第 14 张卡片是黑色的,而第 84 张卡片是白色的. 试问,第 85 张卡片的颜色是什么?

99. 12. $A \to D, B \to E, C \to F, K \to X, L \to Y, 114° \to 117°$.

99. 13. $1\,999 \times 8\,991 \to 1\,998 \times 9\,991$.

99. 14. $a^2x^2 + 2b^2x + c \to a^4x^2 + 2b^4x + c^4$.

99. 15. 11→7;143→91;20→12.

99. 16. 四分之一→五分之一;七倍→六倍.

99. 17. 第九张与第十张卡片是红色的,而第二十六张卡片是黑色的. 试问,第二十五张卡片的颜色是什么?

99. 18. 在 $\triangle ABC$ 中, $\angle BAC = 60°$. 中线 AN 与高 BM 相交于点 K, $AK = 4$ cm, $KN = 6$ cm,求 $\triangle ABC$ 的各角.

99. 19. $ax^2 + bx + c \to ax^2 - bx + c$;

$a^2x^2 + 2b^2x + c^2 \to a^2x^2 - 2b^2x + c^2$.

99. 20. 2 520→2 640.

99. 21. $\triangle ABC$ 的两条角平分线 AL 与 BM 相交于点 O. 已知 $\triangle AOM$ 的外接圆与 $\triangle BOL$ 的外接圆的一个交点位于线段 AB 上. 证明: $\angle AOB = 120°$.

99.22. $\begin{cases}x^3\cdot\sqrt{1-y}=\sqrt{1-z}\\ y^3\cdot\sqrt{1-x}=z^3\end{cases}\Rightarrow\begin{cases}x^4\cdot\sqrt{1-y}=z^4\\ y^4\cdot\sqrt{1-x}=\sqrt{1-z}\end{cases}$.

99.23. 600→1 000;300→500;第151位起到第450位的各数之和可以被3整除→第251位起到第750位的各数之和可以被5整除.

99.24. $\begin{cases}\sin x\cos y=\sin z\\ \cos x\sin y=\cos z\end{cases}\to\begin{cases}\sin x\sin y=\cos z\\ \cos x\cos y=\sin z\end{cases}$.

答案:$x=\frac{\pi}{2},y=\frac{\pi}{2},z=0$ 或者 $x=0,y=0,z=\frac{\pi}{2}$.

99.25. $a_0=2^{999},a_{n+1}=\frac{1\,999a_n}{a_n^3+1}$,证明 $a_{180}<0.1$.

99.26. $5^{99}+14^{99}+23^{99}+\cdots+(9n+5)^{99}\to 4^{99}+13^{99}+22^{99}+\cdots+(9n+4)^{99}$.

99.27. 11×11→13×13;然后的每一步操作如下:将满足下列条件的任意四个白色方格中的两个方格染成黑色,将四个方格位于一个各边与木板的边平行的矩形的顶点上,染成黑色的两个方格位于其中的左上角及右下角. 试问:用这种操作最多可以得到多少个黑色的方格?

答案:156个.

99.28. 四棱锥 $S-ABCD$ 的每一条棱的棱长都等于1. 过棱 BC 作截面与射线 SA 及 SD 分别相交于点 E 及点 F. 已知多面体 $CBEFS$ 的体积是棱锥的体积的三分之一,求线段 EF 的长.

答案:2.

哈尔滨工业大学出版社刘培杰数学工作室已出版(即将出版)图书目录

书　　名	出版时间	定　价	编号
新编中学数学解题方法全书(高中版)上卷	2007－09	38.00	7
新编中学数学解题方法全书(高中版)中卷	2007－09	48.00	8
新编中学数学解题方法全书(高中版)下卷(一)	2007－09	42.00	17
新编中学数学解题方法全书(高中版)下卷(二)	2007－09	38.00	18
新编中学数学解题方法全书(高中版)下卷(三)	2010－06	58.00	73
新编中学数学解题方法全书(初中版)上卷	2008－01	28.00	29
新编中学数学解题方法全书(初中版)中卷	2010－07	38.00	75
新编中学数学解题方法全书(高考复习卷)	2010－01	48.00	67
新编中学数学解题方法全书(高考真题卷)	2010－01	38.00	62
新编中学数学解题方法全书(高考精华卷)	2011－03	68.00	118
新编平面解析几何解题方法全书(专题讲座卷)	2010－01	18.00	61
新编中学数学解题方法全书(自主招生卷)	2013－08	88.00	261
数学眼光透视	2008－01	38.00	24
数学思想领悟	2008－01	38.00	25
数学应用展观	2008－01	38.00	26
数学建模导引	2008－01	28.00	23
数学方法溯源	2008－01	38.00	27
数学史话览胜	2008－01	28.00	28
数学思维技术	2013－09	38.00	260
从毕达哥拉斯到怀尔斯	2007－10	48.00	9
从迪利克雷到维斯卡尔迪	2008－01	48.00	21
从哥德巴赫到陈景润	2008－05	98.00	35
从庞加莱到佩雷尔曼	2011－08	138.00	136
数学解题中的物理方法	2011－06	28.00	114
数学解题的特殊方法	2011－06	48.00	115
中学数学计算技巧	2012－01	48.00	116
中学数学证明方法	2012－01	58.00	117
数学趣题巧解	2012－03	28.00	128
三角形中的角格点问题	2013－01	88.00	207
含参数的方程和不等式	2012－09	28.00	213

哈尔滨工业大学出版社刘培杰数学工作室已出版(即将出版)图书目录

书　　名	出版时间	定　价	编号
数学奥林匹克与数学文化(第一辑)	2006－05	48.00	4
数学奥林匹克与数学文化(第二辑)(竞赛卷)	2008－01	48.00	19
数学奥林匹克与数学文化(第二辑)(文化卷)	2008－07	58.00	36′
数学奥林匹克与数学文化(第三辑)(竞赛卷)	2010－01	48.00	59
数学奥林匹克与数学文化(第四辑)(竞赛卷)	2011－08	58.00	87
数学奥林匹克与数学文化(第五辑)	2014－09		370

书　　名	出版时间	定　价	编号
发展空间想象力	2010－01	38.00	57
走向国际数学奥林匹克的平面几何试题诠释(上、下)(第1版)	2007－01	68.00	11,12
走向国际数学奥林匹克的平面几何试题诠释(上、下)(第2版)	2010－02	98.00	63,64
平面几何证明方法全书	2007－08	35.00	1
平面几何证明方法全书习题解答(第1版)	2005－10	18.00	2
平面几何证明方法全书习题解答(第2版)	2006－12	18.00	10
平面几何天天练上卷・基础篇(直线型)	2013－01	58.00	208
平面几何天天练中卷・基础篇(涉及圆)	2013－01	28.00	234
平面几何天天练下卷・提高篇	2013－01	58.00	237
平面几何专题研究	2013－07	98.00	258
最新世界各国数学奥林匹克中的平面几何试题	2007－09	38.00	14
数学竞赛平面几何典型题及新颖解	2010－07	48.00	74
初等数学复习及研究(平面几何)	2008－09	58.00	38
初等数学复习及研究(立体几何)	2010－06	38.00	71
初等数学复习及研究(平面几何)习题解答	2009－01	48.00	42
世界著名平面几何经典著作钩沉——几何作图专题卷(上)	2009－06	48.00	49
世界著名平面几何经典著作钩沉——几何作图专题卷(下)	2011－01	88.00	80
世界著名平面几何经典著作钩沉(民国平面几何老课本)	2011－03	38.00	113
世界著名解析几何经典著作钩沉——平面解析几何卷	2014－01	38.00	273
世界著名数论经典著作钩沉(算术卷)	2012－01	28.00	125
世界著名数学经典著作钩沉——立体几何卷	2011－02	28.00	88
世界著名三角学经典著作钩沉(平面三角卷Ⅰ)	2010－06	28.00	69
世界著名三角学经典著作钩沉(平面三角卷Ⅱ)	2011－01	38.00	78
世界著名初等数论经典著作钩沉(理论和实用算术卷)	2011－07	38.00	126
几何学教程(平面几何卷)	2011－03	68.00	90
几何学教程(立体几何卷)	2011－07	68.00	130
几何变换与几何证题	2010－06	88.00	70
计算方法与几何证题	2011－06	28.00	129
立体几何技巧与方法	2014－04	88.00	293
几何瑰宝——平面几何500名题暨1000条定理(上、下)	2010－07	138.00	76,77
三角形的解法与应用	2012－07	18.00	183
近代的三角形几何学	2012－07	48.00	184
一般折线几何学	即将出版	58.00	203
三角形的五心	2009－06	28.00	51
三角形趣谈	2012－08	28.00	212
解三角形	2014－01	28.00	265
三角学专门教程	2014－09	28.00	387
距离几何分析导引	2015－02	68.00	446

哈尔滨工业大学出版社刘培杰数学工作室已出版(即将出版)图书目录

书　　名	出版时间	定　价	编号
圆锥曲线习题集(上册)	2013－06	68.00	255
圆锥曲线习题集(中册)	2015－01	78.00	434
圆锥曲线习题集(下册)	即将出版		
俄罗斯平面几何问题集	2009－08	88.00	55
俄罗斯立体几何问题集	2014－03	58.00	283
俄罗斯几何大师——沙雷金论数学及其他	2014－01	48.00	271
来自俄罗斯的 5000 道几何习题及解答	2011－03	58.00	89
俄罗斯初等数学问题集	2012－05	38.00	177
俄罗斯函数问题集	2011－03	38.00	103
俄罗斯组合分析问题集	2011－01	48.00	79
俄罗斯初等数学万题选——三角卷	2012－11	38.00	222
俄罗斯初等数学万题选——代数卷	2013－08	68.00	225
俄罗斯初等数学万题选——几何卷	2014－01	68.00	226
463 个俄罗斯几何老问题	2012－01	28.00	152
近代欧氏几何学	2012－03	48.00	162
罗巴切夫斯基几何学及几何基础概要	2012－07	28.00	188
超越吉米多维奇——数列的极限	2009－11	48.00	58
超越普里瓦洛夫——留数卷	2015－01	28.00	437
Barban Davenport Halberstam 均值和	2009－01	40.00	33
初等数论难题集(第一卷)	2009－05	68.00	44
初等数论难题集(第二卷)(上、下)	2011－02	128.00	82,83
谈谈素数	2011－03	18.00	91
平方和	2011－03	18.00	92
数论概貌	2011－03	18.00	93
代数数论(第二版)	2013－08	58.00	94
代数多项式	2014－06	38.00	289
初等数论的知识与问题	2011－02	28.00	95
超越数论基础	2011－03	28.00	96
数论初等教程	2011－03	28.00	97
数论基础	2011－03	18.00	98
数论基础与维诺格拉多夫	2014－03	18.00	292
解析数论基础	2012－08	28.00	216
解析数论基础(第二版)	2014－01	48.00	287
解析数论问题集(第二版)	2014－05	88.00	343
解析几何研究	2015－01	38.00	425
初等几何研究	2015－02	58.00	444
数论入门	2011－03	38.00	99
代数数论入门	2015－03	38.00	448
数论开篇	2012－07	28.00	194
解析数论引论	2011－03	48.00	100
复变函数引论	2013－10	68.00	269
伸缩变换与抛物旋转	2015－01	38.00	449

哈尔滨工业大学出版社刘培杰数学工作室
已出版(即将出版)图书目录

书 名	出版时间	定 价	编号
无穷分析引论(上)	2013－04	88.00	247
无穷分析引论(下)	2013－04	98.00	245
数学分析	2014－04	28.00	338
数学分析中的一个新方法及其应用	2013－01	38.00	231
数学分析例选:通过范例学技巧	2013－01	88.00	243
三角级数论(上册)(陈建功)	2013－01	38.00	232
三角级数论(下册)(陈建功)	2013－01	48.00	233
三角级数论(哈代)	2013－06	48.00	254
基础数论	2011－03	28.00	101
超越数	2011－03	18.00	109
三角和方法	2011－03	18.00	112
谈谈不定方程	2011－05	28.00	119
整数论	2011－05	38.00	120
随机过程(Ⅰ)	2014－01	78.00	224
随机过程(Ⅱ)	2014－01	68.00	235
整数的性质	2012－11	38.00	192
初等数论 100 例	2011－05	18.00	122
初等数论经典例题	2012－07	18.00	204
最新世界各国数学奥林匹克中的初等数论试题(上、下)	2012－01	138.00	144,145
算术探索	2011－12	158.00	148
初等数论(Ⅰ)	2012－01	18.00	156
初等数论(Ⅱ)	2012－01	18.00	157
初等数论(Ⅲ)	2012－01	28.00	158
组合数学	2012－04	28.00	178
组合数学浅谈	2012－03	28.00	159
同余理论	2012－05	38.00	163
丢番图方程引论	2012－03	48.00	172
平面几何与数论中未解决的新老问题	2013－01	68.00	229
法雷级数	2014－08	18.00	367
代数数论简史	2014－11	28.00	408
摆线族	2015－01	38.00	438
拉普拉斯变换及其应用	2015－02	38.00	447
历届美国中学生数学竞赛试题及解答(第一卷)1950－1954	2014－07	18.00	277
历届美国中学生数学竞赛试题及解答(第二卷)1955－1959	2014－04	18.00	278
历届美国中学生数学竞赛试题及解答(第三卷)1960－1964	2014－06	18.00	279
历届美国中学生数学竞赛试题及解答(第四卷)1965－1969	2014－04	28.00	280
历届美国中学生数学竞赛试题及解答(第五卷)1970－1972	2014－06	18.00	281
历届美国中学生数学竞赛试题及解答(第七卷)1981－1986	2015－01	18.00	424

哈尔滨工业大学出版社刘培杰数学工作室已出版(即将出版)图书目录

书　　名	出版时间	定　价	编号
历届 IMO 试题集(1959—2005)	2006－05	58.00	5
历届 CMO 试题集	2008－09	28.00	40
历届中国数学奥林匹克试题集	2014－10	38.00	394
历届加拿大数学奥林匹克试题集	2012－08	38.00	215
历届美国数学奥林匹克试题集:多解推广加强	2012－08	38.00	209
保加利亚数学奥林匹克	2014－10	38.00	393
圣彼得堡数学奥林匹克试题集	2015－01	48.00	429
历届国际大学生数学竞赛试题集(1994－2010)	2012－01	28.00	143
全国大学生数学夏令营数学竞赛试题及解答	2007－03	28.00	15
全国大学生数学竞赛辅导教程	2012－07	28.00	189
全国大学生数学竞赛复习全书	2014－04	48.00	340
历届美国大学生数学竞赛试题集	2009－03	88.00	43
前苏联大学生数学奥林匹克竞赛题解(上编)	2012－04	28.00	169
前苏联大学生数学奥林匹克竞赛题解(下编)	2012－04	38.00	170
历届美国数学邀请赛试题集	2014－01	48.00	270
全国高中数学竞赛试题及解答.第 1 卷	2014－07	38.00	331
大学生数学竞赛讲义	2014－09	28.00	371
高考数学临门一脚(含密押三套卷)(理科版)	2015－01	24.80	421
高考数学临门一脚(含密押三套卷)(文科版)	2015－01	24.80	422
整函数	2012－08	18.00	161
多项式和无理数	2008－01	68.00	22
模糊数据统计学	2008－03	48.00	31
模糊分析学与特殊泛函空间	2013－01	68.00	241
受控理论与解析不等式	2012－05	78.00	165
解析不等式新论	2009－06	68.00	48
反问题的计算方法及应用	2011－11	28.00	147
建立不等式的方法	2011－03	98.00	104
数学奥林匹克不等式研究	2009－08	68.00	56
不等式研究(第二辑)	2012－02	68.00	153
初等数学研究(Ⅰ)	2008－09	68.00	37
初等数学研究(Ⅱ)(上、下)	2009－05	118.00	46,47
中国初等数学研究　2009 卷(第 1 辑)	2009－05	20.00	45
中国初等数学研究　2010 卷(第 2 辑)	2010－05	30.00	68
中国初等数学研究　2011 卷(第 3 辑)	2011－07	60.00	127
中国初等数学研究　2012 卷(第 4 辑)	2012－07	48.00	190
中国初等数学研究　2014 卷(第 5 辑)	2014－02	48.00	288
数阵及其应用	2012－02	28.00	164
绝对值方程—折边与组合图形的解析研究	2012－07	48.00	186
不等式的秘密(第一卷)	2012－02	28.00	154
不等式的秘密(第一卷)(第 2 版)	2014－02	38.00	286
不等式的秘密(第二卷)	2014－01	38.00	268

哈尔滨工业大学出版社刘培杰数学工作室已出版(即将出版)图书目录

书　　名	出版时间	定　价	编号
初等不等式的证明方法	2010－06	38.00	123
初等不等式的证明方法(第二版)	2014－11	38.00	407
数学奥林匹克在中国	2014－06	98.00	344
数学奥林匹克问题集	2014－01	38.00	267
数学奥林匹克不等式散论	2010－06	38.00	124
数学奥林匹克不等式欣赏	2011－09	38.00	138
数学奥林匹克超级题库(初中卷上)	2010－01	58.00	66
数学奥林匹克不等式证明方法和技巧(上、下)	2011－08	158.00	134,135
近代拓扑学研究	2013－04	38.00	239
新编 640 个世界著名数学智力趣题	2014－01	88.00	242
500 个最新世界著名数学智力趣题	2008－06	48.00	3
400 个最新世界著名数学最值问题	2008－09	48.00	36
500 个世界著名数学征解问题	2009－06	48.00	52
400 个中国最佳初等数学征解老问题	2010－01	48.00	60
500 个俄罗斯数学经典老题	2011－01	28.00	81
1000 个国外中学物理好题	2012－04	48.00	174
300 个日本高考数学题	2012－05	38.00	142
500 个前苏联早期高考数学试题及解答	2012－05	28.00	185
546 个早期俄罗斯大学生数学竞赛题	2014－03	38.00	285
548 个来自美苏的数学好问题	2014－11	28.00	396
博弈论精粹	2008－03	58.00	30
数学 我爱你	2008－01	28.00	20
精神的圣徒　别样的人生——60 位中国数学家成长的历程	2008－09	48.00	39
数学史概论	2009－06	78.00	50
数学史概论(精装)	2013－03	158.00	272
斐波那契数列	2010－02	28.00	65
数学拼盘和斐波那契魔方	2010－07	38.00	72
斐波那契数列欣赏	2011－01	28.00	160
数学的创造	2011－02	48.00	85
数学中的美	2011－02	38.00	84
数论中的美学	2014－12	38.00	351
王连笑教你怎样学数学:高考选择题解题策略与客观题实用训练	2014－01	48.00	262
王连笑教你怎样学数学:高考数学高层次讲座	2015－02	48.00	432
最新全国及各省市高考数学试卷解法研究及点拨评析	2009－02	38.00	41
高考数学的理论与实践	2009－08	38.00	53
中考数学专题总复习	2007－04	28.00	6
向量法巧解数学高考题	2009－08	28.00	54
高考数学核心题型解题方法与技巧	2010－01	28.00	86
高考思维新平台	2014－03	38.00	259
数学解题——靠数学思想给力(上)	2011－07	38.00	131
数学解题——靠数学思想给力(中)	2011－07	48.00	132
数学解题——靠数学思想给力(下)	2011－07	38.00	133
我怎样解题	2013－01	48.00	227

哈尔滨工业大学出版社刘培杰数学工作室已出版(即将出版)图书目录

书名	出版时间	定价	编号
和高中生漫谈:数学与哲学的故事	2014-08	28.00	369
2011 年全国及各省市高考数学试题审题要津与解法研究	2011-10	48.00	139
2013 年全国及各省市高考数学试题解析与点评	2014-01	48.00	282
全国及各省市高考数学试题审题要津与解法研究	2015-02	48.00	450
新课标高考数学——五年试题分章详解(2007~2011)(上、下)	2011-10	78.00	140,141
30 分钟拿下高考数学选择题、填空题(第二版)	2012-01	28.00	146
全国中考数学压轴题审题要津与解法研究	2013-04	78.00	248
新编全国及各省市中考数学压轴题审题要津与解法研究	2014-05	58.00	342
高考数学压轴题解题诀窍(上)	2012-02	78.00	166
高考数学压轴题解题诀窍(下)	2012-03	28.00	167
自主招生考试中的参数方程问题	2015-01	28.00	435
近年全国重点大学自主招生数学试题全解及研究.华约卷	2015-02	38.00	441
近年全国重点大学自主招生数学试题全解及研究.北约卷	即将出版		

书名	出版时间	定价	编号
格点和面积	2012-07	18.00	191
射影几何趣谈	2012-04	28.00	175
斯潘纳尔引理——从一道加拿大数学奥林匹克试题谈起	2014-01	28.00	228
李普希兹条件——从几道近年高考数学试题谈起	2012-10	18.00	221
拉格朗日中值定理——从一道北京高考试题的解法谈起	2012-10	18.00	197
闵科夫斯基定理——从一道清华大学自主招生试题谈起	2014-01	28.00	198
哈尔测度——从一道冬令营试题的背景谈起	2012-08	28.00	202
切比雪夫逼近问题——从一道中国台北数学奥林匹克试题谈起	2013-04	38.00	238
伯恩斯坦多项式与贝齐尔曲面——从一道全国高中数学联赛试题谈起	2013-03	38.00	236
卡塔兰猜想——从一道普特南竞赛试题谈起	2013-06	18.00	256
麦卡锡函数和阿克曼函数——从一道前南斯拉夫数学奥林匹克试题谈起	2012-08	18.00	201
贝蒂定理与拉姆贝克莫斯尔定理——从一个拣石子游戏谈起	2012-08	18.00	217
皮亚诺曲线和豪斯道夫分球定理——从无限集谈起	2012-08	18.00	211
平面凸图形与凸多面体	2012-10	28.00	218
斯坦因豪斯问题——从一道二十五省市自治区中学数学竞赛试题谈起	2012-07	18.00	196
纽结理论中的亚历山大多项式与琼斯多项式——从一道北京市高一数学竞赛试题谈起	2012-07	28.00	195
原则与策略——从波利亚"解题表"谈起	2013-04	38.00	244
转化与化归——从三大尺规作图不能问题谈起	2012-08	28.00	214
代数几何中的贝祖定理(第一版)——从一道 IMO 试题的解法谈起	2013-08	18.00	193
成功连贯理论与约当块理论——从一道比利时数学竞赛试题谈起	2012-04	18.00	180
磨光变换与范·德·瓦尔登猜想——从一道环球城市竞赛试题谈起	即将出版		
素数判定与大数分解	2014-08	18.00	199
置换多项式及其应用	2012-10	18.00	220
椭圆函数与模函数——从一道美国加州大学洛杉矶分校(UCLA)博士资格考题谈起	2012-10	28.00	219
差分方程的拉格朗日方法——从一道 2011 年全国高考理科试题的解法谈起	2012-08	28.00	200

哈尔滨工业大学出版社刘培杰数学工作室
已出版(即将出版)图书目录

书　　名	出版时间	定　价	编号
力学在几何中的一些应用	2013-01	38.00	240
高斯散度定理、斯托克斯定理和平面格林定理——从一道国际大学生数学竞赛试题谈起	即将出版		
康托洛维奇不等式——从一道全国高中联赛试题谈起	2013-03	28.00	337
西格尔引理——从一道第 18 届 IMO 试题的解法谈起	即将出版		
罗斯定理——从一道前苏联数学竞赛试题谈起	即将出版		
拉克斯定理和阿廷定理——从一道 IMO 试题的解法谈起	2014-01	58.00	246
毕卡大定理——从一道美国大学数学竞赛试题谈起	2014-07	18.00	350
贝齐尔曲线——从一道全国高中联赛试题谈起	即将出版		
拉格朗日乘子定理——从一道 2005 年全国高中联赛试题谈起	即将出版		
雅可比定理——从一道日本数学奥林匹克试题谈起	2013-04	48.00	249
李天岩一约克定理——从一道波兰数学竞赛试题谈起	2014-06	28.00	349
整系数多项式因式分解的一般方法——从克朗耐克算法谈起	即将出版		
布劳维不动点定理——从一道前苏联数学奥林匹克试题谈起	2014-01	38.00	273
压缩不动点定理——从一道高考数学试题的解法谈起	即将出版		
伯恩赛德定理——从一道英国数学奥林匹克试题谈起	即将出版		
布查特-莫斯特定理——从一道上海市初中竞赛试题谈起	即将出版		
数论中的同余数问题——从一道普特南竞赛试题谈起	即将出版		
范·德蒙行列式——从一道美国数学奥林匹克试题谈起	即将出版		
中国剩余定理:总数法构建中国历史年表	2015-01	28.00	430
牛顿程序与方程求根——从一道全国高考试题解法谈起	即将出版		
库默尔定理——从一道 IMO 预选试题谈起	即将出版		
卢丁定理——从一道冬令营试题的解法谈起	即将出版		
沃斯滕霍姆定理——从一道 IMO 预选试题谈起	即将出版		
卡尔松不等式——从一道莫斯科数学奥林匹克试题谈起	即将出版		
信息论中的香农熵——从一道近年高考压轴题谈起	即将出版		
约当不等式——从一道希望杯竞赛试题谈起	即将出版		
拉比诺维奇定理	即将出版		
刘维尔定理——从一道《美国数学月刊》征解问题的解法谈起	即将出版		
卡塔兰恒等式与级数求和——从一道 IMO 试题的解法谈起	即将出版		
勒让德猜想与素数分布——从一道爱尔兰竞赛试题谈起	即将出版		
天平称重与信息论——从一道基辅市数学奥林匹克试题谈起	即将出版		
哈密尔顿-凯莱定理:从一道高中数学联赛试题的解法谈起	2014-09	18.00	376
艾思特曼定理——从一道 CMO 试题的解法谈起	即将出版		

哈尔滨工业大学出版社刘培杰数学工作室
已出版(即将出版)图书目录

书 名	出版时间	定 价	编号
一个爱尔特希问题——从一道西德数学奥林匹克试题谈起	即将出版		
有限群中的爱丁格尔问题——从一道北京市初中二年级数学竞赛试题谈起	即将出版		
贝克码与编码理论——从一道全国高中联赛试题谈起	即将出版		
帕斯卡三角形	2014-03	18.00	294
蒲丰投针问题——从2009年清华大学的一道自主招生试题谈起	2014-01	38.00	295
斯图姆定理——从一道"华约"自主招生试题的解法谈起	2014-01	18.00	296
许瓦兹引理——从一道加利福尼亚大学伯克利分校数学系博士生试题谈起	2014-08	18.00	297
拉格朗日中值定理——从一道北京高考试题的解法谈起	2014-01		298
拉姆塞定理——从王诗宬院士的一个问题谈起	2014-01		299
坐标法	2013-12	28.00	332
数论三角形	2014-04	38.00	341
毕克定理	2014-07	18.00	352
数林掠影	2014-09	48.00	389
我们周围的概率	2014-10	38.00	390
凸函数最值定理:从一道华约自主招生题的解法谈起	2014-10	28.00	391
易学与数学奥林匹克	2014-10	38.00	392
生物数学趣谈	2015-01	18.00	409
反演	2015-01		420
因式分解与圆锥曲线	2015-01	18.00	426
轨迹	2015-01	28.00	427
面积原理:从常庚哲命的一道 CMO 试题的积分解法谈起	2015-01	48.00	431
形形色色的不动点定理:从一道 28 届 IMO 试题谈起	2015-01	38.00	439
柯西函数方程:从一道上海交大自主招生的试题谈起	2015-02	28.00	440
三角恒等式	2015-02	28.00	442
无理性判定:从一道 2014 年"北约"自主招生试题谈起	2015-01	38.00	443
中等数学英语阅读文选	2006-12	38.00	13
统计学专业英语	2007-03	28.00	16
统计学专业英语(第二版)	2012-07	48.00	176
幻方和魔方(第一卷)	2012-05	68.00	173
尘封的经典——初等数学经典文献选读(第一卷)	2012-07	48.00	205
尘封的经典——初等数学经典文献选读(第二卷)	2012-07	38.00	206
实变函数论	2012-06	78.00	181
非光滑优化及其变分分析	2014-01	48.00	230
疏散的马尔科夫链	2014-01	58.00	266
马尔科夫过程论基础	2015-01	28.00	433
初等微分拓扑学	2012-07	18.00	182
方程式论	2011-03	38.00	105
初级方程式论	2011-03	28.00	106
Galois 理论	2011-03	18.00	107
古典数学难题与伽罗瓦理论	2012-11	58.00	223
伽罗华与群论	2014-01	28.00	290
代数方程的根式解及伽罗瓦理论	2011-03	28.00	108
代数方程的根式解及伽罗瓦理论(第二版)	2015-01	28.00	423

哈尔滨工业大学出版社刘培杰数学工作室已出版(即将出版)图书目录

书 名	出版时间	定 价	编号
线性偏微分方程讲义	2011-03	18.00	110
N体问题的周期解	2011-03	28.00	111
代数方程式论	2011-05	18.00	121
动力系统的不变量与函数方程	2011-07	48.00	137
基于短语评价的翻译知识获取	2012-02	48.00	168
应用随机过程	2012-04	48.00	187
概率论导引	2012-04	18.00	179
矩阵论(上)	2013-06	58.00	250
矩阵论(下)	2013-06	48.00	251
趣味初等方程妙题集锦	2014-09	48.00	388
趣味初等数论选美与欣赏	2015-02	48.00	445
对称锥互补问题的内点法:理论分析与算法实现	2014-08	68.00	368
抽象代数:方法导引	2013-06	38.00	257
闵嗣鹤文集	2011-03	98.00	102
吴从炘数学活动三十年(1951～1980)	2010-07	99.00	32
函数论	2014-11	78.00	395
数贝偶拾——高考数学题研究	2014-04	28.00	274
数贝偶拾——初等数学研究	2014-04	38.00	275
数贝偶拾——奥数题研究	2014-04	48.00	276
集合、函数与方程	2014-01	28.00	300
数列与不等式	2014-01	38.00	301
三角与平面向量	2014-01	28.00	302
平面解析几何	2014-01	38.00	303
立体几何与组合	2014-01	28.00	304
极限与导数、数学归纳法	2014-01	38.00	305
趣味数学	2014-03	28.00	306
教材教法	2014-04	68.00	307
自主招生	2014-05	58.00	308
高考压轴题(上)	2014-11	48.00	309
高考压轴题(下)	2014-10	68.00	310
从费马到怀尔斯——费马大定理的历史	2013-10	198.00	Ⅰ
从庞加莱到佩雷尔曼——庞加莱猜想的历史	2013-10	298.00	Ⅱ
从切比雪夫到爱尔特希(上)——素数定理的初等证明	2013-07	48.00	Ⅲ
从切比雪夫到爱尔特希(下)——素数定理100年	2012-12	98.00	Ⅲ
从高斯到盖尔方特——二次域的高斯猜想	2013-10	198.00	Ⅳ
从库默尔到朗兰兹——朗兰兹猜想的历史	2014-01	98.00	Ⅴ
从比勃巴赫到德布朗斯——比勃巴赫猜想的历史	2014-02	298.00	Ⅵ
从麦比乌斯到陈省身——麦比乌斯变换与麦比乌斯带	2014-02	298.00	Ⅶ
从布尔到豪斯道夫——布尔方程与格论漫谈	2013-10	198.00	Ⅷ
从开普勒到阿诺德——三体问题的历史	2014-05	298.00	Ⅸ
从华林到华罗庚——华林问题的历史	2013-10	298.00	Ⅹ

哈尔滨工业大学出版社刘培杰数学工作室
已出版(即将出版)图书目录

书　　名	出版时间	定　价	编号
吴振奎高等数学解题真经(概率统计卷)	2012—01	38.00	149
吴振奎高等数学解题真经(微积分卷)	2012—01	68.00	150
吴振奎高等数学解题真经(线性代数卷)	2012—01	58.00	151
高等数学解题全攻略(上卷)	2013—06	58.00	252
高等数学解题全攻略(下卷)	2013—06	58.00	253
高等数学复习纲要	2014—01	18.00	384
钱昌本教你快乐学数学(上)	2011—12	48.00	155
钱昌本教你快乐学数学(下)	2012—03	58.00	171
三角函数	2014—01	38.00	311
不等式	2014—01	28.00	312
方程	2014—01	28.00	314
数列	2014—01	38.00	313
排列和组合	2014—01	28.00	315
极限与导数	2014—01	28.00	316
向量	2014—09	38.00	317
复数及其应用	2014—08	28.00	318
函数	2014—01	38.00	319
集合	即将出版		320
直线与平面	2014—01	28.00	321
立体几何	2014—04	28.00	322
解三角形	即将出版		323
直线与圆	2014—01	28.00	324
圆锥曲线	2014—01	38.00	325
解题通法(一)	2014—07	38.00	326
解题通法(二)	2014—07	38.00	327
解题通法(三)	2014—05	38.00	328
概率与统计	2014—01	28.00	329
信息迁移与算法	即将出版		330
第19～23届"希望杯"全国数学邀请赛试题审题要津详细评注(初一版)	2014—03	28.00	333
第19～23届"希望杯"全国数学邀请赛试题审题要津详细评注(初二、初三版)	2014—03	38.00	334
第19～23届"希望杯"全国数学邀请赛试题审题要津详细评注(高一版)	2014—03	28.00	335
第19～23届"希望杯"全国数学邀请赛试题审题要津详细评注(高二版)	2014—03	38.00	336
第19～25届"希望杯"全国数学邀请赛试题审题要津详细评注(初一版)	2015—01	38.00	416
第19～25届"希望杯"全国数学邀请赛试题审题要津详细评注(初二、初三版)	2015—01	58.00	417
第19～25届"希望杯"全国数学邀请赛试题审题要津详细评注(高一版)	2015—01	48.00	418
第19～25届"希望杯"全国数学邀请赛试题审题要津详细评注(高二版)	2015—01	48.00	419
物理奥林匹克竞赛大题典——力学卷	2014—11	48.00	405
物理奥林匹克竞赛大题典——热学卷	2014—04	28.00	339
物理奥林匹克竞赛大题典——电磁学卷	即将出版		406
物理奥林匹克竞赛大题典——光学与近代物理卷	2014—06	28.00	345

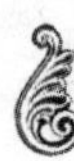

哈尔滨工业大学出版社刘培杰数学工作室已出版(即将出版)图书目录

书　　名	出版时间	定　价	编号
历届中国东南地区数学奥林匹克试题集(2004～2012)	2014－06	18.00	346
历届中国西部地区数学奥林匹克试题集(2001～2012)	2014－07	18.00	347
历届中国女子数学奥林匹克试题集(2002～2012)	2014－08	18.00	348
几何变换(Ⅰ)	2014－07	28.00	353
几何变换(Ⅱ)	即将出版		354
几何变换(Ⅲ)	2015－01	38.00	355
几何变换(Ⅳ)	即将出版		356
美国高中数学竞赛五十讲.第1卷(英文)	2014－08	28.00	357
美国高中数学竞赛五十讲.第2卷(英文)	2014－08	28.00	358
美国高中数学竞赛五十讲.第3卷(英文)	2014－09	28.00	359
美国高中数学竞赛五十讲.第4卷(英文)	2014－09	28.00	360
美国高中数学竞赛五十讲.第5卷(英文)	2014－10	28.00	361
美国高中数学竞赛五十讲.第6卷(英文)	2014－11	28.00	362
美国高中数学竞赛五十讲.第7卷(英文)	2014－12	28.00	363
美国高中数学竞赛五十讲.第8卷(英文)	2015－01	28.00	364
美国高中数学竞赛五十讲.第9卷(英文)	2015－01	28.00	365
美国高中数学竞赛五十讲.第10卷(英文)	2015－02	38.00	366
IMO 50年.第1卷(1959－1963)	2014－11	28.00	377
IMO 50年.第2卷(1964－1968)	2014－11	28.00	378
IMO 50年.第3卷(1969－1973)	2014－09	28.00	379
IMO 50年.第4卷(1974－1978)	即将出版		380
IMO 50年.第5卷(1979－1983)	即将出版		381
IMO 50年.第6卷(1984－1988)	即将出版		382
IMO 50年.第7卷(1989－1993)	即将出版		383
IMO 50年.第8卷(1994－1998)	即将出版		384
IMO 50年.第9卷(1999－2003)	即将出版		385
IMO 50年.第10卷(2004－2008)	即将出版		386
历届美国大学生数学竞赛试题集.第一卷(1938—1949)	2015－01	28.00	397
历届美国大学生数学竞赛试题集.第二卷(1950—1959)	2015－01	28.00	398
历届美国大学生数学竞赛试题集.第三卷(1960—1969)	2015－01	28.00	399
历届美国大学生数学竞赛试题集.第四卷(1970—1979)	2015－01	18.00	400
历届美国大学生数学竞赛试题集.第五卷(1980—1989)	2015－01	28.00	401
历届美国大学生数学竞赛试题集.第六卷(1990—1999)	2015－01	28.00	402
历届美国大学生数学竞赛试题集.第七卷(2000—2009)	即将出版		403
历届美国大学生数学竞赛试题集.第八卷(2010—2012)	2015－01	18.00	404

哈尔滨工业大学出版社刘培杰数学工作室 已出版(即将出版)图书目录

书　名	出版时间	定　价	编号
新课标高考数学创新题解题诀窍:总论	2014－09	28.00	372
新课标高考数学创新题解题诀窍:必修1～5分册	2014－08	38.00	373
新课标高考数学创新题解题诀窍:选修2－1,2－2,1－1,1－2分册	2014－09	38.00	374
新课标高考数学创新题解题诀窍:选修2－3,4－4,4－5分册	2014－09	18.00	375

全国重点大学自主招生英文数学试题全攻略:词汇卷	即将出版		410
全国重点大学自主招生英文数学试题全攻略:概念卷	2015－01	28.00	411
全国重点大学自主招生英文数学试题全攻略:文章选读卷(上)	即将出版		412
全国重点大学自主招生英文数学试题全攻略:文章选读卷(下)	即将出版		413
全国重点大学自主招生英文数学试题全攻略:试题卷	即将出版		414
全国重点大学自主招生英文数学试题全攻略:名著欣赏卷	即将出版		415

数学王者　科学巨人——高斯	2015－01	28.00	428
数学公主——科瓦列夫斯卡娅	即将出版		
数学怪侠——爱尔特希	即将出版		
电脑先驱——图灵	即将出版		
闪烁奇星——伽罗瓦	即将出版		

联系地址:哈尔滨市南岗区复华四道街10号　哈尔滨工业大学出版社刘培杰数学工作室

网　　址:http://lpj.hit.edu.cn/

邮　　编:150006

联系电话:0451－86281378　　13904613167

E-mail:lpj1378@163.com